MACCHINE ELETTRICHE

Mario Ubaldini

MACCHINE ELETTRICHE

SECONDA EDIZIONE

Società Editrice
ESCULAPIO

ISBN 978-88-85040-86-1

Prima edizione: maggio 1993
Seconda edizione: novembre 1997

Responsabile produzione: *Alessandro Parenti*
Redazione: *Giancarla Panigali e Carlotta Lenzi*

Società Editrice
ESCULAPIO

40131 Bologna - Via U. Terracini 30 - Tel. 051-63.40.113 - Fax 051-63.41.136
www.editrice-esculapio.it

Prefazione

Nel presente volume, dopo alcuni richiami di elettrotecnica, viene affrontato lo studio dei trasformatori e delle principali membrane elettriche rotanti secondo un comune criterio metodologico, che consente l'analisi del loro funzionamento in regime transitorio.
Per quanto concerne i trasformatori, vengono individuate appropriate reti elettriche equivalenti che ne consentono un agevole studio, mentre per le macchine rotanti sono forniti modelli matematici dinamici, che permettono di individuarne anche il funzionamento in regime stazionario.

l'Autore

Indice

1

CIRCUITI ELETTRICI NORMALI IN REGIME ALTERNATO SINUSOIDALE

1.1. GRANDEZZE ALTERNATE SINUSOIDALI

Una grandezza alternata sinusoidale è rappresentata dalla seguente equazione:

(1.1) $a(t) = A_M \cdot \text{sen}(\omega t + \alpha)$ (*)

dove A_M è il valore massimo e ω la pulsazione.
Si definiscono inoltre la frequenza $f = \omega/2\pi$ e il periodo $T = 1/f = 2\pi/\omega$, mentre all'angolo α si può associare il tempo $t_\alpha = \alpha/\omega$ (fig. 1.1.a).

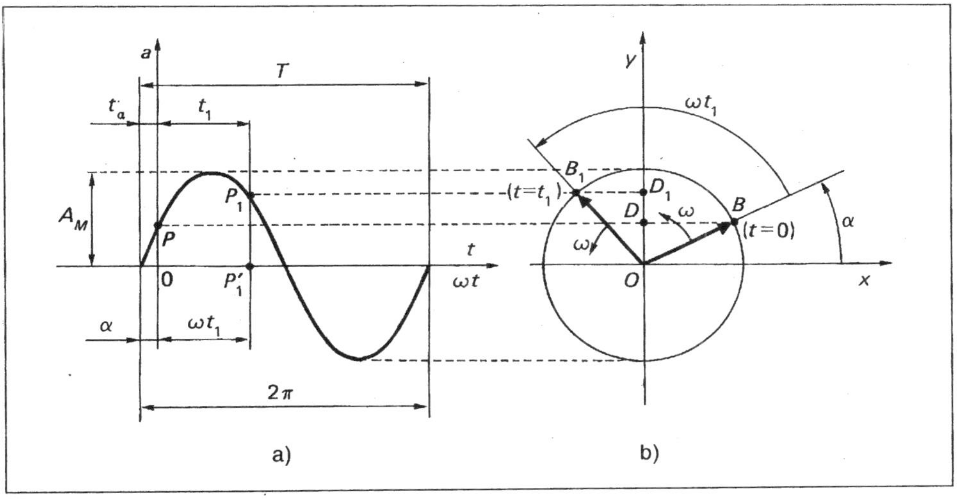

Figura 1.1. Rappresentazione di una grandezza alternata sinusoidale: a) in funzione del tempo; b) come vettore rotante. $\overline{OB} = A_M$; istante $t = 0$: $\overline{PO} = \overline{DO} = A_M \,\text{sen}\,\alpha$; istante $t = t_1$: $\overline{P_1P_1'} = \overline{D_1O} = A\,\text{sen}(\omega t_1 + \alpha)$.

(*) Il valore istantaneo di una grandezza variabile nel tempo viene indicata in generale con la lettera minuscola.

Si definisce valore efficace della grandezza sinusoidale (1.1) la seguente espressione:

$$A = \sqrt{\frac{1}{T}\int_t^{t+T} [a(t)]^2\, dt} = A_M / \sqrt{2}\,. \tag{1.2}$$

Alla grandezza sinusoidale di equazione (1.1) si può associare un vettore ($\overline{BO}$ in fig. 1.1.b) di ampiezza A_M ($\overline{BO} = A_M$), ruotante in senso antiorario attorno ad un punto fisso con velocità angolare ω, pari cioè alla pulsazione della grandezza sinusoidale. Definiti due assi (x, y) ortogonali, i valori istantanei della sinusoide si ottengono proiettando il vettore $\overline{BO}$ sull'asse verticale y (fig. 1.1.b). La posizione del vettore $\overline{BO}$ è individuata dall'angolo, misurato in senso antiorario, che esso forma con l'asse orizzontale x nell'istante considerato; in particolare il valore di quest'angolo all'istante $t = 0$ è uguale all'angolo α che compare nell'equazione (1.1).
Quindi due o più grandezze alternate sinusoidali, aventi tutte la medesima pulsazione ω, possono essere rappresentate mediante vettori ruotanti con velocità ω attorno ad uno stesso punto; i vettori perciò mantengono sempre invariata la loro posizione relativa.
In fig. 1.2 sono rappresentate due sinusoidi isofrequenziali, sia in funzione del tempo (fig. 1.2.a), sia mediante la rappresentazione vettoriale (fig. 1.2.b, dove i vettori sono disegnati all'istante $t = 0$).
Si dice che la sinusoide $a_1(t) = A_{M1} \cdot \mathrm{sen}(\omega t + \alpha_1)$ è sfasata in *anticipo* dell'angolo β, rispetto alla sinusoide $a_2(t) = A_{M2} \cdot \mathrm{sen}(\omega t + \alpha_2)$; viceversa $a_2(t)$ risulta sfasata in *ritardo* di β rispetto a $a_1(t)$.
Nella rappresentazione vettoriale il vettore $\overline{B_1O}$ (rappresentativo della sinusoide $a_1(t)$)

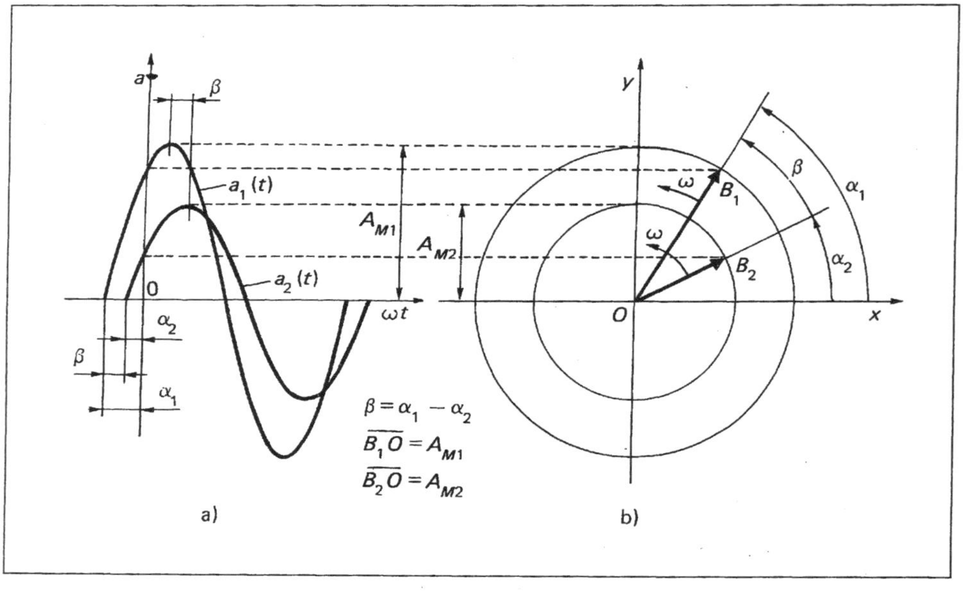

Figura 1.2

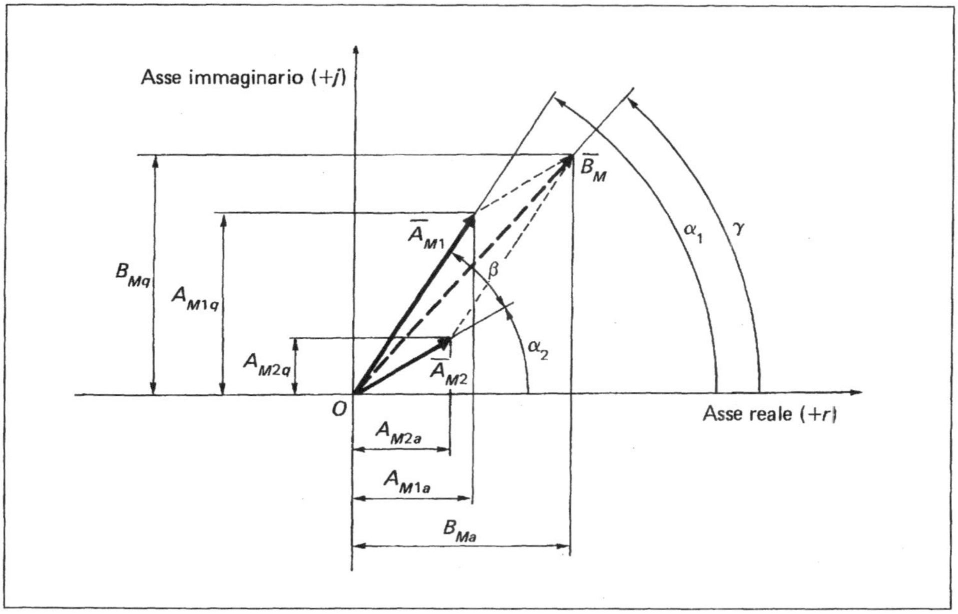

Figura 1.3

precede il vettore $\overline{B_2O}$ (rappresentativo della sinusoide $a_2(t)$) dell'angolo β, nel senso di rotazione antioraria; si dice che il vettore $\overline{B_1O}$ è sfasato in *anticipo* di β rispetto al vettore $\overline{B_2O}$, o, viceversa, $\overline{B_2O}$ è sfasato in *ritardo* di β rispetto a $\overline{B_1O}$.
Le grandezze alternate sinusoidali isofrequenziali possono perciò essere rappresentate mediante vettori fissi rispetto ad un sistema di assi cartesiani ortogonali; la loro posizione è individuata dall'angolo che essi formano con l'asse orizzontale x all'istante $t = 0$. Si assumono come assi ortogonali, per le ragioni più avanti evidenziate, l'asse reale e l'asse immaginario del *piano complesso*. In tal caso l'asse x della fig. 1.2.b diventa l'*asse reale* mentre l'asse y è l'*asse immaginario*.
Per indicare che $\overline{B_1O}$ e $\overline{B_2O}$ sono vettori essi sono rappresentati dalla loro ampiezza massima soprasegnata (fig. 1.3):

$$\begin{cases} \text{vettore } \overline{B_1O}: & \overline{A}_{M1} \\ \text{vettore } \overline{B_2O}: & \overline{A}_{M2}\,. \end{cases}$$

L'utilità di questa rappresentazione è dovuta al fatto che alle grandezze vettoriali si applicano le regole dei vettori (quali la somma e la differenza vettoriale) e quelle dell'algebra dei numeri complessi.
Se perciò si indicano con A_{M1a}, A_{M2a} e A_{M1q}, A_{M2q} le componenti dei vettori $\overline{A}_{M1}$ e $\overline{A}_{M2}$ rispettivamente sugli assi reale e immaginario, i vettori stessi vengono così definiti, essendo j l'unità immaginaria ($j = \sqrt{-1}$):

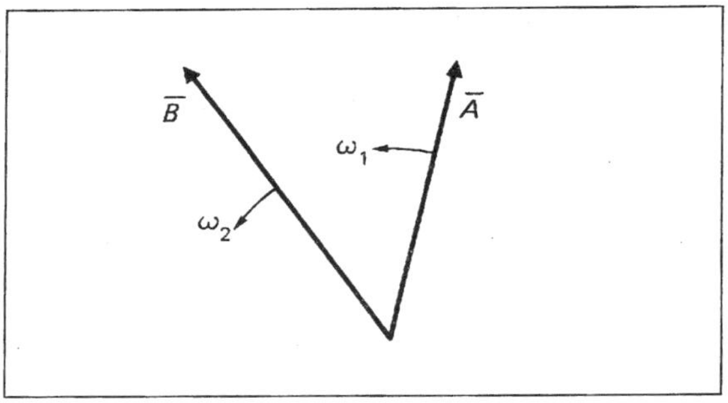

Figura 1.4

$$(1.3)\qquad \begin{cases} \overline{A}_{M1} = A_{M1a} + jA_{M1q}; & |\overline{A}_{M1}| = \sqrt{A^2_{M1a} + A^2_{M1q}}; & \operatorname{tg}\alpha_1 = A_{M1q}/A_{M1a} \\ \overline{A}_{M2} = A_{M2a} + jA_{M2q}; & |\overline{A}_{M2}| = \sqrt{A^2_{M2a} + A^2_{M2q}}; & \operatorname{tg}\alpha_2 = A_{M2q}/A_{M2a}\,. \end{cases}$$

Inoltre la grandezza sinusoidale $b(t) = a_1(t) + a_2(t)$, somma delle sinusoidi $a_1(t)$ e $a_2(t)$, nella rappresentazione vettoriale si ottiene dalla somma vettoriale di $\overline{A}_{M1}$ e $\overline{A}_{M2}$ come mostra la fig. 1.3:

$$(1.5)\qquad b(t) = a_1(t) + a_2(t) = B_M\,\mathrm{sen}(\omega t + \gamma)\,.$$

Possono essere rappresentate nello stesso piano anche grandezze sinusoidali aventi pulsazioni differenti, ma in questo caso i vettori, ruotando a velocità diverse, non si possono più considerare fissi uno rispetto all'altro, ma dotati di velocità angolare relativa pari alla differenza delle pulsazioni delle singole sinusoidi (fig. 1.4).
Ricordiamo infine che le grandezze elettriche in regime alternato sinusoidale sono rappresentate mediante vettori di ampiezza pari al *valore efficace* ($A = A_M/\sqrt{2}$) e non al valore massimo A_M.

1.2. CIRCUITI ELETTRICI IN REGIME ALTERNATO SINUSOIDALE

Resistenza e conduttanza, reattanza e suscettanza

I bipoli ideali utilizzati nei circuiti elettrici sono il *resistore puro*, l'*induttore puro* e il *condensatore puro*. Vengono presi in esame solo i *bipoli normali*, cioè quei bipoli individuati da parametri di valore costante.
Nello scrivere le equazioni che li governano si assume la *convenzione di segno degli utilizzatori*.

Resistore puro: è definito o dalla *resistenza* R o dalla *conduttanza* G.

Resistenza: R [Ω]

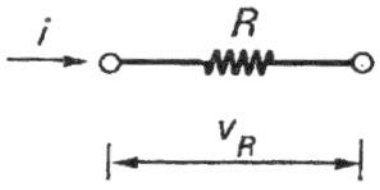

$v_R = R \cdot i$

Conduttanza: G [S]

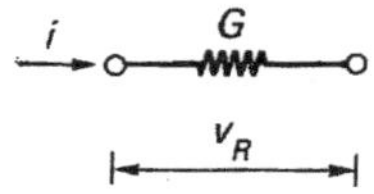

$i = G \cdot v_R$

Induttore puro: è definito dall'*induttanza L*.

Induttanza: L [H]

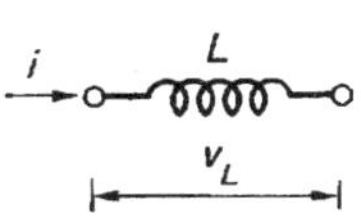

$$v_L = L\frac{di}{dt}$$

Condensatore puro: è definito dalla *capacità C*.

Capacità: C [F]

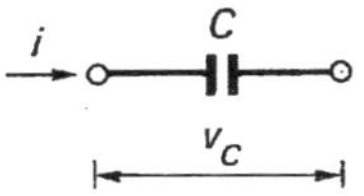

$$i = C\frac{dv_c}{dt}$$

In regime alternato sinusoidale si ottiene:

Resistore puro

Resistenza: R [Ω] *Conduttanza*: $G = 1/R$ [S]

$\overline{V}_R = R\overline{I}$ $\overline{I} = G \cdot \overline{V}_R$

$\overline{V}_R$ in fase con $\overline{I}$

Induttore puro: L [H]

$$\overline{V}_L = j\omega L\overline{I} = jX_L\overline{I}$$

$$\overline{I} = \frac{\overline{V}_L}{j\omega L} = -j\,B_L\,\overline{V}_L$$

$$\begin{cases} X_L = \omega L\ [\Omega]\text{: } \textit{reattanza induttiva} \\ B_L = \dfrac{1}{\omega L} = \dfrac{1}{X_L}\ [\mathrm{S}]\text{: } \textit{suscettanza induttiva} \end{cases}$$

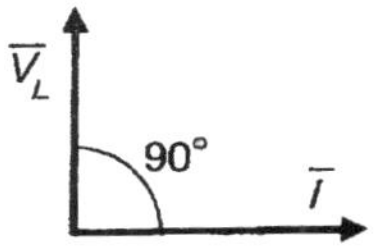

$\overline{V}_L$ in anticipo di 90° su $\overline{I}$

Condensatore puro: C [F]

$$\overline{V}_c = \frac{1}{j\omega c}\overline{I} = -jX_c\overline{I}$$

$$\overline{I} = j\omega c\overline{V}_c = j\,B_c\,\overline{I}$$

$$\begin{cases} X_c = \dfrac{1}{\omega c}\ [\Omega]\text{: } \textit{reattanza capacitiva} \\ B_c = \omega c = \dfrac{1}{X_c}\ [\mathrm{S}]\text{: } \textit{suscettanza capacitiva} \end{cases}$$

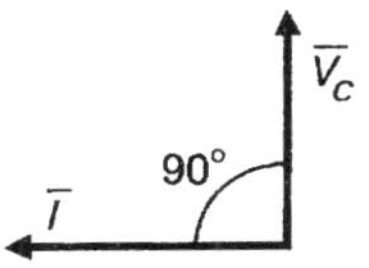

$\overline{V}_C$ in ritardo di 90° su $\overline{I}$

Impedenza ed ammettenza

Collegando fra loro (in serie, in parallelo o in altri modi) i bipoli ideali sopra definiti si ottengono i circuiti elettrici reali. La tensione ad essi applicata risulta così sfasata, rispetto alla corrente da essi assorbita, di un angolo compreso fra 90° in anticipo e 90° in ritardo.

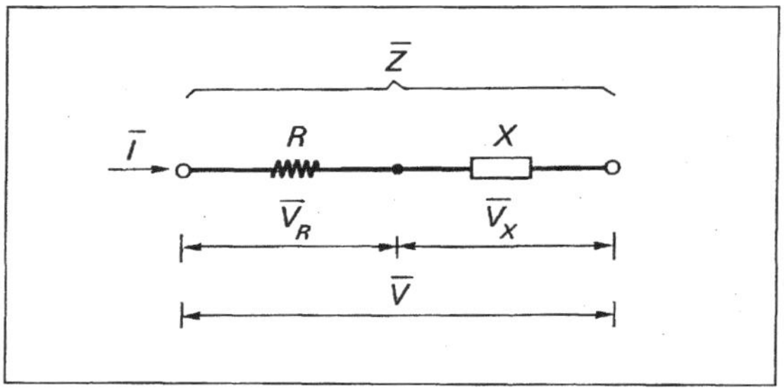

Figura 1.5

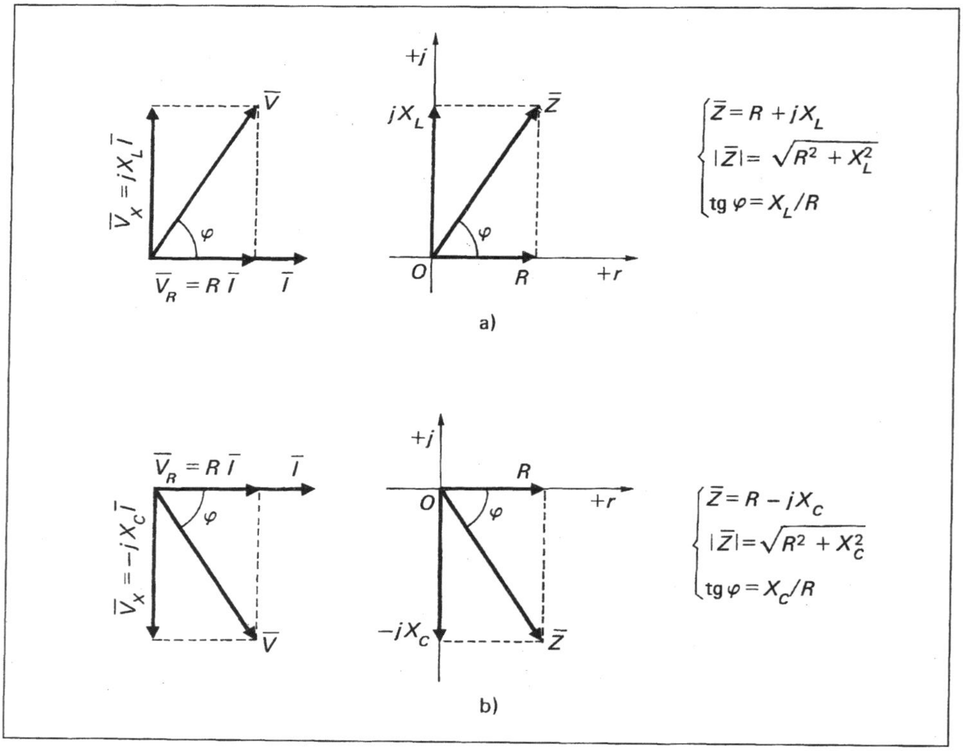

Figura 1.6. Diagrammi vettoriali relativi al circuito di fig. 1.5.
a) Reattanza induttiva: $X = X_L = \omega L$.
b) Reattanza capacitiva: $X = X_c = 1/(\omega c)$.

Il legame fra la tensione $\overline{V}$ e la corrente $\overline{I}$ si definisce *impedenza* $\overline{Z}$, se si pone: $\overline{Z} = \overline{V} / \overline{I}$, o *ammettenza* $\overline{Y}$ se si pone $\overline{Y} = \overline{I} / \overline{V} = 1 / \overline{Z}$.

Impedenza. Collegando in serie una resistenza R e una reattanza X, come in fig. 1.5, si ottiene l'impedenza $\overline{Z}$.
Si può scrivere la seguente equazione:

$$\overline{V} = \overline{V}_R + \overline{V}_X . \tag{1.6}$$

Se la reattanza X è di tipo induttivo ($X = X_L$) risulta $\overline{V}_X = jX_L \overline{I}$, mentre se è di tipo capacitivo ($X = X_c$) si ha $\overline{V}_X = -jX_c \overline{I}$, per cui la (1.6) diventa:

$$\begin{cases} \overline{V} = \overline{V}_R + \overline{V}_X = R\overline{I} + jX_L \overline{I} = (R + jX_L)\, \overline{I} \\ \\ \overline{V} = \overline{V}_R + \overline{V}_X + R\overline{I} - jX_c \overline{I} = (R - jX_c)\, \overline{I} \end{cases} = \overline{Z}\, \overline{I} . \tag{1.7}$$

L'impedenza $\overline{Z}$ vale quindi:

$$\begin{cases} \overline{Z} = R + jX_L & \text{con reattanza induttiva} \\ \overline{Z} = R - jX_c & \text{con reattanza capacitiva} . \end{cases} \tag{1.8}$$

Si possono tracciare i diagrammi vettoriali di fig. 1.6.

Ammettenza. Collegando in parallelo una conduttanza G e una suscettanza B, come mostra la fig. 1.7, si ottiene l'ammettenza Y.
Si può scrivere la legge ai nodi:

$$\overline{I} = \overline{I}_G + \overline{I}_B . \tag{1.9}$$

Se la suscettanza B è di tipo induttivo ($B = B_L$) risulta

$$\overline{I}_B = -jB_L \overline{V} ,$$

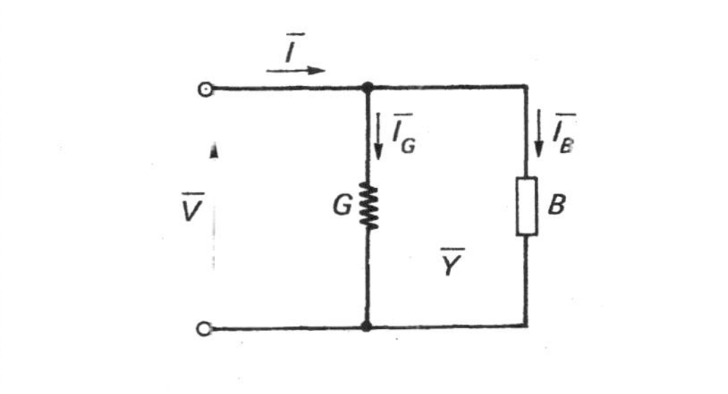

Figura 1.7

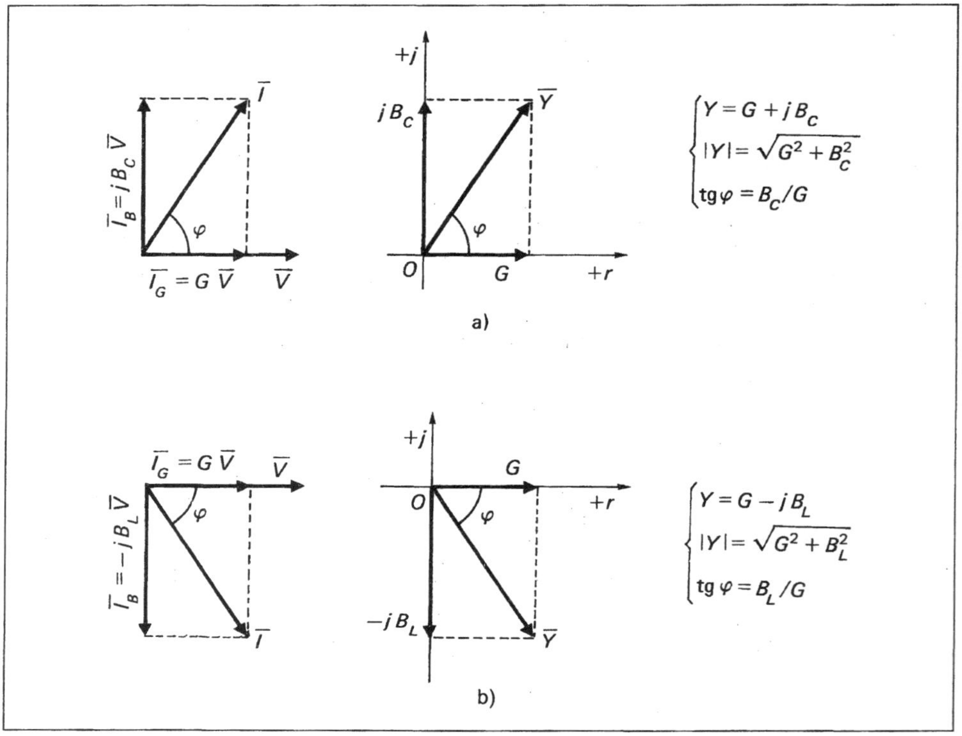

Figura 1.8. Diagrammi vettoriali relativi al circuito di fig. 1.7.
a) Suscettanza capacitiva: $B = B_c = \omega C$.
b) Suscettanza induttiva: $B = B_L = 1/(\omega L)$.

mentre se è di tipo capacitivo ($B = B_c$) si ha:

$$\bar{I}_B = jB_c V,$$

quindi la (1.9) diventa:

$$\left\{\begin{array}{l} \bar{I} = \bar{I}_G + \bar{I}_B = G\bar{V} - jB_L \bar{V} = (G - jB_L)\bar{V} \\ \\ \bar{I} = \bar{I}_G + \bar{I}_B = G\bar{V} + jB_c \bar{V} = (G + jB_c)\bar{V} \end{array}\right. = \bar{Y}\,\bar{V}. \qquad (1.10)$$

L'ammettenza $\bar{Y}$ vale quindi:

$$\left\{\begin{array}{ll} \bar{Y} = G - jB_L & \text{con suscettanza induttiva} \\ \bar{Y} = G + jB_c & \text{con suscettanza capacitiva.} \end{array}\right. \qquad (1.11)$$

Si possono tracciare i diagrammi vettoriali di fig. 1.8.

1.3. POTENZE ASSORBITE DAI CIRCUITI ELETTRICI IN REGIME ALTERNATO SINUSOIDALE

La *potenza elettrica istantanea* $p(t)$ assorbita da un bipolo è data dal prodotto del valore istantaneo della tensione $v(t)$, applicata ai suoi morsetti, per il valore istantaneo della corrente $i(t)$ in esso circolante:

(1.12) $$p(t) = v(t) \cdot i(t).$$

Potenze assorbite dai bipoli ideali resistore, induttore e condensatore

Resistore puro. Per un resistore puro si può scrivere: $v(t) = Ri(t)$.
In regime alternato sinusoidale si ha quindi:

(1.13) $$\begin{cases} v(t) = \sqrt{2}V \operatorname{sen} \omega t \\ i(t) = \sqrt{2}(V/R) \operatorname{sen} \omega t = \sqrt{2}I \operatorname{sen} \omega t \\ I = V/R = G \cdot V \end{cases}$$

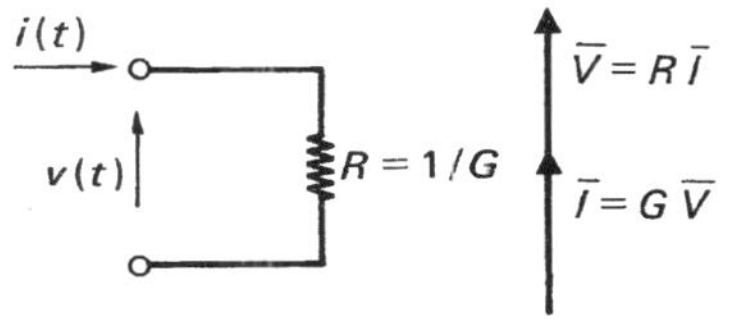

La potenza istantanea $p(t)$, il cui andamento è riportato in fig. 1.9, vale:

(1.14) $$p_R(t) = v(t) \cdot i(t) = 2VI \operatorname{sen}^2 \omega t = 2RI^2 \operatorname{sen}^2 \omega t = 2GV^2 \operatorname{sen}^2 \omega t.$$

Si definisce *potenza media* o *potenza attiva* P (misurata in W) l'energia assorbita dal

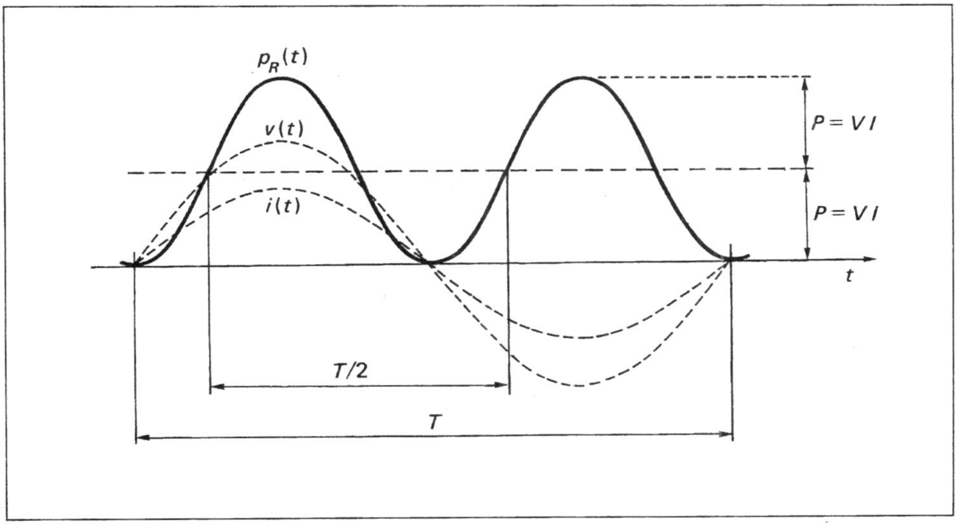

Figura 1.9. Andamento nel tempo della potenza istantanea $p_R(t)$ in un bipolo resistivo.

bipolo in un periodo T:

(1.15) $$P = \frac{1}{T}\int_t^{t+T} p_R(t)\,\mathrm{d}t = VI = RI^2 = GV^2\ [\mathrm{W}].$$

La potenza istantanea $p_R(t)$ in un resistore puro è quindi una funzione alternata sinusoidale, il cui asse è spostato di una quantità pari alla potenza attiva P rispetto all'asse dei tempi t e il cui periodo è pari alla metà di quello delle grandezze elettriche $v(t)$ e $i(t)$ (e quindi la frequenza è doppia).

Induttore puro. Per un induttore puro si ha:

$$v(t) = L\frac{\mathrm{d}i(t)}{\mathrm{d}t},$$

quindi in regime alternato sinusoidale risulta:

(1.16) $$\begin{cases} i(t) = -\sqrt{2}\,I\cos\omega t \\ v(t) = \sqrt{2}\,(\omega L)I\,\mathrm{sen}\,\omega t = \sqrt{2}\,V\,\mathrm{sen}\,\omega t \\ V = \omega LI = X_L I = I/B_L. \end{cases}$$

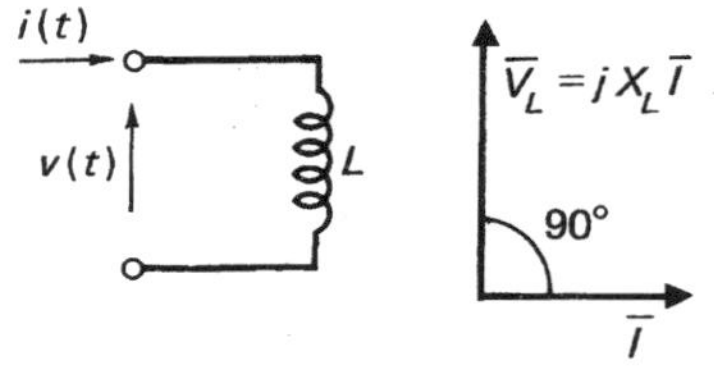

La potenza istantanea $p_L(t)$, il cui andamento nel tempo è riportato in fig. 1.10, vale:

(1.17) $$p_L(t) = v(t)\cdot i(t) = -\,VI\,\mathrm{sen}\,2\omega t = -X_L\,I^2\,\mathrm{sen}\,2\omega t = -B_L\,V^2\,\mathrm{sen}\,2\omega t.$$

La *potenza media o attiva P* in questo caso è nulla, poiché risulta:

(1.18) $$P = \frac{1}{T}\int_t^{t+T} p_L(t)\,\mathrm{d}t = 0.$$

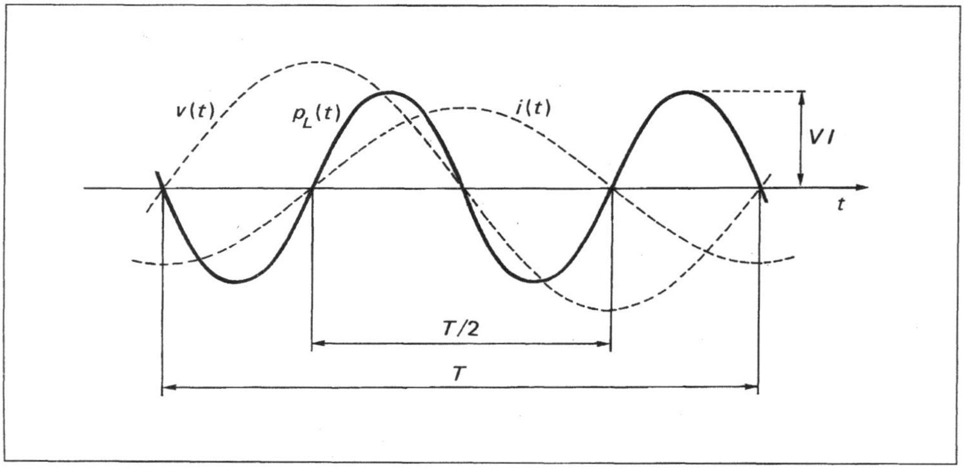

Figura 1.10. Andamento nel tempo della potenza istantanea $p_L(t)$ in un bipolo induttivo.

La potenza istantanea $p_L(t)$ in un induttore è quindi una sinusoide di frequenza doppia (periodo metà) rispetto a quella delle grandezze elettriche $v(t)$ e $i(t)$.
Ricordando inoltre che l'energia magnetica di un induttore puro L vale

$$W_L(t) = \frac{1}{2} Li^2(t),$$

si ha pure:

(1.19) $\quad dW_L / dt = Li \cdot di / dt = -(\omega L)I^2 \text{ sen } 2\omega t = p_L(t).$

La potenza istantanea $p_L(t)$ rappresenta quindi la variazione nel tempo dell'energia del campo magnetico dell'induttore, energia che esso scambia con la rete di alimentazione.

Condensatore puro. Per un condensatore puro si ha:

$$i(t) = C\frac{dv}{dt},$$

quindi in regime alternato sinusoidale si può scrivere

(1.20) $$\begin{cases} v(t) = \sqrt{2}V \text{ sen } \omega t \\ i(t) = \sqrt{2}(\omega C)V \cos \omega t = \sqrt{2} I \cos \omega t \\ I = (\omega C)V = B_c V = V / X_c . \end{cases}$$

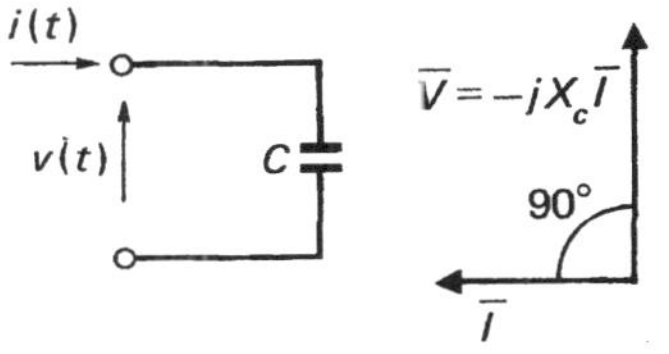

La potenza istantanea $p_c(t)$, il cui andamento nel tempo è riportato in fig. 1.11, vale:

(1.21) $\quad p_c(t) = v(t) \cdot i(t) = VI \text{ sen } 2\omega t = B_c V^2 \text{ sen } 2\omega t = X_c I^2 \text{ sen } 2\omega t.$

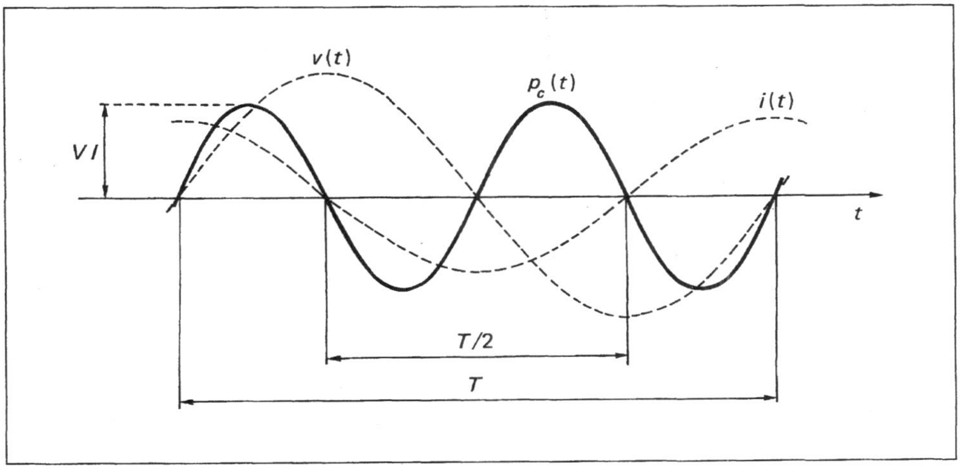

Figura 1.11. Andamento nel tempo della potenza istantanea $p_c(t)$ in un bipolo capacitivo.

Anche in questo caso la *potenza media* P è nulla:

$$P = \frac{1}{T}\int_t^{t+T} p_c(t)\mathrm{d}t = 0. \tag{1.22}$$

Anche la potenza istantanea $p_c(t)$ in un condensatore è una sinusoide di frequenza doppia rispetto a quella delle grandezze elettriche.
Ricordando inoltre che l'energia del campo dielettrico di un condensatore puro C vale

$$W_c(t) = \frac{1}{2}Cv^2(t),$$

si ha:

$$\frac{\mathrm{d}W}{\mathrm{d}t} = Cv\frac{\mathrm{d}v}{\mathrm{d}t} = (\omega C)V^2 \operatorname{sen} 2\omega t = p_c(t). \tag{1.23}$$

Quindi la potenza istantanea $p_c(t)$ rappresenta la variazione nel tempo dell'energia del campo dielettrico del condensatore, energia che esso scambia con la rete di alimentazione.

Potenza attiva, reattiva e apparente assorbite da un bipolo generico

Si consideri il bipolo di fig. 1.12 che, alimentato dalla tensione sinusoidale $v(t) = \sqrt{2}V \operatorname{sen} \omega t$, si suppone percorso dalla corrente sinusoidale $i(t) = \sqrt{2}I \operatorname{sen} (\omega t - \varphi)$, sfasata in ritardo dell'angolo φ rispetto alla tensione $v(t)$.
La potenza istantanea $p(t)$, assorbita dal bipolo vale:

$$\begin{aligned} p(t) &= v(t) \cdot i(t) = 2\,(VI \cos \varphi) \operatorname{sen}^2 \omega t - (VI \operatorname{sen} \varphi) \operatorname{sen} 2\omega t = \\ &= VI \cos \varphi - VI \cos (2\omega t - \varphi). \end{aligned} \tag{1.24}$$

La *potenza media o attiva P*, che rappresenta l'energia assorbita dal bipolo in un periodo, vale:

$$P = (1/T)\int_t^{t+T} p(t)dt = VI \cos \varphi = \bar{V} \times \bar{I}. \tag{1.25}$$

La potenza istantanea $p(t)$, il cui andamento nel tempo è riportato in fig. 1.13, risulta

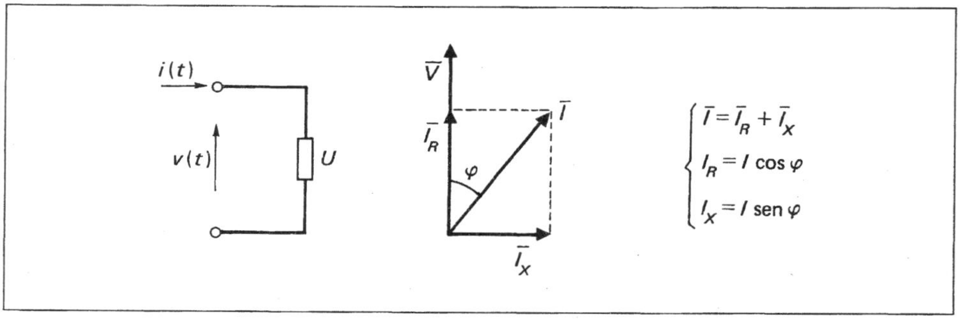

Figura 1.12

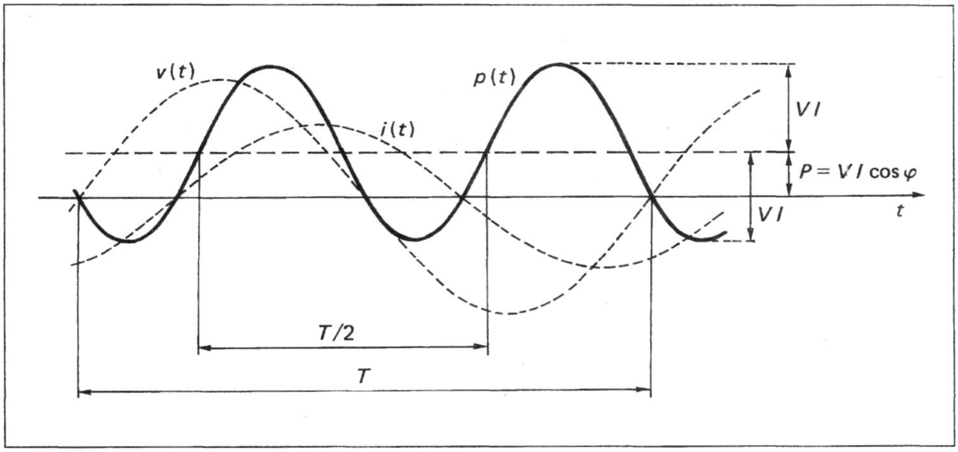

Figura 1.13. Andamento nel tempo della potenza istantanea $p(t) = v(t) \cdot i(t)$.

quindi una funzione periodica alternata sinusoidale di frequenza doppia rispetto a quella delle grandezze elettriche $v(t)$ e $i(t)$, il cui asse è spostato di una quantità pari alla potenza media P rispetto all'asse t.
Se si scompone il vettore corrente $\bar{I}$ nelle componenti $\bar{I}_R$ in fase e $\bar{I}_X$ in quadratura in ritardo rispetto alla tensione $\bar{V}$ (quindi $\bar{I} = \bar{I}_R + \bar{I}_X$, come mostra la fig. 1.12), si ottiene, nel dominio del tempo,

$$(1.26)\quad \begin{cases} i(t) = i_R(t) + i_X(t) \\ i_R(t) = \sqrt{2} I_R \operatorname{sen} \omega t & \text{(in fase con } v(t)) \\ i_X(t) = \sqrt{2} I_X \operatorname{sen}(\omega t - 90°) & \text{(sfasata di 90° in ritardo rispetto a } v(t)) \end{cases}$$

dove risulta $I_R = I \cos \varphi$ e $I_x = I \operatorname{sen} \varphi$.
L'espressione (1.24) della potenza istantanea $p(t)$ diventa:

$$(1.27)\quad p(t) = v(t) \cdot (i_R(t) + i_x(t)) = v(t) \cdot i_R(t) + v(t) \cdot i_x(t) = p_R(t) + p_x(t)$$

dove si è posto:

$$(1.28)\quad \begin{cases} p_R(t) = v(t) \cdot i_R(t) = 2(VI_R) \operatorname{sen}^2 \omega t \\ p_X(t) = v(t) \cdot i_X(t) = -(VI_X) \operatorname{sen} 2\omega t. \end{cases}$$

In fig. 1.14 sono riportati in funzione del tempo gli andamenti delle potenze istantanee $p_R(t)$ e $p_x(t)$.
Risulta inoltre:

$$(1.29)\quad \begin{cases} P_R = \dfrac{1}{T} \displaystyle\int_t^{t+T} p_R(t) \mathrm{d}t = VI_R = VI \cos \varphi = P \\ P_X = \dfrac{1}{T} \displaystyle\int_t^{t+T} p_X(t) \mathrm{d}t = 0. \end{cases}$$

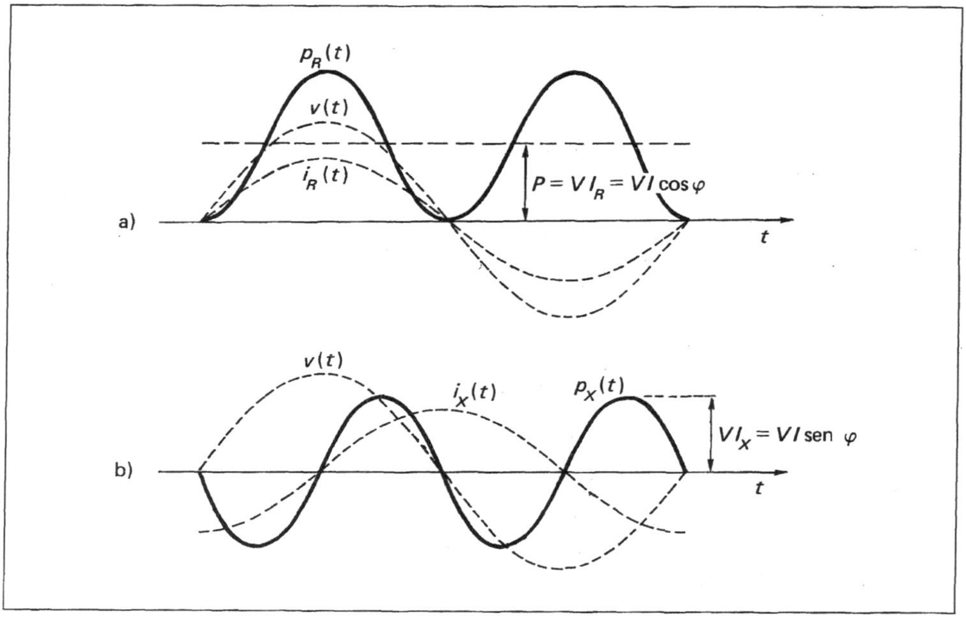

Figura 1.14. Andamento nel tempo delle potenze istantanee:
a) $p_R(t) = v(t) \cdot i_R(t)$. b) $p_X(t) = v(t) \cdot i_X(t)$.

Dalle (1.29) si deduce che la *potenza attiva P* è legata solo alla componente $i_R(t)$ della corrente in fase con la tensione $v(t)$, mentre la componente $i_x(t)$ della corrente in quadratura rispetto alla tensione determina una potenza istantanea $p_x(t)$ avente valore medio nullo.

Si noti inoltre che l'espressione della potenza istantanea $p_R(t)$ è simile a quella della potenza istantanea assorbita da un resistore puro (si veda la (1.14)) ed è il solo termine che interviene nello scambio energetico fra rete di alimentazione e bipolo.

Invece l'espressione della potenza istantanea $p_x(t)$ è simile a quello della potenza istantanea assorbita da un induttore puro (si veda la (1.17); ciò è dovuto al fatto che si è considerata la corrente $\bar{I}$ in ritardo dell'angolo φ rispetto alla tensione $\bar{V}$ (bipolo di *tipo induttivo*).

Se si considera invece la corrente $\bar{I}$ sfasata dell'angolo φ in *anticipo* rispetto alla tensione $\bar{V}$ (bipolo di *tipo capacitivo*), le espressioni della componente $i_x(t)$ della corrente in quadratura in anticipo rispetto alla tensione $v(t)$ e della potenza istantanea $p_x(t)$ diventano:

$$(1.30) \qquad \begin{cases} i_X(t) = \sqrt{2}\, I_X \text{ sen}(\omega t + 90°) & \qquad I_X = I \text{ sen } \varphi \\ p_X(t) = (VI_X) \text{ sen } 2\omega t. \end{cases}$$

In tal caso l'espressione della potenza istantanea $p_x(t)$ è simile a quella della potenza istantanea assorbita da un condensatore puro (si veda la (1.21)). Il suo andamento nel

tempo è uguale, ma di segno opposto, a quello di fig. 1.14.b, relativo al bipolo di tipo induttivo.
Si può pertanto affermare che la potenza istantanea $p_x(t)$ rappresenta la variazione nel tempo o dell'energia del campo magnetico del bipolo (se è di tipo *induttivo*) o del campo dielettrico del bipolo (se è di tipo *capacitivo*) che esso scambia con la rete di alimentazione. Accanto alla *potenza media o attiva P* di un bipolo, in regime alternato sinusoidale si definiscono anche la *potenza reattiva Q* e la *potenza apparente A*.

Potenza reattiva Q. Si definisce potenza reattiva Q il valore massimo della potenza $p_x(t)$ scambiata tra il campo magnetico o dielettrico del bipolo e il campo elettrico della rete di alimentazione.
Risulta quindi, dalla (1.28) o dalla (1.30):

$$Q = VI_X = VI \operatorname{sen} \varphi = \overline{V} \wedge \overline{I}. \tag{1.31}$$

Le equazioni (1.28) e (1.30) mostrano che la potenza istantanea $p_x(t)$ nel caso del bipolo di *tipo induttivo* è di segno opposto a quella che si ottiene con un *bipolo capacitivo*. Ciò obbliga ad attribuire un segno alla potenza reattiva Q definita dalla (1.31).
Nel seguito si considererà *positiva* la potenza reattiva di un bipolo di *tipo induttivo* (corrente $\overline{I}$ in ritardo rispetto alla tensione $\overline{V}$) e *negativa* quella di un bipolo di *tipo capacitivo* (corrente $\overline{I}$ in anticipo rispetto alla tensione $\overline{V}$). Assumiamo cioè la seguente convenzione di segno:

$$\begin{cases} Q > 0 & \text{se } \overline{I} \text{ è in ritardo rispetto a } \overline{V} \\ Q < 0 & \text{se } \overline{I} \text{ è in anticipo rispetto a } \overline{V}. \end{cases} \tag{1.32}$$

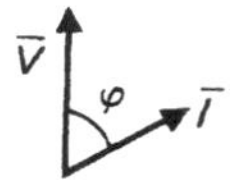

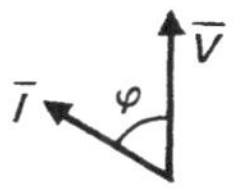

Potenza apparente A. La potenza apparente rappresenta la massima oscillazione della potenza istantanea $p(t)$ rispetto al valore medio; essa vale perciò (fig. 1.13):

$$A = VI = \sqrt{P^2 + Q^2}. \tag{1.33}$$

Alla potenza apparente si può attribuire una rappresentazione vettoriale, definita nel seguente modo:

$$\begin{cases} \overline{A} = P \pm jQ \\ P = A \cos \varphi \\ Q = A \operatorname{sen} \varphi \end{cases} \tag{1.34}$$

Nella prima relazione della (1.34) il segno + vale nel caso di bipolo di tipo *induttivo* e il segno – nel caso del bipolo di tipo *capacitivo* (fig. 1.15).

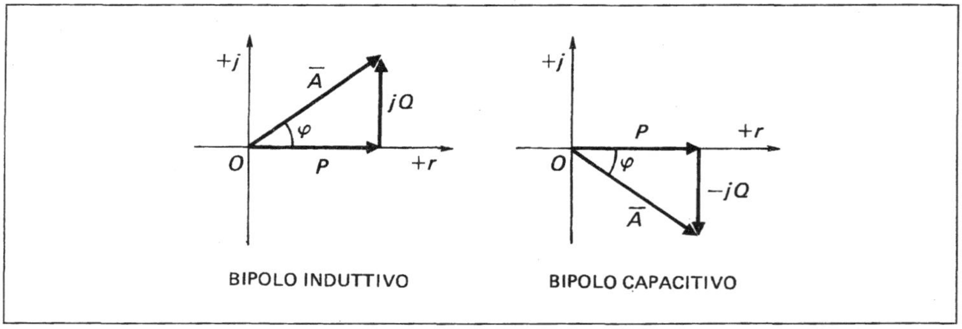

Figura 1.15

La potenza apparente $\bar{A}$ si può esprimere anche come prodotto del numero complesso rappresentativo della tensione $\bar{V}$ per il numero complesso coniugato $\underline{I}$ della corrente $\bar{I}$:

$$\bar{A} = \bar{V} \cdot \underline{I}. \tag{1.35}$$

Si ricorda che il numero complesso coniugato $\underline{a}$ del numero complesso $\bar{a} = b + jc$ è dato dalla relazione: $\underline{a} = b - jc$.

2

SISTEMI TRIFASE IN REGIME ALTERNATO SINUSOIDALE

2.1. SISTEMI TRIFASE A TRE FILI

Si consideri la linea a tre fili, privi di resistenza e reattanza, che collega il generatore *G* all'utilizzatore *U*, come mostra la fig. 2.1.

Le correnti $\bar{I}_1$, $\bar{I}_2$ e $\bar{I}_3$ sono dette *correnti di linea* e per la legge di Kirchoff ai nodi si ha:

(2.1) $$\bar{I}_1 + \bar{I}_2 + \bar{I}_3 = 0.$$

Le tensioni tra i fili $\bar{V}_{12}$, $\bar{V}_{23}$ e $\bar{V}_{31}$ sono dette *tensioni di linea* o *tensioni concatenate* e, per la legge alle maglie, risulta:

(2.2) $$\bar{V}_{12} + \bar{V}_{23} + \bar{V}_{31} = 0.$$

Se si considera ora un punto *O* arbitrario, in generale distinto dai fili di linea, si possono misurare fra ciascun filo e detto punto le tensioni $\bar{V}_{10}$, $\bar{V}_{20}$ e $\bar{V}_{30}$, dette *tensioni di fase*.

Il legame fra le tensioni concatenate e quelle di fase è il seguente, come si deduce

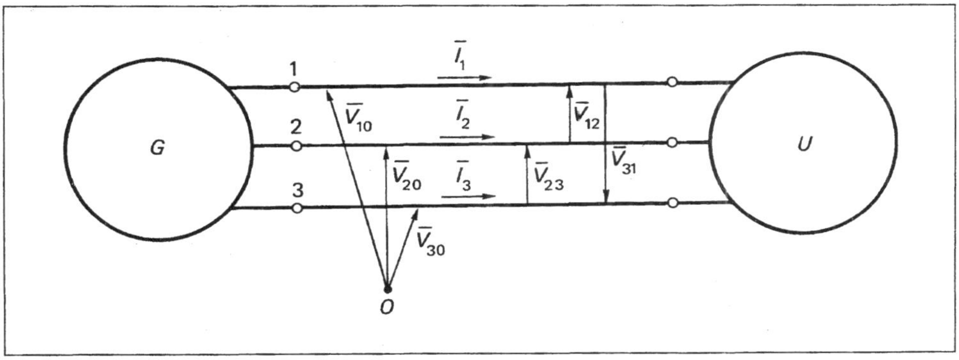

Figura 2.1. Sistema trifase a tre fili.

dalla fig. 2.1:

$$(2.3)\qquad \begin{cases} \overline{V}_{12} = \overline{V}_{10} - \overline{V}_{20} \\ \overline{V}_{23} = \overline{V}_{20} - \overline{V}_{30} \\ \overline{V}_{31} = \overline{V}_{30} - \overline{V}_{10}. \end{cases}$$

Osserviamo che in generale risulta:

$$(2.4)\qquad \overline{V}_{10} + \overline{V}_{20} + \overline{V}_{30} \neq 0.$$

Il punto O è detto anche *centro del sistema* delle tensioni di fase.
Inoltre una qualsiasi equazione del sistema (2.3), ricordando la (2.2), risulta combinazione lineare delle altre due equazioni, per cui esistono infiniti valori delle tensioni di fase (e quindi infiniti punti O) che soddisfano il sistema stesso.
Cioè non è possibile, dato un sistema trifase di tensioni concatenate, determinare in modo univoco il sistema di tensioni di fase, in quanto esistono infiniti sistemi di questo tipo.
Viceversa dato un sistema di tensioni di fase esiste un solo sistema di tensioni concatenate ad esso corrispondente.
In fig. 2.2 è riportato il diagramma vettoriale delle tensioni concatenate, delle tensioni di fase e delle correnti di linea.
Si suppone che la tensione $\overline{V}_{12}$ risulti sfasata in anticipo rispetto alla tensione $\overline{V}_{23}$, che a sua volta è sfasata in anticipo rispetto alla tensione $\overline{V}_{31}$.
Le tensioni concatenate normalmente vengono rappresentate come i lati di un triangolo, mentre le correnti di linea vengono spiccate da un punto qualsiasi del piano complesso; in particolare esse possono essere riferite al punto O che individua le tensioni di fase.

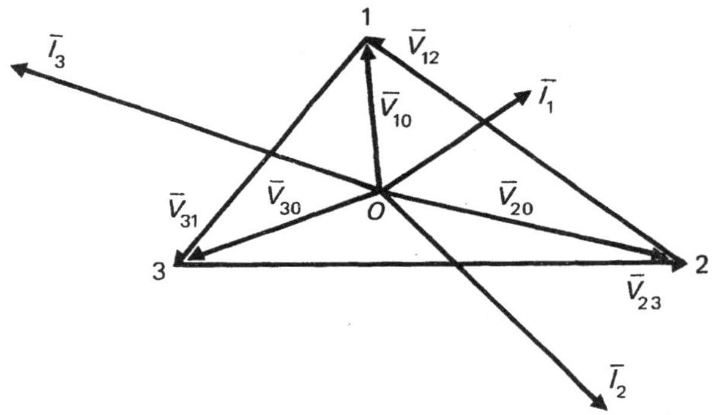

Figura 2.2. Diagramma vettoriale delle tensioni concatenate, delle tensioni di fase riferite al generico centro 0 e delle correnti di linea.

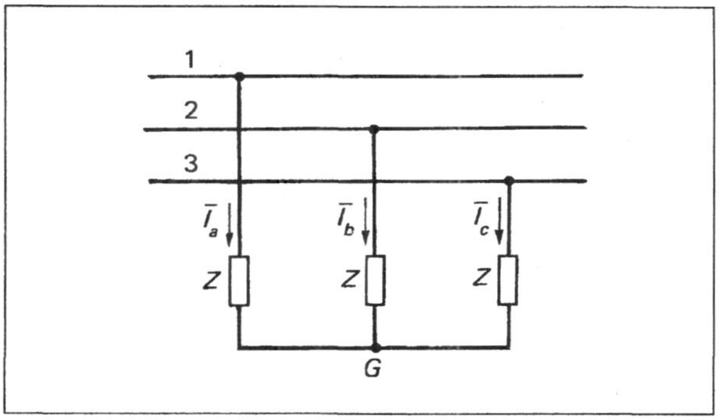

Figura 2.3

Fra tutti i punti O si può scegliere il baricentro G del triangolo delle tensioni concatenate per cui risulta:

(2.5) $\quad \bar{V}_{1G} + \bar{V}_{2G} + \bar{V}_{3G} = 0.$

Il centro G si può realizzare sperimentalmente derivando dai tre fili di linea tre impedenze uguali collegate fra loro a *stella* come mostra la fig. 2.3. Si può infatti scrivere:

$$(2.6) \qquad \begin{cases} \bar{I}_a = \bar{V}_{1G}/\bar{Z} \\ \bar{I}_b = \bar{V}_{2G}/\bar{Z} \\ \bar{I}_c = \bar{V}_{3G}/\bar{Z}. \end{cases}$$

Applicando il principio di Kirchoff al nodo G, si ha:

$$(2.7) \qquad \bar{I}_a + \bar{I}_b + \bar{I}_c = \frac{1}{\bar{Z}}(\bar{V}_{1G} + \bar{V}_{2G} + \bar{V}_{3G}) = 0$$

e cioè risulta:

(2.8) $\quad \bar{V}_{1G} + \bar{V}_{2G} + \bar{V}_{3G} = 0.$

Potenze nei sistemi trifase a tre fili

Per valutare le potenze nei sistemi trifase, si può considerare, ai soli effetti esterni, l'utilizzatore U costituito da due carichi equivalenti derivati fra due generici fili e il terzo filo, inteso come filo comune di ritorno, come indicato in fig. 2.4, in cui il filo 3 costituisce il filo di ritorno.
Considerando i valori istantanei delle tensioni e delle correnti, la potenza istantanea $p(t)$ del sistema trifase vale quindi:

(2.9) $\quad p(t) = p_{u1}(t) + p_{u2}(t) = v_{13} \cdot i_1 + v_{23} \cdot i_2.$

Se si utilizzano come fili di ritorno il filo 2 e il filo 1 l'espressione della potenza

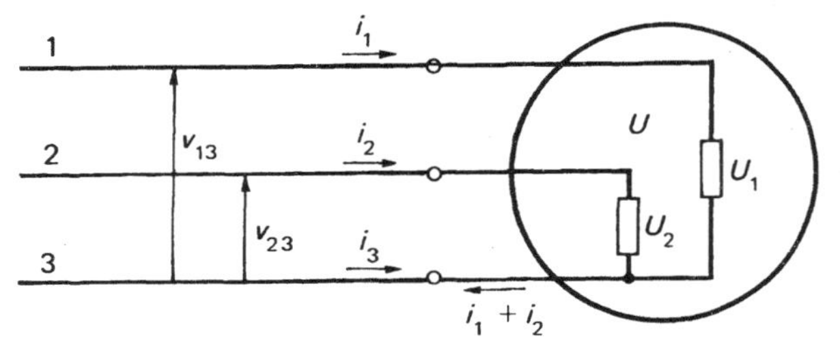

Figura 2.4. Schematizzazione dell'utilizzatore U mediante due utilizzatori equivalenti U_1 e U_2 derivati dai fili 1 e 2 e il filo 3, che funge da filo comune di ritorno.

istantanea $p(t)$ diventa rispettivamente:

$$(2.10)\qquad p(t) = \underbrace{v_{12} \cdot i_1 + v_{32} \cdot i_3}_{Filo\,2} = \underbrace{v_{21} \cdot i_2 + v_{31} \cdot i_3}_{Filo\,1}$$

Il metodo ora descritto per valutare la potenza di un sistema trifase è detto *metodo di Aron*.
Ricordando che per la (2.3) si ha:

$$v_{13} = -v_{31} = v_{10} - v_{30} \qquad \text{e} \qquad v_{23} = v_{20} - v_{30}$$

e che $i_3 = -(i_1 + i_2)$ la (2.9) diventa:

$$(2.11)\qquad p(t) = v_{10} \cdot i_1 - v_{30} \cdot i_1 + v_{20} \cdot i_2 - v_{30} \cdot i_2 = v_{10} \cdot i_1 + v_{20} \cdot i_2 + $$
$$+ v_{30}(-i_1 - i_2) = v_{10} \cdot i_1 + v_{20} \cdot i_2 + v_{30} \cdot i_3.$$

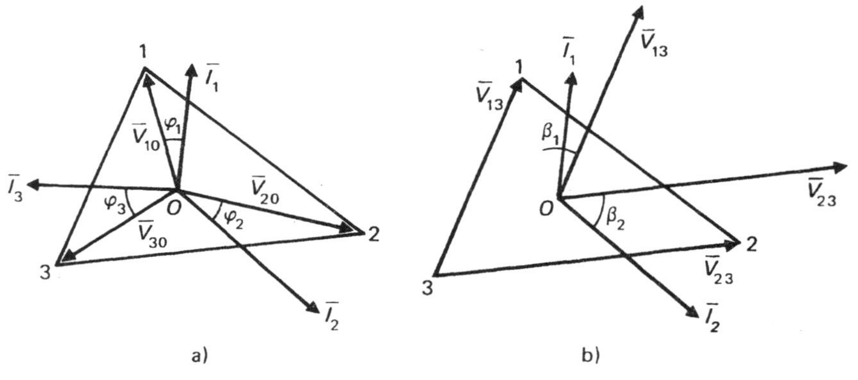

Figura 2.5

La potenza istantanea $p(t)$ di una rete trifase a tre fili è data quindi dalla somma delle singole potenze monofase associate a ciascun conduttore di linea, qualunque sia il centro 0 rispetto al quale si valutano le tensioni di fase. Se ad esempio il centro 0 cade su un conduttore si ottengono le relazioni (2.9) o (2.10).
Generalizzando il risultato si può dire che la potenza trasmessa da una rete a n fili, poiché uno dei conduttori si può sempre considerare il ritorno dei rimanenti $(n-1)$ conduttori, è pari alla somma delle potenze associate alle $(n-1)$ reti monofase che hanno il filo di ritorno in comune.
Valutiamo ora la *potenza attiva*, la *potenza reattiva* e la *potenza apparente* di un sistema trifase, con riferimento al diagramma vettoriale di fig. 2.5 e ricordando le relazioni (2.9) e (2.11).

Potenza attiva. La potenza attiva o media vale, essendo T il periodo:

(2.12)
$$\begin{aligned} P &= \frac{1}{T}\int_t^{t+T} p(t)\mathrm{d}t = \frac{1}{T}\int_t^{t+T} v_{13}\cdot i_i \mathrm{d}t + \frac{1}{T}\int_t^{t+T} v_{23}\cdot i_2 \mathrm{d}t = \\ &= V_{13}I_1\cos\beta_1 + V_{23}I_2\cos\beta_2 = \overline{V}_{13}\times\overline{I}_1 + \overline{V}_{23}\times\overline{I}_2 = \\ &= V_{10}I_1\cos\varphi_1 + V_{20}I_2\cos\varphi_2 + V_{30}I_3\cos\varphi_3 = \\ &= \overline{V}_{10}\times\overline{I}_1 + \overline{V}_{20}\times\overline{I}_2 + \overline{V}_{30}\times\overline{I}_3. \end{aligned}$$

Potenza reattiva. La potenza reattiva del sistema trifase è data da:

(2.13)
$$\begin{aligned} Q &= V_{13}I_1\,\mathrm{sen}\,\beta_1 + V_{23}I_2\,\mathrm{sen}\,\beta_2 = \overline{V}_{13}\wedge\overline{I}_1 + \overline{V}_{23}\wedge\overline{I}_2 = \\ &= V_{10}I_1\,\mathrm{sen}\,\varphi_1 + V_{20}I_2\,\mathrm{sen}\,\varphi_2 + V_{30}I_3\,\mathrm{sen}\,\varphi_3 = \\ &= \overline{V}_{10}\wedge\overline{I}_I + \overline{V}_{20}\wedge\overline{I}_2 + \overline{V}_{30}\wedge\overline{I}_3. \end{aligned}$$

Ricordando che, per la convenzione di segno adottata per la potenza reattiva, l'angolo di sfasamento fra tensione e corrente va inteso positivo se la tensione è in anticipo rispetto alla corrente (potenza reattiva positiva), mentre è negativo se la tensione è in ritardo rispetto alla corrente (potenza reattiva negativa). Per cui, con riferimento alla fig. 2.5.b, risulta $\beta_1 < 0$ e quindi $V_{13}I_1$ sen $\beta_1 < 0$.

Potenza apparente. La potenza apparente del sistema trifase è definita dalla seguente relazione:

(2.14)
$$\overline{A} = \overline{V}_{13}\underline{I_1} + \overline{V}_{23}\underline{I_2} = \overline{V}_{10}\underline{I_1} + \overline{V}_{20}\underline{I_2} + \overline{V}_{30}\underline{I_3} = P + jQ.$$

Quindi il modulo della potenza apparente vale:

(2.15)
$$A = \sqrt{P^2 + Q^2}.$$

Si definisce *fattore di potenza* del sistema trifase il rapporto fra la potenza attiva e il modulo della potenza apparente:

(2.16) $\cos\phi = P/A.$

Sistema trifase simmetrico ed equilibrato

Un sistema trifase si dice *simmetrico* se le tre tensioni concatenate sono di modulo uguale e sfasate di 120° fra loro:

(2.17) $|\bar{V}_{12}| = |\bar{V}_{23}| = |\bar{V}_{31}| = V,$

mentre il sistema si dice *equilibrato* se le correnti di linea sono di modulo uguale e sfasate di 120° fra loro:

(2.18) $|\bar{I}_1| = |\bar{I}_2| = |\bar{I}_3| = I.$

Quindi in un sistema simmetrico il triangolo delle tensioni concatenate è equilatero per cui, riferendo le correnti di linea al baricentro G del triangolo, si ottiene il diagramma vettoriale di fig. 2.6.
Fra il modulo V delle tensioni concatenate e quello $V_f = |V_{1G}| = |V_{2G}| = |V_{3G}|$ delle tensioni di fase riferite al baricentro, sussiste la relazione:

(2.19) $V = \sqrt{3}V_f.$

Il sistema trifase equivale a tre sistemi monofasi identici collegati a stella, per cui le

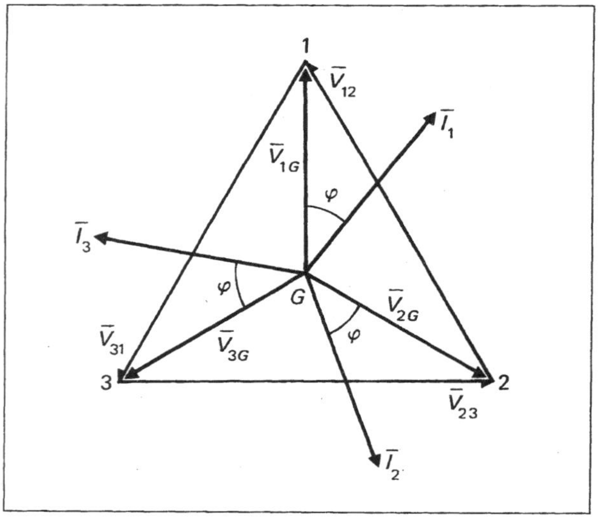

Figura 2.6. Diagramma vettoriale delle tensioni e delle correnti di un sistema trifase simmetrico ed equilibrato.

potenze valgono:

$$(2.20)\quad \begin{cases} P = 3V_f I \cos\varphi = \sqrt{3}VI\cos\varphi \\ Q = 3V_f I \operatorname{sen}\varphi = \sqrt{3}VI\operatorname{sen}\varphi \\ A = 3V_f I = \sqrt{3}VI = \sqrt{P^2+Q^2}. \end{cases}$$

Il fattore di potenza del sistema è pertanto:

$$(2.21)\quad \cos\phi = P/A = \cos\varphi,$$

quindi esso coincide con il fattore di potenza di ciascun carico monofase.
È interessante mettere in evidenza che la potenza istantanea $p(t)$ di un sistema trifase simmetrico ed equilibrato risulta costante nel tempo e pari alla potenza attiva P del sistema stesso.
Infatti, consideriamo i valori istantanei delle tensioni di fase e delle correnti di linea relativi al diagramma vettoriale di fig. 2.6:

$$(2.22)\quad \begin{cases} v_{1G} = \sqrt{2}V_f \operatorname{sen}\omega t \\ v_{2G} = \sqrt{2}V_f \operatorname{sen}(\omega t - 120°) \\ v_{3G} = \sqrt{2}V_f \operatorname{sen}(\omega t - 240°) \end{cases}$$

$$(2.23)\quad \begin{cases} i_1 = \sqrt{2}I\operatorname{sen}(\omega t - \varphi) \\ i_2 = \sqrt{2}I\operatorname{sen}(\omega t - \varphi - 120°) \\ i_3 = \sqrt{2}I\operatorname{sen}(\omega t - \varphi - 240°) \end{cases}$$

Le potenze istantanee di ciascun sistema monofase valgono pertanto:

$$(2.24)\quad \begin{cases} p_1(t) = v_{1G}\cdot i_1 = V_f I\cos\varphi - V_f I\cos(2\omega t - \varphi) \\ p_2(t) = v_{2G}\cdot i_2 = V_f I\cos\varphi - V_f I\cos(2\omega t - \varphi - 240°) \\ p_3(t) = v_{3G}\cdot i_3 = V_f I\cos\varphi - V_f I\cos(2\omega t - \varphi - 480°). \end{cases}$$

Quindi la potenza istantanea $p(t)$ del sistema trifase, ottenuta sommando le tre potenze di fase date dalla (2.23), è:

$$(2.25)\quad p(t) = p_1(t) + p_2(t) + p_3(t) = 3V_f I\cos\varphi = P.$$

Sistema trifase simmetrico e squilibrato

È il sistema trifase più diffuso, in cui le correnti di linea, pur avendo somma vettoriale nulla, non hanno ampiezza uguale:

$$(2.26)\quad |\bar{I}_1| \neq |\bar{I}_2| \neq |\bar{I}_3|.$$

Riferendo le correnti al baricentro G del triangolo equilatero delle tensioni concatenate

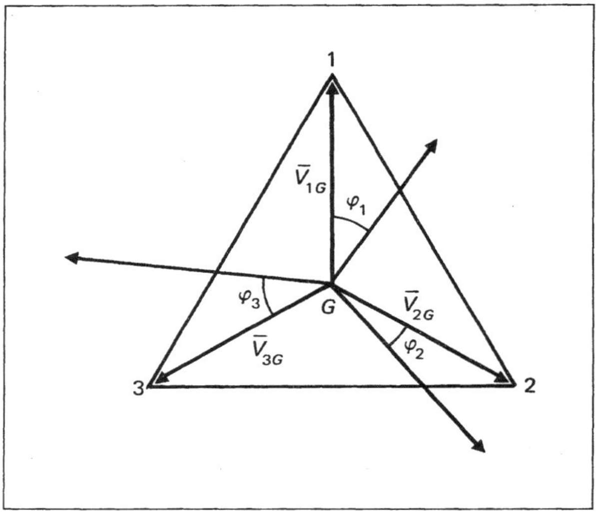

Figura 2.7. Sistema trifase simmetrico e squilibrato.

(fig. 2.7), si possono definire le seguenti potenze:

$$
(2.27) \quad \begin{cases}
P = \overline{V}_{1G} \cdot \overline{I}_1 + \overline{V}_{2G} \cdot \overline{I}_2 + \overline{V}_{3G} \cdot \overline{I}_3 = \\
\quad = V_f(I_1 \cos \varphi_1 + I_2 \cos \varphi_2 + I_3 \cos \varphi_3) \\
Q = \overline{V}_{1G} \wedge \overline{I}_1 + \overline{V}_{2G} \wedge \overline{I}_2 + \overline{V}_{3G} \wedge \overline{I}_3 = \\
\quad = V_f(I_1 \operatorname{sen} \varphi_1 + I_2 \operatorname{sen} \varphi_2 + I_3 \operatorname{sen} \varphi_3) \\
\overline{A} = \overline{V}_{1G} \underline{I_1} + \overline{V}_{2G} \underline{I_2} + \overline{V}_{3G} \underline{I_3} = \overline{A}_1 + \overline{A}_2 + \overline{A}_3 = P + jQ \\
A = \sqrt{P^2 + Q^2}.
\end{cases}
$$

Il fattore di potenza del sistema trifase vale:

$$(2.28) \quad \cos \phi = P/A,$$

dove $\phi \neq \varphi_1 \neq \varphi_2 \neq \varphi_3$.

Sistema trifase disimmetrico e squilibrato

È un sistema piuttosto raro e si presenta quando le tre tensioni concatenate e le tre correnti di linea hanno moduli differenti fra loro:

$$
(2.29) \quad \begin{cases}
V_{12} \neq V_{23} \neq V_{31} \\
I_1 \neq I_2 \neq I_3.
\end{cases}
$$

Il diagramma vettoriale di tensioni e correnti è quello di fig. 2.5.a e le potenze e il fattore di potenza sono definiti dalle relazioni (2.12), (2.13), (2.14), (2.15) e (2.16).

2.2. SISTEMI TRIFASE A QUATTRO FILI

Un sistema trifase a quattro fili è ottenuto derivando il quarto filo, detto *filo neutro n*, dal centro del generatore equivalente, che necessariamente deve essere collegato a stella come mostra la fig. 2.8.

In questo caso il centro del sistema è costituito dal filo neutro n, e fra tensione di fase $\overline{V}_1$, $\overline{V}_2$, $\overline{V}_3$ e le tensioni concatenate $\overline{V}_{12}$, $\overline{V}_{23}$, $\overline{V}_{31}$ valgono i legami dati dalla relazione (2.3).

Se il sistema è simmetrico si ottiene in particolare:

$$(2.30)\qquad \begin{cases} V_{12} = V_{23} = V_{31} = V \\ E_1 = E_2 = E_3 = V_1 = V_2 = V_3 = V_f = V/\sqrt{3}. \end{cases}$$

Considerando il filo neutro come filo di ritorno per le correnti di linea, si ottiene, detta $\overline{I}_0$ la corrente nel neutro:

$$(2.31)\qquad \overline{I}_1 + \overline{I}_2 + \overline{I}_3 = \overline{I}_0.$$

Infine, le potenze sono date dalle seguenti relazioni:

$$(2.32)\qquad \begin{cases} P = \overline{V}_1 \times \overline{I}_1 + \overline{V}_2 \times \overline{I}_2 + \overline{V}_3 \times \overline{I}_3 \\ Q = \overline{V}_1 \wedge \overline{I}_1 + \overline{V}_2 \wedge \overline{I}_2 + \overline{V}_3 \wedge \overline{I}_3 \\ \overline{A} = \overline{V}_1 \underline{I}_1 + \overline{V}_2 \underline{I}_2 + \overline{V}_3 \underline{I}_3 = P + jQ. \end{cases}$$

I sistemi trifase a quattro fili sono molto usati dalla distribuzione dell'energia elettri-

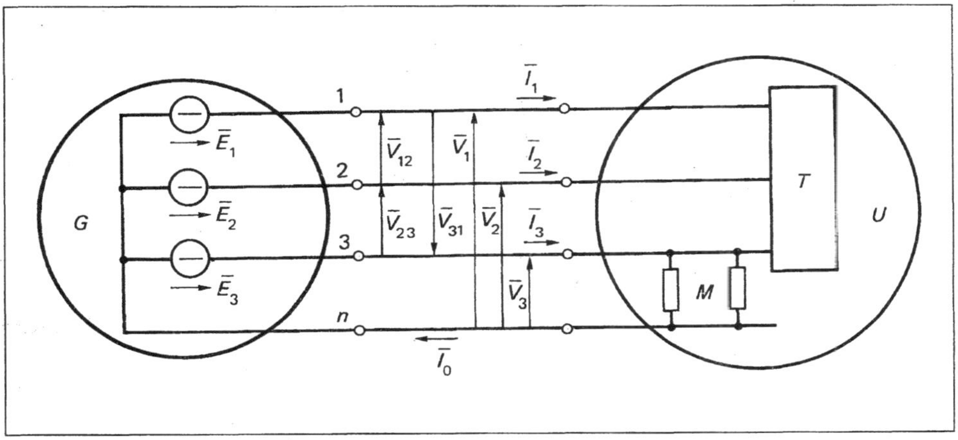

Figura 2.8. Sistema trifase a quattro fili. Il filo neutro *n* è derivato dal centro stella *G* del generatore equivalente.

ca a bassa tensione in quanto consentono di avere a disposizione un sistema trifase di tensioni concatenate, di valore V, per l'alimentazione dei carichi trifase (utenze industriali) e tre tensioni monofase, di valore $V_f = V / \sqrt{3}$, per l'alimentazione delle utenze monofase (utenze domestiche) a tensione opportunamente ridotta per ragioni di sicurezza.

3

CIRCUITI MAGNETICI

3.1. RICHIAMI RELATIVI AL CAMPO MAGNETICO

Il campo magnetico è definito localmente dal vettore induzione $\overline{B}$ e dal vettore forza magnetica $\overline{H}$, legati fra loro dalla relazione $\overline{B} = \mu\overline{H}$, dove μ, detta permeabilità magnetica, è una caratteristica del mezzo in cui si svolgono le linee di flusso dei vettori $\overline{B}$ e $\overline{H}$, che risultano sempre linee chiuse a cui $\overline{B}$ e $\overline{H}$ sono tangenti.

Le unità di misura delle grandezze ora definite sono:

- induzione B: T (tesla)
- forza magnetica H: A/m (ampere diviso metro)
- permeabilità magnetica μ: H/m (henry diviso metro).

Per lo studio che dobbiamo affrontare, distingueremo mezzi la cui permeabilità è costante (cioè indipendente da B e da H), praticamente coincidente con quella del vuoto $\mu_0 = 4\pi \cdot 10^{-7}$ (H/m), e mezzi (detti ferromagnetici) la cui permeabilità è funzione di B o di H. La permeabilità dei materiali ferromagnetici, pur essendo variabile, nelle usuali condizioni di funzionamento risulta sensibilmente maggiore di quella del vuoto.

Considerata ora una superficie generica A in un campo magnetico (fig. 3.1), si definisce *flusso* φ del vettore $\overline{B}$ attraverso la superficie stessa il seguente integrale, dove $\overline{n}$ è il versore normale alla superficie A:

$$\varphi = \int_A \overline{B} \cdot \overline{n} \; dA. \tag{3.1}$$

Il flusso φ si misura in weber (Wb): 1 Wb = 1 T · m^2.

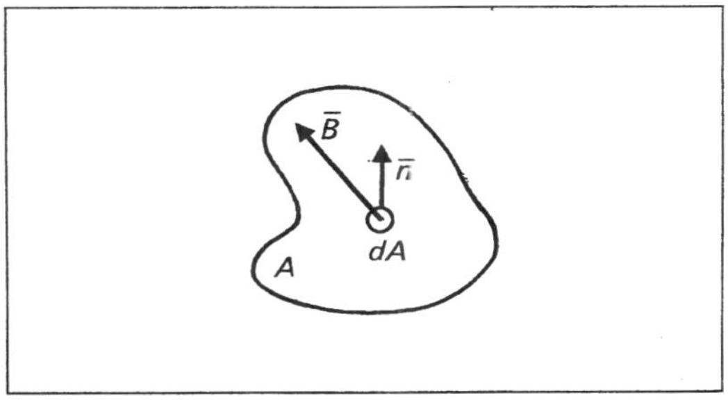

Figura 3.1. Flusso φ del vettore $\overline{B}$ attraverso la superficie A.

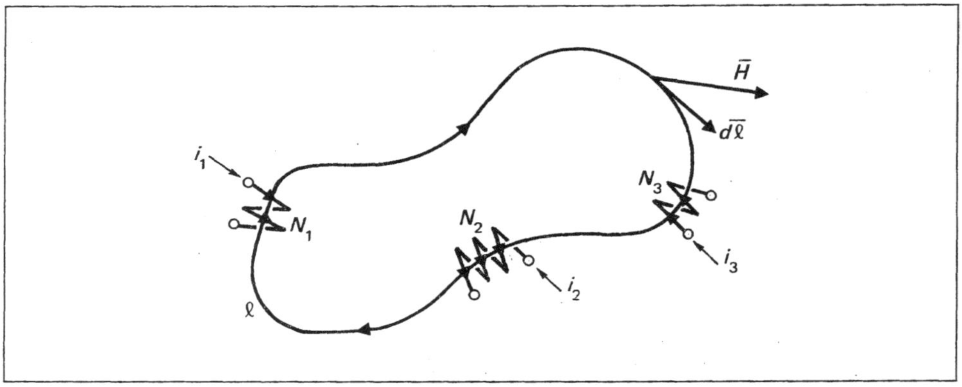

Figura 3.2. Linea chiusa ℓ percorsa positivamente in *senso orario.* Numero di bobine che concatenano la linea: $n = 3$.

Se le linee di flusso di $\overline{B}$ sono normali alla superficie A, si ottiene:

$$(3.2)\qquad \begin{cases} \varphi = \int_A B\,\mathrm{d}A = \int_A \mathrm{d}\varphi \\ B = \mathrm{d}\varphi/\mathrm{d}A. \end{cases}$$

Se inoltre l'induzione $\overline{B}$ è costante in tutta la sezione A si può scrivere:

$$(3.3.)\qquad \varphi = BA \quad \text{o} \quad B = \varphi/A.$$

Le linee di flusso di $\overline{B}$, aventi area infinitesima dA normale ad esse, si definiscono *tubi di flusso del vettore* $\overline{B}$.
Si consideri ora una linea chiusa e orientata ℓ, come indicato in fig. 3.2, e si supponga che detta linea concateni un generico numero n di avvolgimenti o bobine. Detti N_k il numero di spire e i_k la corrente della k-esima bobina, si chiama forza magnetomotrice (f.m.m.) il prodotto:

$$(3.4)\qquad m_k = N_k i_k.$$

Il segno della f.m.m. si valuta con la «regola del cavatappi»: la f.m.m. m_k (e quindi la corrente i_k) è *positiva* se, facendo girare un cavatappi nel senso in cui la corrente percorre le spire della bobina, esso avanza nel senso positivo di percorrenza della linea stessa. Logicamente la f.m.m. m_k è negativa in caso contrario.
In fig. 3.2 le f.m.m. $m_1 = N_1 i_1$ e $m_3 = N_3 i_3$ sono positive, mentre la f.m.m. $m_2 = N_2 i_2$ è negativa.
Detto quindi $\overline{H}$ il valore della forza magnetica in un generico punto della linea ℓ e $\overline{\mathrm{d}\ell}$ il vettore infinitesimo tangente alla linea e orientato come essa (fig. 3.2), si può scrivere:

$$(3.5)\qquad \oint \overline{H} \times \overline{\mathrm{d}\ell} = \sum_1^n {}_k\, N_k i_k = \sum_1^n {}_k\, m_k$$

La sommatoria

$$\sum_{1}^{n} {}_k m_k$$

rappresenta la *corrente totale* che attraversa una qualsiasi superficie che ha per contorno la linea chiusa ℓ.
Se ℓ è una linea di flusso del vettore $\overline{H}$, orientata come il vettore stesso, la relazione (3.5) diventa, ricordando che $\overline{H}$ è tangente alla linea:

(3.6) $$\oint H \, d\ell = \sum_{1}^{n} {}_k m_k .$$

In tal caso, considerando un tratto di lunghezza ℓ_1 della linea di flusso ℓ, si definisce *caduta di tensione magnetica* (*c.t.m.*) o *differenza di potenziale magnetico* (d.p.m.) u il seguente integrale:

(3.7) $$u = \int_{\ell_1} H \cdot d\ell .$$

Inoltre se H è costante lungo tutto il tratto ℓ_1, la (3.7) diventa:

(3.8) $$u = H \cdot \ell_1 .$$

3.2. CIRCUITI MAGNETICI

Si definisce *circuito magnetico* l'insieme di più tubi di flusso del campo magnetico. Descriviamo ora le leggi che governano i circuiti magnetici, mostrando come esse siano formalmente analoghe a quelle che governano i circuiti elettrici in corrente continua.
Prendiamo in esame circuiti magnetici eccitati da f.m.m., come mostra la fig. 3.3.
Si assume positiva la misura del flusso φ nel circuito magnetico, se esso è legato alla corrente positiva i, circolante nella bobina, dalla «regola del cavatappi». Nel seguito si parlerà di *verso* positivo del flusso del circuito magnetico, sottointendendo quanto sopra enunciato.
L'analogia formale fra circuiti elettrici e quelli magnetici si ottiene sostituendo alle grandezze elettriche quelle magnetiche secondo il seguente schema.

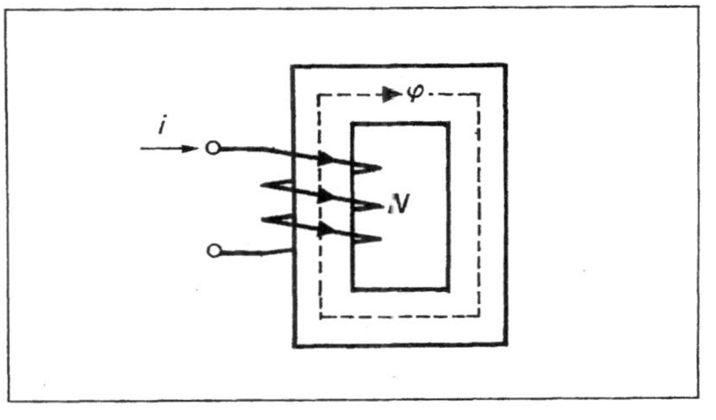

Figura 3.3. Circuito magnetico eccitato dalla f.m.m. $m = Ni$.

Grandezze elettriche

F.e.m.	E	[V]
Caduta di tensione	V	[V]
Corrente	I	[A]
Densità di corrente	S	[A/m²]
Forza elettrica	K	[V/m]
Conduttività	γ	[1/Ωm]
Resistività	$\rho = 1/\gamma$	[Ωm]
Resistenza	R	[Ω]
Conduttanza	G	[S]

Grandezze magnetiche

F.m.m.	m	[A]
C.t.m. o d.p.m.	u	[A]
Flusso	φ	[Wb]
Induzione	B	[T]
Forza magnetica	H	[A/m]
Permeabilità	μ	[H/m]
Riluttività	$1/\mu$	[m/H]
Riluttanza	θ	[1/H]
Permeanza	Λ	[H]

Consideriamo ora un tronco di circuito magnetico (tubo di flusso) cilindrico di permeabilità μ, lunghezza ℓ e sezione retta costante A e analogamente un conduttore elettrico cilindrico di conduttanza γ (resistività $\rho = 1/\gamma$) di uguali dimensioni geometriche. Considerando B (e quindi $H = B/\mu$) costante in tutta la sezione A per tutta la lunghezza ℓ, si ottengono le seguenti relazioni ricordando la (3.3) e la (3.8):

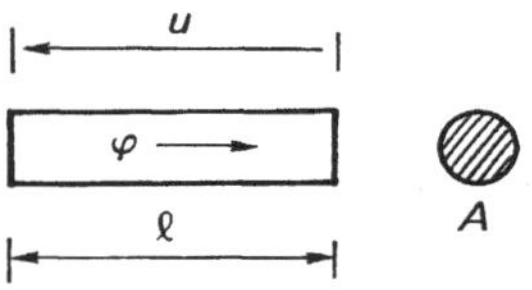

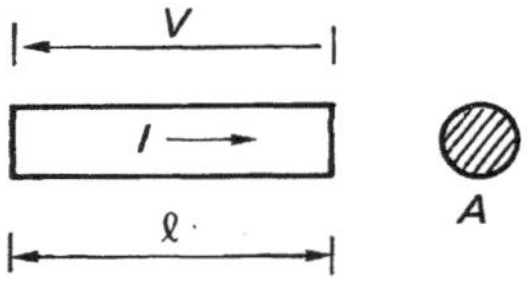

$$\begin{cases} u = H \cdot \ell \\ \varphi = B \cdot A \\ B = \mu H \end{cases} \quad \begin{cases} \varphi = \mu H A = \left(\mu \dfrac{A}{\ell}\right) u = \Lambda u \\ u = \left(\dfrac{1}{\mu}\dfrac{\ell}{A}\right) \varphi = \theta \varphi \end{cases} \qquad \begin{cases} V = K\ell \\ I = SA \\ S = \gamma K \end{cases} \quad \begin{cases} I = \left(\gamma \dfrac{A}{\ell}\right) V = GV \\ V = \left(\rho \dfrac{\ell}{A}\right) I = RI \end{cases}$$

Permeanza $\Lambda = \mu \dfrac{A}{\ell}$ Conduttanza $G = \gamma \dfrac{A}{\ell}$

Riluttanza $\theta = \dfrac{1}{\mu}\dfrac{\ell}{A} = \dfrac{1}{\Lambda}$ Resistenza $R = \rho \dfrac{\ell}{A} = 1/G$

Esaminiamo ora altri circuiti magnetici analoghi a corrispondenti circuiti elettrici.

CIRCUITI MAGNETICI *CIRCUITI ELETTRICI*

a) *Circuito chiuso*

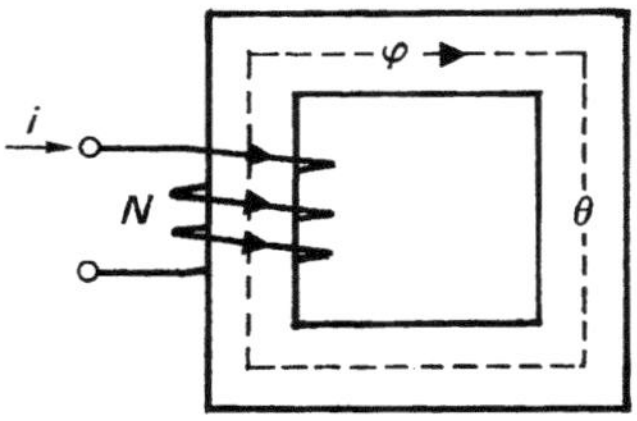

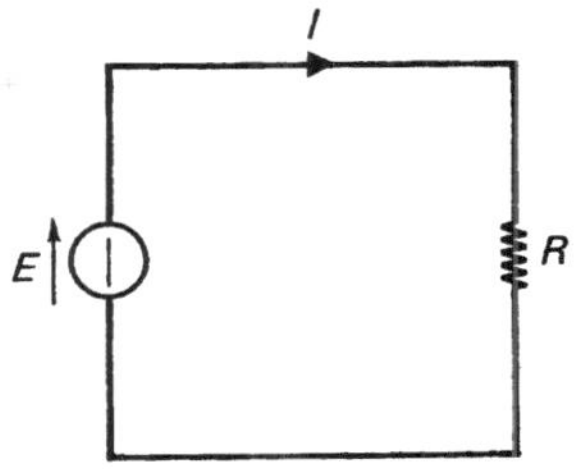

$m = \theta\varphi \qquad (m = N \cdot i)$
$\varphi = \Lambda m$
$\theta = 1/\Lambda$

$E = RI$
$I = GE$
$R = 1/G$

b) *Tratto di circuito attivo*

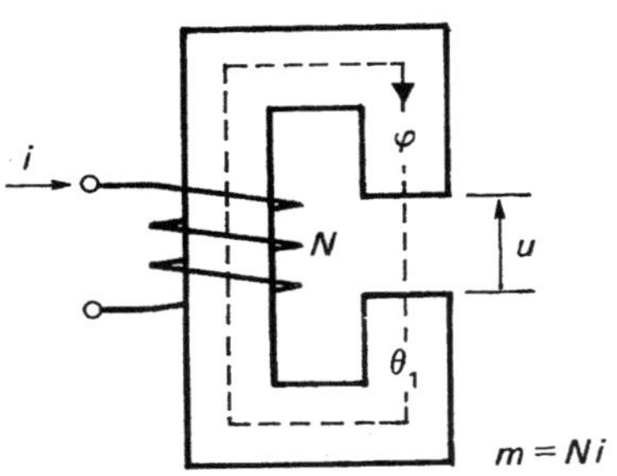

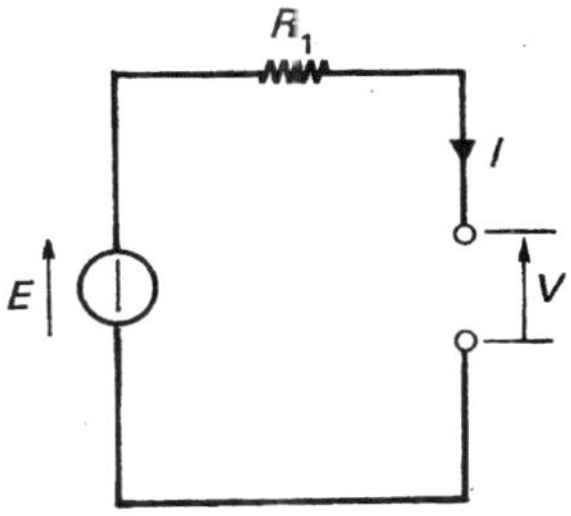

$u = m - \theta_1\varphi$

$V = E - R_1 I$

c) *Legge ai nodi*

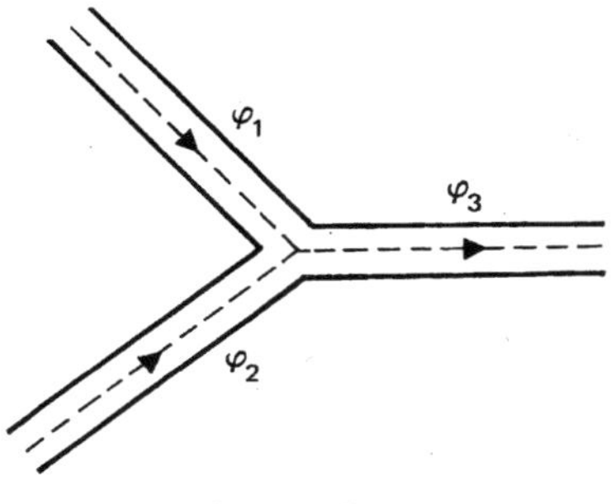

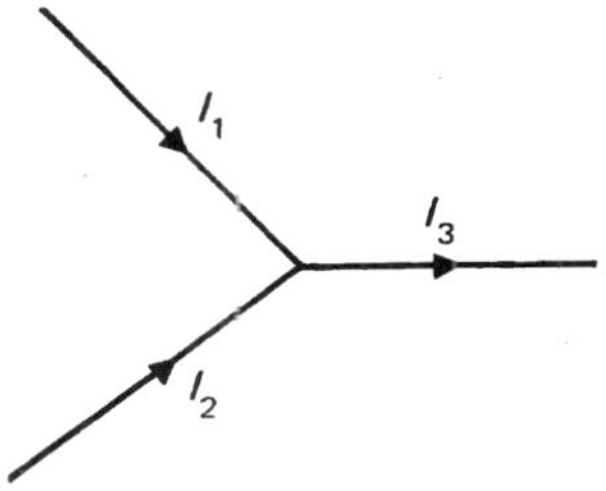

$\varphi_1 + \varphi_2 = \varphi_3$

$I_1 + I_2 = I_3$

CIRCUITI MAGNETICI *CIRCUITI ELETTRICI*

d) *Legge alle maglie*

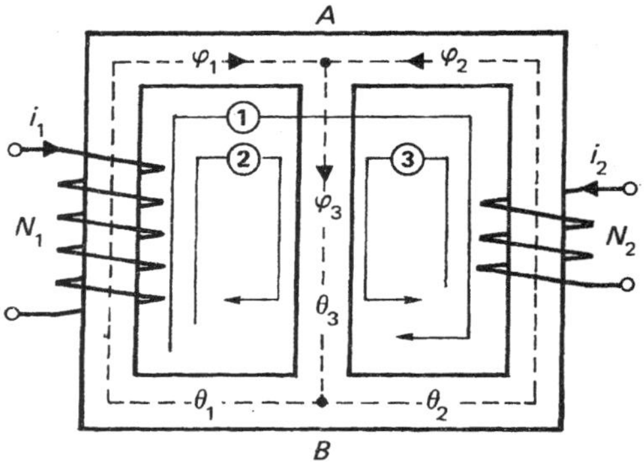

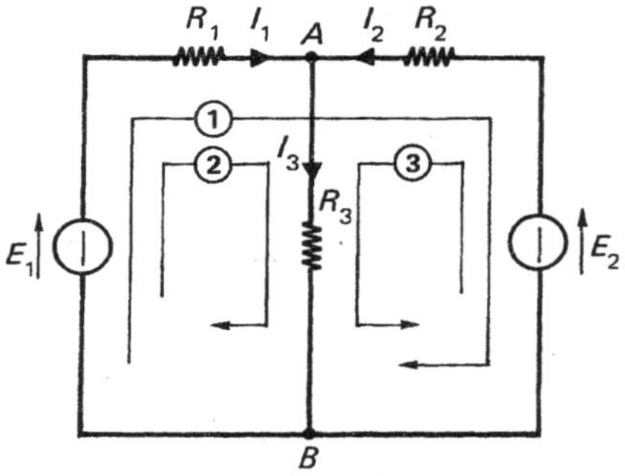

$m_1 = N_1 i_1$
$m_2 = N_2 i_2$

Maglia 1: $m_1 - m_2 = \theta_1 \varphi_1 - \theta_2 \varphi_2$
Maglia 2: $m_1 = \theta_1 \varphi_1 + \varphi_3 \varphi_3$
Maglia 3: $m_2 = \theta_2 \varphi_2 + \theta_3 \varphi_3$

$U_{AB} = \theta_3 \varphi_3$
$\varphi_1 + \varphi_2 = \varphi_3$

Maglia 1: $E_1 - E_2 = R_1 I_1 - R_2 I_2$
Maglia 2: $E_1 = R_1 I_1 + R_3 I_3$
Maglia 3: $E_2 = R_2 I_2 + R_3 I_3$

$V_{AB} = R_3 I_3$
$I_1 + I_2 = I_3$

4

LEGGE DELL'INDUZIONE ELETTROMAGNETICA E CIRCUITI MUTUAMENTE ACCOPPIATI

4.1. F.E.M. INDOTTA IN UNA SPIRA E IN UNA BOBINA

L'esperienza mostra che ai capi *a* e *b* della spira di fig. 4.1, che concatena il flusso $\varphi(t)$ variabile nel tempo, viene indotta una f.e.m. e_s il cui valore assoluto istantaneo è uguale alla variazione del flusso nel tempo, e cioè risulta, avendo indicato con $p = \mathrm{d}/\mathrm{d}t$ l'operatore derivata:

$$|e_s| = \left|\frac{\mathrm{d}\varphi(t)}{\mathrm{d}t}\right| = |p\varphi(t)|. \tag{4.1}$$

Dalla (4.1) si deduce, per quanto concerne l'unità di misura del flusso (weber = Wb): 1 Wb = 1 V · s.

Se ora si collega un voltmetro a valore istantaneo (ad esempio un oscilloscopio), come indicato in fig. 4.1.a (*morsetto* + del voltmetro collegato al *morsetto a* della spira), sperimentalmente si ottiene che, considerato positivo il flusso $\varphi(t)$ con il verso indicato in figura, il voltmetro fornisce una indicazione istantanea *positiva* (e quindi

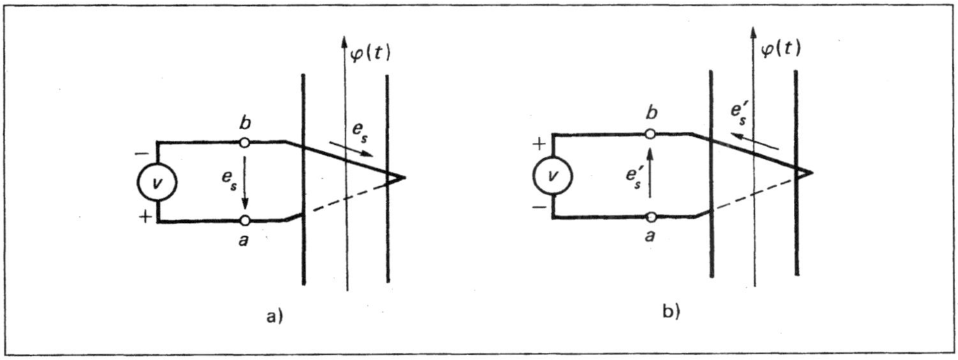

Figura 4.1. Inserzione del voltmetro *v* a valore istantaneo per la misura della f.e.m. indotta in una spira.

la f.e.m. e_s è *positiva*) se *risulta* $p\varphi(t) < 0$, mentre l'indicazione del voltmetro è *negativa* (e quindi anche la f.e.m. e_s è *negativa*) se risulta $p\varphi(t) > 0$.
Quindi, con la convenzione di segno adottata in fig. 4.1.a, la f.e.m. e_s indotta nella spira è positiva quando il flusso $\varphi(t)$ da essa concatenato sta diminuendo ($p\varphi(t) < 0$), mentre è negativa quando il flusso $\varphi(t)$ sta aumentando ($p\varphi(t) > 0$).
Pertanto, con la suddetta convenzione di segno, la legge dell'induzione elettromagnetica deve essere formulata nel modo seguente:

$$e_s(t) = e_{ab} = -p\varphi(t). \tag{4.2}$$

Dalla fig. 4.1.a si deduce che il *verso positivo* della f.e.m. e_s indotta nella spira coincide con il *senso di rotazione* di un cavatappi che avanza nel *verso positivo* del flusso, cioè per l'equazione (4.2) si deve adottare la convenzione di segno che lega il flusso $\varphi(t)$ alla f.e.m. $e_s(t)$ mediante la «regola del cavatappi».
Se invece si collega il voltmetro come indicato in fig. 4.1.b (*morsetto* + del voltmetro collegato al *morsetto b* della spira) sperimentalmente si ricava che $e_s' > 0$ se $p\varphi(t) > 0$ $e_s' < 0$ se $p\varphi(t) < 0$ e quindi la legge dell'induzione elettromagnetica va formulata nel modo seguente:

$$e_s'(t) = e_{ba} = p\varphi(t) = -e_s(t). \tag{4.3}$$

Questa seconda convenzione di segno non assume un nome particolare. Se ad esempio il flusso $\varphi(t)$ varia nel tempo con legge sinusoidale, si ottiene (fig. 4.2):

$$\begin{cases} \varphi(t) = \Phi_M \operatorname{sen} \omega t \\ e_s(t) = -\omega\Phi_M \cos \omega t \\ e_s'(t) = \omega\Phi_M \cos \omega t. \end{cases} \tag{4.4}$$

Se si considera ora una bobina costituita da N spire in serie fra loro, che concatenano tutte il medesimo flusso $\varphi(t)$, ai capi della bobina si ottiene una f.e.m., somma delle f.e.m. indotte in ciascuna spira, la cui espressione è la seguente, avendo introdotto il

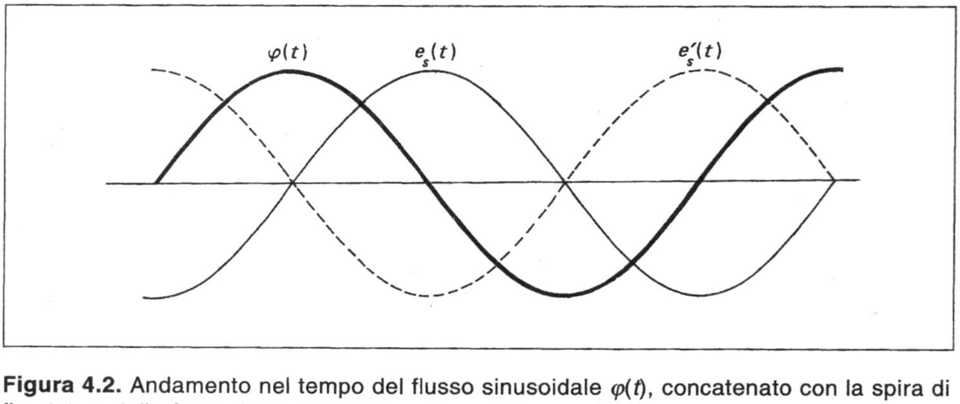

Figura 4.2. Andamento nel tempo del flusso sinusoidale $\varphi(t)$, concatenato con la spira di fig. 4.1, e delle f.e.m. in essa indotte $e_s(t)$ e $e_s'(t)$.

flusso concatenato $\varphi_c = N\varphi$:

$$(4.5)\qquad \begin{cases} e(t) = -Np\varphi(t) = -p\varphi_c(t) \\ e'(t) = Np\varphi(t) = p\varphi_c(t) = -e(t). \end{cases}$$

Osserviamo che se le spire della bobina non concatenano tutte lo stesso flusso le relazioni (4.5) non sono più valide, in quanto le f.e.m. indotte in ciascuna spira non sono più uguali fra loro. La f.e.m. risultante si ottiene sommando la f.e.m. indotta in ciascuna spira.

4.2. AUTOINDUTTANZA DI UNA BOBINA IN ARIA

Si consideri la bobina in aria di N spire percorsa dalla corrente i, come indicato in fig. 4.3, dove sono mostrati alcuni dei più significativi tubi di flusso del campo magnetico creato dalla f.m.m. $m = Ni$.
Il verso del vettore $\overline{H}$ (e quindi anche quello di percorrenza dei tubi di flusso) è legato alla f.m.m. dalla «regola del cavatappi».
Si definisce *flusso del campo* della bobina il flusso ottenuto sommando i flussi elementari dφ dei singoli tubi che attraversano l'area mediana A della bobina:

$$(4.6)\qquad \varphi_p = \int_A \mathrm{d}\varphi$$

Osserviamo inoltre che i tubi di flusso rappresentati in fig. 4.3, concatenano numeri di spire differenti come mostra la tabella seguente:

Tubi di flusso	*Numero di spire concatenate*
1	$n_1 < N$
2	$n_2 < N$
3	$n_3 = N$

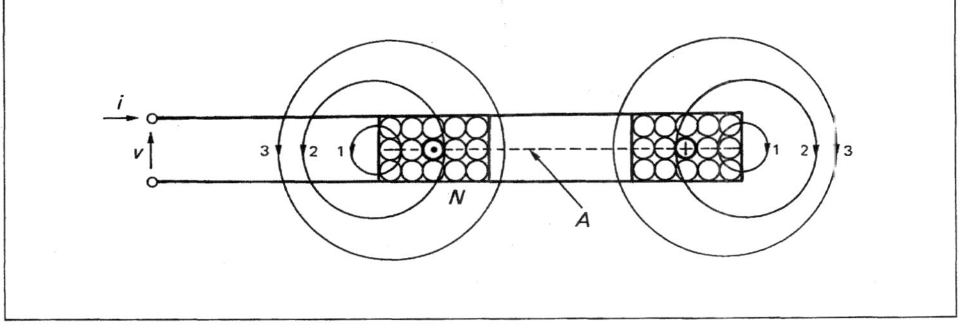

Figura 4.3. Andamento di alcuni tubi di flusso; A è l'area della sezione mediana della bobina.

Si definisce *flusso totale concatenato* φ_c con la bobina la somma dei prodotti dei flussi elementari dφ dei singoli tubi per il numero n di spire che essi concatenano:

$$(4.7) \qquad \varphi_c = \int_A n \mathrm{d}\varphi = N \int_A \frac{n}{N} \mathrm{d}\varphi.$$

Si definisce *flusso medio concatenato* φ_m con la bobina il seguente integrale, che compare al terzo membro della (4.7):

$$(4.8) \qquad \varphi_m = \int_A \frac{n}{N} \mathrm{d}\varphi = \varphi_c / N.$$

Poiché risulta $(n/N) \leq 1$, si ottiene che:

$$(4.9) \qquad \varphi_m = \int_A \frac{n}{N} \mathrm{d}\varphi < \int_A \mathrm{d}\varphi = \varphi_p.$$

Quindi il flusso medio φ_m è inferiore al flusso del campo φ_p, e conseguentemente si ha anche:

$$(4.10) \qquad \varphi_c = N\varphi_m < N\varphi_p.$$

Si definisce *induttanza* L della bobina il rapporto tra il flusso totale concatenato φ_c con la bobina e la corrente i che circola in essa:

$$(4.11) \qquad L = \varphi_c / i = N\varphi_m / i.$$

Dalla (4.11) si ottiene che l'unità di misura dell'induttanza (henry = H) vale: 1 H = 1 Wb/A = 1 V · s/A = 1 Ω · s.
Se il mezzo in cui si svolge il campo magnetico è normale (permeabilità μ = costante) l'induttanza L è costante.
Con la definizione di flusso medio concatenato φ_m il comportamento della bobina, visto dai due morsetti, può essere schematizzato come in fig. 4.4, in cui è stato rappresentato un solo tubo di flusso di valore φ_m, che concatena tutte le N spire della bobina.
Detta quindi Λ la permeanza equivalente associata al flusso medio φ_m, si ottiene:

$$(4.12) \qquad \varphi_m = (Ni) \cdot \Lambda$$

e quindi l'espressione (4.11) dell'induttanza diventa:

$$(4.13) \qquad L = N\varphi_m / i = N^2 \Lambda.$$

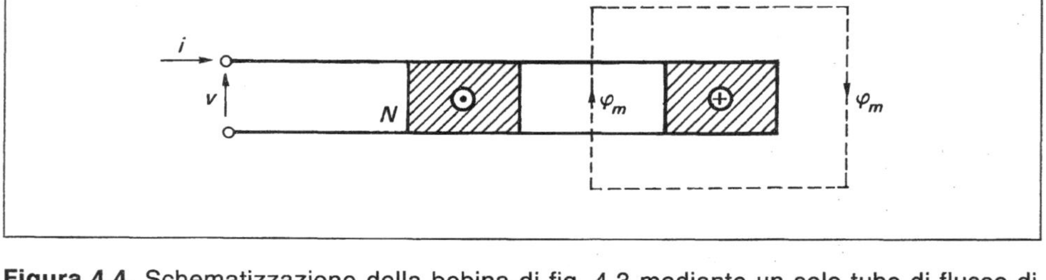

Figura 4.4. Schematizzazione della bobina di fig. 4.3 mediante un solo tubo di flusso di valore φ_m.

La permeanza Λ è detta *permeanza equivalente agli effetti del flusso medio concatenato*. La definizione di induttanza L della bobina è strettamente legata alla legge dell'induzione elettromagnetica. Infatti se la corrente i è variabile nel tempo, risulta variabile anche il *flusso totale concatenato* φ_c con la bobina, nella quale viene quindi indotta una f.e.m., detta di autoinduzione, il cui valore è:

(4.14) $e = -p\varphi_c(t).$

Quindi dalla (4.11) si ottiene, essendo L costante:

(4.15) $e = -Lpi(t).$

Detta R la resistenza della bobina e v la tensione ad essa applicata si può scrivere:

(4.16) $v + e = Ri,$

da cui segue

(4.17) $v = Ri - e = Ri + p\varphi_c(t) = Ri + Lpi.$

In particolare in regime alternato sinusoidale di pulsazione ω la (4.17) diventa:

(4.18) $\bar{V} = R\bar{I} + j(\omega L)\bar{I} = (RT + jX_L)\bar{I} = \bar{Z}_L I$

dove si è posto $X_L = \omega L$ e $\bar{Z}_L = R + jX_L$.

4.3. MUTUA INDUTTANZA FRA DUE BOBINE IN ARIA

Si considerino le due bobine in aria 1 e 2, rispettivamente di N_1 e N_2 spire, indicate in fig. 4.5.

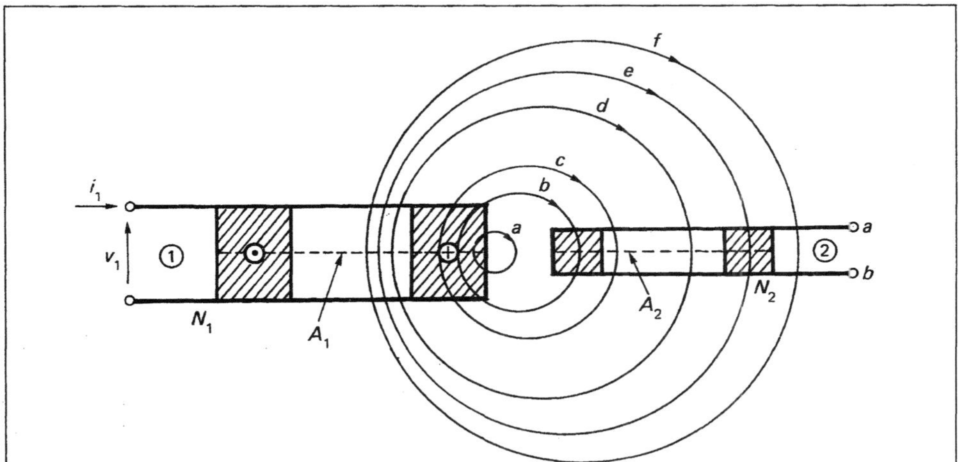

Figura 4.5. Andamento di alcuni tubi di flusso creati dalla f.m.m. $m_1 = N_1 i_1$ della bobina 1, essendo la bobina 2 aperta; A_1 e A_2 sono le aree delle sezioni mediane delle bobine.

La valutazione della mutua induttanza fra le due bobine deve essere effettuata *alimentando una sola bobina* per volta e *lasciando l'altra aperta*.
Se alimentiamo la bobina 1 ($i_1 \neq 0$), lasciando aperta la bobina 2 ($i_2 = 0$), il campo magnetico ha l'andamento indicato in fig. 4.5, dove sono messi in evidenza alcuni caratteristici tubi di flusso che interessano anche la bobina 2; i versi di questi tubi si determinano mediante la «regola del cavatappi».
Indichiamo con N_1 il numero di spire della bobina 1 e N_2 quella della bobina 2 concatenato contemporaneamente da un generico tubo di flusso.
Con riferimento alla fig. 4.5 si possono caratterizzare i seguenti concatenamenti:

Tubo di flusso	*Numero di spire concatenate con la bobina* 1	*Numero di spire concatenate con la bobina* 2
a	$n_{1a} < N_1$	$n_{2a} = 0$
b	$n_{1b} < N_1$	$n_{2b} < N_2$
c	$n_{1c} < N_1$	$n_{2c} = N_2$
d	$n_{1d} = N_1$	$n_{2c} = N_2$
e	$n_{1e} = N_1$	$n_{2d} < N_2$
f	$n_{1f} = N_1$	$n_{2f} = 0$

In analogia a quanto visto precedentemente, si definisce *flusso totale concatenato* con la bobina 2, e prodotto dalla bobina 1, la somma dei prodotti dei flussi elementari dφ dei singoli tubi per il numero n_2 di spire della bobina 2 che essi concatenano:

$$(4.19) \qquad \varphi_{c12} = \int_{A2} n_2 \mathrm{d}\varphi = N_2 \int_{A2} \frac{n_2}{N_2} \mathrm{d}\varphi.$$

Si definisce *flusso medio concatenato* con la bobina 2 il seguente integrale:

$$(4.20) \qquad \varphi_{m12} = \int_{A2} \frac{n_2}{N_2} \mathrm{d}\varphi = \varphi_{c12} / N_2 .$$

Si definisce *mutua induttanza* L_{12} fra la bobina 1 e la bobina 2 il seguente rapporto:

$$(4.21) \qquad L_{12} = \varphi_{c12}/i_1 = N_2 \varphi_{m12}/i_1.$$

Se il mezzo in cui si svolge il campo magnetico è normale, la mutua induttanza L_{12} è costante.
In modo del tutto analogo, alimentando la bobina 2 ($i_2 \neq 0$) e lasciando aperta la bobina 1 ($i_1 = 0$), si definisce la mutua induttanza L_{21} fra le bobine 2 e 1.
Si può dimostrare che in mezzi non dissipativi risulta:

$$(4.22) \qquad L_{12} = L_{21} = L_m \qquad \text{(principio di reciprocità).}$$

Considerando i flussi medi concatenati è possibile schematizzare il mutuo accoppiamento fra le bobine 1 e 2 come indicato in fig. 4.6, in cui è alimentata solo la bobina 1 mentre la bobina 2 è aperta.
Se indichiamo con Λ_1 la permeanza equivalente agli effetti del flusso medio φ_{m1} concatenato con la bobina 1 e Λ_m la permeanza equivalente agli effetti del flusso

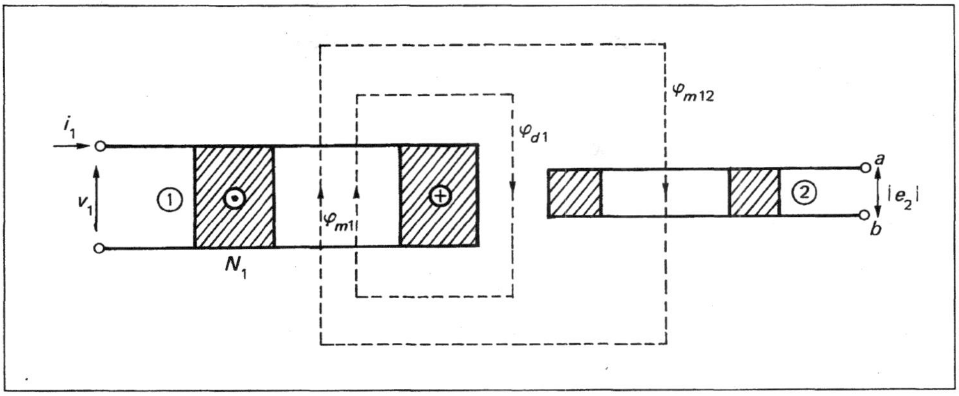

Figura 4.6. Schematizzazione del mutuo accoppiamento fra le bobine 1 e 2 mediante i flussi medi concatenati, nel caso in cui è alimentata la bobina 1 e la bobina 2 è aperta.

medio φ_{m12} concatenato con la bobina 2, si può scrivere:

$$(4.23)\qquad \begin{cases} \varphi_{m1} = (N_1 i_1)\Lambda_1 \\ \varphi_{m12} = (N_1 i_1)\Lambda_m. \end{cases}$$

Si definisce *flusso disperso* della bobina 1 la differenza fra i flussi φ_{m1} e φ_{m12}:

$$(4.24)\qquad \varphi_{d1} = \varphi_{m1} - \varphi_{m12} = (N_1 i_1)\,(\Lambda_1 - \Lambda_m) = (N_1 i_1)\,\Lambda_{1d},$$

dove $\Lambda_{1d} = \Lambda_1 - \Lambda_m$ è la permeanza equivalente agli effetti del flusso disperso φ_{d1}. Ricordando la (4.21) si ottiene:

$$(4.25)\qquad L_m = N_1 N_2 \Lambda_m.$$

Anche la mutua induttanza L_m fra due bobine è legata alla legge dell'induzione elettromagnetica. Se infatti il flusso φ_{c12} concatenato con la bobina 2 è variabile nel tempo, ai morsetti della bobina stessa si raccoglie una f.e.m., detta la mutua induzione, il cui valore assoluto è dato dalla seguente espressione:

$$(4.26)\qquad |e_2| = |p\varphi_{c12}| = |N_2 p \varphi_{m12}| = |L_m p i_1|.$$

Scelta la convenzione di segno per la valutazione della f.e.m. e_2 (ad esempio quella data dalla «regola del cavatappi») per conoscere il suo verso occorre sapere il verso con cui è stata avvolta la bobina 2, come è mostrato in fig. 4.7, in cui la bobina, per ragioni di semplicità, è schematizzata con un solo strato di spire.
Sia per il caso a) (bobina avvolta in senso antiorario partendo dal morsetto a) sia per il caso b) (bobina avvolta in senso orario) si ha:

$$(4.27)\qquad e_2 = -N_2 p \varphi_{m12} = -L_m p i_1.$$

Come si può però notare, nel caso a) risulta $e_2 = e_{ab}$, mentre nel caso b) $e_2 = e_{ba} = -e_{ab}$.

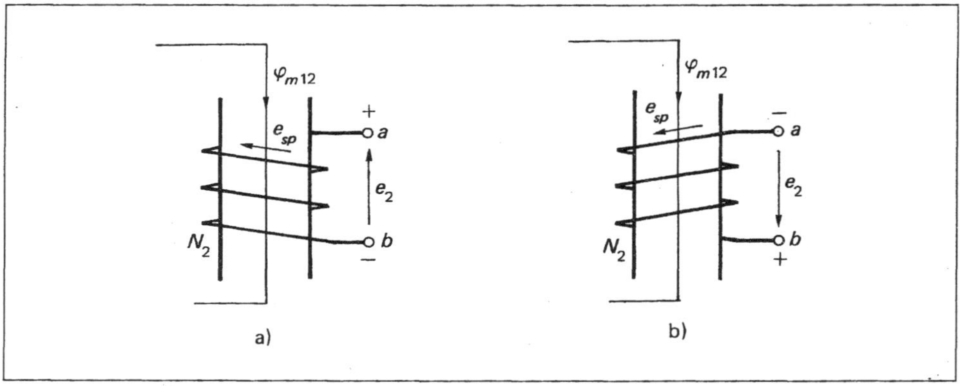

Figura 4.7. Determinazione, mediante la «regola del cavatappi», del verso della f.e.m. e_2 indotta nella bobina 2, considerata avvolta in a) in senso antiorario e in b) in senso orario, partendo dal morsetto a.

In regime alternato sinusoidale di pulsazione ω la (4.27) diventa:

$$\bar{E}_2 = -j(\omega L_m)\bar{I}_1. \tag{4.28}$$

Queste ultime considerazioni consentono di dire che il segno della f.e.m. di mutua induzione, indotta in una bobina mutuamente accoppiata con un'altra, è legato sia al

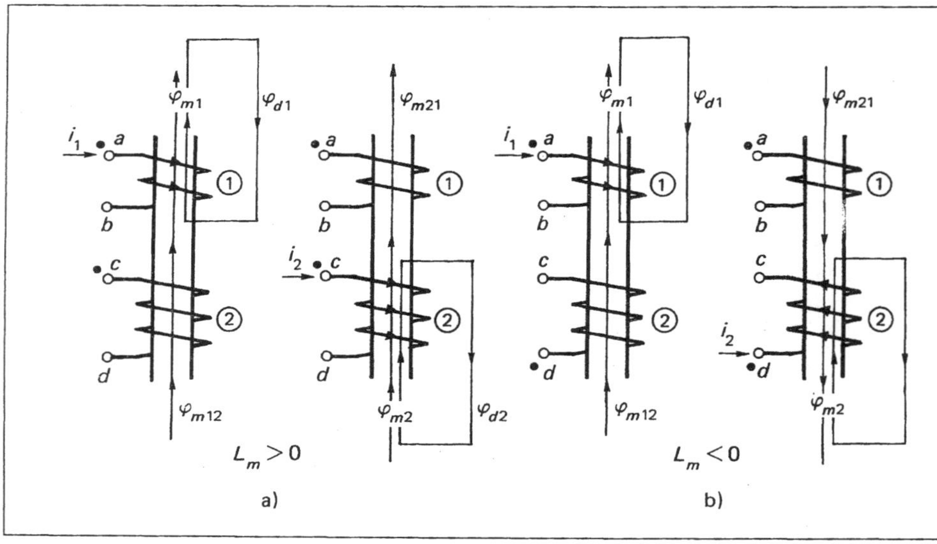

Figura 4.8. Segno della mutua induttanza L_m fra le bobine 1 e 2.
a) I flussi φ_{m12} e φ_{m2} sono equiversi (come φ_{m1} e φ_{m21}): $L_m > 0$.
b) I flussi φ_{m12} e φ_{m2} sono controversi (come φ_{m1} e φ_{m21}): $L_m < 0$.

modo con cui la bobina è avvolta, sia al modo con cui la f.e.m. è misurata rispetto ai morsetti della bobina stessa.
Ciò comporta che alla mutua induttanza L_m fra due avvolgimenti generici 1 e 2 si deve attribuire un segno (mentre le rispettive autoinduttanze sono intrinsecamente positive), che si deduce dalle considerazioni che seguono.
Innanzitutto bisogna distinguere con un contrassegno (per esempio con un punto ·) un morsetto di ciascun avvolgimento, come indicato in fig. 4.8.
Si dice che la mutua induttanza L_m fra le bobine 1 e 2 è *positiva* se, facendo percorrere ad esempio l'avvoglimento 1 da una corrente i_1 positiva entrante nel morsetto contrassegnato (morsetto a di fig. 4.8.a), essendo l'avvolgimento 2 aperto, il flusso medio φ_{m12}, concatenato con l'avvolgimento 2, ha lo stesso verso del flusso φ_{m2}, anch'esso concatenato con l'avvolgimento 2 ottenuto facendo percorrere questo avvolgimento da una corrente i_2 positiva entrante nel morsetto contrassegnato (morsetto c di fig. 4.8.a), essendo l'avvolgimento 1 aperto. In caso contrario si dice che la mutua induttanza fra le due bobine è negativa.
In fig. 4.8 sono illustrati un esempio di accoppiamento positivo (fig. 4.8.a) e un caso di accoppiamento negativo (fig. 4.8.b).
Quanto ora detto è di estrema importanza per lo studio di circuiti elettrici mutuamente accoppiati perché, se si fa riferimento per le misure delle grandezze elettriche ai morsetti contrassegnati delle due bobine, nel caso di fig. 4.8.a la mutua induttanza L_m è considerata positiva, nel caso di fig. 4.8.b L_m è considerata negativa.

4.4. EQUAZIONI DI DUE CIRCUITI MUTUAMENTE ACCOPPIATI IN ARIA

Consideriamo due circuiti 1 e 2 mutuamente accoppiati in aria, rispettivamente di resistenza R_1 e R_2, autoinduttanza L_1 e L_2 e la cui mutua induttanza L_m è positiva, come mostra la fig. 4.9, in cui i due avvolgimenti sono contemporaneamente alimentati,

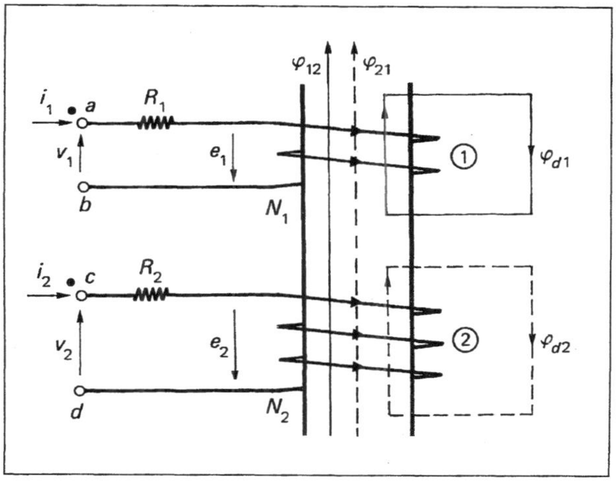

Figura 4.9. Flussi medi concatenati in due avvolgimenti mutuamente accoppiati e contemporaneamente percorsi da corrente.

avendo assunto la convenzione di segno degli utilizzatori per entrambi.
Si vuole determinare il legame esistente fra le tensioni ad esse applicate e le correnti che essi assorbono, e cioè si vogliono determinare le equazioni di funzionamento dei due circuiti.
Se il circuito 1 è percorso dalla corrente i_1, mentre in circuito 2 è aperto ($i_2 = 0$), come sappiamo, si ottengono i segmenti flussi medi e totali concatenati:

$$(4.29) \quad \begin{cases} \varphi_1 = \varphi_{12} + \varphi_{d1} \\ \varphi_{c1} = N_1\varphi_1 = L_1 i_1 \\ \varphi_{c12} = N_2\varphi_{12} = L_m i_1. \end{cases}$$

Analogamente se il circuito 2 è percorso dalla corrente i_2, mentre il circuito 1 è aperto ($i_1 = 0$), si ha:

$$(4.30) \quad \begin{cases} \varphi_2 = \varphi_{21} + \varphi_{d2} \\ \varphi_{c2} = N_2\varphi_2 = L_2 i_2 \\ \varphi_{c21} = N_1\varphi_{21} = L_m i_2. \end{cases}$$

Se entrambi gli avvoglimenti sono percorsi dalle correnti i_1 e i_2 si ottengono i seguenti flussi totali concatenati:

$$(4.31) \quad \begin{cases} \psi_{c1} = \varphi_{c1} + \varphi_{c21} = N_1(\varphi_1 + \varphi_{21}) = L_1 i_1 + L_m i_2 \\ \psi_{c2} = \varphi_{c2} + \varphi_{c12} = N_2(\varphi_2 + \varphi_{12}) = L_2 i_2 + L_m i_1 \end{cases}$$

dove ψ_{c1} è il flusso totale concatenato con il circuito 1 e ψ_{c2} il flusso totale concatenato con il circuito 2.
Quindi nei circuiti 1 e 2 vengono indotte le seguenti f.e.m.:

$$(4.32) \quad \begin{cases} e_1 = -p\psi_{c1} = -p(L_1 i_1 + L_m i_2) \\ e_2 = -p\psi_{c2} = -p(L_m i_1 + L_2 i_2). \end{cases}$$

Le equazioni di funzionamento dei due circuiti sono quindi, con riferimento alla fig. 4.9:

$$(4.33) \quad \begin{cases} v_1 + e_1 = R_1 i_1 \\ v_2 + e_2 = R_2 i_2, \end{cases}$$

da cui si ha:

$$(4.34) \quad \begin{cases} v_1 = R_1 i_1 + L_1 p i_1 + L_m p i_2 \\ v_2 = R_2 i_2 + L_m p i_1 + L_2 p i_2. \end{cases}$$

Le equazioni (4.34) possono essere scritte anche nel modo seguente:

$$(4.35) \quad \begin{cases} v_1 = R_1 i_1 + L_1 p i_1 + L_m p i_2 + L_m p i_1 - L_m p i_1 = R_1 i_1 + (L_1 - L_m)\, p i_1 + L_m p(i_1 + i_2) \\ v_2 = R_2 i_2 + (L_2 - L_m)\, p i_2 + L_m p(i_1 + i_2). \end{cases}$$

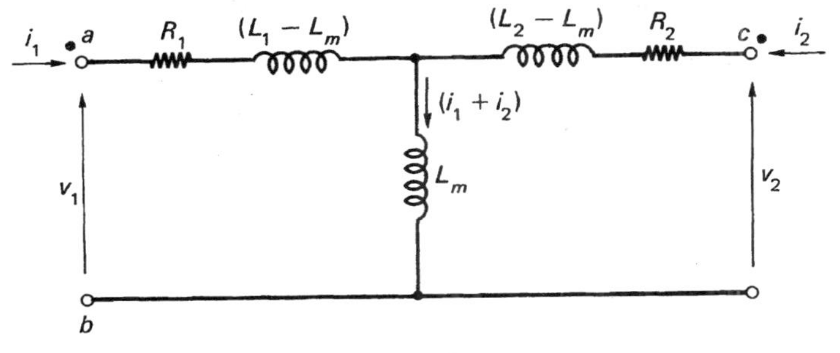

Figura 4.10. Rete elettrica equivalente di due circuiti mutuamente accoppiati in aria.

È facile verificare che le (4.35), identiche alle (4.34), soddisfano il circuito equivalente di fig. 4.10.
Lo studio in regime alternato sinusoidale di pulsazione ω si ottiene ponendo l'operatore $j\omega$ al posto dell'operatore derivata p e sostituendo ai valori istantanei v e i quelli vettoriali $\overline{V}$ e $\overline{I}$. In tal caso nella rete elettrica di fig. 4.10, in luogo dei parametri induttivi, si devono sostituire le reattanze $j\omega(L_1 - L_m)$, $j\omega(L_2 - L_m)$ e $j\omega L_m$.
Si definisce *coefficiente di accoppiamento* K di due avvolgimenti mutuamente accoppiati la seguente espressione:

(4.36) $$K = \sqrt{L_m^2/(L_1 L_2)}\,.$$

Risulta $0 \leq K \leq 1$; quando $K = 0$ ($L_m = 0$) i circuiti sono *completamente disaccoppiati*, quando $K = 1$ i circuiti sono *perfettamente accoppiati*.
Osserviamo infine che nella rete elettrica equivalente di fig. 4.10 uno dei due termini induttivi posti in serie può risultare negativo, quando i due avvolgimenti hanno numeri di spire differenti.
Consideriamo infatti due bobine aventi le stesse dimensioni geometriche, ma numeri di spire differenti, ad esempio una $N_1 = 10$ spire e l'altra $N_2 = 1$ spira. Poiché in tal caso si può ritenere $\Lambda_1 = \Lambda_2$ (le due bobine sono geometricamente uguali) risulta, per la (4.25):

(4.37) $$L_1/L_2 = N_1^2\Lambda/(N_2^2\Lambda_2) = N_1^2/N_2^2 = 100.$$

Se ad esempio il coefficiente di accoppiamento vale $K = 0{,}8$ si ottiene dalla (4.36):

(4.38) $$L_m = K\sqrt{L_1 L_2} = 8\,L_2$$

e quindi:

(4.39) $$\begin{cases} L_2 - L_m = -7\,L_2 < 0 \\ L_1 - L_m = 92\,L_2 > 0. \end{cases}$$

Al termine $(L_2 - L_m) < 0$ non si deve dare alcun particolare significato; esso fa parte di una rete elettrica equivalente dal punto di vista dei suoi morsetti esterni.

4.5. ENERGIA MAGNETICA

Energia magnetica di un induttore in aria

Consideriamo un induttore in aria di induttanza costante L e resistenza R, alimentato dalla tensione v e percorso dalla corrente i, come mostra la fig. 4.11.
La potenza elettrica assorbita da esso vale, ricordando che risulta $v = Ri + Lpi$:

$$p_e = vi = Ri^2 + Lipi = Ri^2 + p\left[\frac{1}{2} Li^2 + C\right]. \tag{4.40}$$

Il termine Ri^2 della (4.40) è la potenza dissipata nell'induttore per effetto Joule, mentre il termine sotto derivata del terzo membro della (4.40) si definisce *energia magnetica* dell'induttore:

$$W_m = \frac{1}{2} Li^2 + C. \tag{4.41}$$

La costante C normalmente si assume pari a zero, in quanto dell'energia magnetica W_m interessa la sua variazione.
La (4.41) mostra che l'energia magnetica dipende solo dal valore attuale della corrente e non dal modo come la corrente ha raggiunto detto valore. Cioè se ad un istante t_1 la corrente assume il valore i_1 e all'istante t_2 il valore i_2, la variazione ΔW_m dell'energia magnetica nell'intervallo di tempo $\Delta t = t_2 - t_1$ è data da:

$$\Delta W_m = W_{m2} - W_{m1} = \frac{1}{2} Li_2^2 - \frac{1}{2} Li_1^2. \tag{4.42}$$

La variazione ΔW_m non dipende dal modo con cui la corrente nel circuito è passata dal valore i_1 a quello i_2. Ricordiamo che il differenziale dW_m dell'energia magnetica risulta perciò un «differenziale esatto».

Energia magnetica di due circuiti mutuamente accoppiati

Si considerino i due circuiti mutuamente accoppiati descritti nel par. 4.4 (fig. 4.9), per i quali valgono le equazioni (4.34).

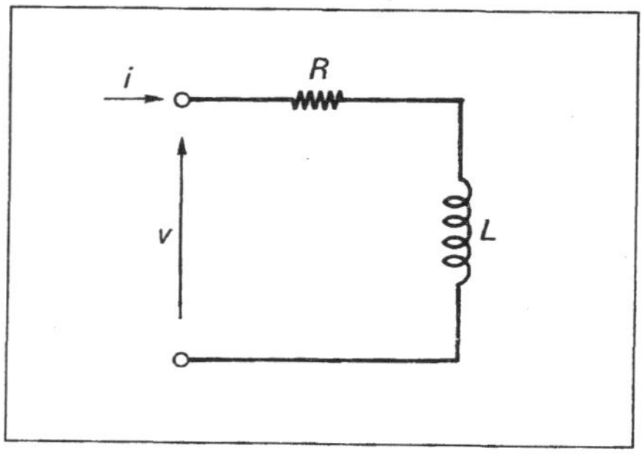

Figura 4.11. Rete elettrica di un induttore reale.

La potenza elettrica assorbita dal sistema formato dai due circuiti vale:

$$(4.43)\qquad \begin{aligned} p_e &= v_1 i_1 + v_2 i_2 = \\ &= (R_1 i_1^2 + R_2 i_2^2) + L_1 i_1 p i_1 + L_m i_1 p i_2 + L_m i_2 p i_1 + L_2 i_2 p i_2 = \\ &= (R_1 i_1^2 + R_2 i_2^2) + p\left[\frac{1}{2} L_1 i_1^2 + \frac{1}{2} L_2 i_2^2 + L_m i_1 i_2\right]. \end{aligned}$$

Il termine $(R_1 i_1^2 + R_2 i_2^2)$ della (4.43) rappresenta la potenza elettrica dissipata per effetto Joule dal sistema, mentre il termine sotto derivata del terzo membro della (4.43) è detto *energia magnetica* dei due circuiti mutuamente accoppiati:

$$(4.44)\qquad W_m = \frac{1}{2} L_1 i_1^2 + \frac{1}{2} L_2 i_2^2 + L_m i_1 i_2 .$$

Non è possibile separare l'energia W_m fra i due circuiti. Anche in tal caso l'energia magnetica dipende solo dai valori attuali delle correnti i_1 e i_2 e non dalle loro vicissitudini.
In modo del tutto analogo è possibile valutare l'energia magnetica di un sistema costituito da n circuiti mutuamente accoppiati.
Nell'espressione dell'energia compaiono n termini del tipo

$$\frac{1}{2} L_K i_K^2$$

e $n(n-1)/2$ termini del tipo $L_{Ki} i_K i_i$.

5

MATERIALI

Nelle macchine elettriche vengono usati materiali conduttori, materiali ferromagnetici e materiali isolanti.
I *materiali conduttori* e i *materiali ferromagnetici*, come vedremo, sono sede di perdite, sotto forma di calore, che fanno aumentare la temperatura della macchina.
I *materiali isolanti*, impiegati per isolare gli avvolgimenti sia fra loro sia verso la carcassa della macchina (detta *massa*), sono particolarmente sensibili alle alte temperature (superiori a circa 100 ÷ 200 °C), che accelerano i processi di degradamento termico, a cui segue la perdita delle proprietà isolanti. Mentre infatti i materiali conduttori e quelli magnetici potrebbero funzionare senza inconvenienti a temperature superiori a 200 °C, pochi sono gli isolanti che possono sopportare tale temperatura per un tempo tecnicamente accettabile (alcune migliaia di ore).
Quindi la temperatura dei punti più caldi di una macchina elettrica (dovuta alle perdite che si producono durante il suo funzionamento) non deve superare i suddetti limiti, al di sopra dei quali gli isolanti si deteriorerebbero irrimediabilmente in tempi brevi, con riduzione della vita media della macchina.

5.1. MATERIALI CONDUTTORI

I materiali conduttori presi in esame sono il rame e l'alluminio, il primo largamente più usato del secondo. Le principali caratteristiche sono:
– per il *rame*: densità $\delta = 8900$ kg/m^3; resistività a 20 °C:

$$\rho_{20°} = 0{,}0178 \cdot 10^{-6} \Omega \text{ m} = 0{,}0178 \ \Omega \text{ mm}^2/\text{m}$$

– per l'*alluminio*: densità $\delta = 2700$ kg/m^3; resistività a 20 °C:

$$\rho_{20°} = 0{,}0284 \cdot 10^{-6} \ \Omega \text{ m} = 0{,}0248 \ \Omega \text{ mm}^2/\text{m}.$$

Uno degli aspetti che più interessa i materiali conduttori è quello delle perdite per effetto Joule, che si producono in essi quando vengono percorsi da corrente. Verrà mostrato come nei conduttori percorsi da corrente continua le perdite risultano inferiori, a parità di condizioni, a quelle che si verificano quando essi vengono percorsi da correnti variabili nel tempo e in particolare da correnti alternate sinusoidali.

Perdite in corrente continua

La potenza dissipata sotto forma di calore da un conduttore di resistenza R e percorso dalla corrente I vale:

(5.1) $$P = RI^2.$$

Se il conduttore è cilindrico di lunghezza ℓ, sezione A e resistività ρ, la resistenza è data da:

(5.2) $$R = \rho\ell/A.$$

Definendo poi la *densità di corrente* S mediante il rapporto:

(5.3) $$S = I/A \qquad [\mathrm{A/m^2}],$$

la potenza perduta diventa, ricordando la (5.2):

(5.4) $$P = (\rho S^2) \cdot (\ell A) = (\rho S^2) \cdot V_0\,,$$

dove $V_0 = \ell A$ è il volume del conduttore.
Inoltre detta $M = \delta V_0$ la massa del conduttore, si ottiene:

(5.5) $$P = (\frac{\rho}{\delta} S^2) \cdot M \qquad [\mathrm{W}].$$

Si definisce *perdita specifica* (per unità di massa) la seguente espressione:

(5.6) $$P' = P/M = (\rho/\delta)S^2 \qquad [\mathrm{W/kg}].$$

Normalmente la densità di corrente è definita, per ragioni di comodità, in $\mathrm{A/mm^2}$, anziché in $\mathrm{A/m^2}$.
Nei conduttori delle macchine elettriche la densità di corrente varia circa da 1 $\mathrm{A/mm^2}$ a 5 $\mathrm{A/mm^2}$.
Esprimendo la densità di corrente S in $\mathrm{A/mm^2}$ dalla relazione (5.6) si ottiene, a 20 °C:
- per il *rame*: $P' = 2\ S^2$ [W/kg],
- per l'*alluminio*: $P' = 10{,}5\ S^2$ [W/kg].

(S in $\mathrm{A/mm^2}$)

La resistività del rame e dell'alluminio (e quindi le corrispondenti resistenze dei conduttori) dipendono dalla temperatura e nell'usuale campo di impiego (fra –30 °C e +200 °C circa) la variazione è lineare, come mostra il diagramma di fig. 5.1.
Estrapolando il tratto rettilineo AB si individua la temperatura θ_c, detta *temperatura critica*; per il rame si ha $\theta_c = -235$ °C e per l'alluminio $\theta_c = -230$ °C.
Naturalmente la resistività non si annulla in corrispondenza della temperatura critica θ_c, ma allo zero assoluto (–273 °C).
Nota la resistività ρ_1 (e quindi la resistenza R_1) alla temperatura θ_1, si può determinare la resistività ρ_2 (e quindi la resistenza R_2) alla temperatura θ_2 mediante la seguente relazione:

(5.7) $$\rho_2/\rho_1 = R_2/R_1 = (\theta_2 - \theta_c)/(\theta_1 - \theta_c).$$

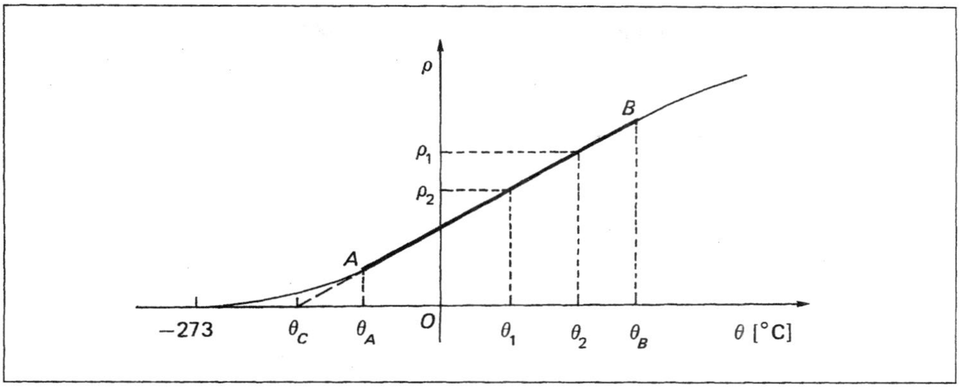

Figura 5.1. Variazione della resistività dei materiali conduttori metallici puri con la temperatratto rettilineo AB è compreso fra le temperature θ_A e θ_B.

Ad esempio, nota la resistenza di un avvolgimento di rame a 20 °C, la resistenza a 100 °C è data da:

$$R_{100°}/R_{20°} = (100 + 235)/(20 + 235) = 1{,}31.$$

La potenza dissipata definita dalla (5.1) e la resistenza data dalla (5.2) sono dette rispettivamente *perdite ohmiche* P_Ω e *resistenza ohmica* R_Ω:

(5.8) $$P_\Omega = R_\Omega I^2.$$

Esse sono calcolate considerando la densità S di corrente uguale in tutti i punti della sezione del conduttore, cioè considerando uniforme la distribuzione della corrente nella sezione stessa, condizione che si verifica in corrente continua e non in regime variabile, in particolare in quello alternato sinusoidale.

Perdite in corrente alternata sinusoidale

In regime alternato sinusoidale le perdite per effetto Joule in un conduttore sono superiori, a parità di corrente, alle perdite in corrente continua perché, in regime variabile, la distribuzione della corrente nella sezione del conduttore non è uniforme, e cioè la densità di corrente non è costante nella sezione stessa.
Mostriamo ora come la disuniforme distribuzione della corrente nella sezione del conduttore determina un aumento di perdite nel conduttore stesso.
Consideriamo il conduttore di fig. 5.2 percorso da una corrente alternata di valore efficace I. Supponiamo che, nella sezione rettangolare, di lati a e b, del conduttore, la densità di corrente $S(x)$ vari con la stessa legge lungo ciascuna retta x parallela al lato b. La corrente I è quindi legata alla densità di corrente $S(x)$ dalla seguente relazione, dove risulta $\mathrm{d}A = a \cdot \mathrm{d}x$:

(5.9) $$I = \int_A S(x)\mathrm{d}A = \int_0^b a \cdot S(x)\mathrm{d}x.$$

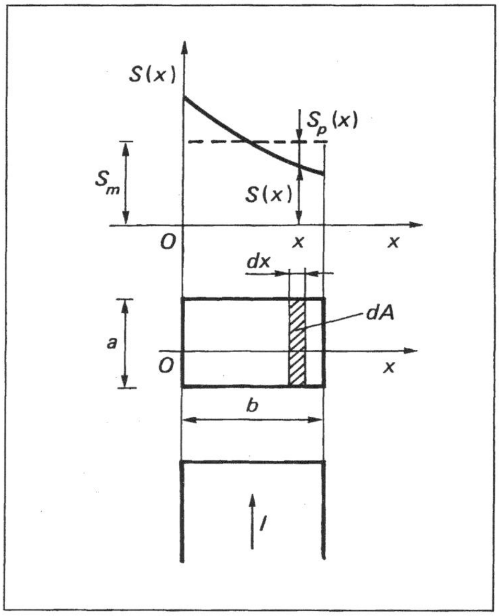

Figura 5.2. Distribuzione non uniforme della corrente nella sezione rettangolare, di dimensioni *a* e *b*, di un conduttore.

Si definisce densità media S_m di corrente la seguente espressione:

$$(5.10) \qquad Sm = \frac{1}{A}\int_A S(x)\mathrm{d}A = I/A.$$

La densità media S_m, il cui valore è costante, rappresenta la densità di corrente che si avrebbe con distribuzione uniforme della sezione del conduttore, come avviene in corrente continua.
Possiamo esprimere la densità di corrente $S(x)$ mediante la seguente relazione:

$$(5.11) \qquad S(x) = S_m + S_p(x).$$

La densità di corrente $S_p(x)$, che rappresenta lo scostamento della densità $S(x)$ rispetto al valore medio S_m (si veda la fig. 5.2), ha valore medio nullo, poiché risulta, integrando entrambe i membri della (5.11) e ricordando la (5.9) e la (5.10):

$$(5.12) \qquad \int_A S(x)\mathrm{d}A = I = \int_A (S_m + S_p(x)\mathrm{d}A = I + \int_A S_p(x)\mathrm{d}A$$

da cui si deduce che:

$$(5.13) \qquad \int_A S_p(x)\mathrm{d}A = a\int_0^b S_p(x)\mathrm{d}x = 0.$$

La perdita specifica nel conduttore in corrispondenza della generica ascissa x vale, ricordando la (5.6):

$$(5.14) \qquad P'(x) = (\rho/\delta)S^2(x) \qquad [\mathrm{W/kg}].$$

Quindi le perdite per effetto Joule nell'elemento di conduttore di lunghezza ℓ e area

$dA = a \cdot dx$, e quindi di massa $dM = \ell dA \cdot \delta = a\ell\delta dx$, risulta:

(5.15) $$dP_{ca}(x) = P'(x) \cdot dM = \rho a\ell \cdot S^2(x)dx.$$

Le perdite totali per effetto Joule nell'intero conduttore valgono pertanto, ricordando la (5.11) e la (5.13):

(5.16) $$\begin{aligned} P_{ca} &= \int_0^b (\rho a\ell)S^2(x)dx = (\rho a\ell)\int_0^b (S_m^2 + S_p^2(x) + 2S_m S_p(x))dx = \\ &= \rho(ab\ell)S_m^2 + \rho a\ell\int_0^b S^2p(x)dx + 2\rho a\ell S_m \cdot \int_0^b S_p(x)dx = \\ &= (\rho S_m^2)V_0 + \rho a\ell\int_0^b S_p^2(x)dx, \end{aligned}$$

Il primo termine dell'ultimo membro della (5.16), dove si è indicato con $V_0 = ab\ell$ il volume del conduttore, rappresenta le perdite per effetto Joule che si avrebbero nel conduttore se la corrente fosse uniformemente distribuita con densità $S_m = I/A$, e quindi sono le *perdite ohmiche* che si hanno con una corrente continua di pari valore I:

(5.17) $$P_\Omega = (\rho S_m^2) \cdot V_0 = R_\Omega I^2.$$

Il secondo termine, che è sempre positivo essendo $S_p^2(x) > 0$, è dovuto alla disuniforme distribuzione della corrente nel conduttore e rappresenta le *perdite addizionali*:

(5.18) $$P_{ad} = \rho a\ell\int_0^b S_p^2(x)dx.$$

Quindi le perdite complessive in corrente alternata valgono:

(5.19) $$P_{ca} = P_\Omega + P_{ad} > P_\Omega.$$

Si può dimostrare che le perdite addizionali in un conduttore percorso da una corrente alternata sinusoidale di valore efficace I e frequenza f risultano proporzionali al quadrato della corrente stessa, e pertanto possono essere così espresse:

(5.20) $$P_{ad} = R_{ad}I^2,$$

dove R_{ad} è definita *resistenza addizionale* e risulta funzione crescente della frequenza. In conclusione in regime sinusoidale si ha:

(5.21) $$\begin{cases} P_{ca} = P_\Omega + P_{ad} = (R_\Omega + R_{ad})I^2 = R_{ca}I^2 \\ R_{ca} = R_\Omega + R_{ad} > R_\Omega. \end{cases}$$

5.2. MATERIALI FERROMAGNETICI

Si consideri il circuito toroidale di materiale ferromagnetico di fig. 5.3, di sezione retta A e lunghezza media ℓ, su cui è avvolto in modo uniforme un avvolgimento di N spire di resistenza R.
Supponendo che il materiale non sia mai stato magnetizzato, alimentiamo l'avvolgimento con una corrente continua I, in modo da eccitare il circuito magnetico con la f.m.m. $M = NI$, che determina in esso il flusso Φ.

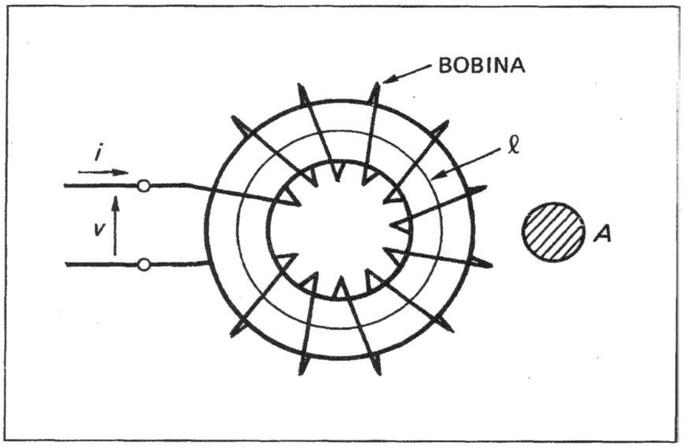

Figura 5.3. Circuito toroidale ferromagnetico, di sezione A e lunghezza media ℓ, su cui è avvolta una bobina di N spire.

Per l'uniformità del circuito magnetico, si può ritenere costante in ogni punto del materiale sia l'induzione B sia la forza magnetica H:

$$(5.22) \qquad \begin{cases} B = \Phi / A \\ H = M/\ell = NI/\ell. \end{cases}$$

In fig. 5.4 è riportata la curva, detta *caratteristica di prima magnetizzazione*, che lega l'induzione B alla forza magnetica H, ottenuta alimentando l'avvolgimento di N spire con una corrente I crescente dal valore nullo.
Nella curva si individua il punto G, detto *ginocchio* della caratteristica, al di sopra del quale modesti incrementi di forza magnetica producono modesti aumenti di induzione.
Indicativamente, in un materiale usato per la costruzione di trasformatori, in corrispondenza del ginocchio si ha una forza magnetica $H_G = 40$ A/m e un'induzione $B_G = 1{,}50$ T.

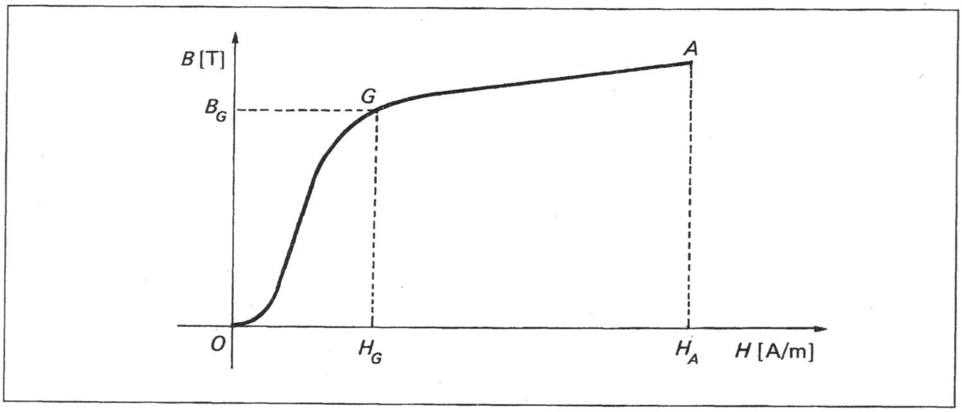

Figura 5.4. Caratteristica di prima magnetizzazione di un materiale ferromagnetico. Il punto G individua il ginocchio della caratteristica.

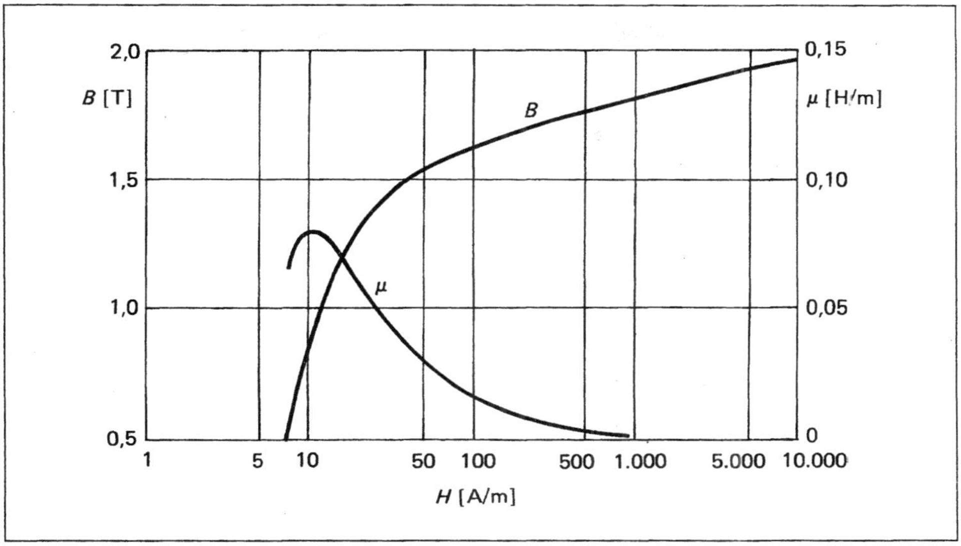

Figura 5.5. Caratteristica di magnetizzazione $B = B(H)$ e curva della permeabilità apparente $\mu = \mu(H)$ di un materiale ferromagnetico usato nella costruzione dei trasformatori.

Si chiama permeabilità apparente μ il rapporto fra l'induzione B e la forza magnetica H e permeabilità differenziale μ_d la tangente alla curva dB/dH:

$$(5.23) \quad \begin{cases} \mu = B/H & \text{(permeabilità apparente)} \\ \mu_d = \mathrm{d}B/\mathrm{d}H & \text{(permeabilità differenziale).} \end{cases}$$

Per i materiali usati nelle costruzioni elettromeccaniche, la permeabilità apparente relativa (cioè riferita a quella del vuoto $\mu_0 = 4\pi \cdot 10^{-7}$ H/m), assume valori molto elevati, entro i limiti di induzione massima normalmente utilizzati (1,7 ÷ 1,8 T):

$$(5.24) \quad \mu_r = \mu/\mu_0 = 10^3 \div 10^4.$$

La relazione (5.24) mette in evidenza come, usando i materiali ferromagnetici, si hanno forze magnetiche nettamente inferiori ($10^{-3} \div 10^{-4}$ volte più basse) rispetto a quelle che si avrebbero in «aria» (*) a pari induzione ($H = B/\mu$), con conseguente notevole riduzione delle f.m.m. di eccitazione.

In fig. 5.5 è riportata la caratteristica di magnetizzazione $B = B(H)$ e la curva della permeabilità apparente $\mu = \mu(H)$ di un materiale ferromagnetico usato nella costruzione dei trasformatori; sulle ascisse è riportata la forza magnetica H in scala logaritmica.

(*) Ricordiamo che col termine «aria» vengono considerati tutti i materiali non ferromagnetici aventi permeabilità μ_0: aria, materiali isolanti, materiali conduttori, ecc.

Se, raggiunto il generico punto A della caratteristica di fig. 5.4, si riduce il valore della forza magnetica (riducendo quello della corrente I), viene descritta una curva che non coincide più con quella ottenuta applicando forze magnetiche crescenti; precisamente a pari valori di forza magnetica si ottengono valori di induzione superiori, e quindi la nuova curva giace al di sopra di quella precedentemente tracciata. Questo fenomeno viene definito col nome di *isteresi magnetica.*
Se in particolare alimentiamo l'avvolgimento di fig. 5.3 con una corrente variabile ciclicamente, in modo assai lento, fra i valori $\pm I_M$, con conseguente variazione del flusso fra $\pm \Phi_M$, anche la forza magnetica e l'induzione variano ciclicamente, per la (5.22), fra i valori $\pm H_M$ e $\pm B_M$ dati da:

$$(5.25) \qquad \begin{cases} H_M = NI_M / \ell \\ B_M = \Phi_M / A. \end{cases}$$

La curva che lega B e H è riportata in fig. 5.6 ed è chiamata *ciclo di isteresi simmetrico*. Il ciclo viene descritto in senso antiorario, come mostrano le frecce.
L'induzione B_r, a forza magnetica nulla, è detta *induzione residua*, mentre la forza magnetica H_c, a induzione nulla, è detta *forza coercitiva.*
Nel ciclo di isteresi, quindi, ad ogni valore di forza magnetica H corrispondono due valori di induzione B, uno sulla curva «in salita» e l'altro sulla curva «in discesa». Solo nei vertici A e A' vi è corrispondenza biunivoca fra le forze magnetiche $\pm H_M$ e le induzioni $\pm B_M$.
In fig. 5.7 sono tracciati cicli di isteresi simmetrici, aventi valori differenti di H_M e B_M. Congiungendo i vertici dei cicli di isteresi simmetrici si ottiene una curva (curva *a* di

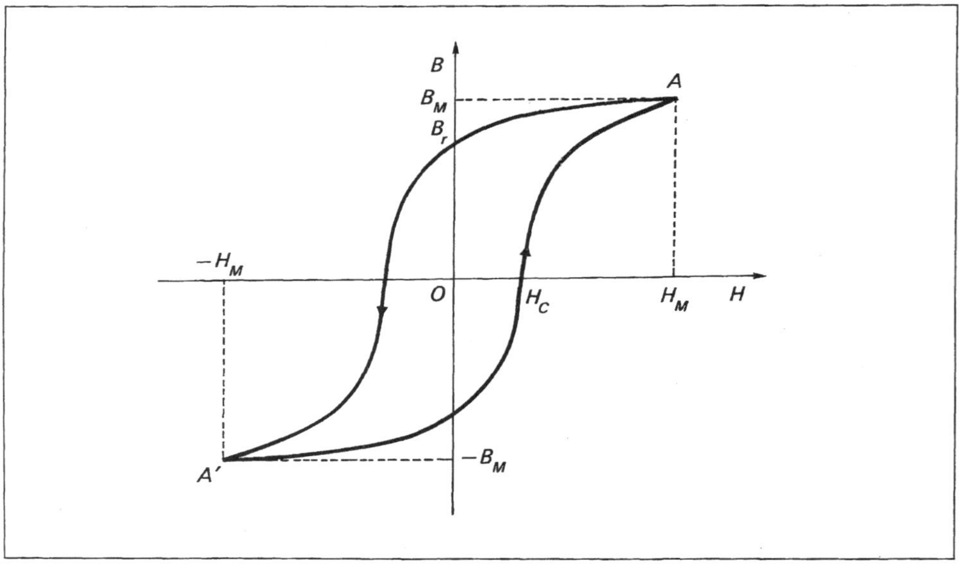

Figura 5.6. Ciclo d'isteresi simmetrico di un materiale ferromagnetico.

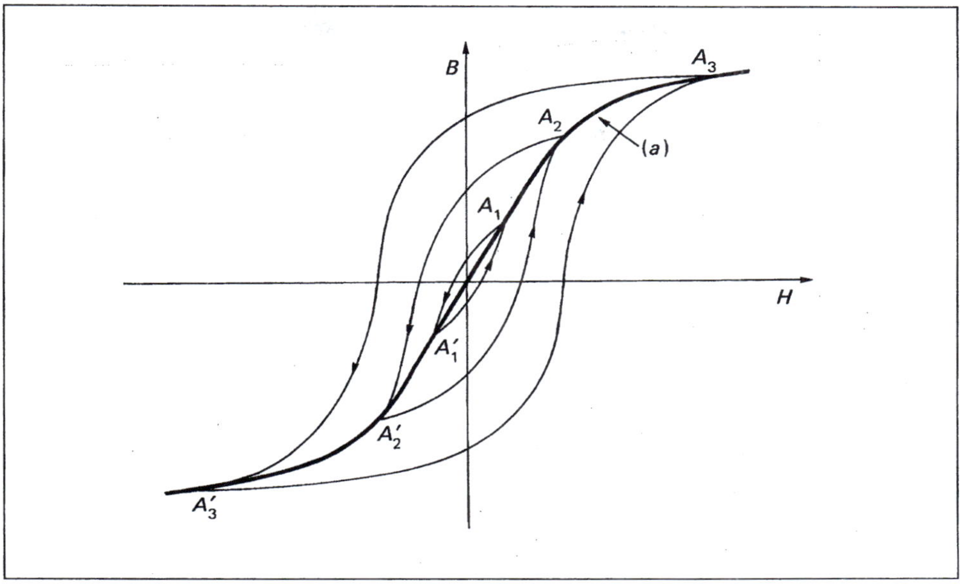

Figura 5.7. Cicli di isteresi simmetrici e caratteristica di magnetizzazione normale (*a*).

fig. 5.7) detta *caratteristica di magnetizzazione normale*; tale curva assume un particolare significato, poiché rappresenta il legame fra i valori massimi di forza magnetica (H_M) e induzione (B_M), che si ottengono sottoponendo a magnetizzazione ciclica simmetrica un materiale ferromagnetico. Questa curva è praticamente coincidente con la *caratteristica di prima magnetizzazione* precedentemente definita.

Perdite per isteresi

Mostriamo ora come l'area racchiusa dal ciclo di isteresi rappresenti un'energia specifica (energia per unità di volume: J/m³), che viene dissipata nel materiale sotto forma di calore.
Detta v la tensione applicata alla bobina di fig. 5.3 si può scrivere:

(5.26) $$v = Ri + Np\varphi.$$

Quindi la potenza elettrica assorbita dal circuito vale:

(5.27) $$p_e = vi = RI^2 + Nip\varphi.$$

Supponendo sia le grandezze elettriche sia quelle magnetiche periodiche, l'energia elettrica assorbita dal circuito in un periodo T vale:

(5.28) $$E_e = \int_t^{t+T} p_e \mathrm{d}t = \int_t^{t+T} (Ri^2)\mathrm{d}t + \int_t^{t+T} Ni \frac{\mathrm{d}\varphi}{\mathrm{d}t} \mathrm{d}t.$$

L'integrale

$$\int_t^{t+T} (Ri^2)\mathrm{d}t$$

della (5.28) è l'energia perduta in un periodo per effetto Joule dall'avvolgimento, mentre il secondo integrale del terzo membro rappresenta l'energia assorbita dal circuito magnetico in un periodo e dissipata anch'essa sotto forma di calore:

(5.29) $$E_m = \int_t^{t+T} Ni \frac{\mathrm{d}\varphi}{\mathrm{d}t}\,\mathrm{d}t = \int_{\varphi(t)}^{\varphi(t+T)=\varphi(t)} Ni\mathrm{d}\varphi = \oint Ni\mathrm{d}\varphi,$$

dove risulta, per la periodicità del flusso, $\varphi(t) = \varphi(t + T)$.
Poiché si ha:

(5.30) $$\begin{cases} Ni = H\ell \\ \varphi = A \cdot B \\ \mathrm{d}\varphi = A \cdot \mathrm{d}B \end{cases}$$

la (5.29) può così essere elaborata, indicando con $V_0 = A\ell$ il volume del toro magnetico:

(5.31) $$E_m = \oint (H\ell)(A\mathrm{d}B) = V_0 \oint H\mathrm{d}B \qquad [\mathrm{J}],$$

da cui si deduce l'energia persa per unità di volume:

(5.32) $$E'_m = E_m / V_0 = \oint H\mathrm{d}B \qquad [\mathrm{J/m^3}].$$

Compiendo un'integrazione ciclica della curva di fig. 5.6 si ottiene l'area del ciclo di isteresi, che rappresenta quindi l'energia per unità di volume dissipata nel materiale ferromagnetico quando è sottoposto ad un ciclo di magnetizzazione.
È interessante osservare che se il legame *B-H* fosse definito da una curva passante per l'origine, risulterebbe

$$E'_m = \oint H\mathrm{d}B = 0.$$

Si ottiene la *potenza perduta nell'unità di volume* dividendo l'energia E'_m per il tempo $T = 1/f$ impiegato a descrivere il ciclo:

(5.33) $$P_i'' = E'_m/T = f E'_m \qquad [\mathrm{W/m^3}].$$

È opportuno mettere in evidenza che, per il fenomeno che verrà in seguito descritto, per rilevare sperimentalmente il *ciclo di isteresi* è necessario che esso venga percorso assai lentamente, al limite in un tempo infinitamente grande; cioè la frequenza $f = 1/T$ delle grandezze magnetiche in gioco deve tendere a zero.
L'esperienza mostra che l'energia specifica E'_m si può esprimere in funzione dell'induzione massima B_M mediante la seguente relazione:

(5.34) $$E'_m = K'_i B_M^n,$$

dove l'esponente n è funzione di B_M; per valori di $B_M = 1{,}6 \div 1{,}8$ T si può ritenere $n \simeq 2$.
Dividendo la (5.33) per la densità δ del materiale e ricordando la (5.34), si ottengono le *perdite specifiche per isteresi magnetica*:

(5.35) $$P_i' = P_i''/\delta = K_i' f B_M^n/\delta = k_i f B_M^n \qquad [\mathrm{W/kg}],$$

dove si è posto $k_i = k_i'/\delta$ ($\delta = 7650$ kg/m^3).

Perdite per correnti parassite

Un'altra causa di perdite, sotto forma di calore, nei materiali ferromagnetici è dovuta al fenomeno delle correnti parassite che circolano nel materiale ferromagnetico sottoposto a magnetizzazione variabile nel tempo.
Si consideri infatti una porzione di circuito magnetico, per ragioni di semplicità a forma di parallelepipedo di dimensioni a, d, ℓ, interessato da un flusso $\varphi(t)$ variabile nel tempo come indicato in fig. 5.8.
Se si immagina di suddividere, con un piano parallelo al flusso, il circuito magnetico in due parti uguali di spessore d/2, si può individuare una spira in corto circuito formata dalle due parti sovrapposte.
In prima approssimazione si può ritenere che questa spira concateni il flusso $\varphi(t)$ e quindi in essa venga indotta la f.e.m. $e(t) = -p\varphi(t)$, legata al flusso dalla «regola del cavatappi» come mostra la fig. 5.8. Detta R la resistenza della spira, la f.e.m. fa circolare in essa la corrente $i = e/R$, che provoca le perdite per effetto Joule nel materiale ferromagnetico definite dalla relazione:

(5.36) $$p_{cp}(t) = Ri^2 = e^2/R,$$

che vengono dette *perdite per correnti parassite*.

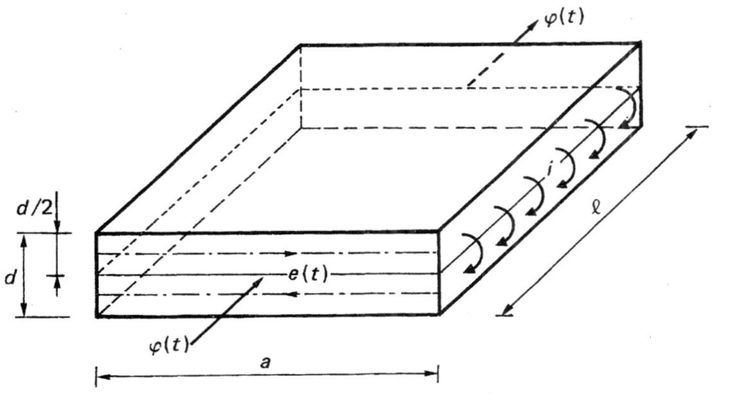

Figura 5.8. Rappresentazione schematica di un tratto di circuito ferromagnetico per determinare le perdite per correnti parassite.

In regime alternato sinusoidale di pulsazione ω si ha:

$$(5.37) \qquad \begin{cases} \varphi(t) = \Phi_M \cos \omega t \\ e(t) = \omega \Phi_M \operatorname{sen} \omega t = \sqrt{2} E \operatorname{sen} \omega t \\ E = \omega \Phi_M / \sqrt{2}. \end{cases}$$

Supponendo costante l'induzione nella sezione $(a \cdot d)$ del circuito magnetico investito dal flusso $\varphi(t)$, si ottiene:

$$(5.38) \qquad \Phi_M = (a \cdot d) B_M.$$

La resistenza R della spira deve essere valutata nel senso di circolazione della corrente i e quindi è data praticamente dalle due parti sovrapposte in cui è stato diviso il circuito magnetico.
La resistenza di mezza spira è quindi, detta ρ la resistività del materiale magnetico:

$$(5.39) \qquad R' = \frac{\rho a}{\frac{1}{2} d\ell},$$

dove a è la lunghezza e $d\ell/2$ la sezione di metà spira. Quindi la resistenza totale è:

$$(5.40) \qquad R = 2R' = \frac{4\rho a}{d\ell}.$$

Il valore medio della (5.36) vale quindi, essendo $\omega = 2\pi f$:

$$(5.41) \qquad P_{cp} = E^2/R = (\omega^2 \Phi_M^2/2) \cdot (d\ell)/(4\rho a) = (\pi^2/2\rho) \cdot f^2 B_M^2 d^2 \cdot (ad\ell) \qquad [\mathrm{W}].$$

Detto $V_0 = ad\ell$ il volume del circuito magnetico considerato e δ la densità del materiale, le *perdite per correnti parassite* per unità di massa valgono:

$$(5.42) \qquad P'_{cp} = P_{cp}/(\delta V_0) = (\pi^2/(2\rho\delta)) \cdot (f B_M)^2 d^2 \qquad [\mathrm{W/kg}].$$

La (5.42) mostra che per ridurre le perdite per correnti parassite occorre aumentare la resistività ρ del materiale (cosa che si ottiene aggiungendo al materiale ferromagnetico una piccola percentuale di silicio $(4 \div 5\%)$) e ridurre lo spessore d, ortogonale alla direzione del flusso.
In effetti i circuiti magnetici delle macchine elettriche sono costituiti da lamiere di spessore che varia da 0,3 mm (per i trasformatori) a 1 mm (per le macchine rotanti). Le lamiere devono essere disposte sempre parallelamente alla direzione del flusso.
Un'ulteriore riduzione di perdite si ottiene usando le *lamiere a cristalli orientati*, ottenute con particolari processi di laminazione a freddo, in cui il flusso deve percorrere le lamiere nella direzione di orientamento dei cristalli, altrimenti non si ha la riduzione di perdite desiderata. Queste lamiere vengono praticamente usate solo nei trasformatori.
Complessivamente, quindi, in un circuito ferromagnetico laminato, sottoposto a magnetizzazione alternata sinusoidale di frequenza f nel senso della laminazione, vengono dissipate per unità di massa, sotto forma di calore, le seguenti perdite, dette *perdite nel ferro*:

$$(5.43) \qquad P'_{fe} = P'_i + P'_{cp} = K_i f \cdot B_M^n + K_{cp} (f B_M)^2 \qquad [\mathrm{W/kg}],$$

dove $K_{cp} \equiv d^2/\rho$, essendo d lo spessore delle lamiere e ρ la resistività del materiale.
Si definisce *cifra di perdita* del materiale ferromagnetico la perdita specifica della lamiera sottoposta a magnetizzazione alternata sinusoidale di frequenza $f = 50$ Hz e induzione massima $B = 1$ T.
La cifra di perdita delle lamiere usate nella costruzione delle macchine elettriche varia indicativamente fra 0,5 W/kg (lamiere a cristalli orientati di spessore 0,3 mm) e 5 W/kg (lamiere normali di spessore 1 mm).
Se si opera a frequenza f costante e si suppone l'esponente $n = 2$, dalla (5.43) si ottiene:

$$(5.44) \qquad P'_{fe} = (K_i f + K_{cp} f^2) B_M^2 = \alpha \cdot B_M^2 \qquad [\text{W/kg}]$$

dove si è posto $\alpha = K_i f + K_{cp} f^2$.
Quindi con buona approssimazione le perdite nel ferro, in regime alternato sinusoidale di data frequenza, sono proporzionali all'induzione massima B_M al quadrato.

5.3. MATERIALI ISOLANTI

Ricordiamo brevemente che cosa si intende per forza elettrica di un campo dielettrico e per rigidità dielettrica di un materiale isolante.
Se applichiamo dunque a due elettrodi metallici piani e indefiniti, distanti d e fra i quali è interposto un materiale isolante, una tensione V, il materiale isolante stesso è sottoposto a un campo elettrico uniforme caratterizzato dal vettore *forza elettrica* $K = V/d$ $[V/m]$ costante in tutti i punti del campo.
Se si supera un determinato valore della forza elettrica K nel materiale isolante, avviene una scarica che lo danneggia irrimediabilmente.
Il valore più basso di forza elettrica di un campo uniforme capace di perforare il materiale isolante viene definita *rigidità dielettrica* del materiale considerato.
Esprimendo per motivi pratici la rigidità dielettrica in KV/mm, si ha ad esempio:

Materiali		*Rigidità dielettrica*
Carta e cartone	in aria	15 KV/mm
	in olio	45 KV/mm
Olio minerale		20 ÷ 25 KV/mm

Comportamento dei materiali isolanti nelle macchine elettriche

I materiali isolanti costituiscono una delle parti più delicate di una macchina elettrica, perché tendono a perdere le loro proprietà sia per effetto del riscaldamento sia per effetto delle sollecitazioni dielettriche, dovute alla forza elettrica K.
Per quanto riguarda gli effetti del riscaldamento, questi si possono rappresentare mediante la *curva di vita* del materiale, il cui andamento tipico è mostrato in fig. 5.9.
In ascisse è riportato, in scala logaritmica, il tempo medio probabile t, espresso in ore,

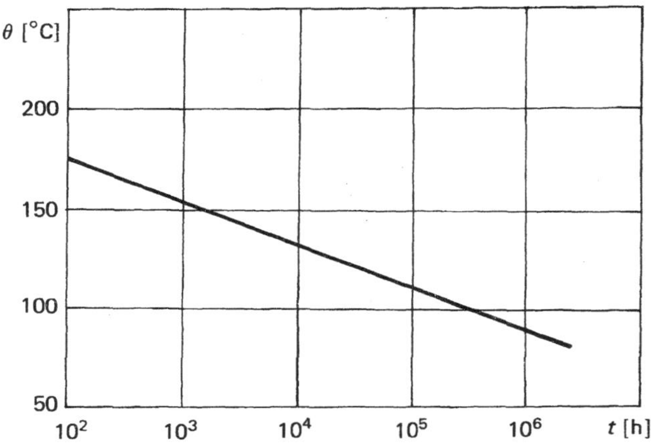

Figura 5.9. Andamento tipico della curva di vita di un materiale isolante.

impiegato dall'isolante per deteriorarsi, divenendo cioè incapace di sopportare sia le azioni meccaniche dovute alle vibrazioni, che si manifestano nel funzionamento delle macchine elettriche, sia le sollecitazioni dielettriche; in ordinate, in scala lineare, è riportata la temperatura θ a cui viene mantenuto l'isolante.
La curva soddisfa, nel tratto utilizzato, ad una legge del tipo:

$$t_2/t_1 = e^{m(\theta_2 - \theta_1)}, \tag{5.45}$$

dove t_1 e t_2 sono le durate in ore della vita media probabile dell'isolante, corrispondenti alle temperature θ_1 e θ_2 espresse in gradi centigradi.
L'esponente m è tale che per $(\theta_2 - \theta_1) = 10$ °C risulta $t_1/t_2 = 2$; cioè un aumento della temperatura dell'isolante di 10 °C dimezza la sua vita media probabile.
Per i diversi tipi di materiali isolanti impiegati si possono tracciare curve simili a quelle di fig. 5.9 e quindi essi possono essere classificati in base alla massima temperatura che essi possono sopportare per avere una determinata vita media probabile, che è dell'ordine di circa 25-30 anni ($2{,}2 \cdot 10^5 - 2{,}6 \cdot 10^5$ h).

6

TRASFORMATORI

6.1. STRUTTURA DEL TRASFORMATORE MONOFASE

Il trasformatore è un dispositivo elettromagnetico statico, cioè privo di parti in movimento, il cui funzionamento è possibile solo in regime variabile nel tempo (in particolare quello «alternato sinusoidale»).
Esso è formato da una struttura magnetica in ferro (ottenuta con lamiere di spessore circa 0,30 ÷ 0,50 mm per ridurre le «perdite nel ferro») su cui sono avvolte due o più bobine di materiale conduttore, in modo tale da realizzare un determinato numero di concatenamenti (o spire) con il nucleo magnetico.
In fig. 6.1 sono riportate due strutture utilizzate per la realizzazione di trasformatori monofase con due bobine o avvolgimenti concentrici, i quali cioè risultano coassiali con l'asse del nucleo su cui sono avvolti e disposti uno internamente all'altro.
Se si considera ideale la macchina, cioè priva di perdite e di cadute di tensione, con riferimento alla fig. 6.1 risulta, come verrà più avanti mostrato:

$$(6.1) \qquad \frac{v_1}{v_2} = \frac{i_2}{i_1} = \frac{N_1}{N_2},$$

e quindi

$$(6.2) \qquad p_1 = v_1 i_1 = p_2 = v_2 i_2 .$$

Le relazioni (6.1) e (6.2) mostrano come un trasformatore ideale, inserito in una rete elettrica, lasci inalterata la potenza ai suoi morsetti, modificandone i parametri che la definiscono, e cioè la tensione e la corrente.

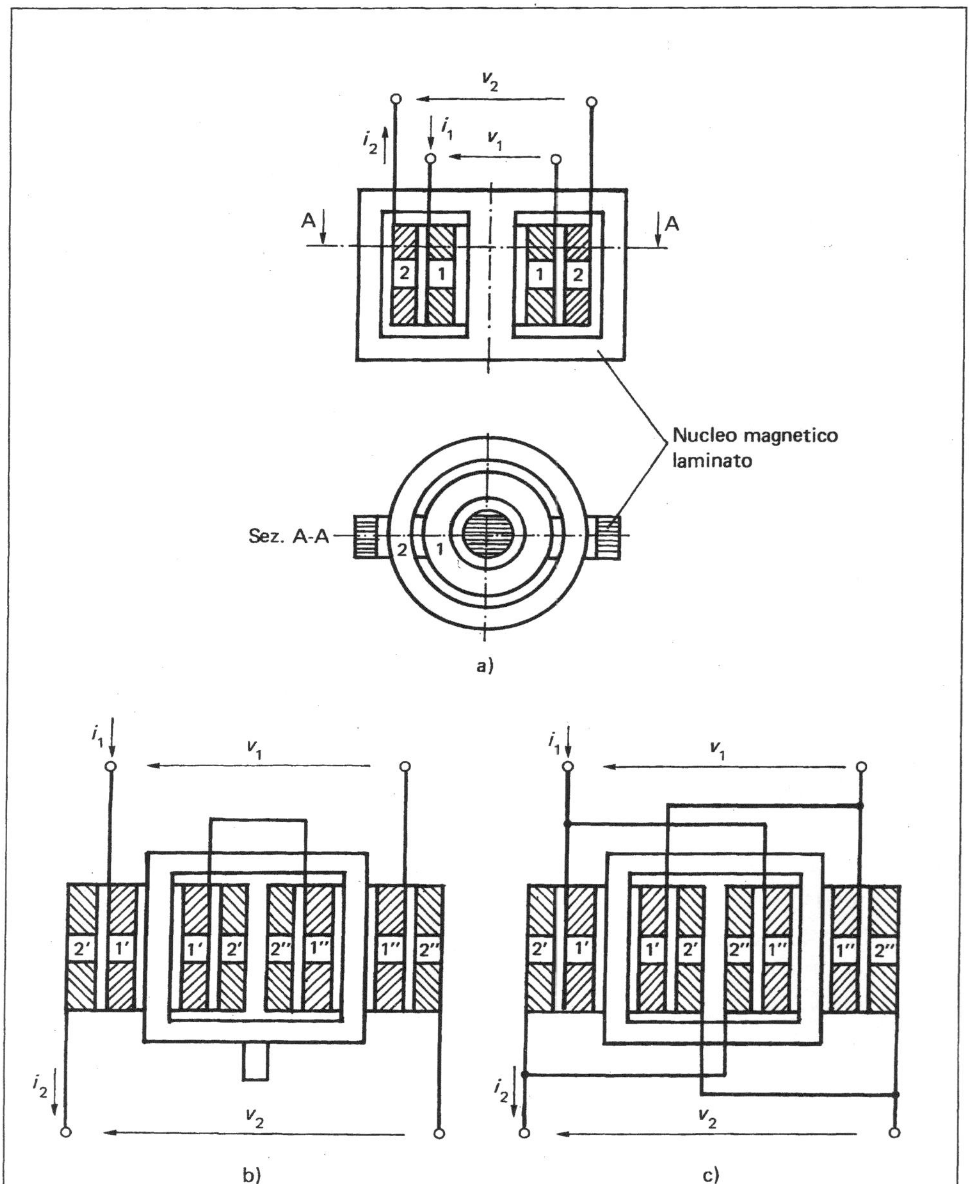

Figura 6.1. Strutture di trasformatori monofase con bobine concentriche; 1, 1′ e 1″: avvolgimenti di N_1 spire; 2, 2′ e 2″: avvolgimenti di N_2 spire; a) struttura a tre colonne di cui una avvolta; b) struttura a due colonne con bobine in serie; c) struttura a due colonne con bobine in parallelo.

6.2. EQUAZIONI E RETI ELETTRICHE EQUIVALENTI DEL TRASFORMATORE MONOFASE A DUE AVVOLGIMENTI

Si consideri ora il trasformatore reale rappresentato in fig. 6.2.a i cui avvolgimenti indicati 1 e 2, hanno rispettivamente N_1 e N_2 spire e resistenza R_1 e R_2. Per ragioni di semplicità essi sono rappresentati avvolti in modo da risultare sovrapposti sul nucleo magnetico, anziché concentrici come mostrato in fig. 6.1.

Il campo magnetico creato dalle f.m.m. $m_1 = N_1 i_1$ e $m_2 = N_2 i_2$ verrà schematizzato mediante tubi di flusso che consideriamo concatenati con tutte le spire degli avvolgimenti e pertanto sono definiti tubi di flusso a *concatenamento totale*. Il flusso φ (fig. 6.2) è detto flusso principale e i flussi φ_{1d} e φ_{2d} *flussi di dispersione* con gli avvolgimenti 1 e 2.

In fig. 6.2.b è rappresentata la corrispondente rete magnetica.

Per entrambi gli avvolgimenti si è assunta la convenzione di segno degli utilizzatori: correnti positive entranti nei morsetti contrassegnati con il punto producono flussi concordi nel circuito magnetico comune.

Si analizzano ora i flussi sopra definiti.

a) Flussi di dispersione φ_{1d} *e* φ_{2d}. I flussi φ_{1d} e φ_{2d} sono sostenuti rispettivamente dalle f.m.m. $m_1 = N_1 i_1$ e $m_2 = N_2 i_2$ e si svolgono in aria, cioè in un

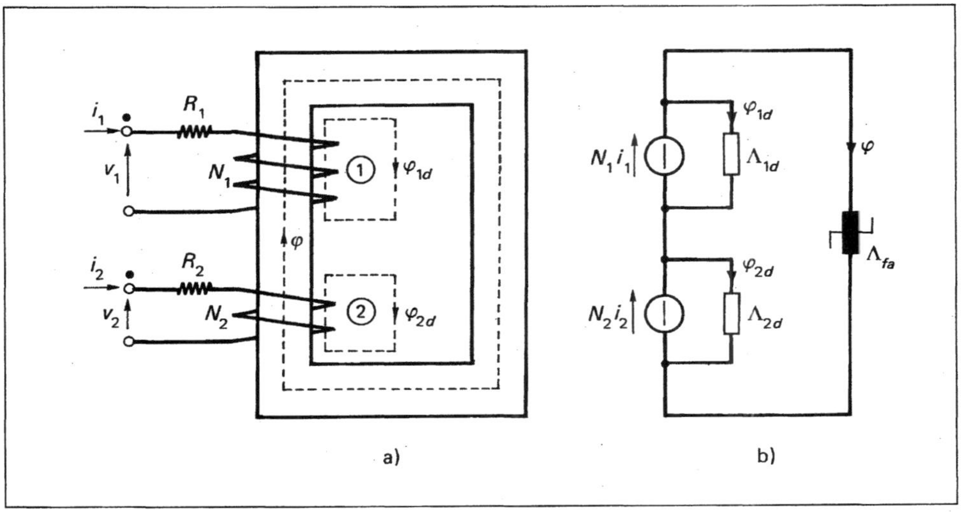

Figura 6.2. Rappresentazione schematica del trasformatore a due avvolgimenti (a) e rete magnetica corrispondente (b).

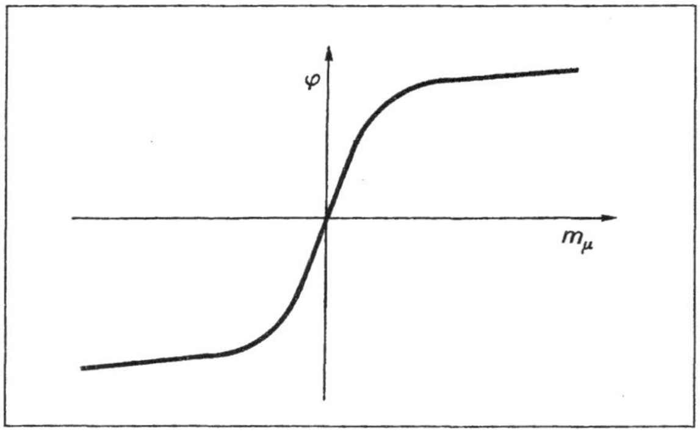

Figura 6.3. Caratteristica di magnetizzazione del circuito ferromagnetico.

mezzo a permeabilità costante ($\mu_0 = 4\pi \cdot 10^{-7}$ H/m). Dette quindi Λ_{1d} = cost. e Λ_{2d} = cost. le permeanze associate ai flussi φ_{1d} e φ_{2d}, si ha:

$$(6.3) \qquad \begin{cases} \varphi_{1d} = \Lambda_{1d}(N_1 i_1) \\ \varphi_{2d} = \Lambda_{2d}(N_2 i_2). \end{cases}$$

b) *Flusso principale* φ. Il flusso φ è sostenuto dalla f.m.m. m_μ, somma delle f.m.m. m_1 e m_2:

$$(6.4) \qquad m_\mu = m_1 + m_2 = N_1 i_1 + N_2 i_2 .$$

Esso si svolge nel circuito magnetico in ferro e cioè in un mezzo a permeabilità variabile. Il legame fra il flusso φ e la f.m.m. m_μ non è lineare, ma è rappresentato da una curva simile a quella riportata in fig. 6.3, non considerando il fenomeno dell'isteresi magnetica.
Indicata con:

$$(6.5) \qquad \varphi = \varphi(m_\mu)$$

la funzione che lega il flusso alla f.m.m., la permeanza apparente Λ_{fa} del circuito magnetico in ferro, definita dalla relazione $\Lambda_{fa} = \varphi / m_\varphi = \Lambda_{fa}(\varphi)$, non è costante, ma risulta funzione del flusso φ.

Equazioni di funzionamento

Definiti i seguenti *flussi concatenati* con gli avvolgimenti:

$$(6.6) \qquad \begin{cases} \psi_1 = N_1(\varphi + \varphi_{1d}) = N_1\varphi + N_1^2 \Lambda_{1d} i_1 & \text{(flusso conc. con avv. 1)} \\ \psi_2 = N_2(\varphi + \varphi_{2d}) = N_2\varphi + N_2^2 \Lambda_{2d} i_2 & \text{(flusso conc. con avv. 2),} \end{cases}$$

le equazioni che governano il funzionamento dei due avvolgimenti sono:

$$(6.7)\quad \begin{cases} v_1 = R_1 i_1 + p\psi_1 & \text{(avv. 1)} \\ v_2 = R_2 i_2 + p\psi_2 & \text{(avv. 2)}. \end{cases}$$

Ricordando le relazioni (6.6) si ha inoltre:

$$(6.8)\quad \begin{cases} p\psi_1 = N_1 p\varphi + N_1^2 \Lambda_{1d} p i_1 \\ p\psi_2 = N_2 p\varphi + N_2^2 \Lambda_{2d} p i_2 . \end{cases}$$

Nelle equazioni (6.8) si possono definire le seguenti grandezze:

a) *Induttanze di dispersione degli avvolgimenti*:

$$(6.9)\quad \begin{cases} L_{1d} = N_1^2 \cdot \Lambda_{1d} = \text{cost.} & \text{(induttanza di dispersione avv. 1)} \\ L_{2d} = N_2^2 \cdot \Lambda_{2d} = \text{cost.} & \text{(induttanza di dispersione avv. 2)}. \end{cases}$$

b) *F.e.m. indotte negli avvolgimenti*:

$$(6.10)\quad e = p\varphi \quad \text{(f.e.m. indotta in ogni spira dal flusso principale } \varphi\text{)}$$

$$(6.11)\quad \begin{cases} e_1 = N_1 p\varphi = N_1 e & \text{(f.e.m. indotta nell'avv. 1)} \\ e_2 = N_2 p\varphi = N_2 e & \text{(f.e.m. indotta nell'avv. 2)}. \end{cases}$$

È opportuno osservare che il rapporto fra le f.e.m. e_1 ed e_2 è indipendente dal flusso e vale:

$$(6.12)\quad \frac{e_1}{e_2} = \frac{N_1}{N_2} = \text{cost.}$$

Si può inoltre esprimere la relazione (6.10), ricordando la (6.5), nel modo seguente:

$$(6.13)\quad e = p\varphi = \frac{\mathrm{d}\varphi}{\mathrm{d}m_\mu} \cdot p m_\mu = \Lambda_{fd}\, p m_\mu ,$$

dove si è definita la *permeanza differenziale* associata al circuito magnetico in ferro mediante la relazione:

$$(6.14)\quad \Lambda_{fd} = \frac{\mathrm{d}\varphi}{\mathrm{d}m_\mu} = \Lambda_{fd}(\varphi).$$

Le equazioni (6.7), in base alle (6.8), (6.9) e (6.11), diventano:

$$(6.15)\quad \begin{cases} v_1 = R_1 i_1 + L_{1d} p i_1 + e_1 \\ v_2 = R_2 i_2 + L_{2d} p i_2 + e_2 . \end{cases}$$

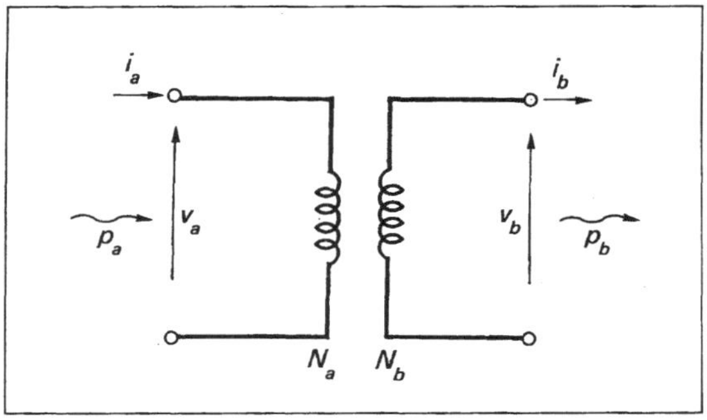

Figura 6.4. Il trasformatore ideale.

Circuiti elettrici equivalenti

Il trasformatore ideale. Per individuare i circuiti elettrici equivalenti che soddisfano alle equazioni (6.15) occorre ora definire un nuovo elemento circuitale detto *trasformatore ideale*, indicato nel seguito con TI. Il TI è un doppio bipolo in cui le grandezze elettriche tensioni e correnti ai suoi morsetti sono legate dalle seguenti relazioni di proporzionalità, essendo N_a e N_b costanti reali (fig. 6.4):

Tensioni

$$(6.16) \qquad \frac{v_a}{N_a} = \frac{v_b}{N_b} \quad \text{oppure} \quad \frac{v_a}{v_b} = \frac{N_a}{N_b}$$

Correnti

$$(6.17) \qquad N_a i_a = N_b i_b \quad \text{oppure} \quad \frac{i_b}{i_a} = \frac{N_a}{N_b}.$$

Dalle relazioni (6.16) e (6.17) si deduce che il trasformatore ideale *conserva la potenza* poiché si ha:

$$p_a = v_a i_a = p_b = v_b i_b .$$

Per ragioni di semplicità, come vedremo più avanti, le costanti N_a *e* N_b si assumono usualmente uguali al numero di spire degli avvolgimenti del trasformatore.

Proprietà del trasformatore ideale

a) Parametri serie. Si considerino i circuiti di fig. 6.5, in cui sono inserite in serie, attraverso un TI, le resistenze R_s e R'_s.

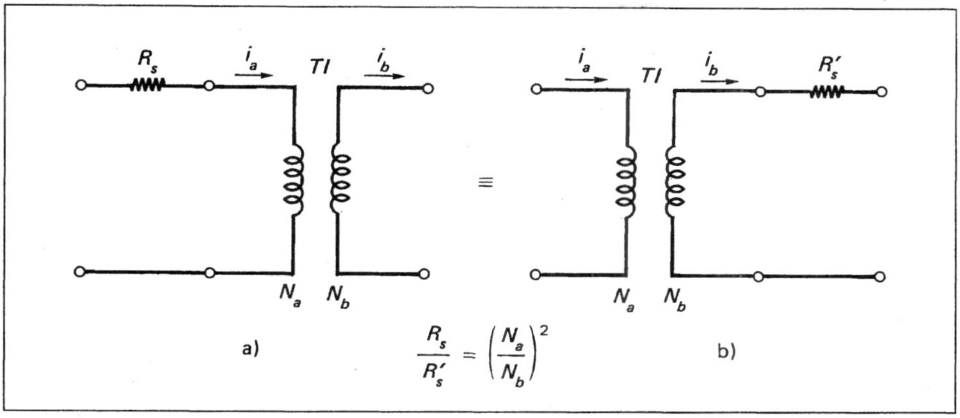

Figura 6.5

Affinché i circuiti di fig. 6.5.a e di fig. 6.5.b risultino energicamente equivalenti deve essere:

$$(6.18) \quad p_{sa} = R_s i_a^2 = p_{sb} = R'_s i_b^2$$

e cioè, in base alla (6.17),

$$(6.19) \quad \frac{R_s}{R'_s} = \left(\frac{i_b}{i_a}\right)^2 = \left(\frac{N_a}{N_b}\right)^2.$$

Analoghe proprietà valgono per le induttanze (fig. 6.6).
I due circuiti sono energeticamente equivalenti se fra le induttanze L_s e L'_s

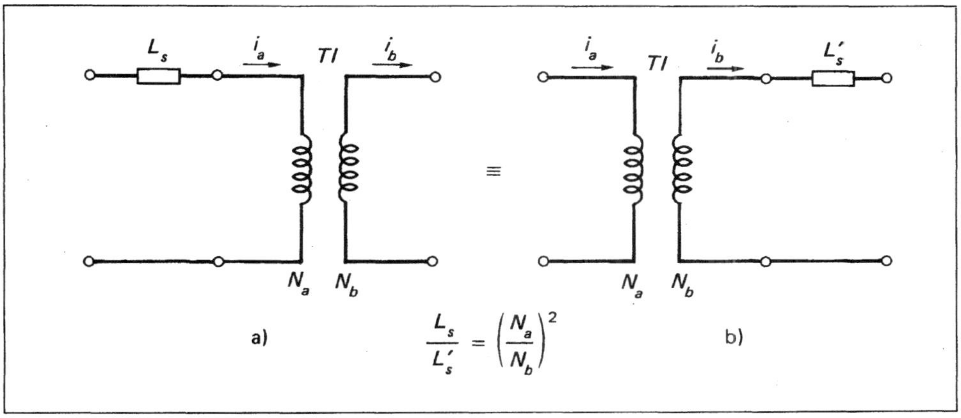

Figura 6.6

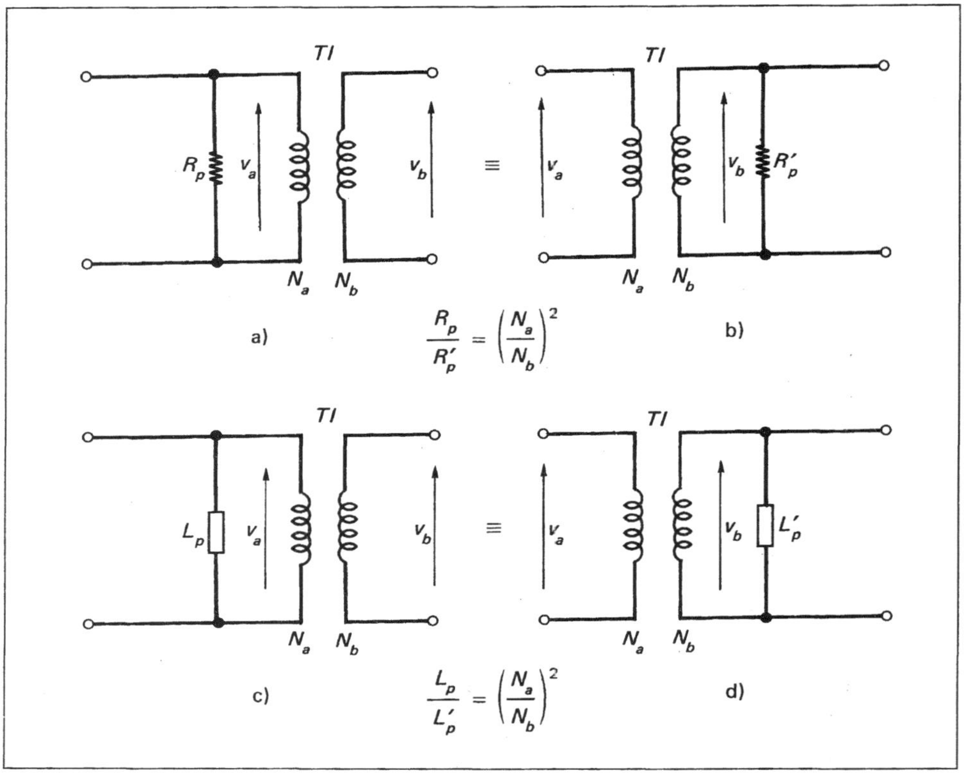

Figura 6.7

di fig. 6.6 sussistono le seguenti relazioni:

$$(6.20) \quad \frac{L_s}{L'_s} = \left(\frac{N_a}{N_b}\right)^2 .$$

b) Parametri in derivazione. Analoghe considerazioni valgono per i parametri posti in derivazione nei circuiti elettrici. Si prendano in esame i circuiti di fig. 6.7, in cui sono inserite in derivazione, attraverso un TI, le resistenze R_p e R'_p e le induttanze L_p e L'_p.

Affinché i circuiti di fig. 6.7.a e di fig. 6.7.c risultino energeticamente equivalenti rispettivamente ai circuiti di fig. 6.7.b e di fig. 6.7.d, è facile verificare che deve risultare

$$(6.21) \quad \frac{R_p}{R'_p} = \left(\frac{N_a}{N_b}\right)^2$$

$$(6.22)\quad \frac{L_p}{L'_p} = \left(\frac{N_a}{N_b}\right)^2 .$$

Quindi mediante l'inserzione di un TI in un circuito elettrico è possibile trasferire sia i *parametri serie* sia i *parametri in derivazione* da un avvolgimento a N_a spire ad un avvolgimento a N_b spire modificando i parametri stessi in base alle relazioni (6.19) e (6.20) per quelli *serie* e in base alle relazioni (6.21) e (6.22) per quelli in *derivazione*.
È importante osservare che il trasformatore ideale a rapporto unitario (cioè $N_a = N_b$) può essere utilizzato per rappresentare l'isolamento fra circuiti elettrici differenti.

Le reti equivalenti. Consideriamo ora la relazione (6.4), che si può scrivere nel modo seguente:

$$(6.24)\quad m_\mu = N_1\left(i_1 + \frac{N_2}{N_1} i_2\right) = N_2\left(\frac{N_1}{N_2} i_1 + i_2\right).$$

Definiamo le correnti

$$(6.25)\quad \begin{cases} i_{\mu 1} = i_1 + \dfrac{N_2}{N_1} i_2 \\ i_{\mu 2} = \dfrac{N_1}{N_2} i_1 + i_2 \end{cases} \qquad i_{\mu 1}/i_{\mu 2} = N_2/N_1$$

per cui si ha

$$(6.26)\quad m_\mu = N_1 i_{\mu 1} = N_2 i_{\mu 2} .$$

Ricordando inoltre la relazione (6.13), le f.e.m. e_1 ed e_2 diventano:

$$(6.27)\quad \begin{cases} e_1 = N_1 e = N_1 \Lambda_{fd} p m_\mu = N_1^2 \Lambda_{fd} p i_{\mu 1} = L_{01} p i_{\mu 1} \\ e_2 = N_2 e = N_2 \Lambda_{fd} p m_\mu = N_2^2 \Lambda_{fd} p i_{\mu 2} = L_{02} p i_{\mu 2} , \end{cases}$$

dove risulta

$$(6.28)\quad \begin{cases} L_{01} = N_1^2 \Lambda_{fd} \\ L_{02} = N_2^2 \Lambda_{fd} \end{cases} \qquad L_{01}/L_{02} = (N_1/N_2)^2 .$$

L_{01} e L_{02} sono dette *induttanze a vuoto* e dipendono dal flusso φ come la permeanza differenziale Λ_{fd}.
È facile ora verificare che le equazioni di funzionamento (6.15), ricordando le (6.27), soddisfano le reti equivalenti di fig. 6.8.

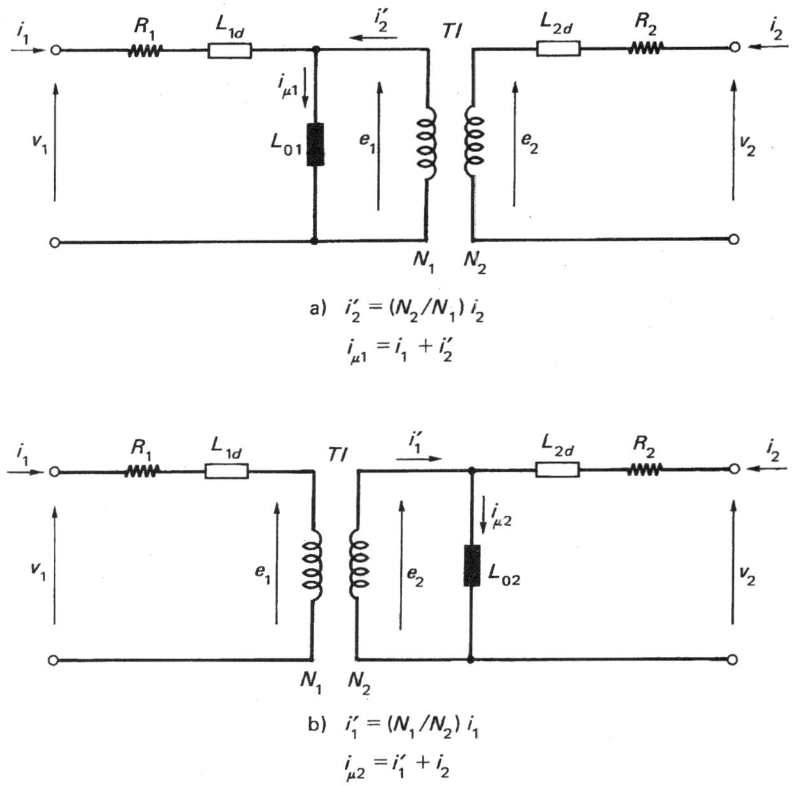

Figura 6.8. Reti equivalenti del trasformatore di fig. 6.2.

6.3. NUOVE RETI ELETTRICHE EQUIVALENTI

Sfruttando la proprietà del TI si possono modificare le reti elettriche di fig. 6.8.

Rete equivalente riferita all'avvolgimento 1. Se la resistenza R_2 e l'induttanza L_{2d} del circuito di fig. 6.8.a vengono trasferite, ricordando le relazioni (6.19) e (6.20), all'avvolgimento 1, si ottiene la rete elettrica equivalente *riferita all'avvolgimento 1* riportata in fig. 6.9.
I parametri R_2' e L_{2d}' valgono, in base alle (6.19) e (6.20)

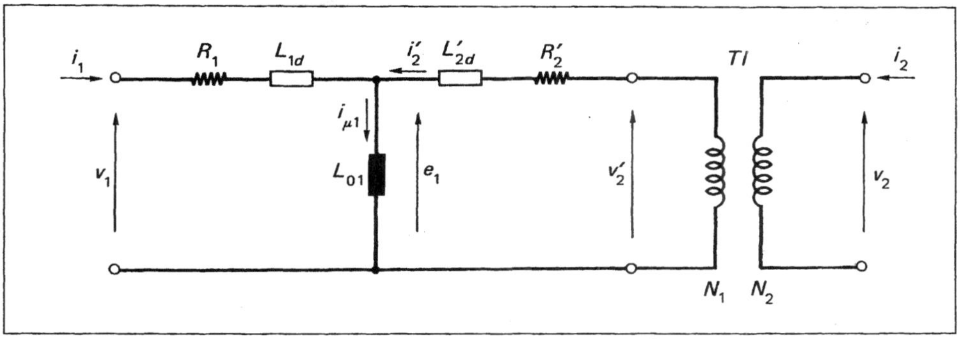

Figura 6.9

$$
(6.29) \quad \begin{cases} R_2' = \left(\dfrac{N_1}{N_2}\right)^2 R_2 \\ L_{2d}' = \left(\dfrac{N_1}{N_2}\right)^2 L_{2d} \, . \end{cases}
$$

Rete equivalente riferita all'avvolgimento 2. Riferendo la resistenza R_1 e l'induttanza L_{1d} di fig. 6.8.b all'avvolgimento 2 si ottiene la rete elettrica equivalente *riferita all'avvolgimento 2*, riportata in fig. 6.10.
I parametri R_1' e L_{1d}' valgono, in base alle (6.19) e (6.20):

$$
(6.30) \quad \begin{cases} R_1' = \left(\dfrac{N_2}{N_1}\right)^2 R_1 \\ L_{1d}' = \left(\dfrac{N_2}{N_1}\right)^2 L_{1d} \, . \end{cases}
$$

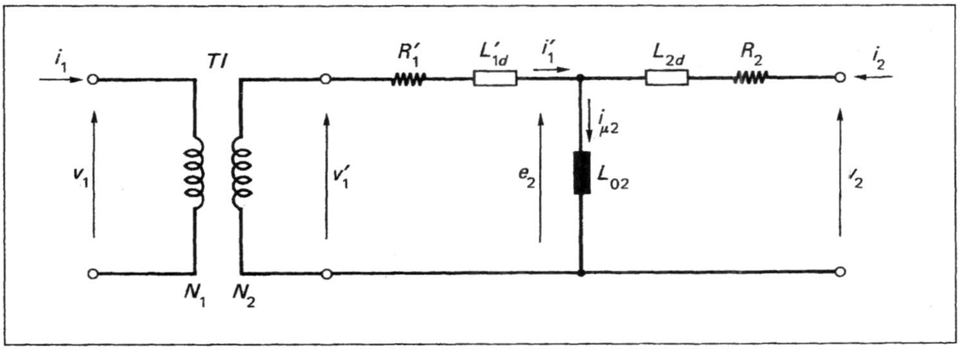

Figura 6.10

Inoltre, in base alle (6.28), risulta:

$$(6.31)\quad \frac{L_{01}}{L_{02}} = \left(\frac{N_1}{N_2}\right)^2 .$$

Le reti elettriche equivalenti così ottenute non tengono però conto delle *perdite nel ferro* del circuito magnetico dovute alla variazione nel tempo del flusso principale φ.
Questo fenomeno sarà esaminato solo nel funzionamento in *regime alternato sinusoidale.*

6.4. RETI ELETTRICHE EQUIVALENTI IN REGIME ALTERNATO SINUSOIDALE

I circuiti elettrici equivalenti in regime alternato sinusoidale (di pulsazione $\omega = 2\pi f$) si ottengono da quelli fino ad ora esaminati, validi in regime qualsiasi, sostituendo ai parametri «induttanze L» i corrispondenti parametri «reattanze»: $X = \omega L$.
Supponiamo inoltre che il flusso principale φ sia alternato sinusoidale:

$$(6.32)\quad \varphi = \Phi_M \operatorname{sen} \omega t .$$

Il valore istantaneo della *f.e.m. per spira* diventa perciò:

$$(6.33)\quad e = p\varphi = \omega \Phi_M \cos \omega t = \sqrt{2}E \cos \omega t ,$$

dove E rappresenta il valore efficace

$$(6.34)\quad E = \frac{\omega \Phi_M}{\sqrt{2}} = \sqrt{2}\,\pi f \Phi_M = 4{,}44\, f \Phi_M .$$

I valori efficaci delle f.e.m. indotte negli avvolgimenti 1 e 2 valgono quindi:

$$(6.35)\quad \begin{cases} E_1 = N_1 E \\ E_2 = N_2 E \end{cases} \qquad E_1 / E_2 = N_1 / N_2 .$$

Ricordiamo a questo punto che le *perdite nel ferro* di un circuito magnetico interessato da un flusso alternato sinusoidale di valore massimo Φ e frequenza f si possono esprimere, con buona approssimazione, mediante la seguente relazione:

(6.36) $P_{fe} = k_1 \cdot f\Phi_M^2 + k_2(f\Phi_M)^2$

dove il primo addendo al secondo membro rappresenta le perdite per isteresi, mentre il secondo addendo indica le perdite per correnti parassite.
A frequenza f costante perciò si ha:

(6.37) $P_{fe} = K\Phi_M^2 .$

Quindi nel caso del trasformatore si può scrivere, ricordando la (6.34):

(6.35) $P_{fe} = K'E^2 = \dfrac{E^2}{R_0}$

dove $R_0' = 1/K'$ ha le dimensioni di una resistenza.
Quindi il parametro che tiene conto delle *perdite nel ferro* in regime alternato sinusoidale può essere rappresentato da una resistenza R_0, che, in base alle (6.35), assume le seguenti espressioni:

(6.36) $\begin{cases} R_{01} = N_1^2 R_0 = E_1^2 / P_{fe} & \text{se alimentata dalla f.e.m. } E_1 \\ R_{02} = N_2^2 R_0 = E_2^2 / P_{fe} & \text{se alimentata dalla f.e.m. } E_2 \\ R_{01}/R_{02} = (N_1/N_2)^2 . \end{cases}$

In definitiva i circuiti elettrici equivalenti in regime alternato sinusoidale sono quelli riportati in fig. 6.11, in cui per l'avvolgimento 1 si è assunta la convenzione di segno degli utilizzatori (potenza elettrica positiva *entrante* nell'avvolgimento), mentre per l'avvolgimento 2 si è assunta la convenzione dei generatori (potenza elettrica positiva *uscente* dall'avvolgimento). Sono state anche rappresentate le reti elettriche riferite sia all'avvolgimento 1 sia all'avvolgimento 2. In essi sono definiti i seguenti parametri serie:

(6.37) $\bar{Z}_{s1} = R_1 + jX_{1d}, \qquad \bar{Z}_{s1}' = \left(\dfrac{N_2}{N_1}\right)^2 \bar{Z}_{s1} = R_1' + jX_{1d}'$

(6.38) $\dfrac{R_1'}{R_1} = \dfrac{X_{1d}'}{X_{1d}} = \left(\dfrac{N_2}{N_1}\right)^2$

(6.39) $\bar{Z}_{s2} = R_2 + jX_{2d}, \qquad \bar{Z}_{s2}' = \left(\dfrac{N_1}{N_2}\right)^2 \bar{Z}_{s2} = R_2' + jX_{2d}'$

(6.40) $\dfrac{R_2'}{R_2} = \dfrac{X_{2d}'}{X_{2d}} = \left(\dfrac{N_1}{N_2}\right)^2 .$

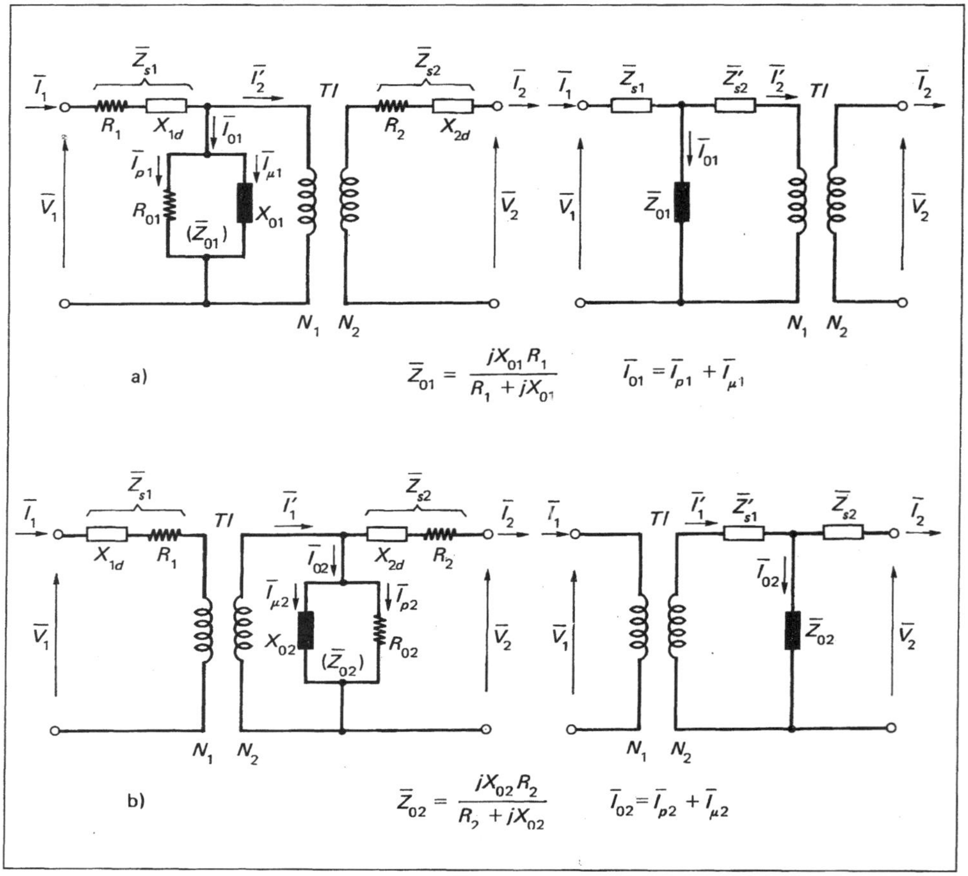

Figura 6.11. Reti equivalenti in regime alternato sinusoidale. a) Il ramo derivato $\bar{Z}_{01}$ è riferito all'avvolgimento 1. b) Il ramo derivato $\bar{Z}_{02}$ è riferito all'avvolgimento 2.

6.5. DATI NOMINALI DI UN TRASFORMATORE MONOFASE A DUE AVVOLGIMENTI

I *dati nominali* di un trasformatore sono la potenza, la tensione e la corrente di ciascun avvolgimento.

Queste grandezze sono significative ai fini di un corretto dimensionamento del trasformatore nei riguardi dell'isolamento e del riscaldamento e quindi della vita della macchina.

Nelle reali condizioni di esercizio, il trasformatore funziona mettendo in

gioco tensioni, correnti e potenze vicine a quelle nominali, ma in generale differenti.
Si può quindi dire che le grandezze nominali rappresentano un limite massimo al di sotto del quale il costruttore garantisce l'integrità della macchina per tutta la sua vita.
Per il trasformatore monofase a due avvolgimenti risulta quanto segue.

Tensione nominale dell'avvolgimento 1: V_{1n} [V].
Tensione nominale dell'avvolgimento 2: V_{2n} [V].
Relazioni fra le tensioni nominali:

$$\frac{V_{1n}}{V_{2n}} = \frac{N_1}{N_2}. \tag{6.41}$$

Le tensioni nominali di entrambi gli avvolgimenti sono definite nel funzionamento a vuoto e, come si vedrà, esse coincidono con le f.e.m. E_1 e E_2 indotte negli avvolgimenti.

Corrente nominale dell'avvolgimento 1: I_{1n} [A].
Corrente nominale dell'avvolgimento 2: I_{2n} [A].
Relazioni fra le correnti nominali:

$$\frac{I_{1n}}{I_{2n}} = \frac{N_2}{N_1}. \tag{6.42}$$

Le correnti nominali circolanti in entrambi gli avvolgimenti si ottengono, come si vedrà, nel *funzionamento in corto circuito.*

Potenza nominale: A_n [VA].
La potenza nominale di ciascun avvolgimento è data dal prodotto della tensione nominale e della corrente nominale. In base alle (6.41) e (6.42) i due avvolgimenti hanno la stessa potenza nominale:

$$A_n = V_{1n} \cdot I_{1n} = V_{2n} \cdot I_{2n}. \tag{6.43}$$

Un'altra grandezza che deve essere definita è la *frequenza nominale*: f_n [Hz].

Poiché le tensioni nominali coincidono, come sopra detto, con le f.e.m. indotte negli avvolgimenti, in base alle (6.34) e (6.35) si può definire anche il *flusso nominale* Φ_n:

$$(6.44) \qquad \Phi_n = \frac{V_{1n}}{\sqrt{2}\,\pi N_1 f_n} = \frac{V_{2n}}{\sqrt{2}\,\pi N_2 f_n}.$$

È utile anche definire le seguenti *impedenze nominali*:

$$(6.45) \qquad \begin{cases} Z_{1n} = \dfrac{V_{1n}}{I_{1n}} & [\Omega] \quad \text{(avvolg. 1)} \\ Z_{2n} = \dfrac{V_{2n}}{I_{2n}} & [\Omega] \quad \text{(avvolg. 2)} \end{cases} \qquad \frac{Z_{1n}}{Z_{2n}} = \left(\frac{N_1}{N_2}\right)^2.$$

6.6. CONSIDERAZIONI SUI PARAMETRI SERIE E DERIVATI

Introduciamo ora il concetto di *valore relativo* di una grandezza; essa è una quantità adimensionale.

Parametri serie. Con riferimento alle reti equivalenti di fig. 6.11 possiamo definire le seguenti impedenze serie in *valore relativo*:

$$(6.46) \qquad \begin{cases} z^*_{s1} = \dfrac{Z_{s1}}{Z_{1n}} = \dfrac{Z'_{s1}}{Z_{2n}} & \text{(avvolgimento 1)} \\ z^*_{s2} = \dfrac{Z_{s2}}{Z_{2n}} = \dfrac{Z'_{s2}}{Z_{1n}} & \text{(avvolgimento 2).} \end{cases}$$

Quando negli avvolgimenti circolano le rispettive correnti nominali, essi sono sede di perdite per effetto Joule, dette *perdite nel rame* (*), che valgono:

$$(6.47) \qquad \begin{cases} P_{cu1n} = R_1 I^2_{1n} & \text{(avvolgimento 1)} \\ P_{cu2n} = R_2 I^2_{2n} & \text{(avvolgimento 2)} \\ P_{cun} = P_{cu1n} + P_{cu2n}\,. \end{cases}$$

Riferendo queste perdite alla potenza nominale A_n, ricordando le (6.45), si

---

(*) Tale dicitura è impropria, poiché il materiale conduttore degli avvolgimenti può essere non solo il rame, ma ad esempio, anche l'alluminio; comunque il rame è il materiale conduttore di gran lunga più usato.

ottengono le *perdite nel rame in valore relativo:*

$$(6.48)\quad \begin{cases} p^*_{cu1n} = P_{cu1n}/A_n = R_1 I^2_{1n}/A_n = R_1/Z_{1n} & \text{(avvolgimento 1)} \\ p^*_{cu2n} = P_{cu2n}/A_n = R_2 I^2_{2n}/A_n = R_2/Z_{2n} & \text{(avvolgimento 2)} \\ p^*_{cun} = p^*_{cu1n} + p^*_{cu2n}\,. \end{cases}$$

Nell'usuale proporzionamento dei trasformatori risulta:

$$(6.49)\quad z^*_{s1,2} = 0{,}02 \div 0{,}10$$

$$(6.50)\quad p^*_{cun} = p^*_{cu1n} + p^*_{cu2n} = 0{,}002 \div 0{,}03\,.$$

Parametri derivati. Indichiamo con $\bar{Z}_{01}$ e con $\bar{Z}_{02}$ le impedenze derivate che compaiono rispettivamente nelle figg. 6.11.a e 6.11.b; ricordando la (6.31) e la (6.36) si ha:

$$(6.51)\quad \begin{cases} \bar{Z}_{01} = \dfrac{jR_{01}\cdot X_{01}}{R_{01} + jX_{01}} \\ \bar{Z}_{02} = \dfrac{jR_{02}\cdot X_{02}}{R_{02} + jX_{02}} = \left(\dfrac{N_2}{N_1}\right)^2 \cdot \dfrac{jR_{01}X_{01}}{R_{01} + jX_{01}} = \left(\dfrac{N_2}{N_1}\right)^2 \cdot \bar{Z}_{01}\,. \end{cases}$$

Riferendo i moduli di queste impedenze a quelli nominali Z_{1n} e Z_{2n} si ottengono le impedenze derivate in *valore relativo*:

$$(6.52)\quad z^*_{01} = Z_{01}/Z_{1n} = Z_{02}/Z_{2n} = z^*_{02} = z^*_0\,.$$

Le *perdite nel ferro*, in corrispondenza del flusso nominale Φ_n, possono essere riferite alla potenza nominale A_n:

$$(6.53)\quad p^*_{fen} = \frac{P_{fen}}{A_n} = \frac{V^2_{1n}/R_{01}}{A_n} = \frac{V^2_{2n}/R_{02}}{A_n}\,.$$

Nell'usuale proporzionamento dei trasformatori risulta:

$$(6.54)\quad z^*_0 = 20 \div 1000$$

$$(6.55)\quad p^*_{fen} = 0{,}0005 \div 0{,}005\,.$$

Dalle (6.50) e (6.55) si deduce quindi:

$$(6.56)\quad p^*_{cun}/p^*_{fen} = 3 \div 6\,.$$

6.7. FUNZIONAMENTO A VUOTO

Nel funzionamento a vuoto si alimenta un avvolgimento con una tensione compresa fra il 90% e il 110% della sua tensione nominale, lasciando l'altro avvolgimento aperto (senza carico).
La scelta dell'avvolgimento da alimentare è dettata solo da ragioni pratiche (ad esempio si sceglie l'avvolgimento avente *tensione nominale* più bassa).
Con questa prova è possibile valutare:
- il rapporto fra le f.e.m. E_1 e E_2,
- le perdite nel ferro.

Il rapporto fra le f.e.m., per le (6.35), coincidente con il rapporto spire ($E_1/E_2 = N_1/N_2$) è detto *rapporto di trasformazione*.
Supponiamo di alimentare l'avvolgimento 1 di fig. 6.11.a con la tensione nominale V_{1n} e di lasciare aperto l'avvolgimento 2; la rete elettrica equivalente diventa quella riportata in fig. 6.12.
In base alle (6.49), (6.52) e (6.54) si ha:

$$(6.57) \quad \frac{Z_{s1}}{Z_{01}} = \frac{z_{s1}^* \cdot Z_{1n}}{z_0^* \cdot Z_{1n}} = 0,002 \div 0,00001$$

quindi Z_{s1} è trascurabile rispetto a Z_{01}.
Il modulo della *corrente a vuoto* I_{01n} vale

$$(6.58) \quad I_{01n} = \frac{V_{1n}}{|\bar{Z}_{s1} + \bar{Z}_{01}|} = \frac{V_{1n}}{Z_{01}} = \frac{V_{1n}}{z_0^* \cdot Z_{1n}} = \frac{I_{1n}}{z_0^*}.$$

La *corrente a vuoto in valore relativo* i_{0n}^*, data dal rapporto fra la corrente

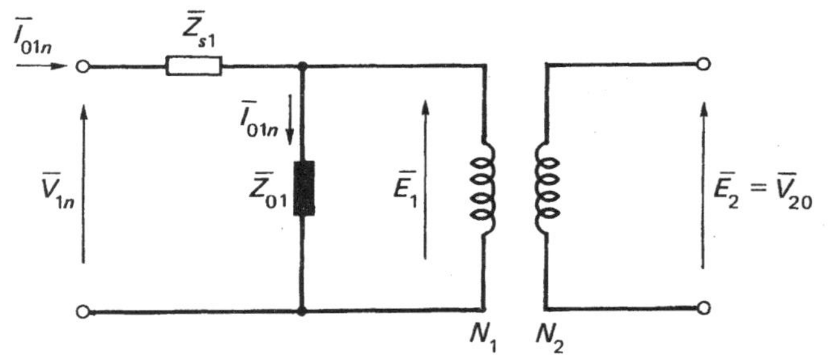

Figura 6.12

I_{01n} e la corrente nominale I_{1n}, coincide con l'*inverso* dell'*impedenza a vuoto in valore relativo* z_0^*:

$$(6.59) \quad i_{0n}^* = I_{01n}/I_{1n} = 1/z_0^* = 0{,}001 \div 0{,}05 \,.$$

Osserviamo che se si alimentasse la macchina dai morsetti dell'avvolgimento 2 si otterrebbe una corrente a vuoto in valore relativo identica a quella definita dalla (6.59):

$$(6.60) \quad i_{0n}^* = I_{02n}/I_{2n} = 1/z_0^* \,.$$

Mostriamo ora come la f.e.m. E_1 coincida in pratica con la tensione di alimentazione V_{1n}.
La c.d.t. sull'impedenza Z_{s1} dovuta alla corrente I_{01n} vale, ricordando le (6.49) e (6.59),

$$|\Delta \bar{V}_{s1}| = Z_{s1} \cdot I_{01n} = z_{s1}^* \cdot Z_{1n} \cdot i_{0n}^* I_{1n} = (z_{s1}^* \cdot i_{0n}^*) \cdot V_{1n} \simeq 0{,}0001 \cdot V_{1n} \,.$$

Quindi ΔV_{s1} è trascurabile rispetto alla tensione di alimentazione V_{1n}; questo ci permette di dire che:

$$(6.61) \quad V_{1n} = E_1 = \frac{N_1}{N_2} E_2 = \frac{N_1}{N_2} V_{20} = \frac{N_1}{N_2} V_{2n} \,.$$

Quindi nel funzionamento a vuoto le tensioni coincidono con le f.e.m. e il rapporto fra di esse, detto *rapporto di trasformazione*, è uguale al rapporto spire.
La potenza P_{0n} assorbita a vuoto dal trasformatore è dovuta alle perdite nel rame alla corrente I_{01n} dell'avvolgimento alimentato e alle perdite nel ferro.
Si ha perciò, ricordando le (6.59) e (6.56), ritenendo in prima approssimazione $p_{cu1n}^* = p_{cu2n}^* = p_{cun}^*/2$:

$$(6.62) \quad P_{0n} = R_1 I_{01n}^2 + P_{fen} = P_{fen}(1 + R_1 I_{01n}^2 / P_{fen}) =$$

$$= P_{fen}\left(1 + \frac{1}{2} i_{0n}^{*2} \cdot \frac{p_{cun}^*}{p_{fen}^*}\right) \simeq (1 + 0{,}0004) P_{fen} \simeq P_{fen} \,.$$

Analogo risultato si ottiene alimentando l'avvolgimento 2.
Dalla prova a vuoto, quindi, si ottiene una corrente, detta *corrente a vuoto*, che, espressa in valore relativo alla corrispondente corrente nominale, è indipendente dall'avvolgimento alimentato.
Anche la *potenza assorbita a vuoto*, che coincide con le *perdite nel ferro*, è indipendente dall'avvolgimento alimentato.

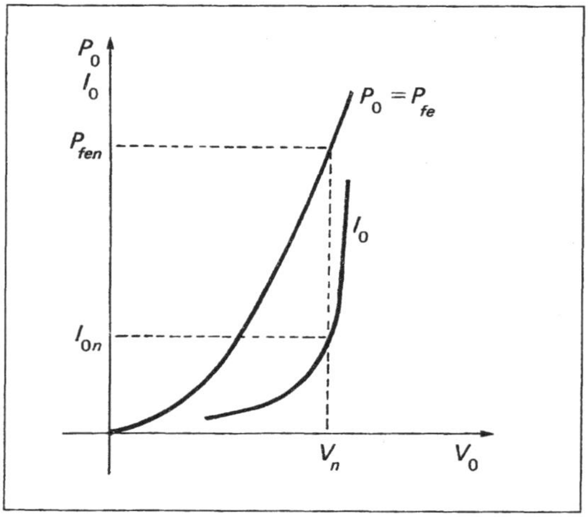

Figura 6.13

Eseguendo la prova a vuoto con valori differenti di tensione si ottengono i diagrammi di fig. 6.13, in cui in funzione della tensione di alimentazione V_0 (coincidente con V_{01} se si alimenta l'avvolgimento 1 e con V_{02} se si alimenta l'avvolgimento 2) sono tracciati gli andamenti delle *perdite a vuoto* $P_0 = P_{fe}$ e della *corrente a vuoto* I_0 (I_{01} se si alimenta l'avvolgimento 1 e I_{02} se si alimenta l'avvolgimento 2).

6.8. FUNZIONAMENTO IN CORTO CIRCUITO

Nel funzionamento in corto circuito si alimenta uno dei due avvolgimenti ponendo l'altro in corto circuito. Anche in questo caso la scelta dell'avvolgimento da alimentare è dettato solo da ragioni pratiche (ad esempio si alimenta l'avvolgimento avente la *corrente nominale* più bassa).
Con questa prova è possibile valutare:
- i parametri serie,
- le perdite nel rame degli avvolgimenti.

Verrà anche mostrato come in corto circuito il rapporto fra la corrente I_1 dell'avvolgimento 1 e la corrente I_2 dell'avvolgimento 2 coincida con il rapporto spire N_1/N_2, cioè risulti:

$$\frac{I_1}{I_2} = \frac{N_2}{N_1}$$

e quindi

$$N_1 I_1 = N_2 I_2 ,$$

che rappresenta l'uguaglianza delle f.m.m. dei due avvolgimenti.
Per lo studio è opportuno riferire i parametri dell'avvolgimento chiuso in corto circuito ai dati dell'avvolgimento alimentato.
Se ad esempio si alimenta l'avvolgimento 1 di fig. 6.11 si ottiene il circuito equivalente di fig. 6.14.a.
Per la presenza del trasformatore ideale TI, sussistono le seguenti relazioni:

$$(6.63) \quad I_2'/I_2 = N_2/N_1$$

$$(6.64) \quad V_2'/V_2 = (N_1/N_2) .$$

Poiché i morsetti A_2 e B_2 dell'avvolgimento 2 sono posti in corto circuito risulta $V_2 = 0$ e quindi anche $V_2' = 0$.
Il circuito elettrico di fig. 6.14.a diventa quindi quello di fig. 6.14.b.
Risulta quindi, ricordando le (6.49), (6.52) e (6.54):

$$(6.65) \quad \frac{Z_{s2}'}{Z_{01}} = \frac{z_{s2}^* \cdot Z_{1n}}{z_0^* \cdot Z_{1n}} = \frac{z_{s2}^*}{z_0^*} = 0,00001 \div 0,002 .$$

Si può perciò affermare che l'impedenza $\bar{Z}_{c1}$ vista dai morsetti di alimentazione è praticamente coincidente con la somma di $\bar{Z}_{s1}$ e $\bar{Z}_{s2}'$:

$$(6.66) \quad \bar{Z}_{c1} = \bar{Z}_{s1} + \frac{\bar{Z}_{01} \cdot \bar{Z}_{s2}'}{\bar{Z}_{01} + \bar{Z}_{s2}'} = \bar{Z}_{s1} + \frac{Z_{s2}'}{1 + \dfrac{\bar{Z}_{s2}'}{\bar{Z}_{01}}} \simeq \bar{Z}_{s1} + \bar{Z}_{s2}' .$$

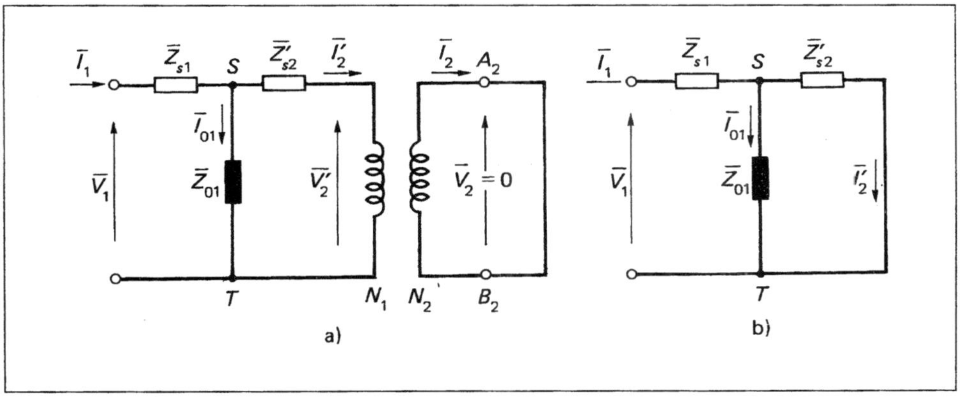

Figura 6.14

Supponendo che la corrente I_1 sia quella nominale I_{1n}, si ha, ritenendo in prima approssimazione $Z_{s1} \simeq Z'_{s2}$:

(6.67) $V_{1c} = Z_{c1} \cdot I_{1n} \simeq 2Z_{s1}I_{1n}$.

Riferendo la tensione V_{1c} alla tensione nominale V_{1n} si ottiene, ricordando la (6.49):

(6.68) $$v^*_{1c} = \frac{V_{1c}}{V_{1n}} = 2\frac{Z_{s1}I_{1n}}{V_{1n}} = 2\frac{Z_{s1}}{Z_{1n}} = 2z^*_{s1} = 0,04 \div 0,20.$$

La (6.68) ci permette di dire che, per far circolare la corrente nominale I_{1n} nel funzionamento in corto circuito, occorre alimentare il trasformatore con una tensione che è una frazione (variabile circa fra il 4% e il 20%) della tensione nominale.
Poiché per la (6.65) $Z_{01} >> Z'_{s2}$, la tensione V_{1c} si ripartisce fra le due impedenze Z_{s1} e Z'_{s2}; avendo inoltre ritenuto $Z_{s1} \simeq Z'_{s2}$, la tione fra i nodi S e T di fig. 6.14.b vale:

(6.69) $$V_{ST} = \frac{1}{2} V_{1c} = \frac{1}{2} v^*_{1c} \cdot V_{1n} .$$

Quindi la corrente I_{01} circolante nel ramo Z_{01} (supponendo che rimanga costante) vale:

(6.70) $$I_{01} = \frac{V_{ST}}{Z_{01}} = \frac{1}{2}\frac{v^*_{1c} \cdot V_{1n}}{z^*_0 \cdot Z_{1n}} = \frac{z^*_{s1}}{z^*_0} I_{1n} = (0,0001 \div 0,0002) I_{1n} .$$

La (6.70) mostra come I_{01} sia trascurabile rispetto a I_{1n}, per cui si può scrivere:

(6.71) $$\bar{I}'_2 = \bar{I}_{1n} - \bar{I}_{01} = \bar{I}_{1n}$$

e quindi

(6.72) $$I_2 = \left(\frac{N_1}{N_2}\right) I'_2 = I_{2n} .$$

Si può quindi affermare che, nel funzionamento in corto circuito, se in un avvolgimento circola la corrente nominale anche l'altro avvolgimento è percorso dalla corrente nominale.
Si può più in generale dire che in corto circuito il rapporto fra le correnti è pari al rapporto inverso del numero di spire degli avvolgimenti:

(6.73) $I_1/I_2 = N_2/N_1$.

La potenza assorbita in corto circuito dal trasformatore è pari alla somma delle perdite nel ferro e quelle nel rame degli avvolgimenti.
Supponendo di far circolare la corrente nominale si ha:

$$(6.74) \quad P_{cn} = P_{cu1n} + P_{cu2n} + P_{fe} = P_{cun} + P_{fe} .$$

Mostriamo ora come le perdite P_{fe} risultino trascurabili; esse valgono infatti, ricordando la (6.69):

$$(6.75) \quad P_{fe} = \frac{V_{ST}^2}{R_{01}} = \frac{1}{4} v_{1c}^{*2} \cdot \frac{V_{1n}^2}{R_{01}} = \frac{1}{4} v_{1c}^{*2} \cdot P_{fen} .$$

Si ha quindi, ricordando la (6.56):

$$(6.76) \quad P_{cn} = P_{cun}\left(1 + \frac{P_{fe}}{P_{cun}}\right) = P_{cun}\left(1 + \frac{1}{4} v_{1c}^{*2} \frac{p_{fen}^*}{p_{cun}^*}\right) = $$
$$= (1 + 0{,}0001) P_{cun} \simeq P_{cun} .$$

Analoghe considerazioni valgono se si alimenta l'avvolgimento 2.
Le reti elettriche equivalenti da utilizzare per lo studio in corto circuito sono quelle riportate in fig. 6.15.
Dalla prova in corto circuito si ricava quindi un'impedenza globale in cui non è possibile separare il contributo dei due avvolgimenti.

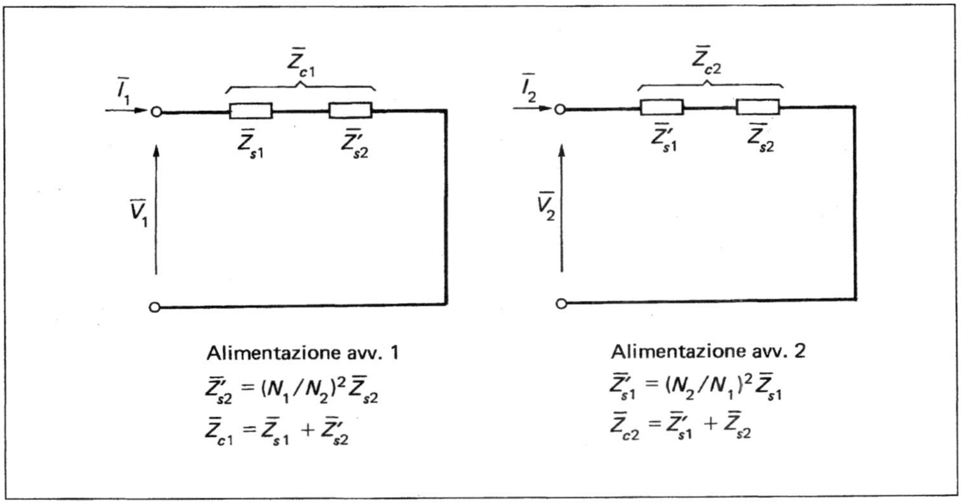

Figura 6.15. Reti elettriche equivalenti in corto circuito.

Alimentando l'avvolgimento 1 si ottiene:

$$(6.77)\quad \begin{cases} \bar{Z}_{c1} = \bar{Z}_{s1} + \bar{Z}'_{s2} = (R_1 + R'_2) + j(X_{d1} + X'_{d2}) = R_{c1} + jX_{c1} \\ R'_2 = (N_1/N_2)^2 \cdot R_2; \qquad R_{c1} = R_1 + R'_2 \\ X'_{d2} = (N_1/N_2)^2 \cdot X_{d2}; \qquad X_{c1} = X_{d1} + X'_{d2}. \end{cases}$$

Alimentando l'avvolgimento 2 si ottiene:

$$(6.78)\quad \begin{cases} \bar{Z}_{c2} = \bar{Z}'_{s1} + \bar{Z}_{s2} = (R'_1 + R_2) + j(X'_{d1} + X_{d2}) = R_{c2} + jX_{c2} \\ R'_1 = (N_2/N_1)^2 \cdot R_1; \qquad R_{c2} = R'_1 + R_2 \\ X'_{d1} = (N_2/N_1)^2 \cdot X_{d1}; \qquad X_{c2} = X'_{d1} + X_{d2}. \end{cases}$$

Risulta perciò

$$(6.79)\quad \frac{Z_{c1}}{Z_{c2}} = \left(\frac{N_1}{N_2}\right)^2; \quad \frac{R_{c1}}{R_{c2}} = \left(\frac{N_1}{N_2}\right)^2; \quad \frac{X_{c1}}{X_{c2}} = \left(\frac{N_1}{N_2}\right)^2.$$

Potenze e tensioni in valore relativo nel funzionamento in corto circuito

Con riferimento ai circuiti equivalenti di fig. 6.15, supponiamo che negli avvolgimenti circolino le correnti nominali I_{1n} e I_{2n}.
Possiamo esprimere le potenze e le tensioni in gioco in valore relativo alla potenza nominale A_n e alle tensioni nominali V_{1n}, per l'avvolgimento 1, e V_{2n}, per l'avvolgimento 2.

Potenza apparente e tensione di corto circuito. Si definisce *tensione di corto circuito* la tensione che si deve applicare a uno dei due avvolgimenti, essendo l'altro chiuso in corto circuito, per far circolare in essi le correnti nominali.
Detta A_{cn} la potenza apparente di corto circuito, si ha:

$$(6.80)\quad \begin{cases} A_{cn} = Z_{c1} I_{1n}^2 = Z_{c2} I_{2n}^2 \\ V_{c1} = Z_{c1} I_{1n} \qquad \text{(tens. di corto circ. alimentando l'avv. 1)} \\ V_{c2} = Z_{c2} I_{2n} \qquad \text{(tens. di corto circ. alimentando l'avv. 2)}. \end{cases}$$

Riferendo la potenza A_{cn} alla potenza nominale A_n e le *tensioni di corto circuito* V_{c1} e V_{c2} alle tensioni nominali V_{1n} e V_{2n}, si ottiene, ricordando le

(6.45), (6.46) e (6.79):

$$
(6.81) \quad
\begin{cases}
a^*_{cn} = \dfrac{A_{cn}}{A_n} = \dfrac{Z_{c1}}{Z_{1n}} = \dfrac{Z_{c2}}{Z_{2n}} = z^*_c \\[2ex]
v^*_{c1} = \dfrac{V_{c1}}{V_{1n}} = \dfrac{Z_{c1}I_{1n}}{V_{1n}} = \dfrac{Z_{c1}}{Z_{1n}} = z^*_c \\[2ex]
v^*_{c2} = \dfrac{V_{c2}}{V_{2n}} = \dfrac{Z_{c2}I_{2n}}{V_{2n}} = \dfrac{Z_{c2}}{Z_{2n}} = z^*_c = v^*_{c1} = v^*_c = a^*_{cn} \,.
\end{cases}
$$

È interessante osservare che le tensioni di corto circuito espresse in valore assoluto (cioè in volt) sono differenti fra loro ($V_{c1} \neq V_{c2}$), mentre se vengono espresse in valore relativo esse risultano uguali fra loro, e coincidono sia con la potenza di corto circuito in valore relativo a^*_{cn} sia con l'impedenza di corto circuito z^*_c:

$$(6.82) \quad v^*_{c1} = v^*_{c2} = v^*_c = a^*_{cn} = z^*_c \,.$$

Risulta normalmente:

$$(6.83) \quad v^*_c = 0{,}04 \div 0{,}20 \,.$$

Perdite nel rame e c.d.t. resistive. Le perdite nel rame P_{cun} e le c.d.t. resistive negli avvolgimenti sono date dalle seguenti relazioni:

$$
(6.84) \quad
\begin{cases}
P_{cun} = R_{c1}I^2_{1n} = R_{c2}I^2_{2n} \\
V_{R1} = R_{c1}I_{1n} \qquad \text{(c.d.t. resistiva alimentando l'avv. 1)} \\
V_{R2} = R_{c2}I_{2n} \qquad \text{(c.d.t. resistiva alimentando l'avv. 2)}.
\end{cases}
$$

Riferendo le perdite P_{cun} alla potenza nominale A_n e le c.d.t. V_{R1} e V_{R2} alle tensioni nominali V_{1n} e V_{2n} si ottiene, ricordando le (6.45), (6.46) e (6.79):

$$
(6.85) \quad
\begin{cases}
p^*_{cun} = \dfrac{P_{cun}}{A_n} = \dfrac{R_{c1}}{Z_{1n}} = \dfrac{R_{c2}}{Z_{2n}} = r^*_c \\[2ex]
v^*_{R1} = \dfrac{R_{c1}I_{1n}}{V_{1n}} = \dfrac{R_{c1}}{Z_{1n}} = r^*_c \\[2ex]
v^*_{R2} = \dfrac{R_{c2}I_{2n}}{V_{2n}} = \dfrac{R_{c2}}{Z_{2n}} = r^*_c = v^*_{R1} = v^*_R = p^*_{cun} \,.
\end{cases}
$$

Come nel caso precedente le perdite nel rame in valore relativo p^*_{cun}, la c.d.t. resistiva in valore relativo v^*_r e la resistenza r^*_c risultano tutte uguali fra loro:

$$(6.86) \quad p^*_{cun} = v^*_R = r^*_c \,.$$

Indicativamente risulta (si veda la (6.50)):

(6.87) $p^*_{cun} = 0{,}002 \div 0{,}02$.

Potenza reattiva e c.d.t. reattiva. La potenza reattiva Q_{cn} e la c.d.t. reattiva negli avvolgimenti valgono:

$$(6.88) \quad \begin{cases} Q_{cn} = X_{c1} I^2_{1n} = X_{c2} I^2_{2n} \\ V_{x1} = X_{c1} I_{1n} & \text{(c.d.t. reattiva alimentando l'avv. 1)} \\ V_{x2} = X_{c2} I_{2n} & \text{(c.d.t. reattiva alimentando l'avv. 2)}. \end{cases}$$

Riferendo anche in questo caso la potenza e le tensioni ai valori nominali si ottiene:

$$(6.89) \quad \begin{cases} q^*_{cn} = \dfrac{Q_{cn}}{A_n} = \dfrac{X_{c1}}{Z_{1n}} = \dfrac{X_{c2}}{Z_{2n}} = x^*_c \\ v^*_{x1} = \dfrac{X_{c1} I_{1n}}{V_{1n}} = \dfrac{X_{c1}}{Z_{1n}} = x^*_c \\ v^*_{x2} = \dfrac{X_{c2} I_{2n}}{V_{2n}} = \dfrac{X_{c2}}{Z_{2n}} = x^*_c = v^*_{x1} = v^*_x = q^*_{cn} . \end{cases}$$

Risulta quindi anche in questo caso:

(6.90) $q^*_{cn} = v^*_x = x^*_c$

e cioè la potenza reattiva in valore relativo q^*_{cn}, la c.d.t. reattiva in valore relativo v^*_x e la reattanza di corto circuito in valore relativo x^*_c risultano uguali fra loro.
Poiché fra le potenze sussiste il seguente legame:

(6.91) $A_{cn} = \sqrt{P^2_{cun} + Q^2_{cn}}$,

si ottiene anche, fra i valori relativi:

$$(6.92) \quad \begin{cases} a^*_{cn} = \sqrt{p^{*2}_{cun} + q^{*2}_{cn}} \\ v^*_c = \sqrt{v^{*2}_R + v^{*2}_x} \\ z^*_c = \sqrt{r^{*2}_c + x^{*2}_c} . \end{cases}$$

Con gli usuali valori di v^*_c e p^*_{cun} (si vedano le (6.83) e (6.87)) si può ritenere:

(6.93) $v^*_x = \sqrt{v^{*2}_c - v^{*2}_R} \simeq v^*_c$,

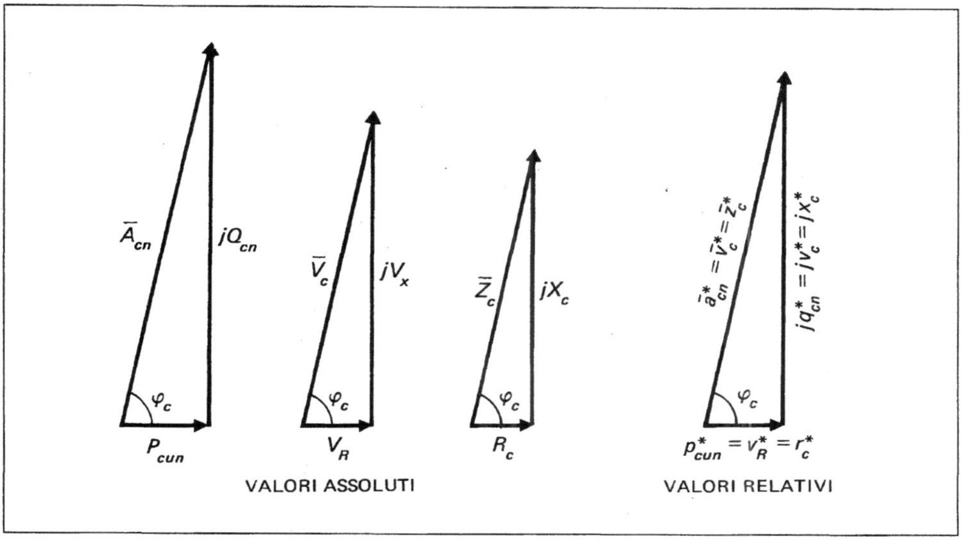

Figura 6.16. Diagrammi vettoriali relativi al funzionamento in corto circuito.

cioè la componente reattiva è sensibilmente prevalente sulla componente resistiva.

Il comportamento globale in corto circuito di un trasformatore a due avvolgimenti può essere riassunto dai diagrammi vettoriali riportati in fig. 6.16, sia delle grandezze assolute sia di quelle relative.

Da essi si deduce il *fattore di potenza in corto circuito* cos φ_c che assume le seguenti espressioni:

$$(6.94) \quad \cos\varphi_c = \frac{P_{cun}}{A_{cn}} = \frac{V_{R1}}{V_{c1}} = \frac{R_{c1}}{Z_{c1}} = \frac{V_{R2}}{V_{c2}} = \frac{R_{c2}}{Z_{c2}} = \frac{p^*_{cun}}{a^*_{cn}} = \frac{v^*_R}{v^*_c} = \frac{r^*_c}{z^*_c} .$$

Con i valori di v^*_c e p^*_{cun} definiti dalle (6.83) e (6.87) si ottiene:

$$(6.95) \quad \cos\varphi_c = 0{,}01 \div 0{,}20 \qquad (\varphi_c \simeq 78° \div 89°) .$$

Corrente di corto circuito

Si chiama corrente di corto circuito la corrente che circola negli avvolgimenti del trasformatore quando un avvolgimento è alimentato a *tensione nominale* e l'altro è chiuso in corto circuito.

Supponendo ad esempio di alimentare l'avvolgimento 1 e chiudere in corto circuito l'avvolgimento 2, si ottiene:

$$(6.96) \quad I_{1c} = V_{1n}/Z_{1c} .$$

Riferendo la corrente I_{1c} alla corrente nominale I_{1n}, si ha, ricordando la (6.81):

$$(6.97) \quad i^*_{1c} = \frac{I_{1c}}{I_{1n}} = \frac{V_{1n}}{Z_{1c} I_{1n}} = \frac{V_{1n}}{V_{1c}} = \frac{1}{v^*_c} .$$

Analogamente, alimentando l'avvolgimento 2, si ottiene:

$$(6.98) \quad i^*_{2c} = \frac{I_{2c}}{I_{2c}} = i^*_{1c} = i^*_c = \frac{1}{v^*_c} .$$

Quindi in valore relativo la corrente di corto circuito i^*_c, unica per i due avvolgimenti, è pari all'inverso della tensione di corto circuito in valore relativo v^*_c.
In base alla relazione (6.83) si ha:

$$(6.99) \quad i^*_c = 5 \div 25 .$$

La corrente di corto circuito in un trasformatore è quindi pari a 5 ÷ 25 volte il valore della corrente nominale.

Misura delle grandezze in corto circuito

La scelta dell'avvolgimento da alimentare e di quello da porre in corto circuito è dettata solo da ragioni pratiche; in generale si sceglie di alimen-

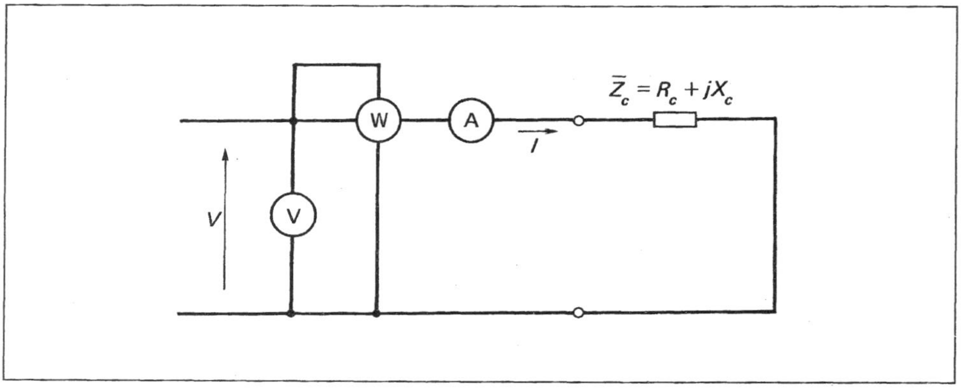

Figura 6.17. Inserzione degli strumenti di misura nella prova in corto del trasformatore.

tare l'avvolgimento avente la tensione nominale più elevata, e quindi la corrente nominale più bassa.
Si misurano la tensione di alimentazione V (con un voltmetro), la corrente I (con un amperometro) e la potenza attiva assorbita P (con un wattmetro); lo schema di inserzione è mostrato in fig. 6.17, dove V è il voltmetro, A l'amperometro e W il wattmetro.
Indicando con $Z_c = \sqrt{R_c^2 + X_c^2}$ l'impedenza di corto circuito vista dall'avvolgimento alimentato, il procedimento di calcolo è il seguente:

Misure	*Calcoli*
Voltmetro $\rightarrow V$	$Z_c = V/I$
Amperometro $\rightarrow I$	$\cos\varphi = P/(VI)$
Vattmetro $\rightarrow P = VI\cos\varphi$	$R_c = Z_c \cos\varphi$
	$X_c = Z_c \operatorname{sen}\varphi = \sqrt{Z_c^2 - R_c^2}$

Osservazione. Se si indicano con $R_{1\Omega}$ e $R_{2\Omega}$ le resistenze degli avvolgimenti misurate in corrente continua, quando si effettua la prova in corto circuito con corrente alternata sinusoidale di frequenza f, si ottiene, riferendoci ad esempio all'avvolgimento 1:

$$(6.100)\quad R_{c1} = R_1 + (N_1/N_2)^2 R_2 > R_{1\Omega} + (N_1/N_2)^2 R_{2\Omega}\,.$$

Risulta quindi $R_1 > R_{1\Omega}$ e $R_2 > R_{2\Omega}$. La differenza fra questi valori è dovuta al fenomeno delle perdite addizionali che si manifestano negli avvolgimenti percorsi da correnti variabili nel tempo:

$$(6.101)\quad \begin{cases} R_1 = R_{1\Omega} + R_{ad1} \\ R_2 = R_{2\Omega} + R_{ad2}\,. \end{cases}$$

6.9. VARIAZIONE DI TENSIONE

Si definisce variazione di tensione di un trasformatore la *differenza numerica* (*non* vettoriale) fra la tensione secondaria misurata a vuoto e la tensione secondaria misurata a carico, supponendo di mantenere costante la tensione di alimentazione primaria.
Per il calcolo della *variazione di tensione* ΔV si fa riferimento alla rete elettrica equivalente riferita all'avvolgimento secondario in cui si trascura il ramo derivato.

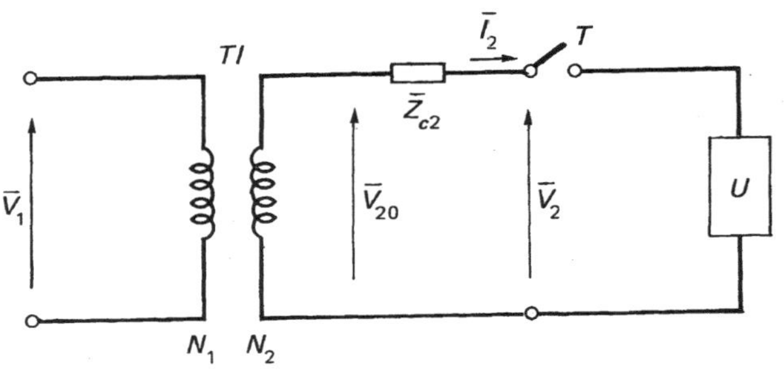

Figura 6.18. Rete equivalente utilizzata per il calcolo della *variazione di tensione*; *T* indica l'interruttore.

In fig. 6.18 è riportata la rete elettrica utilizzata per lo studio, in cui, eliminato il ramo derivato perché di scarsa importanza ai fini del risultato, Z_{c2} è l'impedenza serie del trasformatore riferita all'avvolgimento secondario (si vedano le relazioni (6.78)) e U è l'utilizzatore.
Quando l'interruttore T è aperto ($I_2 = 0$) la tensione V_2 ai morsetti secondari assume il valore a vuoto V_{20} definito dalla relazione:

$$(6.102) \quad V_{20} = \frac{N_2}{N_1} V_1 .$$

Quando si chiude l'interruttore T, a parità di tensione di alimentazione V_1 (e quindi per la (6.102) di V_{20}) la tensione V_2 sul carico si modifica.
In fig. 6.19 sono riportate sia la rete elettrica equivalente utilizzata per lo studio (fig. 6.19.a), sia i diagrammi vettoriali delle grandezze in gioco (fig. 6.19.b), nel caso di corrente in ritardo sulla tensione (carico induttivo) e nel caso di corrente in anticipo sulla tensione (carico capacitivo).
Per variazione di tensione *non* si intende la differenza vettoriale ($\bar{V}_{20} - \bar{V}_2$), fra tensione a vuoto e a carico, che in fig. 6.19.b è data dal vettore $\bar{V}_{AB}$, ma la differenza numerica fra i moduli $|\bar{V}_{20}|$ e $|\bar{V}_2|$:

$$(6.103) \quad \Delta V = |\bar{V}_{20}| - |\bar{V}_2| .$$

Con riferimento al diagramma vettoriale di fig. 6.19.b con corrente in ritardo, la variazione di tensione ΔV è data dal segmento $\overline{CB}$, avendo sovrapposto V_{20} a V_2 mediante rotazione attorno al punto 0:

$$(6.104) \quad \Delta V = |\bar{V}_{20}| - |\bar{V}_2| = \overline{CO} - \overline{BO} = \overline{CB} .$$

Se in luogo del segmento $\overline{CO} = V_{20}$ si utilizza in prima approssimazione la proiezione $\overline{OH}$ di V_{20} su V_2, la (6.104) diventa:

(6.105) $\Delta V = \overline{CO} - \overline{BO} \simeq \overline{OH} - \overline{BO} = R_{c2} I_2 \cos\varphi_2 + X_{c2} I_2 \operatorname{sen}\varphi_2 ,$

dove $\cos\varphi_2$ è il *fattore di potenza dell'utilizzatore.*
Riferendo la variazione di tensione ΔV alla tensione a vuoto V_{20} si ottiene:

(6.106) $$\Delta V = \frac{\Delta V}{V_{20}} = \frac{R_{c2} I_2}{V_{20}} \cos\varphi_2 + \frac{X_{c2} I_2}{V_{20}} \operatorname{sen}\varphi_2 .$$

Facendo riferimento al valore nominale della tensione a vuoto ($V_{20} = V_{2n}$) e introducendo il *fattore di carico* α così definito:

(6.107) $\alpha = I_2 / I_{2n} ,$

la (6.106) diventa, ricordando le (6.85) e (6.89):

(6.108) $$\Delta v = \frac{\Delta V}{V_{2n}} = \alpha\left(\frac{R_{c2} I_{2n}}{V_{2n}} \cos\varphi_2 + \frac{X_{c2} I_{2n}}{V_{2n}} \operatorname{sen}\varphi_2 \right) =$$
$$= \alpha\left(\frac{R_{c2}}{Z_{2n}} \cos\varphi_2 + \frac{X_{c2}}{Z_{2n}} \operatorname{sen}\varphi_2 \right) = \alpha(r_c^* \cos\varphi_2 + x_c^* \operatorname{sen}\varphi_2).$$

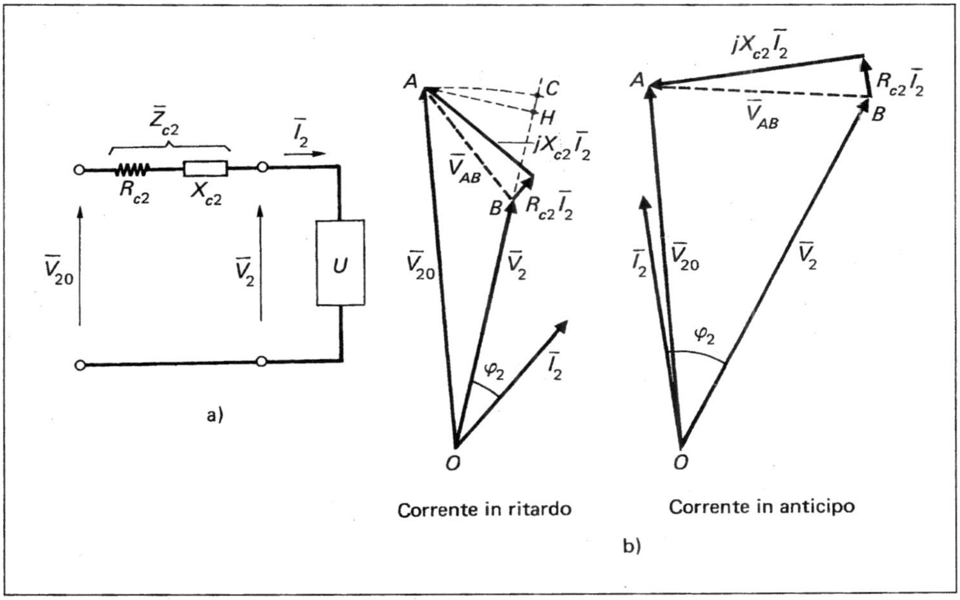

Figura 6.19

Nella (6.108) è importante osservare che se la *corrente* $\bar{I}_2$ è in *ritardo sulla tensione* $\bar{V}_2$ (carico induttivo) si pone $\varphi_2 > 0$, e quindi cos $\varphi_2 > 0$ e sen $\varphi_2 > 0$, mentre se la *corrente* $\bar{I}_2$ è in *anticipo sulla tensione* $\bar{V}_2$ (carico capacitivo) si pone $\varphi_2 < 0$, e quindi cos $\varphi_2 > 0$ e sen $\varphi_2 < 0$.
Esplicitando il segno dell'angolo φ_2 si ha dunque:

$$(6.109)\quad \begin{cases} \Delta V = \alpha(r_c^* \cos\varphi_2 + x_c^* \operatorname{sen}\varphi_2) \\ \qquad \text{(corrente in ritardo: carico induttivo)} \\ \Delta V = \alpha(r_c^* \cos\varphi_2 - x_c^* \operatorname{sen}\varphi_2) \\ \qquad \text{(corrente in anticipo: carico capacitivo)} \end{cases}$$

La (6.109) mostra quindi che, mentre con carichi induttivi la variazione di tensione ΔV è sempre positiva ($\Delta V > 0$), e quindi $|\bar{V}_{20}| > |\bar{V}_2|$, con *carichi capacitivi* può risultare invece $\Delta V < 0$, e quindi $|\bar{V}_{20}| < |\bar{V}_2|$, cioè si ha una sopraelevazione di tensione rispetto al funzionamento a vuoto.
La tensione a carico V_2 vale quindi:

$$(6.110)\quad V_2 = (1 - \Delta V)V_{2n}\,.$$

Esempio. Supponiamo che risulti:

$$\begin{cases} \alpha = 1 \quad (I_2 = I_{2n}) \\ r_c^* = 0{,}01 \\ x_c^* = 0{,}10 \end{cases} \qquad \begin{cases} \cos\varphi_2 = 0{,}8 \\ \operatorname{sen}\varphi_2 = 0{,}6 \end{cases}$$

Con carico induttivo si ha:

$$\Delta V = 1 \cdot (0{,}01 \cdot 0{,}8 + 0{,}1 \cdot 0{,}6) = 0{,}068 \qquad (6{,}8\%)$$

$$V_2 = (1 - \Delta V)V_{2n} = 0{,}932 \cdot V_{2n} < V_{2n}\,,$$

mentre con carico capacitivo risulta:

$$\Delta V = 1 \cdot (0{,}01 \cdot 0{,}8 - 0{,}1 \cdot 0{,}6) = -\,0{,}052 \qquad (-\,5{,}2\%)$$

$$V_2 = (1 - \Delta V)V_{2n} = 1{,}052 \cdot V_{2n} > V_{2n}\,.$$

6.10. PARALLELO DI DUE TRASFORMATORI MONOFASE

Esaminiamo ora il funzionamento in parallelo di due trasformatori monofase effettuando lo studio con riferimento al circuito equivalente, riferito all'avvolgimento che eroga potenza (che definiamo secondario), in cui si trascura il ramo derivato.

È possibile collegare in parallelo solo trasformatori che hanno le medesime tensioni nominali.

Verifica preliminare. Constatato che le due macchine hanno le stesse tensioni nominali, prima di effettuare il parallelo occorre verificare che i morsetti dei due trasformatori siano correttamente collegati fra loro. Si consideri infatti la fig. 6.20, che mostra i circuiti equivalenti dei due trasformatori (indicati con *a* e *b*) da collegare in parallelo sulla rete primaria 1 e secondaria 2; T_1 rappresenta l'interruttore di parallelo e T_2 l'interruttore che collega l'utilizzatore *U* alla rete di alimentazione.
Prima di chiudere l'interruttore di parallelo T_1 occorre verificare che fra i suoi poli *A* e *B* non vi sia una differenza di potenziale V_{AB}; la verifica può essere effettuata collegando fra *A* e *B* un voltmetro.
La tensione V_{AB} vale, per la legge delle tensioni alle maglie:

(6.111) $\bar{V}_{AB} = \bar{E}_a - \bar{E}_b$.

Affinché risulti $\bar{V}_{AB} = 0$ deve essere $\bar{E}_a = \bar{E}_b$, e quindi le due f.e.m. secondarie devono essere uguali e in fase fra loro.

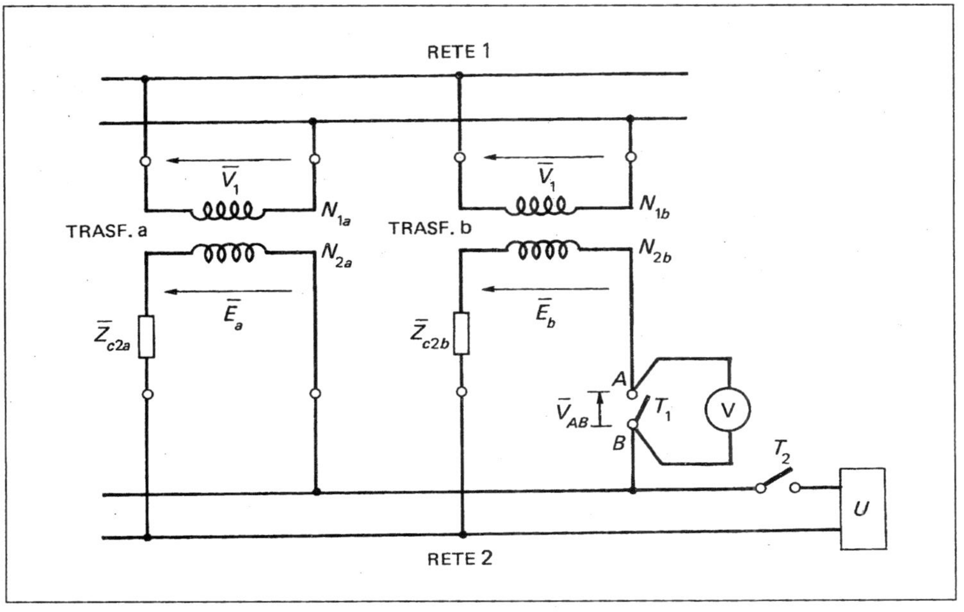

Figura 6.20. Collegamento in parallelo di due trasformatori. Prima di chiudere l'interruttore di parallelo T_1 occorre verificare che sia nulla la tensione V_{AB} fra i poli *A* e *B*.

Se ad esempio le due f.e.m. fossero uguali in modulo ($|\bar{E}_a| = |\bar{E}_b|$), ma in opposizione di fase ($\bar{E}_b = -\bar{E}_a$) si avrebbe come conseguenza:

$$(6.112) \quad \bar{V}_{AB} = 2\bar{E}_a .$$

La chiusura dell'interruttore T_1 in queste condizioni equivale a porre in corto circuito le due macchine, in quanto verrebbe a circolare la corrente seguente:

$$(6.113) \quad \bar{I} = \frac{2\bar{E}_a}{\bar{Z}_{c2a} + \bar{Z}_{c2b}} .$$

Supponendo per semplicità che le macchine siano uguali (quindi $\bar{Z}_{c2a} = \bar{Z}_{c2b}$) e che $E_a = V_{2n}$, si ottiene infatti:

$$(6.114) \quad I = \frac{2E_a}{2Z_{c2a}} = I_{c2} .$$

Verificato quindi che $V_{AB} = 0$, si può chiudere l'interruttore T_1 e le due macchine vengono così poste in parallelo.

Funzionamento a vuoto. Per ragioni costruttive in particolare se le due macchine sono di due costruttori differenti) possono risultare leggermente diversi i rapporti di trasformazione $K_a = N_{2a}/N_{1a}$ e $K_b = N_{2b}/N_{1b}$ dei due trasformatori per cui risulta:

$$(6.115) \quad E_a = K_a V_1 \neq E_b = K_b V_1 .$$

Quindi, anche con l'interruttore T_2 aperto, fra le due macchine circola la seguente corrente (fig. 6.21):

$$(6.116) \quad \bar{I}_0 = \frac{\bar{E}_a - \bar{E}_b}{\bar{Z}_{c2a} + \bar{Z}_{c2b}} = \frac{(K_a - K_b)\bar{V}_1}{\bar{Z}_{c2a} + \bar{Z}_{c2b}} .$$

Se la corrente I_0 è all'ordine di qualche percento della corrente nominale dei due trasformatori, essa può essere accettata e quindi anche la differenza fra K_a e K_b.

Supponiamo che le due macchine siano praticamente uguali per cui si possa ritenere $Z_{c2a} = Z_{c2b}$ e poniamo $\Delta\bar{E} = \bar{E}_a - \bar{E}_b$.

La corrente I_0 vale quindi:

$$(6.117) \quad I_0 = \frac{\Delta E}{2Z_{c2a}} .$$

Esprimiamo ΔE come frazione della tensione nominale V_{2n}:

(6.118) $\Delta E = \beta V_{2n}$.

Ricordando che $Z_{c2a} = v_c^* \cdot Z_{2n}$ (si veda la (6.81)) la (6.117) diventa:

(6.119) $$I_0 = \frac{1}{2}\frac{\beta}{v_c^*} \cdot \frac{V_{2n}}{Z_{2n}} = \frac{1}{2}\frac{\beta}{v_c^*} \cdot I_{2n} .$$

La (6.119) mostra che basta una differenza ΔE fra le f.e.m. secondarie pari alla tensione di corto circuito ($\beta = v_c^*$, $\Delta E = v_c^* V_{2n} = V_{2c}$) perché circoli fra le due macchine metà della corrente nominale: $I_0 = I_{2n}/2$.
Bisogna quindi verificare con particolare cura che i rapporti di trasformazione K_a e K_b delle due macchine risultino praticamente uguali.
Quindi affinché due trasformatori possano essere messi in parallelo occorre che essi abbiano le stesse tensioni nominali:

(6.120) $$\begin{cases} V_{1na} = V_{1nb} \\ V_{2na} = V_{2nb} . \end{cases}$$

Funzionamento a carico. Lo studio viene effettuato supponendo che i due rapporti di trasformazione risultino uguali: $K_a = K_b = K$. Quindi, essendo $E_a = E_b = E_2 = KV_1$, è nulla la corrente I_0 circolante a vuoto fra le due macchine.
La rete di fig. 6.21 può essere tracciata come indicato in fig. 6.22; essendo $E_a = E_b = E_2$ fra i punti D e F non vi è differenza di potenziale e quindi essi possono essere uniti.
Dall'analisi delle reti di fig. 6.22 si ottiene:

(6.121) $$\begin{cases} \bar{I}_2 = \bar{I}_{2a} + \bar{I}_{2b} \\ \bar{\bar{Z}}_{c2a}\bar{I}_{2a} = \bar{\bar{Z}}_{c2b}\bar{I}_{2b} \end{cases}$$

e quindi

(6.122) $$\begin{cases} \dfrac{I_{2a}}{I_{2b}} = \dfrac{Z_{c2b}}{Z_{c2a}} \\ \bar{I}_{2a} = \bar{I}_2 \dfrac{\bar{\bar{Z}}_{c2b}}{\bar{\bar{Z}}_{c2a} + \bar{\bar{Z}}_{c2b}} \\ \bar{I}_{2b} = \bar{I}_2 \dfrac{\bar{\bar{Z}}_{c2a}}{\bar{\bar{Z}}_{c2a} + \bar{\bar{Z}}_{c2b}} . \end{cases}$$

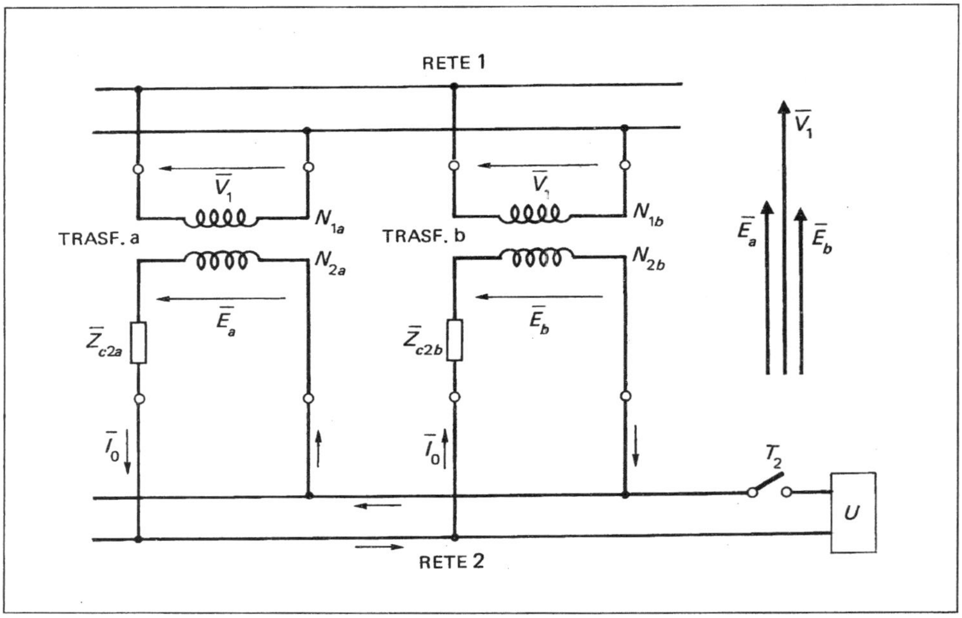

Figura 6.21

Ricordando che si può scrivere (si vedano le (6.81)) $Z_{c2a} = v^*_{ca} \cdot Z_{2na}$ e $Z_{c2b} = v^*_{cb} \cdot Z_{2nb}$, dalla prima della (6.122) si ottiene:

$$(6.123)\quad \frac{I_{2a}}{I_{2b}} \cdot \frac{Z_{2na}}{Z_{2nb}} = \frac{v^*_{cb}}{v^*_{ca}}.$$

Esprimendo le correnti I_{2a} e I_{2b} in valore relativo rispetto alle correnti nominali I_{1n} e I_{2n} mediante le relazioni

$$(6.124)\quad \begin{cases} i_{2a} = I_{2a}/I_{2na} \\ i_{2b} = I_{2b}/I_{2nb} \end{cases}$$

la (6.123) diventa, ricordando che $V_{2na} = Z_{2na}I_{2na} = V_{2nb} = Z_{2nb}I_{2nb}$:

$$(6.125)\quad \frac{i_{2a}}{i_{2b}} = \frac{v^*_{cb}}{v^*_{ca}}.$$

La (6.125) mostra che $i_{2a} = i_{2b}$ (cioè i due trasformatori sono ugualmente caricati) se risulta $v^*_{ca} = v^*_{cb}$; il trasformatore che ha la tensione di corto circuito minore risulta maggiormente caricato e viceversa.
Se ad esempio risulta $v^*_{ca} = 0{,}05$ e $v^*_{cb} = 0{,}06$ si ottiene $i_{2a}/i_{2b} = 1{,}2$. Se $i_{2b} = 1$

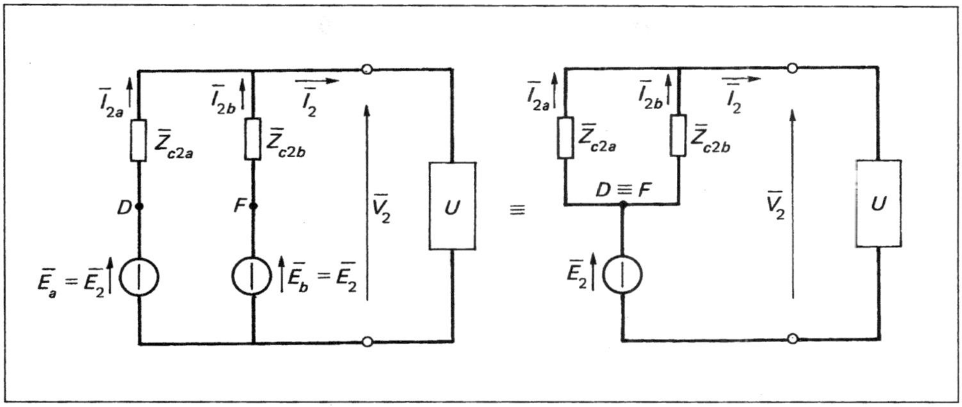

Figura 6.22. Reti equivalenti per lo studio del funzionamento in parallelo di due trasformatori.

(e cioè $I_{2b} = I_{2nb}$) risulta $i_{2a} = 1{,}2$, cioè $I_{2a} = 1{,}2\ I_{2na}$; questa condizione è inaccettabile per il trasformatore *a*, poichè le perdite nel rame diventano $P_{cua} = (1{,}2)^2 P_{cuna} = 1{,}44 P_{cuna}$, con un riscaldamento inaccettabile degli avvolgimenti.

Osserviamo infine che si possono collegare in parallelo trasformatori aventi potenze nominali differenti, purché abbiano le stesse tensioni nominali. Normalmente, però, vengono messi in parallelo trasformatori di uguale potenza nominale per ragioni di affidabilità di esercizio.

6.11. L'AUTOTRASFORMATORE

L'autotrasformatore è ottenuto collegando in serie l'avvolgimento 1 (di N_1 spire) e l'avvolgimento 2 (di N_2 spire) di un normale trasformatore come mostrato in fig. 6.23. L'avvolgimento 1 è detto *avvolgimento serie*, mentre l'avvolgimento 2 è detto *avvolgimento comune.*

La tensione di alimentazione V_1 è applicata ai due avvolgimenti posti in serie, mentre il carico viene collegato all'avvolgimento comune 2.

Lo studio del funzionamento dell'autotrasformatore si ottiene tracciando la rete equivalente dello schema di fig. 6.23.

In fig. 6.24 è riportato il circuito equivalente del trasformatore a due avvolgimenti i cui parametri sono riferiti all'avvolgimento 1 e in cui si è eliminato il ramo derivato.

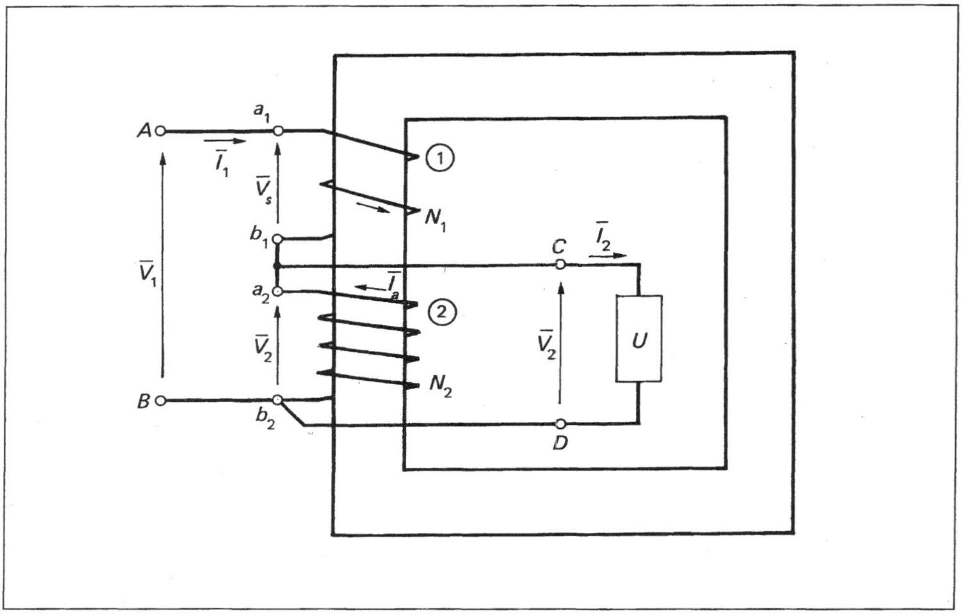

Figura 6.23. Schema dell'autotrasformatore ottenuto collegando in serie gli avvolgimenti di un normale trasformatore.

Per la presenza del TI si può scrivere:

$$(6.126)\quad \begin{cases} \overline{V}_2' = (N_1/N_2)\overline{V}_2 \\ \overline{I}_a = (N_1/N_2)\overline{I}_1 . \end{cases}$$

Dall'analisi delle rete si ottiene inoltre:

$$(6.127)\quad \begin{cases} \overline{I}_2 = \overline{I}_a + \overline{I}_1 = [(N_1 + N_2)/N_2]\overline{I}_1 \\ \overline{V}_s = \overline{Z}_{c1}\overline{I}_1 + \overline{V}_2' = \overline{Z}_{c1}\overline{I}_1 + (N_1/N_2)\overline{V}_2 \\ \overline{V}_1 = \overline{V}_s + \overline{V}_2 = \overline{Z}_{c1}\overline{I}_1 + [(N_1 + N_2)/N_2]\overline{V}_2 . \end{cases}$$

Se si trascura l'impedenza serie $\overline{Z}_{c1}$, e cioè si considera la macchina priva di perdite e di cadute di tensione, la (6.127) diventa:

$$(6.128)\quad \begin{cases} \overline{V}_1 = \dfrac{N_1 + N_2}{N_2}\overline{V}_2 \qquad \overline{V}_s = \dfrac{N_1}{N_2}\overline{V}_2 = \dfrac{N_1}{N_1 + N_2}\overline{V}_1 \\ \overline{I}_1 = \dfrac{N_2}{N_1 + N_2}\overline{I}_2 \qquad \overline{I}_a = \dfrac{N_1}{N_2}\overline{I}_1 = \dfrac{N_1}{N_1 + N_2}\overline{I}_2 . \end{cases}$$

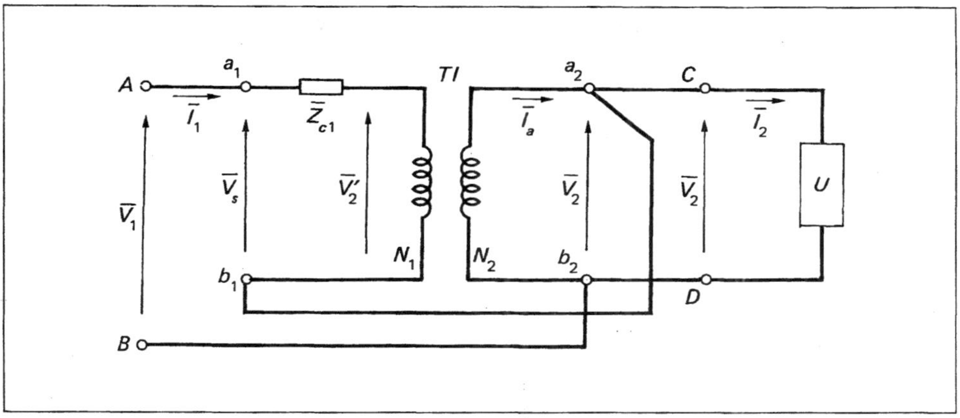

Figura 6.24. Rete elettrica equivalente semplificata dell'autotrasformatore.

Dalle (6.128) si deduce che la potenza assorbita $A_1 = V_1 I_1$ è uguale a quella erogata $A_2 = V_2 I_2$. Questa potenza è detta *potenza passante* A_p:

(6.129) $A_p = A_1 = A_2$.

Per ottenere invece le potenze dei singoli avvolgimenti occorre moltiplicare le tensioni ad essi applicate per le correnti che li percorrono; queste potenze sono dette *potenze di dimensionamento degli avvolgimenti*. Esse assumono le seguenti espressioni:

$$(6.130)\quad \begin{cases} A_{d1} = V_s \cdot I_1 = \dfrac{N_1}{N_1 + N_2} V_1 I_1 = \dfrac{N_1}{N_1 + N_2} A_p & \text{(avv. 1)} \\ A_{d2} = V_2 \cdot I_a = \dfrac{N_1}{N_1 + N_2} V_2 I_2 = \dfrac{N_1}{N_1 + N_2} A_p & \text{(avv. 2).} \end{cases}$$

Le (6.130) mostrano che le potenze di dimensionamento dei due avvolgimenti sono uguali:

$$(6.131)\quad A_d = A_{d1} = A_{d2} = \frac{V_1 - V_2}{V_1} A_p < A_p .$$

La potenza di dimensionamento A_d è minore di quella passante A_p: in ciò sta la «convenienza» dell'uso dell'autotrasformatore.
Minore è la differenza fra le tensioni V_1 e V_2 minore è il rapporto A_d/A_p e quindi maggiore è la «convenienza», e viceversa.

Ad esempio si ha:

$$(6.132)\quad \begin{cases} V_1 = 100, V_2 = 90 & A_d / A_p = 0,10 \\ V_1 = 100, V_2 = 10 & A_d / A_p = 0,90. \end{cases}$$

Un inconveniente dell'autotrasformatore è quello di avere i due avvolgimenti «serie» e «comune» metallicamente connessi, e quindi essi non risultano isolati fra loro come avviene nel trasformatore normale.
Questo aspetto ne impedisce l'uso quando le tensioni V_1 e V_2 sono molto differenti e quindi, per la (6.131), è alto il rapporto A_d/A_p. A causa del collegamento metallico occorre isolare l'avvolgimento di bassa tensione come quello di alta tensione, con un sensibile aumento dei costi non compensato dalla riduzione della potenza di dimensionamento rispetto a quella passante (si veda la seconda relazione della (6.132) in cui $V_1 = 10V_2$ e $A_d = 0{,}9A_p$).

6.12. RETI EQUIVALENTI DI TRASFORMATORI A PIÙ AVVOLGIMENTI

Da molti anni gli studiosi della teoria delle reti hanno messo in evidenza le relazioni intercorrenti tra reti magnetiche e reti elettriche equivalenti di circuiti mutuamente accoppiati.
La determinazione quindi della rete equivalente di un trasformatore è un problema che può essere risolto in modo del tutto generale mediante «l'applicazione di regole fisse che discendono da un criterio unico e valido nella generalità dei casi».
A tale scopo occorre fare un'analisi accurata della configurazione del trasformatore e in particolare occorre:
1) effettuare uno studio della conformazione del suo campo magnetico, tracciando le linee di flusso più significative (appoggiandosi eventualmente ad ipotesi semplificative);
2) schematizzare il suddetto campo con una rete magnetica.
Si deduce poi la rete elettrica equivalente del trasformatore dalla rete magnetica mediante l'applicazione di opportune regole di dualità.
Nel seguito verrà analizzato prima il problema della schematizzazione del campo magnetico mediante una rete della stessa natura e poi quello della deduzione della rete elettrica equivalente di un trasformatore avente un numero qualsiasi di avvolgimenti comunque disposti attorno al nucleo magnetico.

Tracciamento della rete magnetica. Il problema della schematizzazione di un campo magnetico mediante una rete magnetica si pone come questione preliminare se si desidera tracciare la rete elettrica equivalente di un trasformatore avendo a disposizione la configurazione geometrica del suo nucleo e dei suoi avvolgimenti.

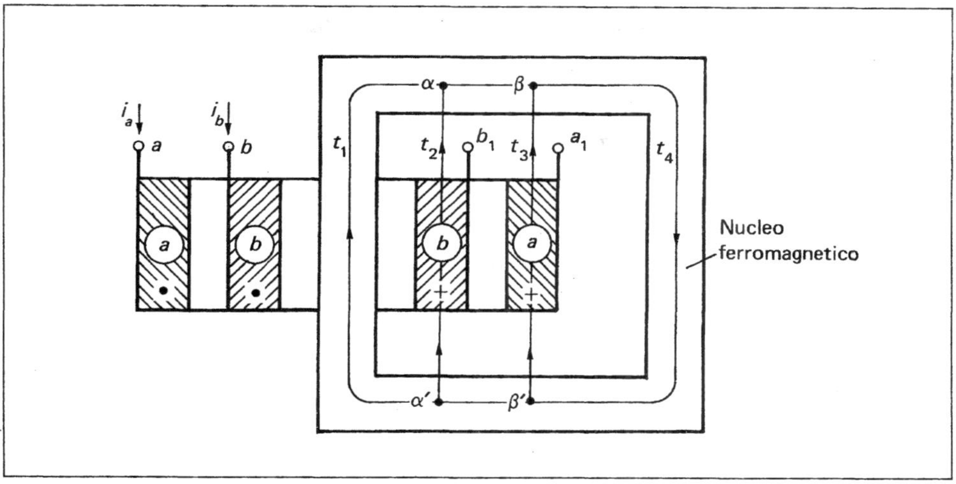

Figura 6.25. Schematizzazione di un trasformatore monofase a due avvolgimenti *a* e *b*.

La rete magnetica che si vuole ottenere si deduce da uno studio della conformazione del campo magnetico, ricordando che questo lavoro deve essere svolto tenendo conto dei limiti di approssimazione entro i quali si desidera che la rete riproduca il campo o meglio gli effetti del campo sull'andamento delle grandezze elettriche ai morsetti degli avvolgimenti del trasformatore. Inoltre, tanto più è complessa la rete magnetica, tanto più lo è la rete elettrica duale.

Verrà ora mostrato con un esempio come operare per ottenere la rete magnetica partendo dalla conoscenza del campo magnetico.

Si consideri il trasformatore monofase di fig. 6.25 a due avvolgimenti *a* e *b*, rispettivamente di N_a e N_b spire. Quando in essi circolano le correnti i_a e i_b si crea un campo magnetico. Le linee indicate con t_1, t_2 e t_3 schematizzano gli assi di alcuni dei principali tronchi di tubo di flusso del campo, che fanno capo ai nodi α-α' e β-β' posti all'interno del nucleo magnetico in ferro.

La figura in esame evidenzia come alcuni di questi tronchi di tubo di flusso sono concatenati con tutte le spire degli avvolgimenti, mentre altri lo sono solo parzialmente; i primi li chiameremo *tronchi a concatenamento totale*, i secondi *tronchi a concatenamento parziale*.

Più precisamente possiamo scrivere quanto segue:

– il *tronco* t_1 (che si svolge interamente nel nucleo magnetico) è concatenato con tutte le spire degli avvolgimenti *a* e *b*; è quindi un tronco a concatenamento totale sia con l'avvolgimento *a* sia con l'avvolgimento *b*;

– il *tronco* t_2 (in aria) è parzialmente concatenato con l'avvolgimento *b*, ma concatena tutte le spire dell'avvolgimento *a*; è quindi un tronco a concatenamento parziale con l'avvolgimento *b*, mentre è un tronco a concatenamento totale con l'avvolgimento *a*;

– il *tronco* t_3 (in aria) è parzialmente concatenato con l'avvolgimento *a* mentre non

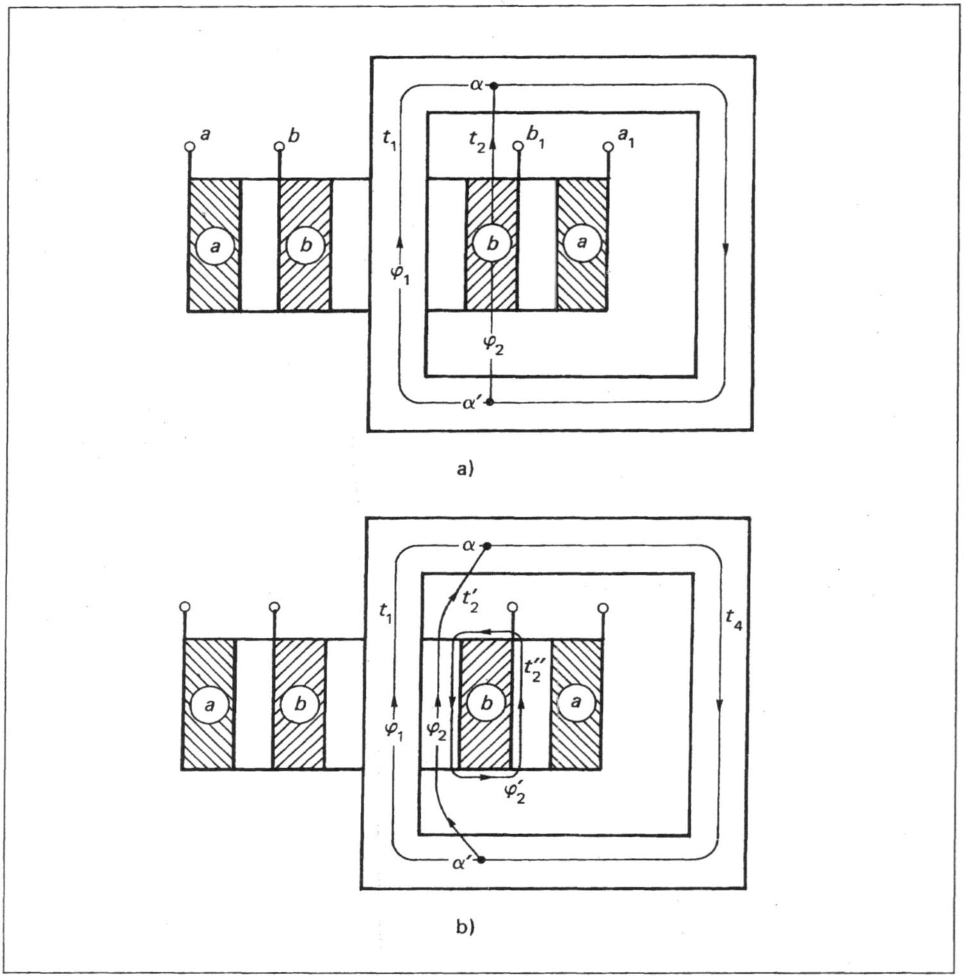

Figura 6.26. Trasformazione del tubo di flusso a concatenamento parziale t_2 in equivalenti tubi di flusso a concatenamento totale t_2' e t_2''.

concatena l'avvolgimento *b*; è quindi un tronco a concatenamento parziale con l'avvolgimento *a*.

La fig. 6.25 mette inoltre in evidenza l'esistenza del tronco di tubo di flusso t_4 che si svolge nel nucleo magnetico e non concatena alcun avvolgimento; questo tronco si può interpretare come la richiusura degli altri tronchi.

Per ottenere la rete magnetica è indispensabile trasformare i tronchi di tubo di flusso a *concatenamento parziale* in equivalenti tronchi a *concatenamento totale*.

A tale scopo consideriamo, per ragioni di semplicità, solo il tubo di flusso t_2 di fig. 6.25, a concatenamento parziale con l'avvolgimento *b* e orientato come in fig. 6.26.a).

Indichiamo con φ_1 il flusso del tubo t_1 e con φ_2 il flusso associato al tubo t_2; quest'ultimo concatena un numero di spire n_b dell'avvolgimento b minore di N_b: $n_b = \alpha N_b < N_b$ con $\alpha < 1$. Pertanto la f.e.m. indotta nell'avvolgimento b dai flussi φ_1 e φ_2 vale:

(6.133) $$e_b = N_b p\varphi_1 + n_b p\varphi_2 = N_b p\varphi_1 + N_b p\varphi_2 - N_b p[(1-\alpha)\varphi_2] = \\ = N_b p\varphi_1 + N_b p\varphi_2 - N_b p\varphi_2'$$

dove $\varphi_2' = (1-\alpha)\varphi_2$.

Il termine $[N_b p(\varphi_1 + \varphi_2) - N_b p\varphi_2']$ della (6.133) rappresenta la f.e.m. e_b indotta nell'avvolgimento b dai flussi a concatenamento totale t_1, t_2' e t_2'' di fig. 6.26.b. Pertanto il circuito magnetico con tubi di flusso a concatenamento totale di fig. 6.26.b è equivalente agli effetti esterni (parità di f.e.m. e_b) al circuito magnetico con tubi di flusso a concatenamento parziale di fig. 6.26.a.

Mediante questa operazione è possibile perciò sostituire a strutture magnetiche aventi tronchi di tubo di flusso a concatenamento parziale (come quella di fig. 6.26.a) equivalenti strutture aventi tronchi di tubo di flusso e tubi di flusso a concatenamento totale (come quella di fig. 6.26.b).

Sono interessanti ora le seguenti osservazioni:

1) le strutture magnetiche aventi tubi e tronchi di tubo di flusso a concatenamento totale sono rappresentabili mediante una rete magnetica;

2) al tubo di flusso t_2'', che si sviluppa esclusivamente in aria e concatena solo l'avvolgimento b, va associata un'induttanza pura che deve essere posta in serie ai morsetti dell'avvolgimento stesso nella rete elettrica equivalente;

3) se ai tronchi di tubo di flusso t_1 e t_2' si associano induttanze positive, al tubo di flusso t_2'' deve essere associata un'*induttanza negativa* (si osservi il verso del tubo t_2'' rispetto a quello di t_1 e t_2'). A questa induttanza negativa non va comunque attribuito

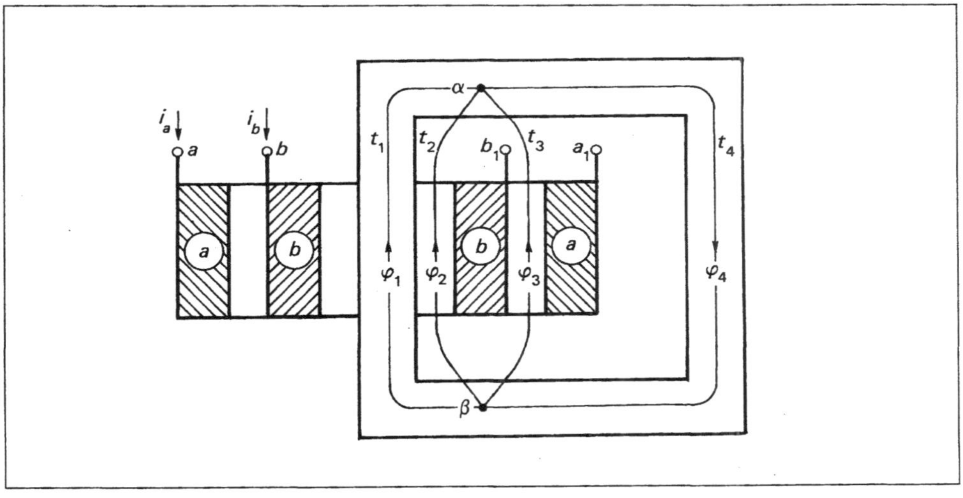

Figura 6.27. Trasformatore a due avvolgimenti con soli tubi di flusso a concatenamento totale.

un particolare significato fisico, ma essa rende ragione del corretto comportamento, ai soli effetti esterni, dell'avvolgimento a cui è associata;
4) nel tracciare la rete magnetica i tubi come t_2'' non verranno mai rappresentati, ma di essi se ne terrà conto nella rappresentazione della rete elettrica equivalente mediante un'induttanza in serie a ciascun morsetto della rete stessa.
In fig. 6.27 è rappresentato il trasformatore a due avvolgimenti con l'andamento dei principali tronchi di tubo di flusso a concatenamento totale, avendo escluso i tubi di flusso in aria concatenati solamente con ciascun avvolgimento.
In fig. 6.28 è invece schematizzata la corrispondente rete magnetica in cui sono riportati:
a) i flussi φ_1, φ_2, φ_3 e φ_4 che percorrono i tronchi di circuito magnetico;
b) le permeanze Λ_{1f} e Λ_{4f} dei tronchi di tubo di flusso del circuito magnetico in ferro e Λ_2 e Λ_3 le permeanze dei tronchi in aria;
c) i nodi α e β a cui fanno capo tutti i tronchi di tubo di flusso.
Le f.m.m. agenti vengono indicate con $M_a = N_a \cdot i_a$ per l'avvolgimento *a* e $M_b = N_b \cdot i_b$ per l'avvolgimento *b*.

Tracciamento della rete elettrica. Vengono esaminate solamente le reti elettriche dedotte da reti magnetiche piane, cioè reti in cui tutti gli elementi circuitali posti sulla superficie di una sfera possono essere collegati nel modo desiderato senza che le connessioni abbiano ad intersecarsi.
Nella tab. 6.1 sono riportate alcune corrispondenze fra le grandezze della rete magnetica e della rete elettrica in base alle regole di dualità, di cui mostriamo solo l'applicazione.
Riprendendo in esame la rete magnetica di fig. 6.28, in fig. 6.29 viene tracciata su di

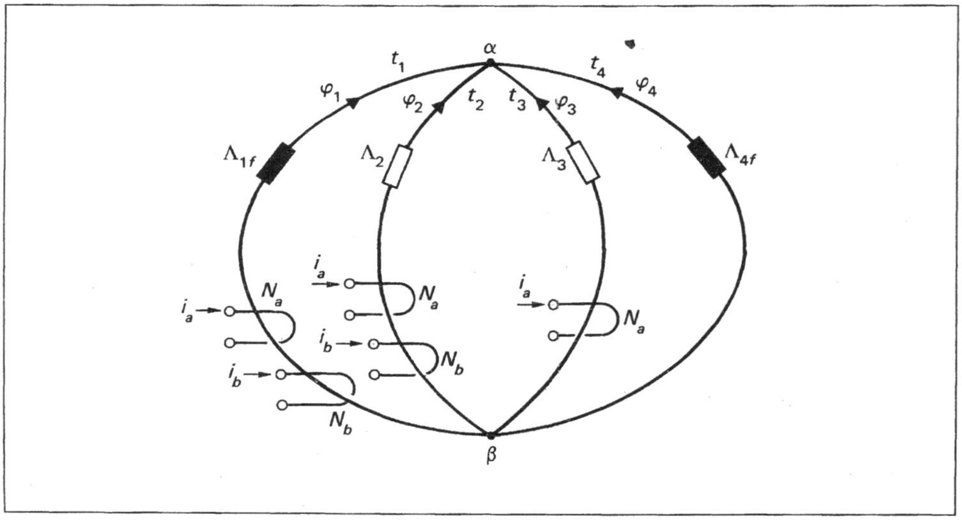

Figura 6.28. Rete magnetica del trasformatore di fig. 6.27.

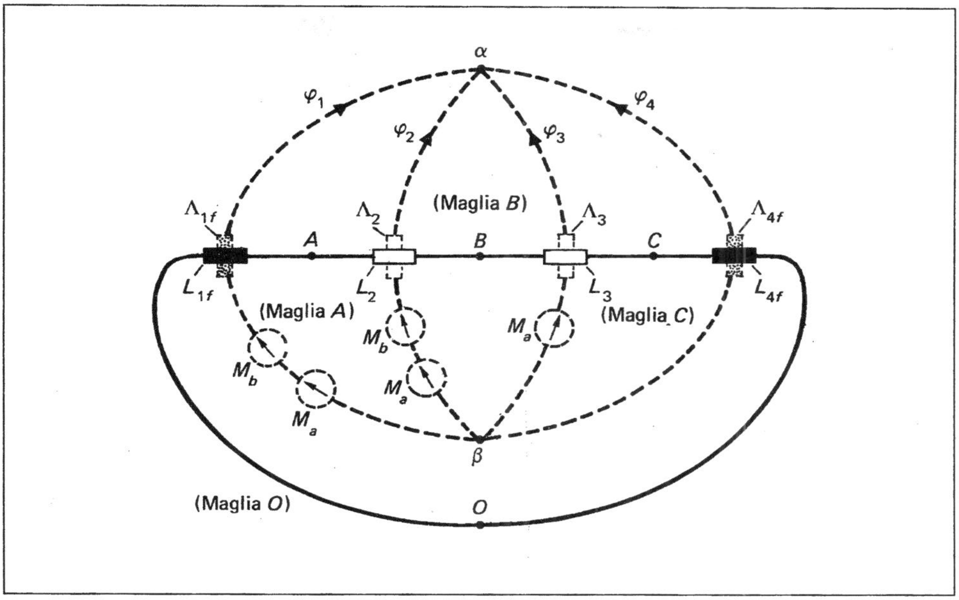

Figura 6.29. Tracciamento, in base alle regole di dualità, della rete elettrica equivalente.

Tabella 6.1. Dualità tra rete magnetica e rete elettrica.

Rete magnetica	*Rete elettrica*
Nodo	Maglia
Maglia	Nodo
F.m.m.	Corrente
Permeanza	Induttanza

essa la rete elettrica equivalente in base alle regole di dualità, applicate nel modo seguente:

a) all'interno di ogni maglia della rete magnetica va posto un punto denominato con lo stesso nome della maglia: Maglia *A* – Punto *A* ecc. (fig. 6.29); va considerata come maglia anche quella costituita dal contorno esterno della rete: Maglia *O* – Punto *O*;

b) i punti interni ad ogni maglia rappresentano i *nodi* della rete elettrica equivalente;

c) si congiungono fra loro successivamente i nodi ed ogni volta che si taglia un tronco di circuito magnetico di permenanza Λ_i si disegna un'induttanza L_i;

d) si valuta la f.m.m. totale che agisce lungo la maglia secondo un senso di percorrenza a piacere. Nell'esempio di fig. 6.29 si ha:

Maglia	*F.m.m. totale*
A	$M_A = M_a + M_b - M_b - M_a = O$
B	$M_B = M_a + M_b - M_a = M_b = N_b \cdot i_b$
C	$M_C = M_a = N_a \cdot i_a$
O	$M_O = - M_a - M_b = - (N_a \cdot i_a + N_b \cdot i_b)$

e) la f.m.m. totale agente lungo una maglia è proporzionale alla corrente totale impressa nel nodo della rete elettrica equivalente che porta lo stesso nome della maglia. La costante di proporzionalità (arbitraria), indicata con N_0, ha le dimensioni del numero di spire. Quindi per la maglia generica K e il nodo K si ha: $i_K = M_K/N_0$. Per il caso in esame risulta quanto indicato nella tab. 6.2;

f) i nodi della rete elettrica in cui sono impresse correnti uguali individuano i morsetti della rete stessa; nell'esempio si ha perciò (fig. 6.30.a):

$$\begin{cases} \text{corrente } i'_a\text{: nodi } C - O \\ \text{corrente } i'_b\text{: nodi } B - O \end{cases}$$

g) occorre a questo punto porre in serie ad ogni morsetto della rete l'induttanza associata ai tubi di flusso in aria; queste induttanze in fig. 6.30.a sono indicate con L_a e L_b;

h) i parametri (induttanze) e le grandezze elettriche della rete così ottenuta sono tutti riferiti alla costante arbitraria (o numero di spire) N_0;

i) per ottenere le effettive grandezze elettriche si devono inserire trasformatori ideali, in parallelo ad ogni coppia di morsetti, di rapporto di trasformazione N_k/N_0 essendo N_k il numero di spire dell'avvolgimento k-esimo del trasformatore.

Nell'esempio considerato in fig. 6.30.a è rappresentata la rete riferita al numero di spire N_0 e in fig. 6.30.b quella riferita all'effettivo numero di spire degli avvolgimenti *a* e *b*.

Si può dimostrare che nella rete di fig. 6.30.b le relazioni fra le tensioni e le correnti nei primari dei trasformatori ideali sono identiche a quelle fra le tensioni e le correnti negli avvolgimenti corrispondenti della rete magnetica originaria: tale rete elettrica è perciò l'equivalente di quest'ultima.

Tabella 6.2.

Rete magnetica		*Rete elettrica*	
Maglia	*F.m.m. totale agente nella maglia*	*Nodo*	*Corrente totale impressa nel nodo*
A	$M_A = O$	*A*	$i_A = M_A/N_0 = O$
B	$M_B = M_b = N_b \cdot i_b$	*B*	$i_B = M_B/N_0 = (N_b/N_0)i_b = i'_b$
C	$M_C = M_a = N_a \cdot i_a$	*C*	$i_C = M_C/N_0 = (N_a/N_0)i_a = i'_a$
O	$M_O = -(M_a + M_b) = -(N_a \cdot i_a + N_b \cdot i_b)$	*O*	$i_O = M_O/N_0 = - i'_a - i'_b$

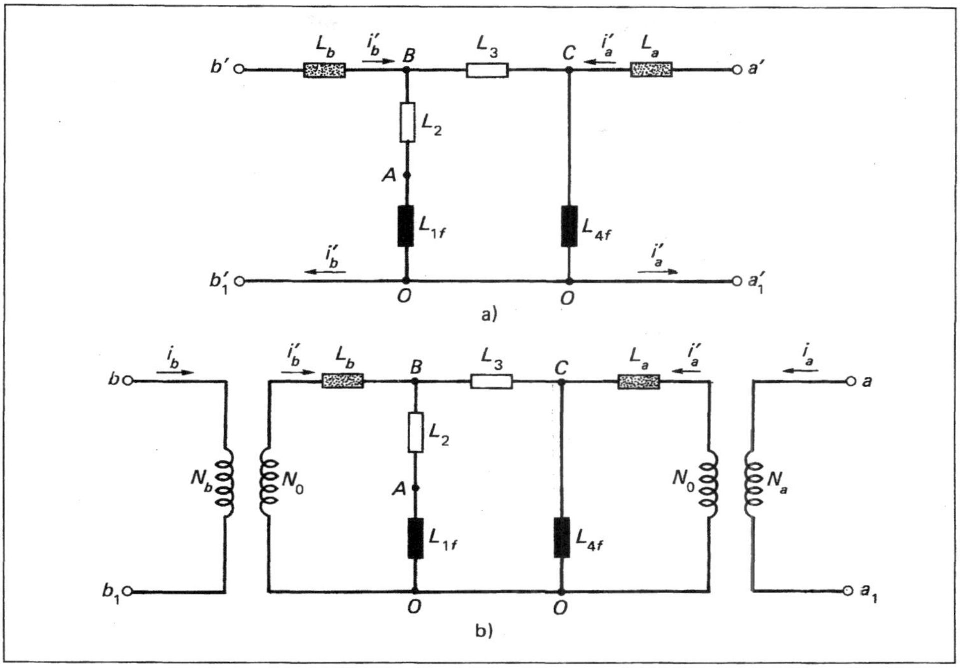

Figura 6.30. a) Rete elettrica equivalente riferita al numero di spire N_0. b) Rete elettrica equivalente con l'inserzione dei trasformatori ideali.

Tabella 6.3. Principali corrispondenze tra grandezze della rete magnetica e della rete elettrica equivalente.

Rete magnetica	*Rete elettrica equivalente*
Flusso di ciascun tronco di circuito magnetico φ_1; φ_2 φ_3; φ_4	*F.e.m. indotta nel ramo della rete elettrica corrispondente* $e_1 = N_0 \cdot p\varphi_1$; $e_2 = N_0 \cdot p\varphi_2$ $e_3 = N_0 \cdot p\varphi_3$; $e_4 = N_0 \cdot p\varphi_4$
Caduta di tensione magnetica di ciascun tronco u_1; u_2 u_3; u_4	*Corrente nel ramo della rete elettrica* $i'_{20} = u_1/N_0 = u_2/N_0$ $i'_c = u_3/N_0$; $i'_{10} = u_4/N_0$
Permeanza di ciascun tronco $\Lambda_{1f} = \varphi_1/u_1$; $\Lambda_2 = \varphi_2/u_2$ $\Lambda_3 = \varphi_3/u_3$; $\Lambda_{4f} = \varphi_4/u_4$	*Induttanza del ramo della rete elettrica* $L_{1f} = N_0^2 \cdot \Lambda_{1f}$; $L_2 = N_0^2 \cdot \Lambda_2$ $L_3 = N_0^2 \cdot \Lambda_3$; $L_{4f} = N_0^2 \cdot \Lambda_{4f}$

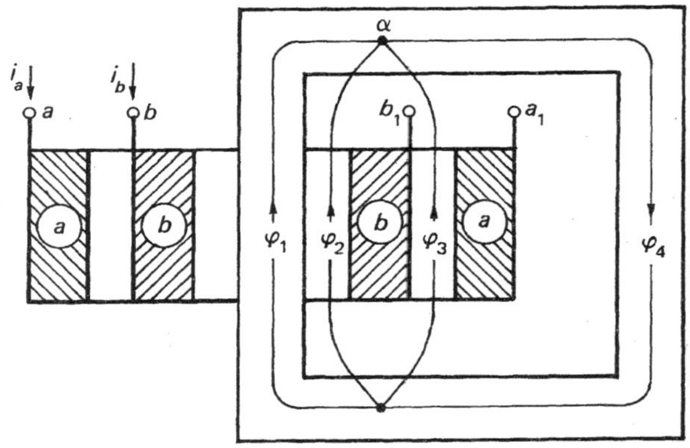

a) Schematizzazione dei principali tronchi di tubo di flusso
a concatenamento totale

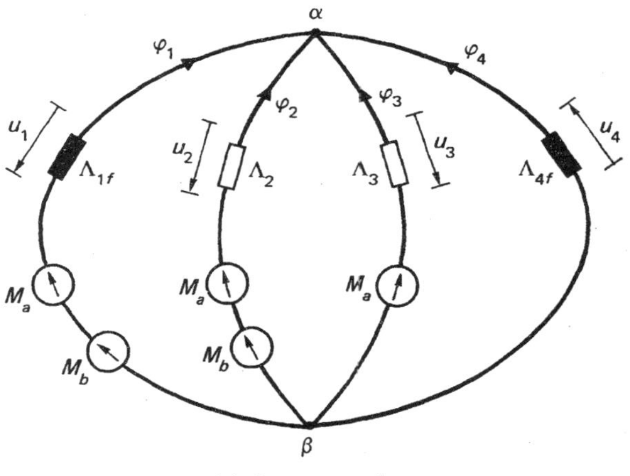

b) Rete magnetica

Figura 6.31. Deduzione della rete elettrica equivalente del trasformatore monofase a due avvolgimenti.

La rete va completata aggiungendo le resistenze degli avvolgimenti in serie a ciascun trasformatore ideale come mostra la fig. 6.31, in cui sono sintetizzate le varie fasi da percorrere per ottenere la rete elettrica equivalente del trasformatore monofase a due avvolgimenti.

Con riferimento alla fig. 6.31.d, nella tab. 6.3 sono riportate alcune delle più importanti corrispondenze fra le grandezze delle due reti.

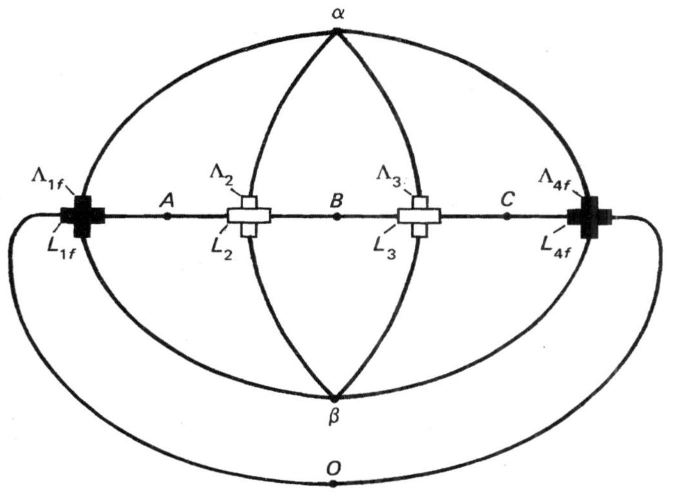

c) Deduzione della rete elettrica

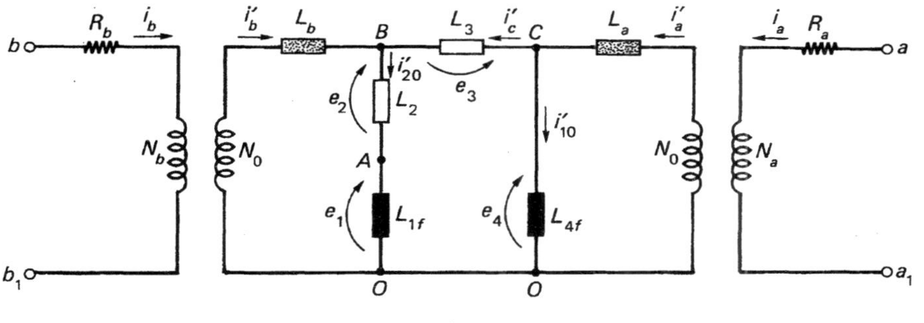

d) Rete elettrica equivalente

Eliminando i rami derivati si ottiene l'usuale rete elettrica con un ramo in serie (fig. 6.32) adatta per lo studio del funzionamento a carico del trasformatore monofase a due avvolgimenti.

Sussistono inoltre i seguenti legami fra *flussi concatenati* e *correnti*:

$$\begin{cases} \varphi_{c1} = N_0\varphi_1 = L_{1f} \cdot i'_{20} \\ \varphi_{c2} = N_0\varphi_2 = L_2 \cdot i'_{20} \end{cases} \qquad \begin{cases} \varphi_{c3} = N_0\varphi_3 = L_3 \cdot i'_c \\ \varphi_{c4} = N_0\varphi_4 = L_{4f} \cdot i'_{10} \end{cases}$$

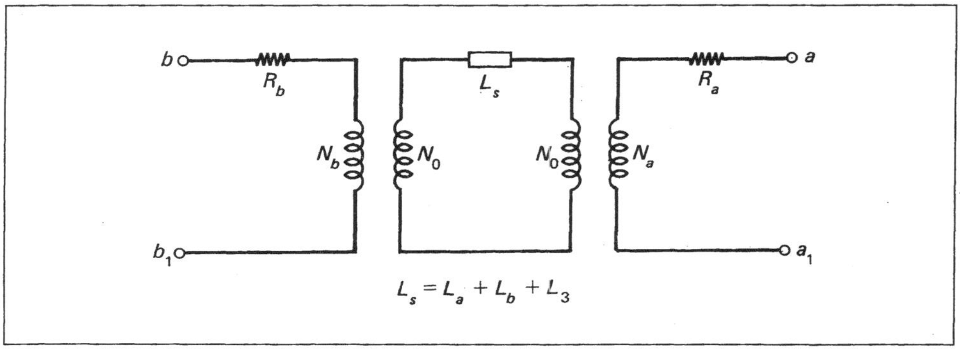

Figura 6.32. Rete elettrica semplificata del trasformatore di fig. 6.31.

Rete equivalente di un trasformatore monofase a *n* bobine concentriche. È agevole ora determinare la rete elettrica equivalente di un trasformatore a n bobine concentriche applicando il procedimento descritto nel paragrafo precedente.

In fig. 6.33 è schematizzata la macchina di cui si cerca la rete elettrica, avendo messo in evidenza i principali tronchi di tubo di flusso a concatenamento totale.

A tale schematizzazione corrisponde la rete magnetica di fig. 6.34 in cui si individuano:

a) un circuito magnetico chiuso di materiale ferromagnetico su cui si localizzano i nodi α e β;

b) $n - 1$ tronchi di tubo di flusso di dispersione, a concatenamento totale, che fanno capo ai nodi α e β.

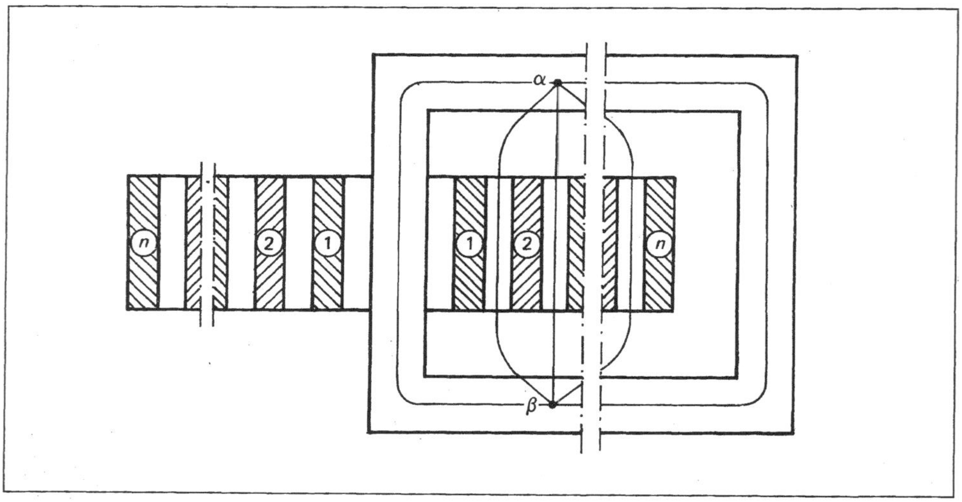

Figura 6.33

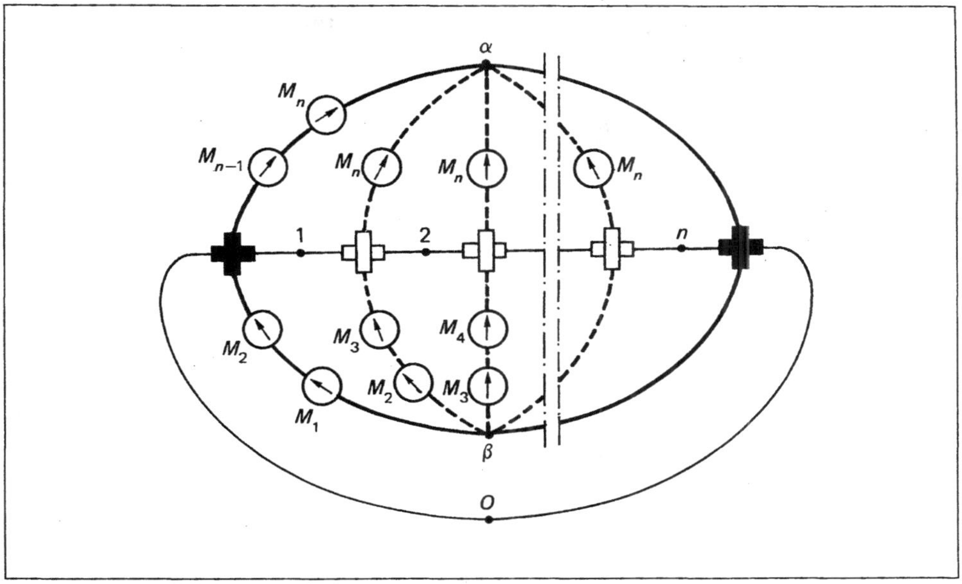

Figura 6.34

Per identificare le varie bobine e le maglie della rete magnetica conviene seguire un criterio che semplifica al massimo il meccanismo delle corrispondenze bobine-maglia-nodo.

Si identificano le n bobine con i numeri 1, 2, 3, ..., n; la prima bobina è quella posta più vicino alla colonna avvolta. Analogamente le maglie della rete magnetica sono ancora contrassegnate con i numeri 1, 2, 3, ..., n e il medesimo indice individua i nodi posti all'interno delle maglie corrispondenti.

La maglia esterna ha indice O e identico nome avrà il nodo in cui si richiudono tutte le correnti come indicato nella tab. 6.4.

Tabella 6.4.

Rete magnetica		*Rete elettrica*	
Maglia	*F.m.m. agente*	*Nodo*	*Corrente impressa*
1	M_1	1	i'_1
2	M_2	2	i'_2
3	M_3	3	i'_3
...	...	...	...
n	M_n	n	i'_n
o	$-(M_1 + M_2 + M_3 + \ldots + M_n)$	o	$-(i'_1 + i'_2 + i'_3 + \ldots + i'_n)$

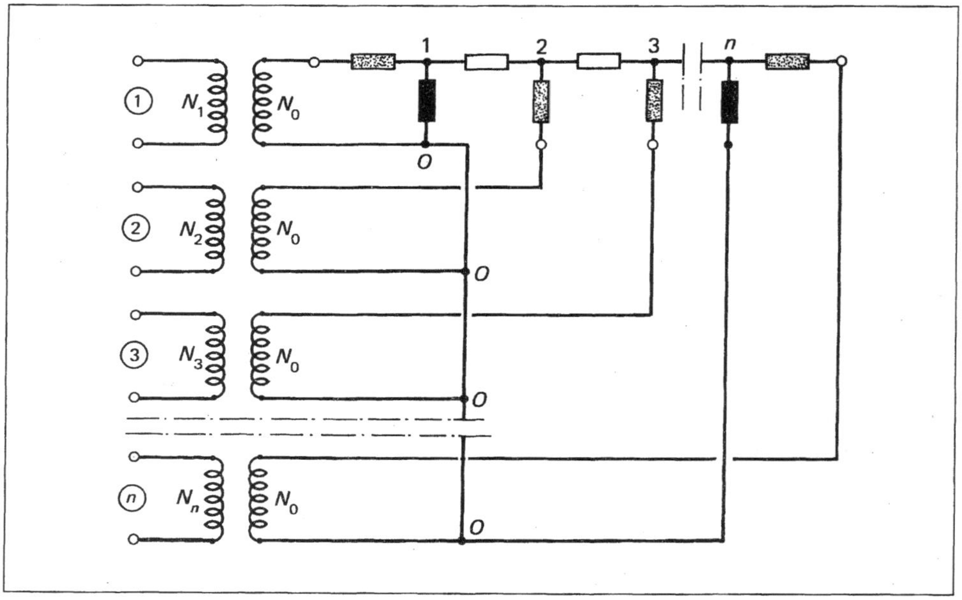

Figura 6.35

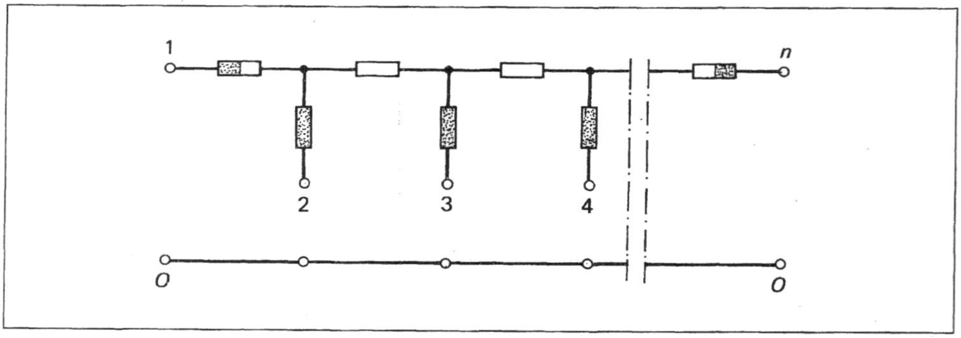

Figura 6.36

Le coppie di morsetti e le relative correnti sono perciò:

morsetti	0 – 1;	0 – 2;	...;	0 – n
correnti	i'_1;	i'_2;	...;	i'_n

La rete elettrica equivalente corrispondente alla rete magnetica di fig. 6.34 è indicata in fig. 6.35, in cui i trasformatori ideali hanno rapporto spire N_k/N_0 con $k = 1, 2, \ldots, n$. Eliminando i rami derivati si ottiene la rete di fig. 6.36, in cui compaiono solo gli elementi circuitali serie e in cui sono stati omessi i trasformatori ideali.

6.13. IL TRASFORMATORE MONOFASE A TRE AVVOLGIMENTI

La rete elettrica equivalente del trasformatore a tre avvolgimenti (fig. 6.37) si deduce da quella generica a n avvolgimenti (fig. 6.35) ponendo $n = 3$. Lo studio del funzionamento a carico viene effettuato con la rete equivalente semplificata di fig. 6.37.c, in cui si è posto $N_0 = N_1$ e, introdotte le resistenze R_1, R_2, R_3 degli avvolgimenti, si sono definite le impedenze serie

$$\bar{Z}_{s1} = R_1 + jX_1\,, \qquad \bar{Z}_{s2} = R_2 + jX_2\,, \qquad \bar{Z}_{s3} = R_3 + jX_3\,.$$

Determinazione dei parametri serie mediante le prove di corto circuito binario. Le impedenze $\bar{Z}_{s1}$, $\bar{Z}_{s2}$ e $\bar{Z}_{s3}$ della rete equivalente di fig. 6.37.c si ricavano da tre prove di *corto circuito binario*, che si effettuano alimentando uno qualsiasi dei tre avvolgimenti, ponendo in corto circuito uno degli altri due e lasciando aperto il terzo.
Riferendo i parametri serie degli avvolgimenti 2 e 3 all'avvolgimento 1, si ottengono le reti equivalenti di corto circuito di fig. 6.38, da cui è possibile ricavare le seguenti impedenze:

Corto circuito binario «avvolgimento1-avvolgimento 2» (fig. 6.38.a)

(6.134) $\bar{Z}_{12} = \bar{V}_1/\bar{I}_{12} = \bar{Z}_{s1} + \bar{Z}'_{s2}\,.$

Corto circuito binario «avvolgimento 1-avvolgimento 3» (fig. 6.38.b)

(6.135) $\bar{Z}_{13} = \bar{V}_1/\bar{I}_{13} = \bar{Z}_{s1} + \bar{Z}'_{s3}\,.$

Corto circuito binario «avvolgimento 2-avvolgimento 3» (fig. 6.38.c)
Ricordando che

(6.136) $$\begin{cases} \bar{V}_2'/N_1 = \bar{V}_2/N_2 \\ \bar{I}'_{23}\cdot N_1 = \bar{I}_{23}\cdot N_2 \end{cases}$$

si ha:

(6.137) $$\bar{Z}_{23} = \frac{\bar{V}_2}{\bar{I}_{23}} = \left(\frac{N_2}{N_1}\right)^2 \frac{\bar{V}_2'}{\bar{I}'_{23}} = \left(\frac{N_2}{N_1}\right)^2 (\bar{Z}'_{s2} + \bar{Z}'_{s3})$$

e quindi risulta:

(6.138) $$\left(\frac{N_1}{N_2}\right)^2 \bar{Z}_{23} = \bar{Z}'_{s2} + \bar{Z}'_{s3}\,.$$

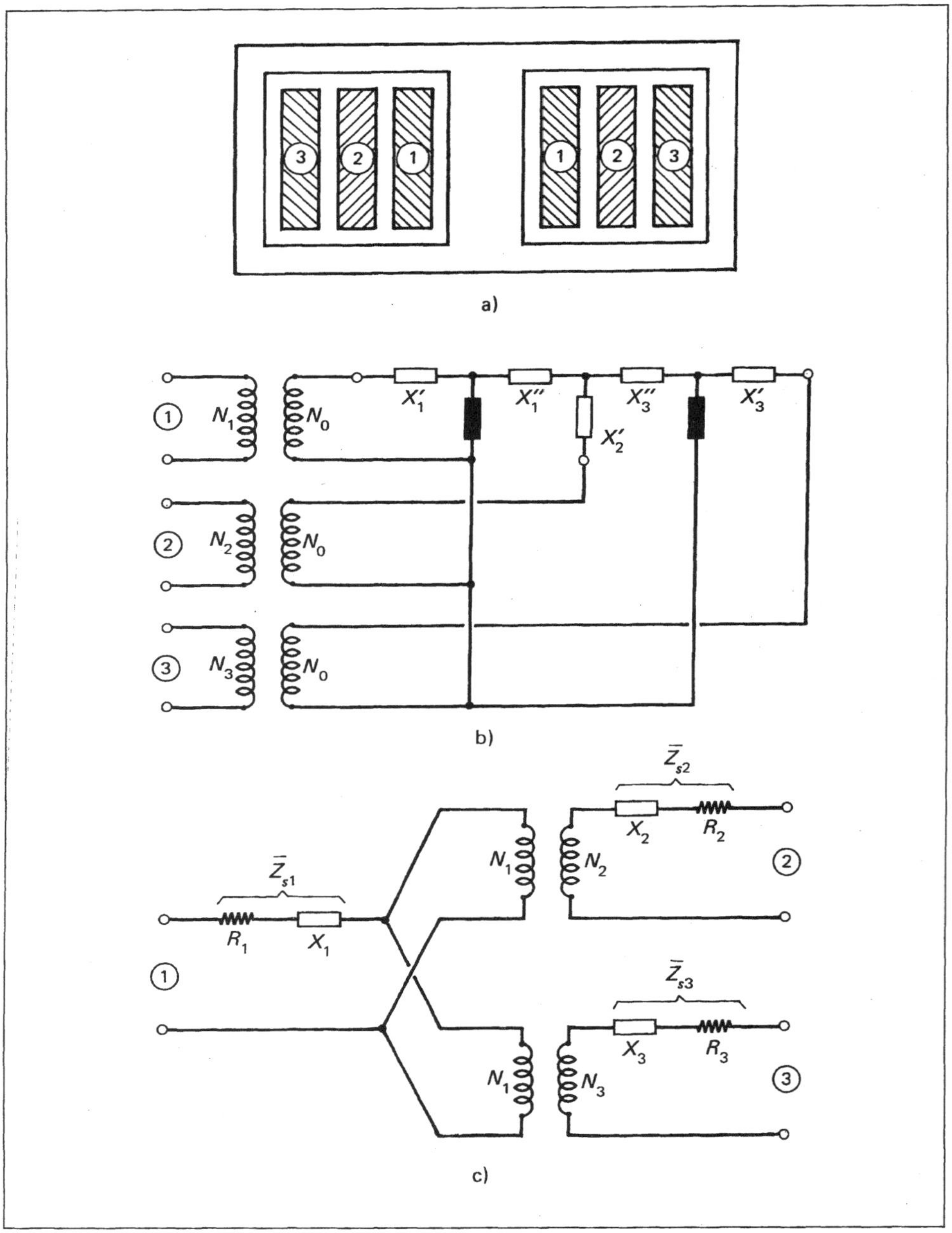

Figura 6.37. Trasformatore a tre avvolgimenti. a) Struttura elettromagnetica; 1, 2, 3 avvolgimenti di N_1, N_2, N_3 spire. b) Rete elettrica equivalente completa. c) Rete elettrica priva di rami derivati, in cui si è posto $N_0 = N_1$ e si sono introdotte le resistenze degli avvolgimenti R_1, R_2 e R_3.

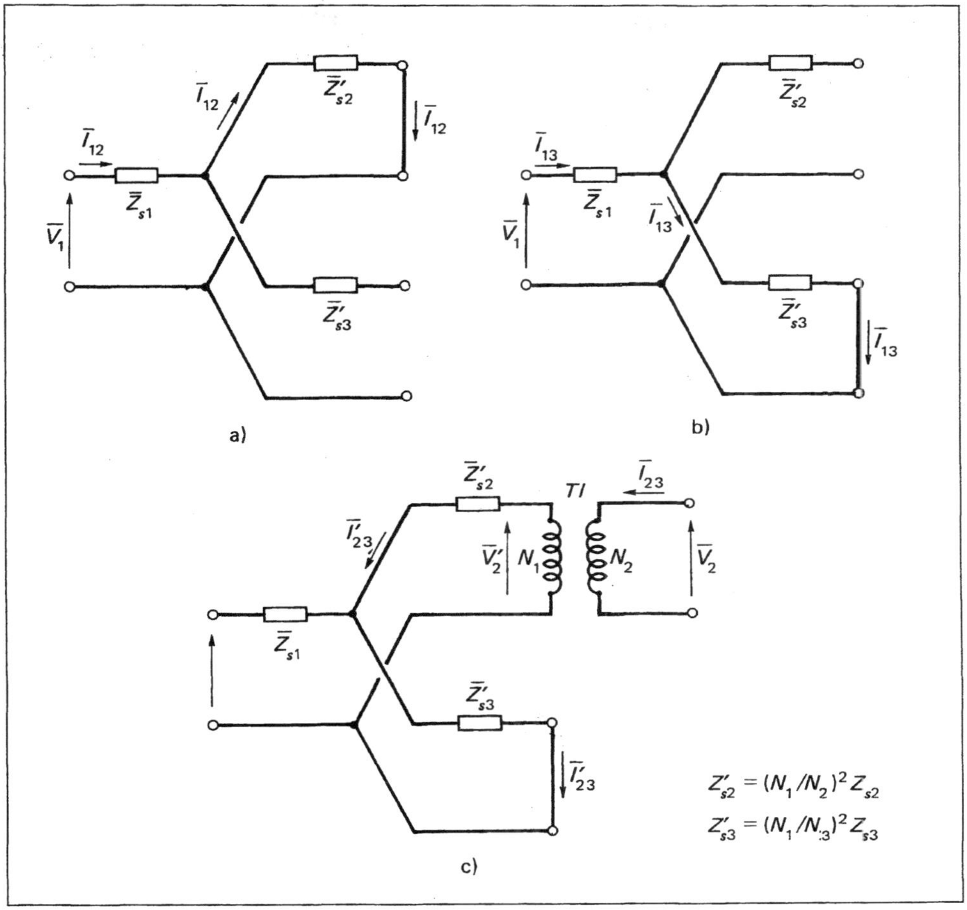

Figura 6.38. Reti equivalenti relative alle prove di corto circuito binario.

Le relazioni (6.134), (6.135) e (6.138) forniscono un sistema di tre equazioni nelle tre incognite $\bar{Z}_{s1}$, $\bar{Z}'_{s2}$ e $\bar{Z}'_{s3}$, che assumono le seguenti espressioni:

$$(6.139)\quad \begin{cases} \bar{Z}_{s1} = \dfrac{1}{2}\left[\bar{Z}_{12} + \bar{Z}_{13} - \left(\dfrac{N_1}{N_2}\right)^2 \bar{Z}_{23}\right] \\ \bar{Z}'_{s2} = \dfrac{1}{2}\left[\bar{Z}_{12} + \left(\dfrac{N_1}{N_2}\right)^2 \bar{Z}_{23} - \bar{Z}_{13}\right] = \left(\dfrac{N_1}{N_2}\right)^2 \bar{Z}_{s2} \\ \bar{Z}'_{s3} = \dfrac{1}{2}\left[\bar{Z}_{13} + \left(\dfrac{N_1}{N_2}\right)^2 \bar{Z}_{23} - \bar{Z}_{12}\right] = \left(\dfrac{N_1}{N_3}\right)^2 \bar{Z}_{s3}\,. \end{cases}$$

Osserviamo infine che, considerata la macchina priva di perdite e di cadute di tensione, la rete equivalente è individuata solo da TI, come mostra la fig. 6.39, per cui si possono scrivere le seguenti relazioni:

$$(6.140)\quad \begin{cases} \bar{V}_2 = \dfrac{N_2}{N_1}\bar{V}_1 \\[2ex] \bar{V}_3 = \dfrac{N_3}{N_1}\bar{V}_1 \end{cases}$$

$$(6.141)\quad \bar{I}_1 = \bar{I}'_2 + \bar{I}'_3 = \frac{N_2}{N_1}\bar{I}_2 + \frac{N_3}{N_1}\bar{I}_3 .$$

In termini di potenze si può quindi scrivere, con le convenzioni di fig. 6.39 (avv. 1 utilizzatore, avv. 2 e 3 generatori):

$$(6.142)\quad \bar{A}_1 = \bar{A}_2 + \bar{A}_3 ,$$

dove risulta:

$$(6.143)\quad \begin{cases} \bar{A}_1 = \bar{V}_1 \underline{\bar{I}}_1 \\ \bar{A}_2 = \bar{V}_2 \underline{\bar{I}}_2 \\ \bar{A}_3 = \bar{V}_3 \underline{\bar{I}}_3 . \end{cases}$$

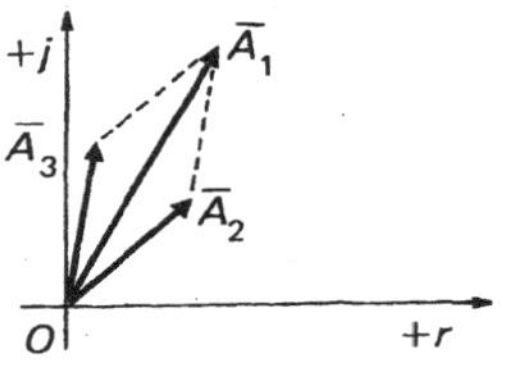

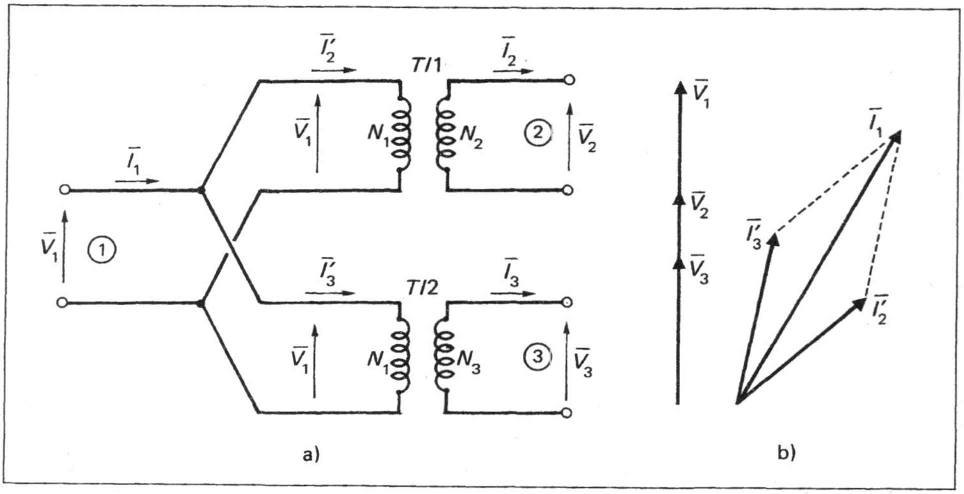

Figura 6.39. Rete elettrica del trasformatore a tre avvolgimenti privo di perdite e di cadute di tensione (a) e relativi diagrammi vettoriali delle tensioni e delle correnti (b).

Quindi in generale risulta: $|\bar{A}_1| \neq |\bar{A}_2| + |\bar{A}_3|$; la (6.142) deve essere intesa sempre come somma di grandezze complesse.

6.14. TRASFORMATORI TRIFASE

I trasformatori trifase vengono inseriti nelle reti elettriche trifase.
Il modo più semplice per ottenere un trasformatore trifase è quello di collegare opportunamente tre trasformatori monofase identici come mostra la fig. 6.40, in cui gli avvolgimenti primari sono collegati a stella e quelli secondari sono collegati a triangolo; si possono logicamente realizzare tutti gli altri tipi di collegamento: stella/stella; triangolo/triangolo; triangolo/stella.
Però, per ragioni soprattutto di convenienza economica, i trasformatori trifase vengono normalmente realizzati utilizzando un unico circuito magnetico a tre colonne (fig. 6.41.a) e a cinque colonne, di cui tre avvolte (fig. 6.41.b).

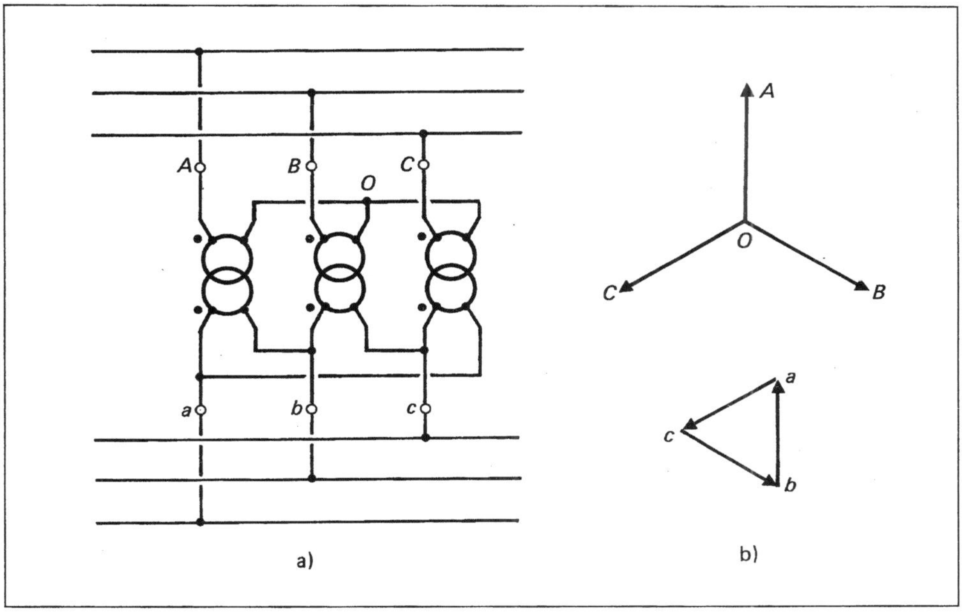

Figura 6.40. Trasformatore trifase ottenuto collegando tre trasformatori monofase. a) Avvolgimenti primari collegati a stella e avvolgimenti secondari collegati a triangolo. b) Diagrammi vettoriali a vuoto delle tensioni trifase del primario e del secondario.

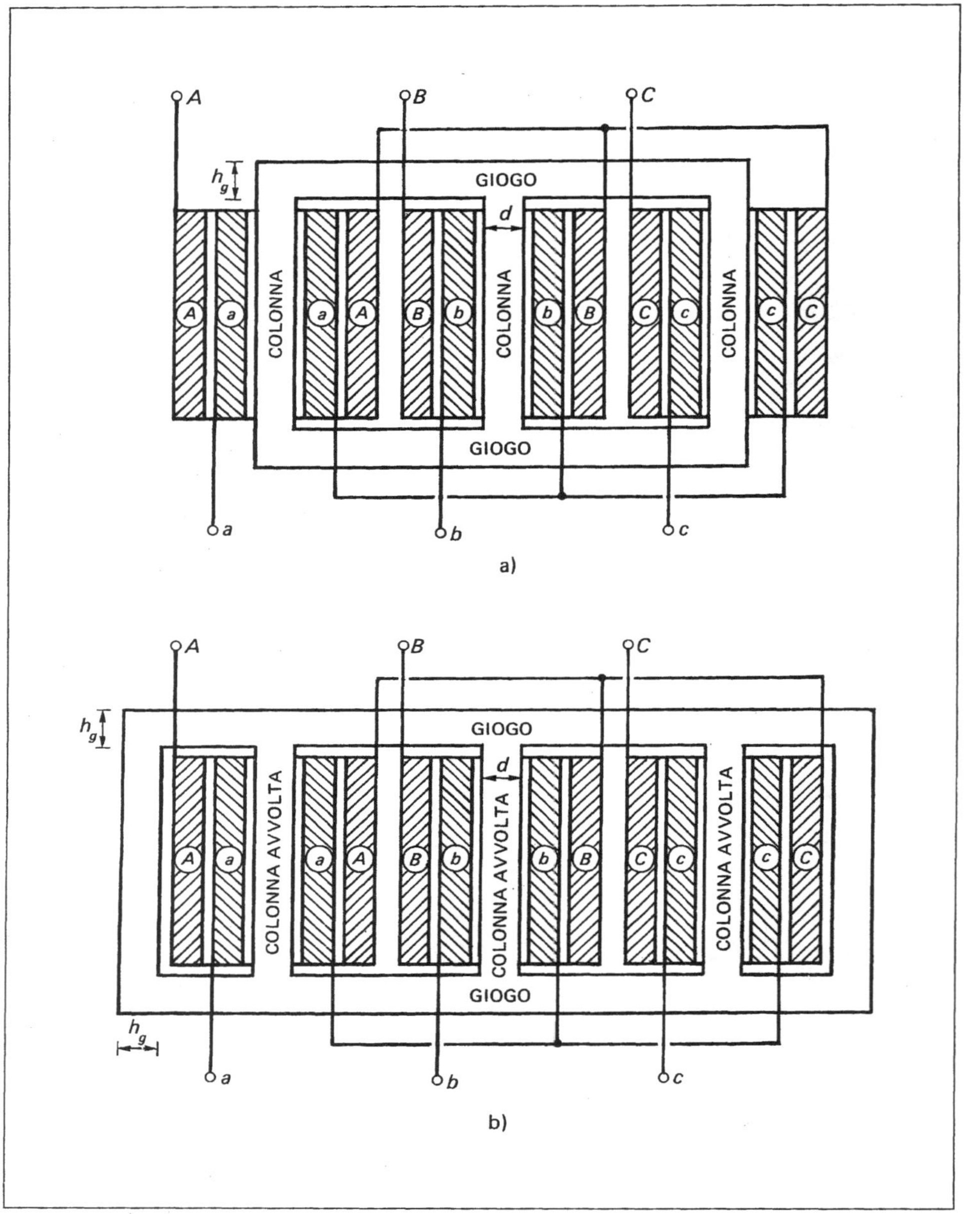

Figura 6.41. Trasformatori trifase con avvolgimenti primari (*A*, *B*, *C*) e secondari (*a*, *b*, *c*) collegati a stella. a) Nucleo magnetico a tre colonne; d, larghezza della colonna; *hg*, altezza del giogo (*hg* = d). b) Nucleo magnetico a cinque colonne (di cui tre avvolte); d, larghezza della colonna; *hg*, altezza del giogo e larghezza delle colonne non avvolte ($hg = d/\sqrt{3}$).

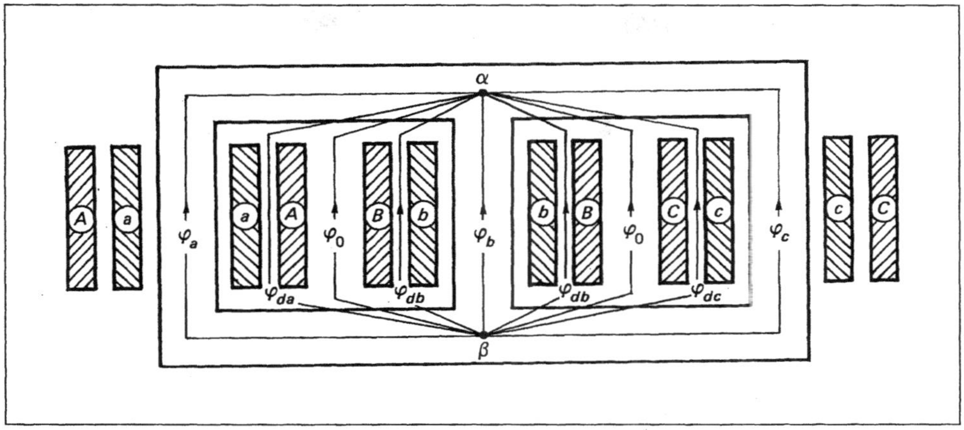

Figura 6.42. Andamento dei tubi di flusso a concatenamento totale di un trasformatore trifase a due avvolgimenti; avvolgimenti *a*, *b*, *c*: numero di spire N_1; avvolgimenti *A*, *B*, *C*: numero di spire N_2.

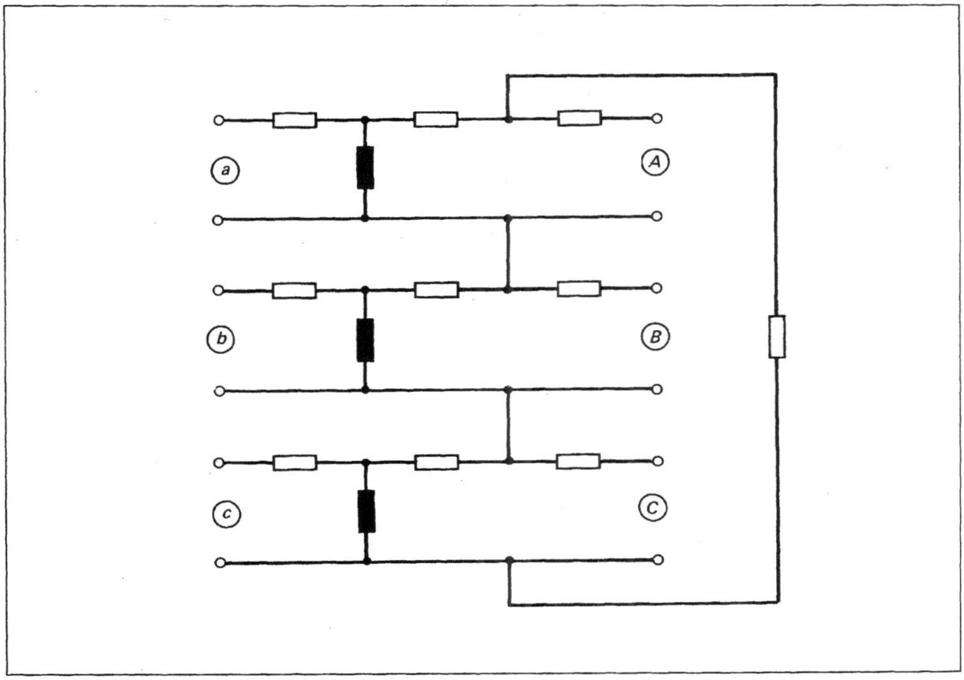

Figura 6.43. Rete equivalente del trasformatore trifase di fig. 6.42: rete elettrica completa riferita al numero di spire N_0.

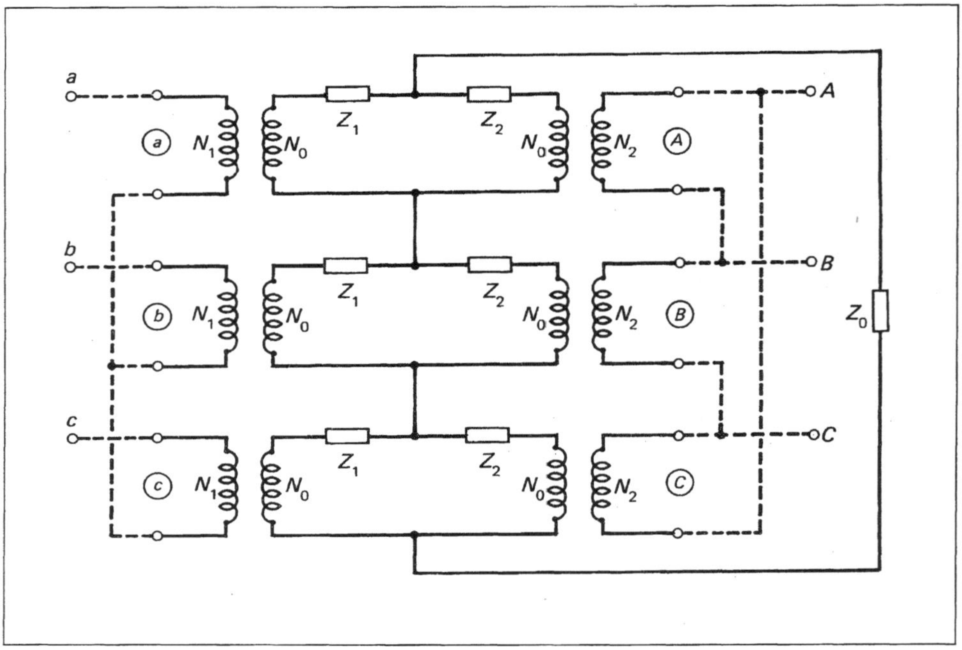

Figura 6.44. Rete equivalente del trasformatore trifase di fig. 6.42: rete elettrica semplificata con trasformatori ideali. Avvolgimenti *a*, *b*, *c* collegati a stella; avvolgimenti *A*, *B*, *C* collegati a triangolo.

Nel primo tipo la sezione delle colonne è uguale a quella dei gioghi, per cui l'*altezza hg* di questi ultimi è uguale alla *larghezza* d delle colonne ($hg = d$), mentre nel tipo a cinque colonne la sezione dei gioghi e delle colonne non avvolte è circa uguale a $1/\sqrt{3}$ volte quella delle colonne avvolte, percui risulta $hg = d/\sqrt{3}$.
Quindi quest'ultimo tipo di trasformatore ha, a parità di altezza e di sezione di colonna, un'altezza complessiva inferiore a quella del tipo a tre colonne, e ciò può risultare determinante nel trasporto del trasformatore.
La rete equivalente di un trasformatore trifase si deduce applicando le regole di dualità alla rete magnetica di fig. 6.42. Si ottiene così la rete elettrica completa di fig. 6.43 (priva di trasformatori ideali) e la rete elettrica semplificata (cioè priva di rami derivati) di fig. 6.44, dotata di trasformatori ideali e valida per lo studio a carico. A scopo di esempio gli avvolgimenti *a*, *b*, *c* sono stati collegati a stella, mentre gli avvolgimenti *A*, *B*, *C* sono stati collegati a triangolo.

7

CONVERSIONE ELETTROMECCANICA

Lo scopo delle macchine elettriche rotanti è quello di convertire *energia elettrica* in *energia meccanica* e viceversa.

Il bilancio energetico di questi dispositivi elettromeccanici è riportato in fig. 7.1, dove le frecce indicano le convenzioni di segno adottate per la misura dei lavori elementari, il simbolo δ indica un differenziale non esatto (cioè di una grandezza il cui valore integrale dipende dal cammino di integrazione), mentre il simbolo d indica un differenziale esatto (cioè di una grandezza il cui valore integrale non dipende dal cammino di integraziome come l'energia magnetica W).

Il bilancio energetico può quindi essere così scritto (convenzione di segno degli utilizzatori):

$$\delta L_e = \mathrm{d}W + \delta L_c + \delta L_m \,. \tag{7.1}$$

La relazione (7.1) consente di legare la variazione di lavoro meccanico δL_m alla variazione di lavoro elettrico δL_e e verrà utilizzata per valutare la potenza meccanica e la coppia meccanica messa in gioco dal sistema elettromeccanico preso in esame.

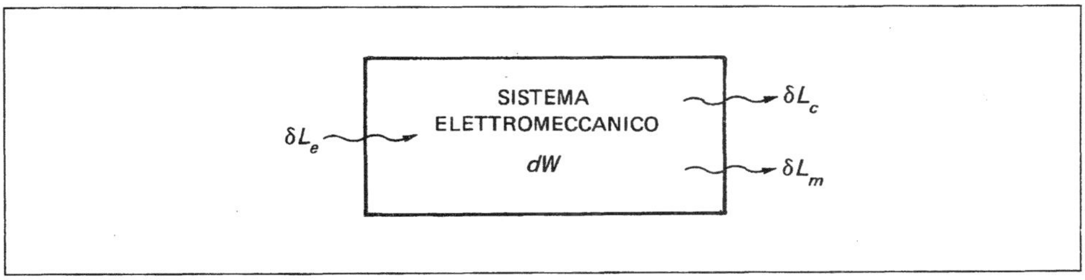

Figura 7.1. Schema del bilancio energetico di un dispositivo elettromeccanico; $\mathrm{d}W$, incremento dell'energia magnetica immagazzinata dal sistema; δL_e, variazione del lavoro elettrico; δL_c, variazione del lavoro convertito in calore; δL_m, variazione del lavoro meccanico scambiato con i sistemi interagenti.

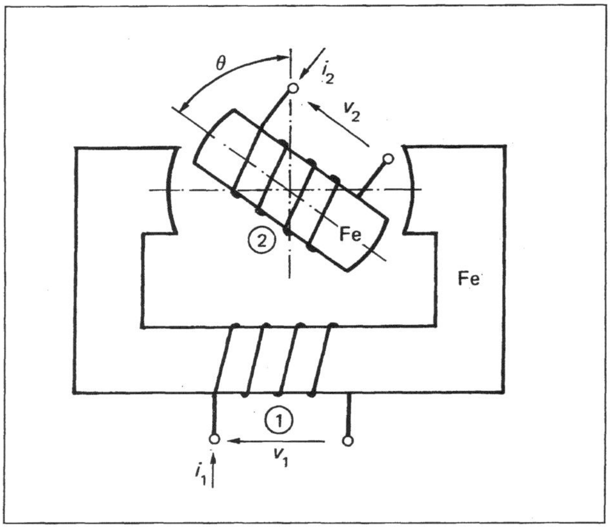

Figura 7.2

Si consideri dunque il dispositivo rappresentato in fig. 7.2, costituito da due avvolgimenti mutuamente accoppiati, indicati con 1 e 2, in movimento relativo uno rispetto all'altro, la cui posizione è individuata dall'angolo $\theta(t)$ formato dagli assi dei due avvolgimenti, avvolti su due strutture di materiale ferromagnetico di permeabilità assai maggiore di quella del vuoto e considerata di valore costante.
Con tali ipotesi possiamo ritenere le auto e le mutue induttanze degli avvolgimenti 1 e 2 funzioni solo dell'angolo θ:

$$(7.2)\quad \begin{cases} L_1 = L_1(\theta) & \text{autoinduttanza dell'avvolgimento 1} \\ L_2 = L_2(\theta) & \text{autoinduttanza dell'avvolgimento 2} \\ L_m = L_m(\theta) & \text{mutua induttanza fra i due avvolgimenti.} \end{cases}$$

Detti $\psi_1 = L_1 i_1 + L_m i_2$ e $\psi_2 = L_m i_1 + L_2 i_2$ i flussi concatenati con gli avvolgimenti 1 e 2, risulta:

$$(7.3)\quad \begin{cases} v_1 = R_1 i_1 + p\psi_1 = R_1 i_1 + p(L_1 i_1 + L_m i_2) \\ v_2 = R_2 i_2 + p\psi_2 = R_2 i_2 + p(L_2 i_2 + L_m i_1). \end{cases}$$

La potenza elettrica totale $p_e(t)$ assorbita dal sistema di fig. 7.2 vale pertanto:

$$(7.4)\quad p_e(t) = v_1 i_1 + v_2 i_2 = R_1 i_1^2 + R_2 i_2^2 + i_1 p(L_1 i_1 + L_m i_2) + \\ + i_2 p(L_2 i_2 + L_m i_1)\ .$$

Si può ora valutare la variazione di lavoro elettrico δL_e:

$$\delta L_e(t) = p_e(t) \cdot \mathrm{d}t = (R_1 i_1^2 + R_2 i_2^2)\mathrm{d}t + i_1 \mathrm{d}(L_1 i_1 + L_m i_2) + + i_2 \mathrm{d}(L_2 i_2 + L_m i_1) \,. \tag{7.5}$$

Sviluppando i differenziali al secondo membro della (7.5), si ottiene, ricordando che l'angolo θ è funzione del tempo:

$$\begin{aligned} & i_1(L_1 \mathrm{d}i_1 + i_1 \mathrm{d}L_1 + L_m \mathrm{d}i_2 + i_2 \mathrm{d}L_m) + i_2(L_2 \mathrm{d}i_2 + i_2 \mathrm{d}L_2 + L_m \mathrm{d}i_1 + i_1 \mathrm{d}L_m) = \\ & = \mathrm{d}\left(\frac{1}{2} L_1 i_1^2 + \frac{1}{2} L_2 i_2^2 + L_m i_1 i_2\right) + \frac{1}{2} i_1^2 \mathrm{d}L_1 + \frac{1}{2} i_2^2 \mathrm{d}L_2 + i_1 i_2 \mathrm{d}L_m = \\ & = \mathrm{d}\left(\frac{1}{2} L_1 i_1^2 + \frac{1}{2} L_2 i_2^2 + L_m i_1 i_2\right) + \left(\frac{1}{2} i_1^2 \frac{\mathrm{d}L_1}{\mathrm{d}\theta} + \frac{1}{2} i_2^2 \frac{\mathrm{d}L_2}{\mathrm{d}\theta} + i_1 i_2 \frac{\mathrm{d}L_m}{\mathrm{d}\theta}\right)\mathrm{d}\theta . \end{aligned} \tag{7.6}$$

La (7.5) diventa quindi:

$$\begin{aligned} \delta L_e = & \underbrace{(R_1 i_1^2 + R_2 I_2^2)\mathrm{d}t}_{(a)} + \underbrace{\mathrm{d}\left(\frac{1}{2} L_1 i_1^2 + \frac{1}{2} L_2 i_2^2 + L_m i_1 i_2\right)}_{(b)} + \\ & + \underbrace{\left(\frac{1}{2} i_1^2 \frac{\mathrm{d}L_1}{\mathrm{d}\theta} + \frac{1}{2} i_2^2 \frac{\mathrm{d}L_2}{\mathrm{d}\theta} + i_1 i_2 \frac{\mathrm{d}L_m}{\mathrm{d}\theta}\right)\mathrm{d}\theta}_{(c)} \end{aligned} \tag{7.7}$$

Osserviamo che il termine entro parentesi dell'espressione (b) rappresenta l'*energia magnetica W del sistema*:

$$W = \frac{1}{2} L_1 i_1^2 + \frac{1}{2} L_2 i_2^2 + L_m i_1 i_2 \,. \tag{7.8}$$

Quindi dal confronto dei bilanci energetici (7.1) e (7.7) si individuano i tre termini (a), (b), (c):

$$\begin{cases} (a) = (R_1 i_1^2 + R_2 i_2^2)\mathrm{d}t = \delta L_c \\ (b) = \mathrm{d}\left(\frac{1}{2} L_1 i_1^2 + \frac{1}{2} L_2 i_2^2 + L_m i_1 i_2\right) = \mathrm{d}W \\ (c) = \left(\frac{1}{2} i_1^2 \frac{\mathrm{d}L_1}{\mathrm{d}\theta} + \frac{1}{2} i_2^2 \frac{\mathrm{d}L_2}{\mathrm{d}\theta} + i_1 i_2 \frac{\mathrm{d}L_m}{\mathrm{d}\theta}\right)\mathrm{d}\theta = \delta L_m \,. \end{cases} \tag{7.9}$$

Nota la variazione di lavoro meccanico δL_m, si può calcolare la *potenza meccanica* p_m mediante la seguente relazione:

$$(7.10)\qquad p_m = \frac{\delta L_m}{\mathrm{d}t} = \left(\frac{1}{2} i_1^2 \frac{\mathrm{d}L_1}{\mathrm{d}\theta} + \frac{1}{2} i_2^2 \frac{\mathrm{d}L_2}{\mathrm{d}\theta} + i_1 i_2 \frac{\mathrm{d}L_m}{\mathrm{d}\theta} \right) \cdot \dot{\theta},$$

dove $\dot{\theta} = \mathrm{d}\theta/\mathrm{d}t$ è la velocità di rotazione dell'avvolgimento 2 rispetto all'avvolgimento 1.
La *coppia meccanica c* vale perciò:

$$(7.11)\qquad c = \frac{p_m}{\dot{\theta}} = \frac{1}{2} i_1^2 \frac{\mathrm{d}L_1}{\mathrm{d}\theta} + \frac{1}{2} i_2^2 \frac{\mathrm{d}L_2}{\mathrm{d}\theta} + i_1 i_2 \frac{\mathrm{d}L_m}{\mathrm{d}\theta}.$$

Le (7.10) e (7.11) mostrano che, per poter ottenere energia meccanica da un sistema elettromeccanico, è necessario che esso possa modificare la propria configurazione geometrica in modo che i coefficienti di auto e mutua induttanza dei suoi avvolgimenti risultino funzione di una variabile geometrica, nell'esempio l'angolo θ.
I risultati ottenuti per due avvolgimenti possono essere estesi a configurazioni aventi un numero qualsiasi di avvolgimenti.

8

CAMPO ROTANTE E AVVOLGIMENTI TRIFASE

8.1. DIAGRAMMA DI FORZA MAGNETOMOTRICE (F.M.M.) AL TRAFERRO DELLE MACCHINE RUOTANTI

Si consideri una struttura di materiale ferromagnetico costituita da un cilindro cavo (*armatura esterna*) all'interno del quale è disposto coassialmente un altro cilindro (*armatura interna*), entrambi di lunghezza ℓ, in modo tale da lasciare tra le due armature un'intercapedine uniforme di aria, detta *traferro*, di spessore δ (fig. 8.1).

La permeabilità magnetica del ferro si suppone di valore infinitamente grande: $\mu_{fe} = \infty$.

Sull'armatura esterna vengono praticate due scanalature assiali diametrali, dette *cave*, in cui sono disposti i lati di una bobina di N spire.

In fig. 8.1.a è riportata la vista ottenuta sezionando la struttura con un piano ortogonale all'asse, mentre in fig. 8.1.b è rappresentata la vista ottenuta sezionando la struttura con un piano assiale passante per a-a'.

La fig. 8.1.b mostra il collegamento in serie degli N conduttori posti nelle cave 1 e 1′ in modo da ottenere la bobina di N spire (nell'esempio $N = 2$).

Se la bobina è percorsa dalla corrente i si genera un campo magnetico che interessa le due armature in ferro e il traferro ad esse interposto.

Le linee di flusso hanno l'andamento riportato in fig. 8.2; il verso dei vettori **B** ed **H**, tangenti alle linee di flusso, è legato al senso di percorrenza della corrente circolante nella bobina dalla «regola del cavatappi».

Per ciascuna linea di flusso si può scrivere:

$$\oint H \cdot \mathrm{d}l = Ni. \qquad (8.1)$$

Prendendo in esame la linea di flusso 1 di fig. 8.2, suddivisa nei tratti BC

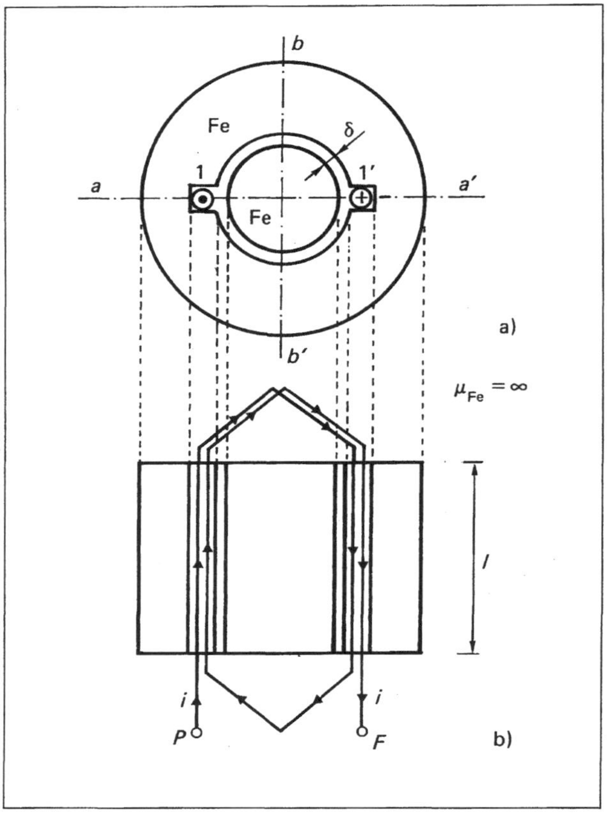

Figura 8.1. Numero di spire della bobina: $N = 2$; P, principio della bobina; F, fine della bobina.

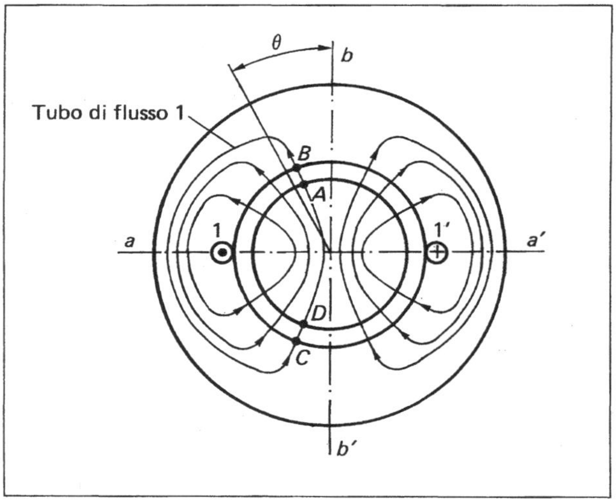

Figura 8.2

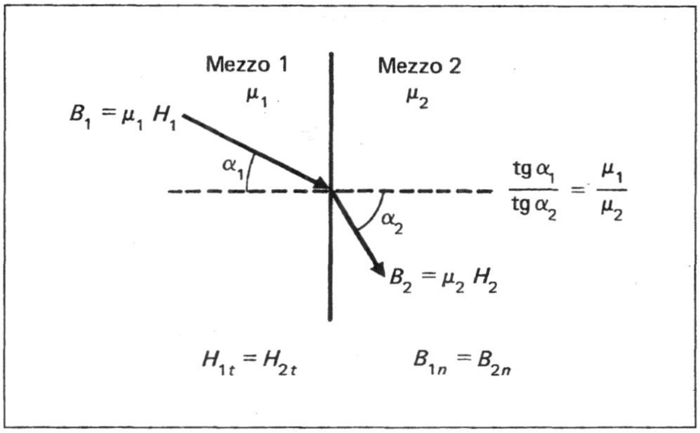

Figura 8.3

e DA in *ferro* e AB e CD in *aria* (traferro), la (8.1) può essere così scritta:

(8.2) $$\oint H \cdot dl = \int_A^B H \cdot dl + \int_B^C H \cdot dl + \int_C^D H \cdot dl + \int_D^A H \cdot dl = Ni.$$

Avendo posto per ipotesi $\mu_{fe} = \infty$ per le linee di flusso che percorrono i tratti in ferro si ha:

(8.3) $$H = B/\mu_{fe} = 0$$

e quindi:

(8.4) $$\int_B^C H \cdot dl = \int_D^A H \cdot dl = 0.$$

Risultano perciò nulle le c.d.t. magnetica nel ferro.
Ricordiamo inoltre che per il fenomeno della rifrazione delle linee di flusso, il vettore forza magnetica H è ortogonale alle armature in ferro e quindi la sua direzione è quella radiale, come si deduce dalla fig. 8.3, in cui, se $\mu_1 = \mu_o$ (traferro) e $\mu_2 = \mu_{fe} = \infty$ (ferro), risulta tg $\alpha_1 = 0$ cioè $\alpha_1 = 0$ indipendentemente dall'angolo α_2.
Si può inoltre considerare costante la forza magnetica H lungo ciascun tratto AB e CD in aria e, per ragioni di simmetria, ritenere uguali le forze magnetiche nei due tratti stessi.
La relazione (8.2) diventa perciò, ricordando anche la (8.4):

(8.5) $$\oint H \cdot dl = \int_A^B H \cdot dl + \int_C^D H \cdot dl = H \cdot \delta + H \cdot \delta = 2H\delta = Ni.$$

La quantità $(H \cdot \delta)$ (prodotto della forza magnetica al traferro per lo spessore del traferro) rappresenta la differenza di potenziale magnetico (d.p.m.)

fra l'armatura interna e quella esterna:

$$U_\delta = H \cdot \delta = \frac{1}{2} Ni. \tag{8.6}$$

La d.p.m. fra le armature comprese (fig. 8.2) nella zona *aba'* ha un segno, mentre la d.p.m. nella zona *ab'a'* ha segno opposto. Infatti nella zona *aba'* le linee di flusso vanno dall'armatura interna a quella esterna e viceversa nella zona *ab'a'*.

La d.p.m. fra le due armature può essere rappresentata con un diagramma che viene definito *diagramma di forza magnetomotrice (f.m.m.) m al traferro*.

Supponendo di svolgere la sezione di fig. 8.2 su un piano, la struttura della macchina e il diagramma di f.m.m. diventano come in fig. 8.4.

La posizione lungo il traferro è individuata dall'*angolo* θ misurato a partire dall'asse b (fig. 8.2) in senso antiorario.

La *f.m.m. al traferro* si considera positiva quando le linee di flusso sono dirette dall'armatura interna verso quella esterna. Quindi si può scrivere:

Zona di traferro a'ba

$$-\frac{\pi}{2} < \theta < \frac{\pi}{2} \qquad\qquad m = \frac{1}{2} Ni.$$

Zona di traferro ab'a'

$$\frac{\pi}{2} < \theta < \frac{3}{2}\pi \qquad\qquad m = -\frac{1}{2} Ni.$$

Il diagramma di f.m.m. di fig. 8.4 ad andamento rettangolare è sviluppabile in serie di Fourier e si ottiene:

$$m(\theta) = \frac{4}{\pi} \cdot \frac{Ni}{2} \left(\cos\theta - \frac{1}{3}\cos 3\theta + \frac{1}{5}\cos 5\theta - \frac{1}{7}\cos 7\theta + \ldots \right). \tag{8.7}$$

La componente principale dello sviluppo in serie (8.7) viene detta *campo principale* $m_p(\theta)$:

$$m_p(\theta) = \frac{4}{\pi} \cdot \frac{Ni}{2} \cdot \cos\theta. \tag{8.8}$$

Gli altri termini si chiamano *campi armonici*.

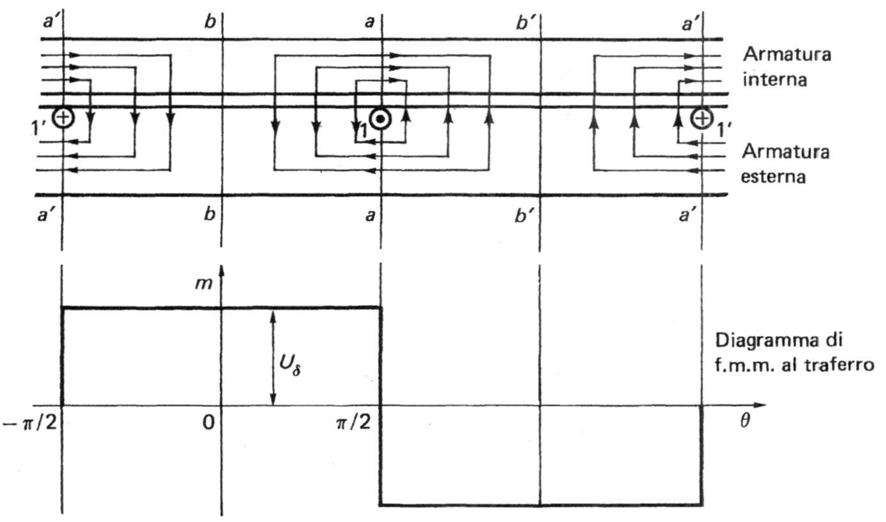

Figura 8.4

Il numero di semionde positive e negative del diagramma di f.m.m. al traferro individua il *numero* (2*n*) *di poli* del campo magnetico avendo indicato con *n* il numero di «coppie polari». Nella trattazione effettuata risulta $2n = 2$.

L'avvolgimento che crea un campo avente un numero di poli pari a $2n$ si dice *avvolgimento a* 2*n poli*.

Se la corrente i è alternata sinusoidale di pulsazione ω e valore efficace I:

$$i = \sqrt{2}\, I \cos \omega t \,,$$

le relazioni (8.7) e (8.8) diventano:

$$(8.9) \qquad m(\theta, t) = \frac{4}{\pi} \frac{\sqrt{2} NI}{2} \cos \omega t \cdot \left(\cos \theta - \frac{1}{3} \cos 3\theta + \frac{1}{5} \cos 5\theta - \ldots \right)$$

$$(8.10) \qquad m_p(\theta, t) = \frac{4}{\pi} \frac{\sqrt{2} NI}{2} \cos \omega t \cdot \cos \theta \,.$$

Per migliorare il funzionamento delle macchine elettriche ruotanti si cerca di ottenere diagrammi di f.m.m. al traferro di forma il più possibile vicina alla sinusoide.

Come si è visto utilizzando un avvolgimento i cui lati sono posti in due sole

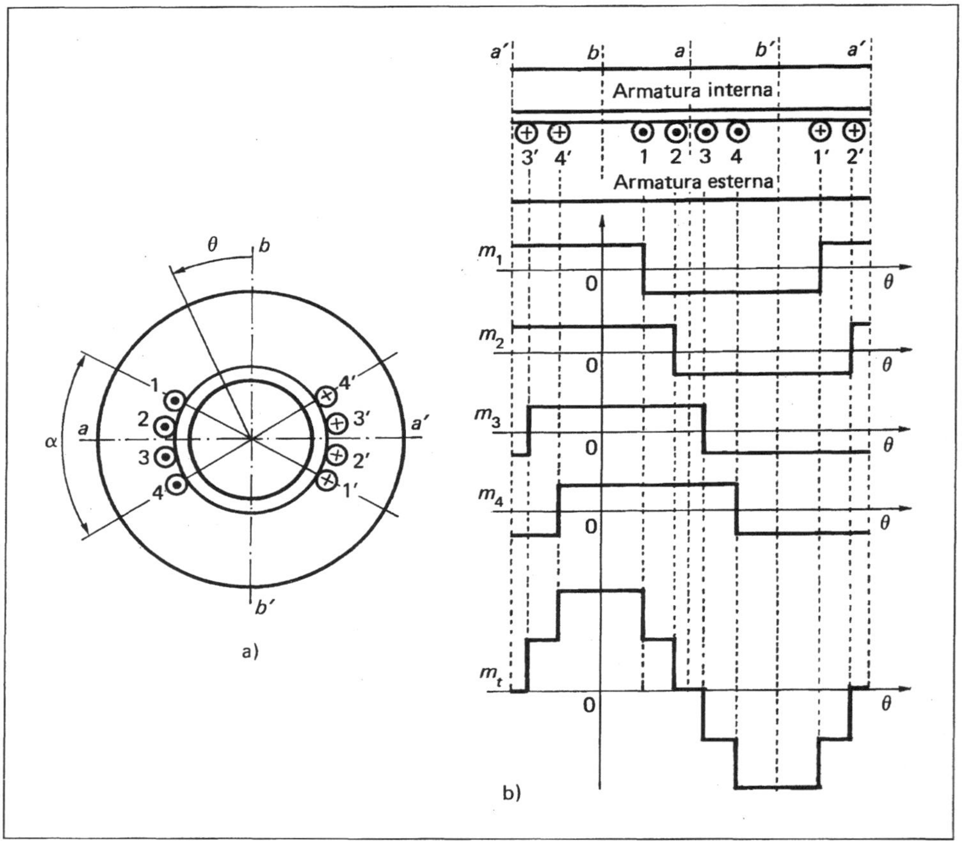

Figura 8.5. a) Struttura con quattro coppie di cave. b) Diagrammi di f.m.m. m_1, m_2, m_3, m_4 relativi alle coppie di cave 1-1′, 2-2′, 3-3′, 4-4′ e f.m.m. totale $m_t = m_1 + m_2 + m_3 + m_4$.

cave diametrali si ottiene il diagramma di fig. 8.4 di forma rettangolare. Utilizzando, come in pratica avviene, un avvolgimento disposto con i lati attivi in più di due cave si ottiene un sensibile miglioramento della forma del diagramma di f.m.m. come verrà mostrato con un esempio.
In fig. 8.5.a si è considerato un avvolgimento dove i conduttori sono posti in serie in quattro coppie di cave diametrali: 1-1′; 2-2′; 3-3′; 4-4′. Facendo circolare nell'avvolgimento una corrente i con il verso indicato in figura, ogni coppia di cave produce un diagramma di f.m.m. al traferro di tipo rettangolare (fig. 8.5.b). Componendo i quattro diagrammi si ottiene la f.m.m. totale:

$$m_t = m_1 + m_2 + m_3 + m_4 \,,$$

il cui andamento, dal punto di vista del contenuto armonico, è decisamente migliore rispetto a quello rettangolare.

8.2. IL CAMPO ROTANTE

Campo rotante a due poli

È possibile creare un *campo di f.m.m. rotante* utilizzando la struttura di fig. 8.6, costituita da un cilindro pieno e da un cilindro cavo coassiale entrambi di materiale ferromagnetico (con permeabilità $\mu_{fe} = \infty$), su cui vengono poste tre bobine diametrali 1-1′, 2-2′ e 3-3′ di N spire ciascuna, spostate una rispetto all'altra di 120° e denominate anche fase 1, fase 2 e fase 3. Si genera il *campo rotante* se le tre bobine vengono percorse da un sistema trifase equilibrato di correnti che percorrono le bobine come indicato in fig. 8.6:

$$\begin{cases} \oplus: & \text{corrente positiva entrante nel foglio;} \\ \odot: & \text{corrente positiva uscente dal foglio.} \end{cases}$$

Le tre correnti hanno la seguente espressione:

$$\begin{cases} i_1 = \sqrt{2}\, I \cos \omega t \\ i_2 = \sqrt{2}\, I \cos(\omega t - 120°) \\ i_3 = \sqrt{2}\, I \cos(\omega t - 240°). \end{cases} \tag{8.11}$$

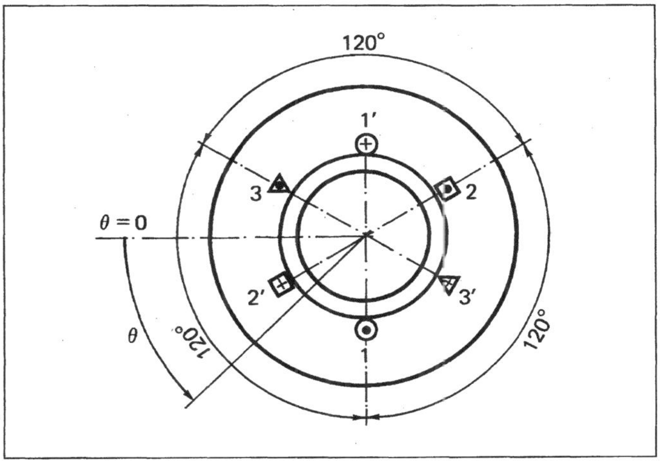

Figura 8.6

Misurando l'angolo θ positivo in senso antiorario a partire dall'asse della bobina 1-1', l'espressione dei campi di f.m.m. creati da ciascuna delle tre bobine percorse dalle correnti suddette è la seguente:

Bobina 1-1'

$$m_1(\theta,t) = \frac{4}{\pi}\frac{\sqrt{2}}{2} NI \cos\omega t\left(\cos\theta - \frac{1}{3}\cos 3\theta + \frac{1}{5}\cos 5\theta - \ldots\right) \tag{8.12}$$

Bobina 2-2'

$$\begin{aligned} m_2(\theta,t) &= \frac{4}{\pi}\frac{\sqrt{2}}{2} NI \cos(\omega t - 120°)\cdot \\ &\cdot \left[\cos(\theta - 120°) - \frac{1}{3}\cos 3(\theta - 120°) + \ldots\right] \end{aligned} \tag{8.13}$$

Bobina 3-3'

$$\begin{aligned} m_3(\theta,t) &= \frac{4}{\pi}\frac{\sqrt{2}}{2} NI \cos(\omega t - 120°)\cdot \\ &\cdot \left[\cos(\theta - 240°) - \frac{1}{3}\cos 3(\theta - 240°) + \ldots\right]. \end{aligned} \tag{8.14}$$

Considerando solo l'*armonica principale* di ciascun campo (*campo principale*) e ponendo

$$M = \frac{2}{\pi}\sqrt{2}NI$$

si ha

$$\begin{cases} m_{1_p}(\theta,t) = M\cos\omega t\cos\theta = \frac{M}{2}\cos(\omega t + \theta) + \frac{M}{2}\cos(\omega t - \theta) \\ m_{2_p}(\theta,t) = M\cos(\omega t - 120°)\cdot\cos(\theta - 120°) = \\ \qquad = \frac{M}{2}\cos(\omega t + \theta - 240°) + \frac{M}{2}\cos(\omega t - \theta) \\ m_{3_p}(\theta,t) = M\cos(\omega t - 240°)\cdot\cos(\theta - 240°) = \\ \qquad = \frac{M}{2}\cos(\omega t + \theta - 480°) + \frac{M}{2}\cos(\omega t - \theta). \end{cases} \tag{8.15}$$

Sommando i tre campi principali si ottiene il *campo di f.m.m. rotante*:

$$m_p(\theta,t) = \frac{3}{2}M\cos(\omega t - \theta), \tag{8.16}$$

di ampiezza massima costante 3/2 M.
Sviluppando su un piano la struttura di fig. 8.6 si ottiene l'andamento in funzione di θ del *campo rotante* di equazione (8.16).
Nella fig. 8.7 è disegnato il campo $m_p(\theta, t)$ lungo il traferro della macchina negli istanti $t_1 = 0$ e $t_2 = (\pi/6)/\omega$.
Ricordiamo che esso rappresenta la *differenza di potenziale magnetico (d.p.m.)* fra l'*armatura interna* e quella *esterna*, positiva quando il flusso è diretto verso l'*armatura esterna*.
In fig. 8.7 nella posizione $\theta = \theta_1$ la *d.p.m.* u_{AB} fra i punti A e B del traferro vale:

$$\textit{Istante}\ t_1 = 0 \quad : \quad u_{AB}(t_1) = m_p(\theta_1, t_1) = \frac{3}{2} M \cos\theta_1$$

$$\textit{Istante}\ t_2 = \frac{\pi}{6\omega} \quad : \quad u_{AB}(t_2) = m_p(\theta_1, t_2) = \frac{3}{2} M \cos\left(\theta_1 - \frac{\pi}{6}\right).$$

Il campo di f.m.m. $m_p(\theta, t)$ viene detto *rotante*, poiché, con riferimento della fig. 8.7, l'onda di equazione (8.16), nell'intervallo di tempo $\Delta t =$

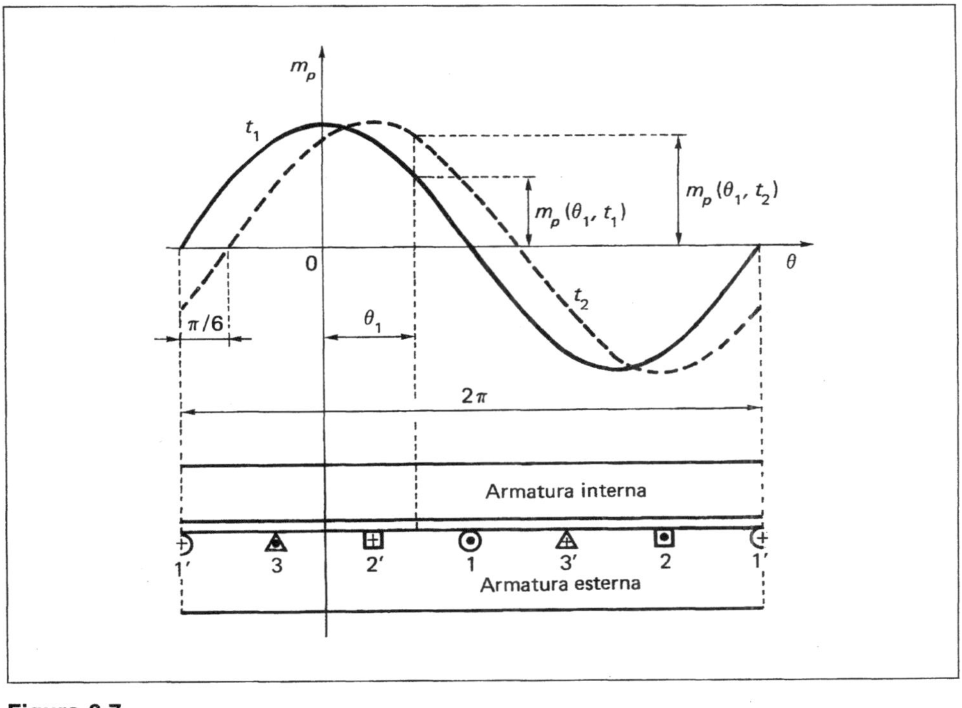

Figura 8.7

$t_2 - t_1 = (\pi/6)/\omega$, si è spostata dell'angolo $\Delta\alpha = \pi/6$, ruotando quindi alla velocità angolare $\Omega = \Delta\alpha/\Delta t = \omega$.

Osservazioni.
1) Come si è detto il *campo rotante* fornisce la *d.p.m.* fra la struttura *interna* e quella *esterna* positiva quando il flusso è diretto verso l'armatura esterna. Questo *campo* è rappresentato da un diagramma chiamato impropriamente *diagramma di f.m.m.*
2) Il *campo* si muove lungo il traferro ruotando alla velocità $\Omega = \omega$, cioè pari alla pulsazione delle correnti di eccitazione.
3) Il suo valore massimo $[m_{p\max} = (3/2)M]$ si trova per il valore dell'angolo θ_M coincidente con l'asse della bobina che in quell'istante è percorsa dalla corrente di valore massimo:

Corrente massima nella bobina 1-1': $t_1 = 0$

$\theta_M = 0$ (asse bobina 1-1')

Corrente massima nella bobina 2-2': $t_2 = \frac{2}{3}\frac{\pi}{\omega}$

$\theta_M = \frac{2}{3}\pi$ (asse bobina 2-2')

Corrente massima nella bobina 3-3': $t_3 = \frac{4}{3}\frac{\pi}{\omega}$

$\theta_M = \frac{4}{3}\pi$ (asse bobina 3-3').

4) Come si deduce dalla fig. 8.7 il diagramma di f.m.m. presenta due semionde (una positiva e una negativa). Si dice che in questo caso l'*avvolgimento è a due poli*; cioè il *numero di poli* di un avvolgimento è dato dal *numero di semionde* del diagramma di f.m.m. che esso crea.

Campo rotante a 2n poli

Per creare un *campo rotante a 2n poli* si devono realizzare le seguenti condizioni:
a) i lati attivi di ogni bobina (come 1 e 1' di fig. 8.6) devono distare fra loro dell'angolo α pari a

$$\alpha = \frac{360°}{2n};$$

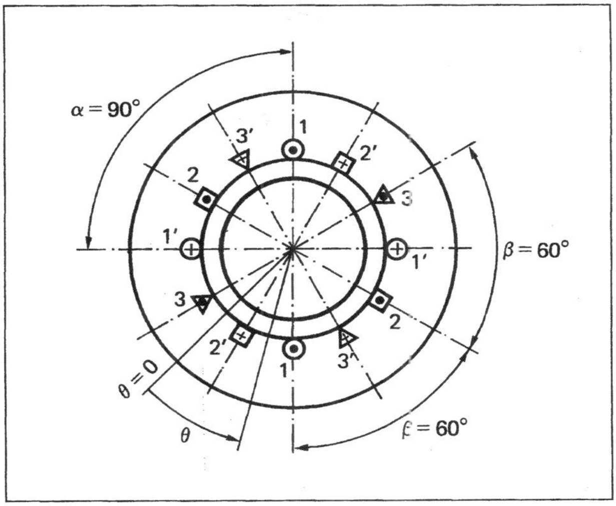

Figura 8.8

b) i lati attivi di bobine di fasi diverse aventi lo stesso senso di percorrenza (punto · o croce +) devono distare fra loro dell'angolo β pari a

$$\beta = \frac{120°}{n}.$$

Esempio: campo rotante a 4 poli ($2n = 4$). In questo caso risulta $\alpha = 90°$ e $\beta = 60°$, come mostra la fig. 8.8, in cui l'angolo è misurato a partire dall'asse di una delle bobine 1-1′ (positivo in senso antiorario).
Supponiamo di far percorrere le bobine 1-1′, 2-2′ e 3-3′ rispettivamente dal seguente sistema trifase equilibrato di correnti:

$$\begin{cases} i_1 = \sqrt{2} I \cos \omega t \\ i_2 = \sqrt{2} I \cos(\omega t - 120°) \\ i_3 = \sqrt{2} I \cos(\omega t - 240°). \end{cases}$$

Ogni fase crea una f.m.m. al traferro i cui *campi principali* hanno le seguenti espressioni:

$$(8.17) \qquad \begin{cases} m_{p1}(\theta, t) = M \cos \omega t \cdot \cos 2\theta \\ m_{p2}(\theta, t) = M \cos(\omega t - 120°) \cos 2(\theta - 60°) \\ m_{p3}(\theta, t) = M \cos(\omega t - 240°) \cos 2(\theta - 120°). \end{cases} \qquad M = \frac{2\sqrt{2}}{\pi} NI$$

Le (8.17) possono essere scritte anche nel modo seguente:

$$(8.18)\quad \begin{cases} m_{p1}(\theta,t) = \frac{1}{2}M\cos(\omega t + 2\theta) + \frac{1}{2}M\cos(\omega t - 2\theta) \\ m_{p2}(\theta,t) = \frac{1}{2}M\cos(\omega t - 240° + 2\theta) + \frac{1}{2}M\cos(\omega t - 2\theta) \\ m_{p3}(\theta,t) = \frac{1}{2}M\cos(\omega t - 480° + 2\theta) + \frac{1}{2}M\cos(\omega t - 2\theta). \end{cases}$$

Il campo risultante, ottenuto sommando i tre campi principali creati dalle tre fasi, vale perciò:

$$(8.19)\quad \begin{cases} m_p(\theta,t) = m_{p1} + m_{p2} + m_{p3} = \frac{3}{2}M\cos(\omega t - 2\theta) = \\ \qquad = \frac{3}{2}M\cos 2\left(\frac{\omega t}{2} - \theta\right) \\ M = \frac{2\sqrt{2}}{\pi}NI. \end{cases}$$

La quantità $\cos(\omega t - 2\theta)$ rappresenta un'onda sinusoidale di ampiezza costante pari ad 1, che ruota lungo il traferro con velocità $\Omega = \omega/2$. Rappresentiamo infatti la funzione (8.19) $m_p(\theta, t)$ in due istanti differenti t_1 e t_2 come indicato in fig. 8.9.

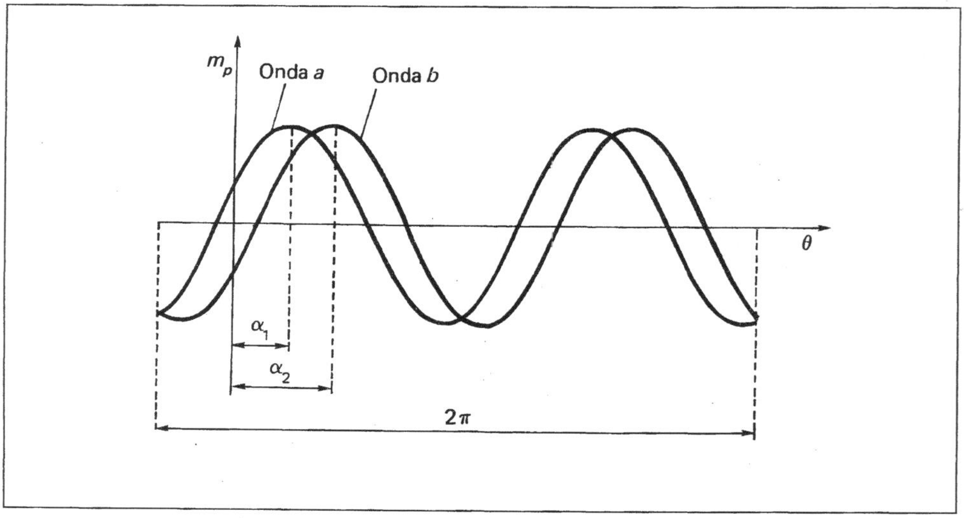

Figura 8.9

Onda a all'istante t_1: $\alpha_1 = \omega t_1/2$

$$m_p(\theta, t_1) = \frac{3}{2} M \cos 2(\alpha_1 - \theta)$$

Onda b all'istante t_2: $\alpha_2 = \omega t_2/2$

$$m_p(\theta, t_2) = \frac{3}{2} M \cos 2(\alpha_2 - \theta).$$

Le due onde a (istante t_1) e b (istante t_2) sono quindi spostate nello spazio dell'angolo $\Delta\alpha = \alpha_2 - \alpha_1 = \omega(t_1 - t_2)/2$ e il tempo necessario per descrivere l'angolo $\Delta\alpha$ vale $\Delta t = t_2 - t_1$.
La velocità di spostamento (rotazione angolare) dell'onda $m_p(\theta, t)$ risulta quindi:

(8.20) $\quad \Omega = \Delta\alpha/\Delta t = \omega/2$.

Perciò un campo avente 4 poli ruota alla velocità $\Omega = \omega/(4/2) = \omega/2$. Generalizzando si ottiene che un campo avente un numero generico $2n$ di poli (intero pari) ruota alla velocità:

(8.21) $\quad \Omega = \omega/n$.

8.3. F.E.M. INDOTTE DAL CAMPO ROTANTE

Riprendiamo in esame il campo rotante espresso dalla relazione (8.16). Esso rappresenta la differenza di *potenziale magnetico* $u(\theta, t)$ fra la struttura magnetica interna e quella esterna (e quindi localizzata nel *traferro*), positiva quando il flusso conseguente a questa d.p.m. è diretto dalla struttura interna verso quella esterna:

(8.22) $$u(\theta, t) = m_p(\theta, t) = \frac{3}{2} M \cos(\omega t - \theta).$$

Nota la d.p.m. (8.22) si può valutare l'*induzione al traferro* con la seguente procedura, avendo indicato con δ lo spessore costante del traferro:
a) si calcola la *forza magnetica* $h(\theta, t)$ con la relazione:

(8.23) $$h(\theta, t) = \frac{u(\theta, t)}{\delta} = \frac{3}{2} \cdot \frac{M}{\delta} \cdot \cos(\omega t - \theta);$$

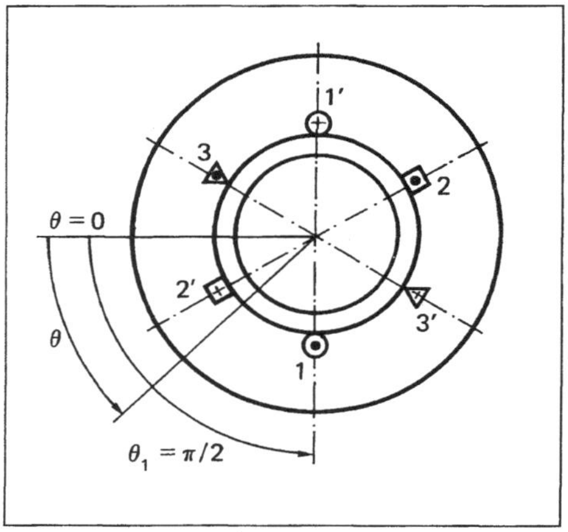

Figura 8.10

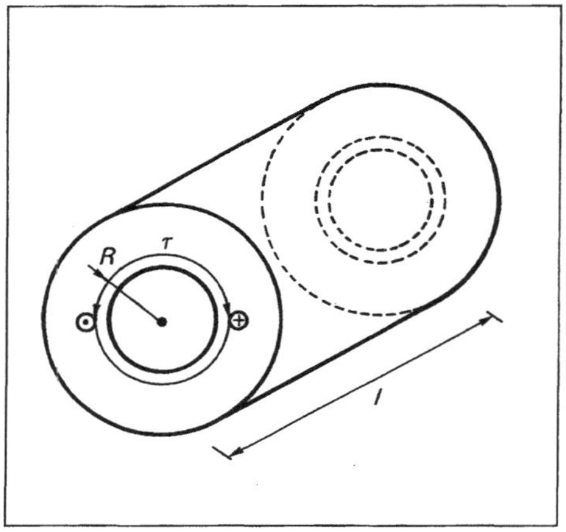

Figura 8.11

b) nota la forza magnetica (8.23) si valuta l'*induzione* $b(\theta, t)$ con la relazione:

$$(8.24) \qquad b(\theta,t) = \mu_0 h(\theta,t) = \frac{3}{2} \cdot \mu_0 \cdot \frac{M}{\delta} \cdot \cos(\omega t - \theta) = B\cos(\omega t - \theta)$$

dove si è indicato con $B = (3\mu_0/2)(M/\delta)$ il valore massimo dell'*induzione al traferro*.

Come si deduce dalla (8.24) l'induzione lungo il traferro ha un'espressione simile a quella del campo rotante e quindi ne segue la stessa legge.

Nota l'espressione dell'induzione al traferro possiamo applicare a ciascun conduttore delle tre fasi 1-1′, 2-2′, 3-3′ di fig. 8.10 la legge dell'induzione elettromagnetica formulata mediante la seguente espressione:

$$(8.25) \qquad e = blv ,$$

dove b è l'induzione del campo magnetico, l è la lunghezza del conduttore immerso nel campo (detta *lunghezza attiva*) e v è la velocità relativa del conduttore rispetto al campo; b, l, v formano una *terna cartesiana ortogonale*.

Se indichiamo con R il raggio al traferro (fig. 8.11), la velocità v assume l'espressione:

$$(8.26) \qquad v = \Omega R = \omega R .$$

A titolo di esempio esaminiamo il comportamento di un conduttore della fase 1, che è individuato dall'angolo $\theta_1 = \pi/2$ (fig. 8.10); questo conduttore «vede» l'induzione b variare con la seguente legge:

(8.27) $b_1(\theta_1, t) = B \cos(\omega t - \theta_1) = B \operatorname{sen}(\omega t)$.

Allora la f.e.m. indotta nel conduttore vale:

(8.28) $e_{1c} = b_1 l v = B l v \operatorname{sen}(\omega t)$.

Si definisce *passo polare* la distanza periferica fra i conduttori di una stessa fase aventi sensi differenti di percorrenza, cioè conduttori identificati dal *punto* · e dalla *croce* + (fig. 8.11). Nel caso in esame ($2n = 2$) il *passo polare* τ assume perciò la seguente espressione:

(8.29) $\tau = \dfrac{2\pi R}{2n} = \dfrac{2\pi R}{2} = \pi R.$

Si ha perciò:

(8.30) $v = \Omega R = \omega \dfrac{\tau}{\pi} = 2\pi f \dfrac{\tau}{\pi} = 2\tau f$.

Quindi la f.e.m. e_{1c} vale:

(8.31) $e_{1c} = b_1 l v = (B \operatorname{sen} \omega t) \cdot l \cdot (2\,\tau f) = 2\,\tau l \cdot B \cdot \operatorname{sen}(\omega t) \cdot f$.

L'induzione $b(\theta, t)$ varia lungo il traferro con legge sinusoidale (si veda la (8.24)) e possiamo rappresentarla lungo un *passo polare* τ come in fig. 8.12.
Si può allora definire il *flusso* Φ che attraversa l'area $A = \tau l$:

(8.32) $\Phi = \int_A b \cdot \mathrm{d}A = B_m \cdot A$.

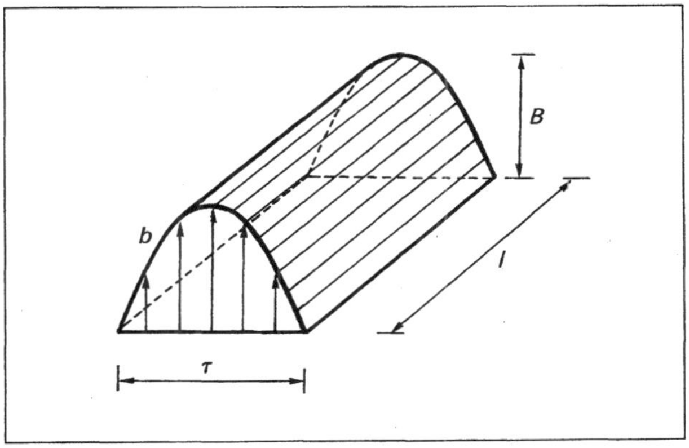

Figura 8.12

Poiché b varia lungo τ con legge sinusoidale il valore medio B_m vale

(8.33) $$B_m = \frac{2}{\pi} B,$$

quindi

(8.34) $$\Phi = \frac{2}{\pi} B\tau l = \frac{1}{\pi}(2\tau l B).$$

Il flusso Φ viene chiamato *flusso per polo*.
In base alla (8.34) la f.e.m. e_{1c} diventa:

(8.35) $$e_{1c} = \pi f \Phi \operatorname{sen} \omega t .$$

Se indichiamo con E_c il *valore efficace della f.e.m. indotta in un conduttore* della *fase 1* si ha:

(8.36) $$e_{1c} = \sqrt{2} \cdot E_c \cdot \operatorname{sen} \omega t$$

per cui risulta

(8.37) $$\sqrt{2} \cdot E_c = \pi f \Phi$$

e cioè

(8.38) $$E_c = \frac{\sqrt{2}}{2} \pi f \Phi = 2{,}22 \cdot f\Phi .$$

In ogni fase ci sono N conduttori identificati dal *punto* · e N conduttori identificati dalla *croce* + che sono posti in serie fra loro e la cui f.e.m. è definita dalla (8.35). Quindi la *f.e.m. totale* indotta nella *fase 1* vale:

(8.39) $$e_1 = 2Ne_{1c} = \sqrt{2}(2NE_c) \cdot \operatorname{sen} \omega t = \sqrt{2}\, E \operatorname{sen} \omega t \qquad \text{dove}$$

(8.40) $$E = 2NE_c = \text{valore efficace della f.e.m. di una fase.}$$

Analoghe considerazioni si possono fare per altre due fasi e si ottiene quindi:

(8.41) $$\begin{cases} \textit{Fase } 1: & e_1 = \sqrt{2} E \operatorname{sen} \omega t \\ \textit{Fase } 2: & e_2 = \sqrt{2} E \operatorname{sen}(\omega t - 120°) \\ \textit{Fase } 3: & e_3 = \sqrt{2} E \operatorname{sen}(\omega t - 240°). \end{cases}$$

Fattore di avvolgimento

La relazione (8.40): $E = 2NE_c$ è ottenuta supponendo gli N conduttori di metà fase posti in una stessa cava. In realtà i conduttori di ogni fase non sono concentrati soltanto in due cave distanti un passo polare τ, ma sono distribuiti in più cave in modo uniforme.
Indicando con c il numero totale di cave della macchina in cui vengono disposti i conduttori delle tre fasi, il rapporto $c/3$ rappresenta il *numero di cave per fase*; per ottenere tre avvolgimenti identici deve essere perciò:

$$\frac{c}{3} = \text{numero intero},$$

cioè c deve essere multiplo di 3.
Quindi le $c/3$ cave di ogni fase occupano 360°/3 = 120°.
Se $2n$ è il *numero di poli*, dividendo $c/3$ per $2n$ si ottiene il *numero di cave di ogni fase sotto ogni polo = numero di cave per polo-fase.*

(8.42) $q = c/(3 \cdot 2n) = c/(6n)$.

Le q cave occupano un angolo γ pari a:

(8.43) $\gamma = 120°/(2n) = 60°/n$.

Esempio. Numero di poli: $2n = 2$ ($n = 1$). Numero totale di cave: $c = 12$. Numero di cave per polo-fase: $q = c/(6n) = 2$.
L'angolo che occupano le q cave vale $\gamma = 60°/n = 60°$ (fig. 8.13). Supponendo di avere un solo conduttore in ogni cava e considerando i conduttori 1*a* e 1*b* della fase 1 di fig. 8.13.a, quando questi vengono investiti dal campo rotante di *induzione massima B* (si veda l'espressione (8.24)), sono sede di f.e.m. del tipo: $e_{1c} = \sqrt{2}\, E_c \text{ sen } \omega t$ (si veda la (8.36)), che però risultano sfasate fra loro, poiché i conduttori sono spostati nello spazio dell'angolo:

$$\alpha = \gamma / q = 60°/2 = 30° .$$

In fig. 8.13.b sono rappresentate le suddette f.e.m. in forma vettoriale.
La *f.e.m. risultante* E_R quindi non è pari a $q = 2$ volte quella indotta in ciascun conduttore della fase 1, ma risulta minore:

$$E_R = 2 \cdot \cos\frac{\alpha}{2} \cdot E_c = 1{,}93\, E_c .$$

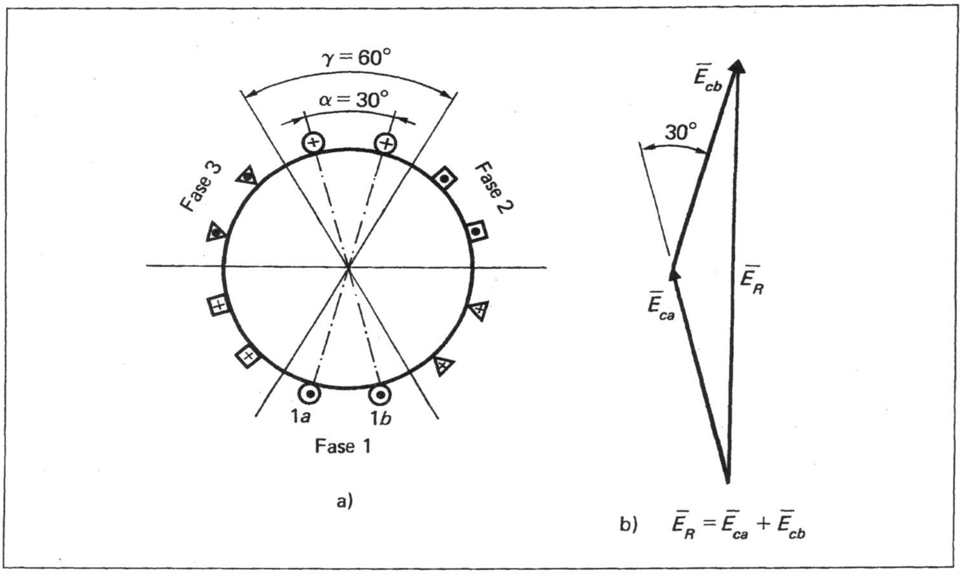

Figura 8.13

Il rapporto fra E_R e (qE_c) si chiama *fattore di avvolgimento*:

(8.44) $f_a = E_R/(qE_c) < 1$.

Analoghe considerazioni valgono per le altre due fasi.
Con l'introduzione del fattore di avvolgimento $f_a < 1$ la (8.40) diventa:

(8.45) $E = 2Nf_a \cdot E_c$

8.4. REATTANZA ASSOCIATA AL CAMPO ROTANTE

Si è visto che i tre avvolgimenti percorsi da tre correnti sinusoidali sfasate di 120° sono sede di f.e.m. sfasate fra loro di 120° e ciascuna sfasata rispetto alla corrente che percorre quella fase di 90° (si vedano le (8.41)):

	correnti	*f.e.m.*
Fase 1	$i_1 = \sqrt{2}\, I \cos \omega t$	$e_1 = \sqrt{2}\, E \operatorname{sen} \omega t$
Fase 2	$i_2 = \sqrt{2}\, I \cos(\omega t - 120°)$	$e_2 = \sqrt{2}\, E \operatorname{sen}(\omega t - 120°)$
Fase 3	$i_3 = \sqrt{2}\, I \cos(\omega t - 240°)$	$e_3 = \sqrt{2}\, E \operatorname{sen}(\omega t - 240°)$.

Trascurando le resistenze degli avvolgimenti, le f.e.m. di ciascuna fase sono uguali e in opposizione alle tensioni che alimentano le tre fasi ($v + e = Ri$; se $R = 0$ si ottiene: $v = -e$).
Indicando perciò con v_1, v_2, v_3 le tensioni applicate a ciascuna fase, si ha:

$$\begin{aligned} &\text{Fase 1:}\quad v_1 = -e_1 = -\sqrt{2}\,E \operatorname{sen}\omega t = -\sqrt{2}\,V \operatorname{sen}\omega t \\ &\text{Fase 2:}\quad v_2 = -e_2 = -\sqrt{2}\,E \operatorname{sen}(\omega t - 120°) = -\sqrt{2}\,V \operatorname{sen}(\omega t - 120°) \\ &\text{Fase 3:}\quad v_3 = -e_3 = -\sqrt{2}\,E \operatorname{sen}(\omega t - 240°) = -\sqrt{2}\,V \operatorname{sen}(\omega t - 240°) \end{aligned} \tag{8.46}$$

dove si è posto $V = E = 2Nf_a \cdot E_c$.
In fig. 8.14 è riportato il diagramma vettoriale relativo alla fase 1. Per ciascuna fase si può pertanto scrivere:

$$\bar{V} = -\bar{E} = jX_0\bar{I}\,. \tag{8.47}$$

La reattanza X_0 definita dalla (8.47) rappresenta la reattanza offerta da ciascun avvolgimento al passaggio della corrente di valore efficace I.
Si ha quindi, ricordando la (8.38) e la (8.45):

$$X_0 = \frac{V}{I} = \frac{E}{I} = \frac{2Nf_aE}{I} = (2\pi f)\frac{f_aN\Phi}{\sqrt{2}I} = \frac{f_aN\Phi}{\sqrt{2}I}\,\omega\,. \tag{8.48}$$

Inoltre dalla (8.34), ricordando che

$$B = \frac{3}{2}\mu_0\frac{M}{\delta} \quad \text{e} \quad M = \frac{2}{\pi}\sqrt{2}NI,$$

si ottiene:

$$\Phi = \frac{2}{\pi}\tau l B = \frac{6\sqrt{2}}{\pi^2}\mu_0\frac{\tau l}{\delta}NI\,. \tag{8.49}$$

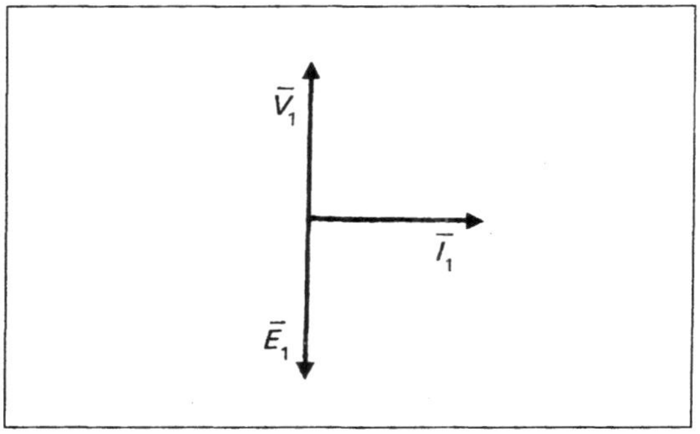

Figura 8.14

Quindi la (8.48) diventa:

$$X_0 = \omega\left(\frac{6}{\pi^2}\mu_0 \frac{\tau l}{\delta} f_a N^2\right) = \omega L_0 \,. \tag{8.50}$$

L'induttanza L_0 rappresenta l'induttanza di ciascun avvolgimento agli effetti del campo rotante e vale quindi:

$$L_0 = \frac{X_0}{\omega} = \frac{f_a N \Phi}{\sqrt{2} I} = \frac{6}{\pi^2} \cdot \mu_0 \frac{\tau l}{\delta} f_a N^2 \,. \tag{8.51}$$

9

MACCHINE A CORRENTE CONTINUA

9.1. STRUTTURA DELLA MACCHINA A CORRENTE CONTINUA

La macchina a corrente continua è costituita da uno *statore esterno* che presenta un determinato numero di poli (sempre in numero pari), sui quali è disposto l'*avvolgimento di eccitazione*, e da un *rotore cilindrico interno*, dotato di cave praticate sulla periferia esterna (e cioè affacciate sul *traferro*), in cui sono disposti i conduttori attivi, opportunamente collegati fra loro per ottenere l'*avvolgimento indotto*.
Facendo circolare nell'avvolgimento di eccitazione una corrente continua I_f si crea un campo magnetico in modo tale che si possono individuare alternativamente un *polo nord* (*N*) (tubi di flusso *uscenti*) e un *polo sud* (*S*) (tubi di flusso *entranti*). In fig. 9.1 è schematizzata una macchina a quattro poli.
Generalmente la struttura di statore è di materiale magnetico massiccio, perché interessata da un flusso costante nel tempo (eventualmente si possono laminare le espansioni polari), mentre il rotore è costituito da lamiere magnetiche perché è sottoposto a un flusso variabile durante la rotazione. Queste macchine funzionano sia da *generatori* sia da *motori*.

9.2. FUNZIONAMENTO A VUOTO COME GENERATORE. LA DINAMO

Nel seguito faremo riferimento ad una macchina avente un numero di poli $2n$ pari a 2; le considerazioni e i risultati ottenuti sono però estendibili ad una macchina avente un numero di poli qualsiasi. Consideriamo dapprima il funzionamento a vuoto come generatore.

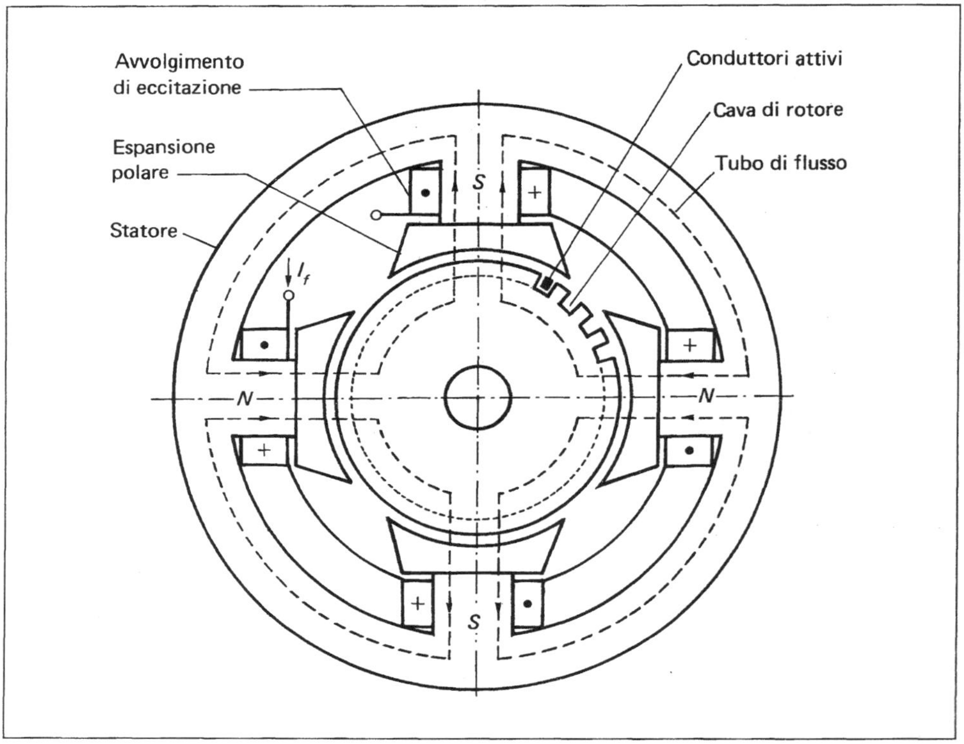

Figura 9.1. Struttura di una macchina a corrente continua a quattro poli: I_f, corrente continua di eccitazione; N, polo nord; S, polo sud.

Forza elettromotrice indotta in un conduttore

In fig. 9.2.a è schematizzata la macchina oggetto di studio, in cui si è messo in evidenza solo il conduttore *a*, disposto sulla periferia esterna del rotore e quindi affacciato al traferro.

Definiamo le seguenti grandezze:

- d: asse polare
- q: asse interpolare
- Ω: velocità di rotazione del rotore;
- θ: angolo formato dal conduttore a rispetto all'asse interpolare q;
- R: raggio al traferro del rotore;
- ℓ: lunghezza attiva del conduttore a;
- $\tau = (2\pi R/(2n)) = \pi R/n$: *passo polare*;
- $T = 2\pi/(n\Omega)$: *periodo* delle f.e.m. indotte nei conduttori;

- $v = \Omega R$: velocità periferica del conduttore a;
- N_f: numero di spire per polo dell'avvolgimento di eccitazione;
- V_f: tensione continua applicata all'avvolgimento di eccitazione;
- R_f: resistenza dell'avvolgimento di eccitazione;
- $I_f = V_f / R_f$: corrente continua che percorre l'avvolgimento di eccitazione.

Eccitando la macchina con una corrente continua I_f si crea un campo magnetico il cui andamento schematico è riportato in fig. 9.2.a.
Ricordando che per ogni linea di forza del campo si può scrivere la relazione:

$$(9.1) \qquad \oint H d\ell = 2(N_f I_f)$$

e supponendo nulle le c.d.t.m. nel ferro ($\mu_{fe} = \infty$), lungo la periferia esterna del rotore si possono tracciare il *diagramma di f.m.m. di eccitazione* $M_f = N_f I_f$ (che rappresenta la d.d.p.m., al traferro, tra le strutture ferromagnetiche di rotore e di statore) e il corrispondente *diagramma dell'induzione*, come indica la fig. 9.2.b. Essi sono considerati positivi se le linee di flusso sono dirette dallo statore verso il rotore.

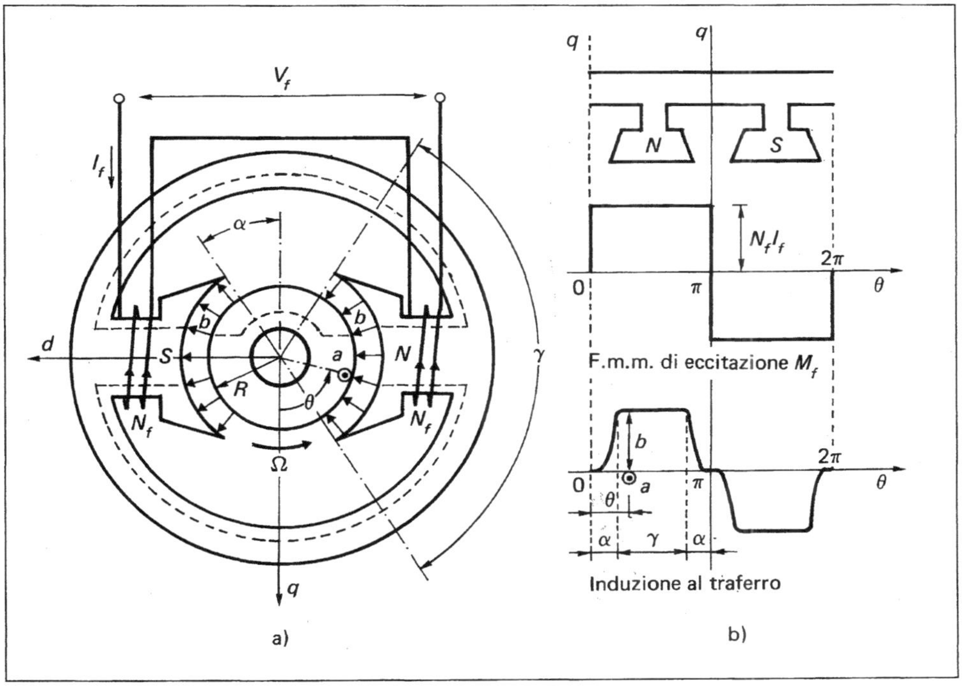

Figura 9.2. a) Linee di forza del campo magnetico creato dall'avvolgimento di eccitazione. b) F.m.m. di eccitazione M_f e induzione b al traferro.

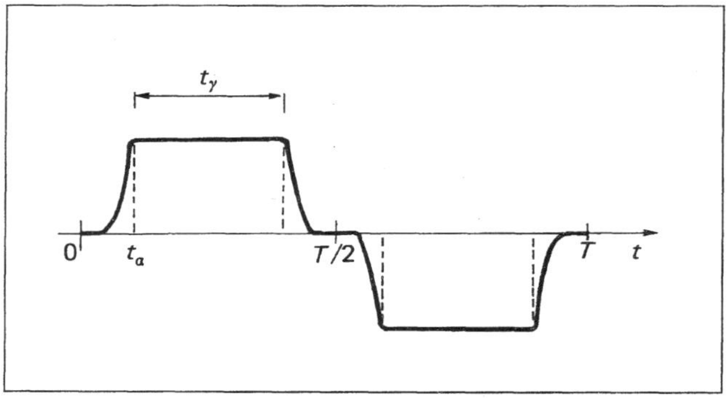

Figura 9.3. F.e.m. e_c indotta nel conduttore *a* di fig. 9.2.a: $t_\gamma = \gamma/\Omega$; $t_\alpha = \alpha/\Omega$.

Se si pone in rotazione il rotore a velocità angolare Ω = cost. mediante un motore primo e si considera costante la corrente di eccitazione I_f (e quindi l'induzione *b* è invariabile nel tempo), la f.e.m. indotta nel conduttore *a* durante il movimento è espressa dalla seguente relazione:

(9.2) $\quad e_c = b\ell v \equiv b$,

poiché *b*, l e *v* formano una terna ortogonale.
La (9.2) mostra che l'andamento della f.e.m. e_c nel *dominio del tempo* è rappresentato dal diagramma dell'*induzione al traferro b* di fig. 9.2.b, pur di sostituire alla variabile angolare $\theta = \Omega t$ la variabile *tempo t* ottenuta dividendo θ per la velocità Ω:

(9.3) $\quad t = \theta / \Omega$.

In fig. 9.3 è riportato l'andamento nel tempo della f.e.m. e_c indotta nel conduttore *a*, che risulta periodica di periodo $T = 2\pi/\Omega$.
Il verso della f.e.m. e_c si determina con la «regola della mano destra»: *indice* = induzione; *pollice* = velocità relativa del conduttore rispetto al campo magnetico; *medio* = verso della f.e.m. indotta.

F.e.m. indotta nell'avvolgimento. Il collettore a lamelle

L'avvolgimento della macchina a corrente continua si ottiene disponendo nelle cave un determinato numero di conduttori, che sono poi collegati in serie fra loro. Per ragioni di semplicità si suppone che in ogni cava vi sia un solo conduttore, come indicato in fig. 9.4, dove è rappresentata una macchina con 16 conduttori (numerati progressivamente da 1 a 16). Questi conduttori sono detti *conduttori attivi* e per ognuno di essi valgono le

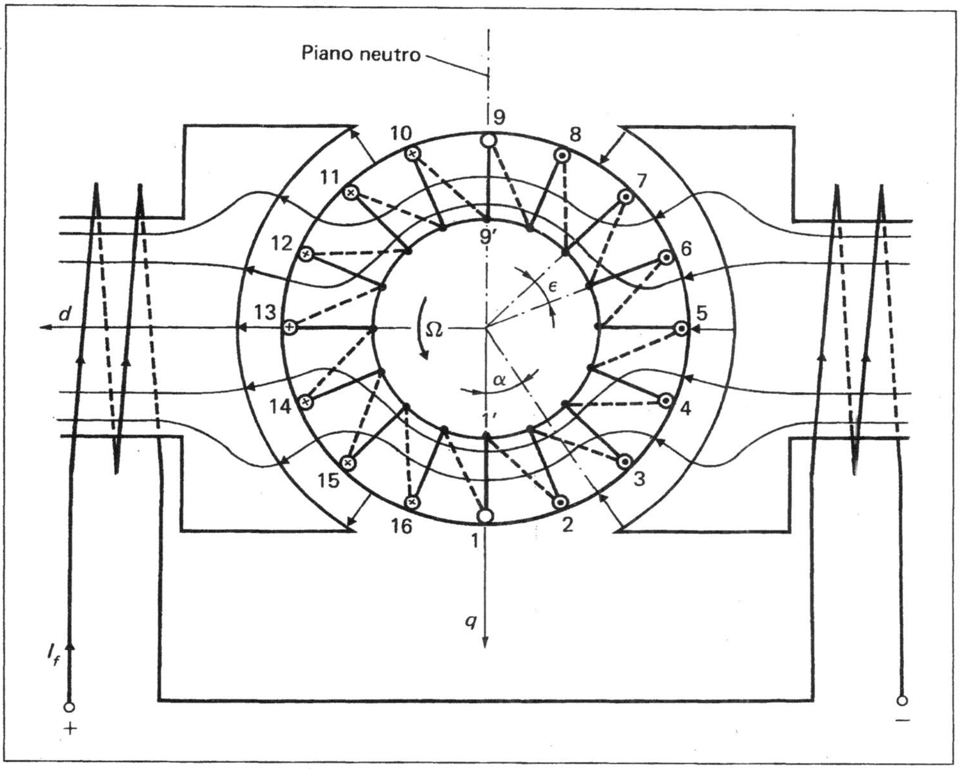

Figura 9.4. Anello di Pacinotti con 16 conduttori attivi.

considerazioni effettuate per il *conduttore a* di fig. 9.2, essi sono, perciò, sede di f.e.m. indotte aventi, nel tempo, l'andamento di fig. 9.3.
I 16 conduttori attivi sono collegati in serie con altri 16 conduttori posti sulla periferia interna del rotore (come 1′ e 9′ di fig. 9.4), mediante collegamenti frontali, rappresentati con linee continue quelli dalla parte dell'osservatore e con linee tratteggiate quelli dalla parte posteriore non visibile. Si ottiene così un avvolgimento chiuso privo di collegamenti esterni.
I conduttori posti sulla periferia interna e i collegamenti frontali non sono sede di f.e.m., non essendo immersi nel campo magnetico che risulta tutto confinato nella corona circolare di rotore e sono quindi conduttori *passivi*.
La struttura di fig. 9.4 è detta *anello di Pacinotti.*
In fig. 9.5 sono riportate le f.e.m. istantanee indotte nei 16 conduttori, assumendo come istante iniziale ($t = 0$) quello in cui i conduttori 1 e 9 sono allineati con l'asse q. Per semplicità di disegno le f.e.m. sono state rappre-

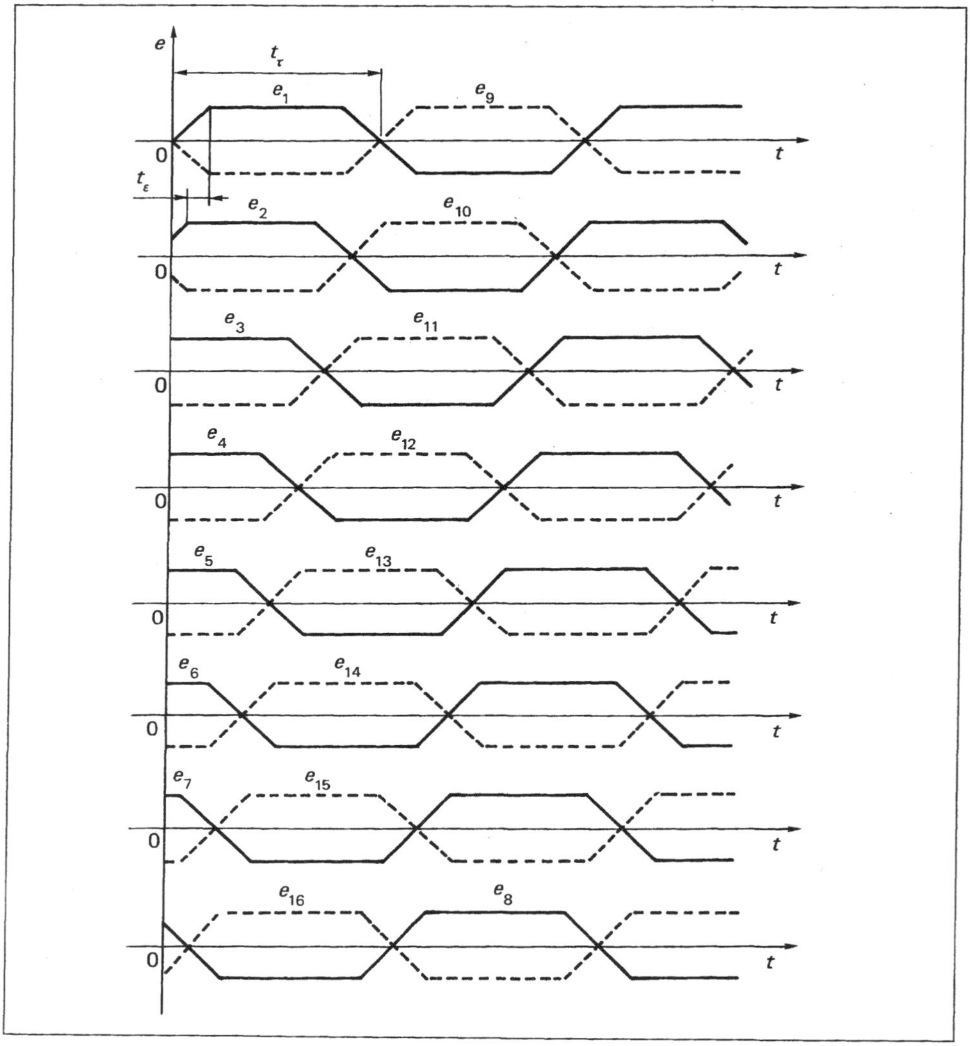

Figura 9.5. Andamento delle f.e.m. indotte nei conduttori di fig. 9.4.

sentate con forma trapezoidale. Esse risultano tutte uguali e sfasate del tempo $t_\varepsilon = \varepsilon/\Omega$, dove ε è l'angolo tra due conduttori successivi, e quindi è nulla la somma istantanea delle f.e.m. indotte nei conduttori dell'avvolgimento chiuso:

$$\sum_{1}^{16} e_k(t) = 0 \tag{9.4}$$

e pertanto in esso non circola corrente.
Si definisce *piano neutro* il piano in corrispondenza del quale si inverte il segno della f.e.m. $e_c = b\ell v$ indotta nei conduttori, e quindi anche il segno dell'induzione al traferro b; nel funzionamento a vuoto la traccia del piano neutro coincide con l'asse interpolare q.

Il collettore a lamelle. Il collegamento dell'avvolgimento indotto con il circuito esterno si ottiene mediante l'impiego di un sistema di $2n$ *collegamenti fissi* (2 nel nostro caso) di materiale conduttore (a base di grafite), detti *spazzole*, che poggiano su un dispositivo solidale con il rotore, detto *collettore a lamelle*, realizzando così un contatto strisciante.
Il collettore a lamelle (fig. 9.6) è costituito da un insieme di settori di rame, detti *lamelle*, a sezione praticamente trapezoidale, in modo da formare una struttura cilindrica cava. Tutte le lamelle sono isolate una dall'altra da spessori di materiale isolante. In fig. 9.6.a è riportata una singola lamella, in fig. 9.6.b la sezione di due lamelle contigue (*a* e *b*) isolate fra loro da un settore isolante e in fig. 9.6.c il collettore completo (sono disegnate solo alcune lamelle).
Ogni lamella è collegata, nel nostro caso, ad un conduttore dell'avvolgimento indotto e quindi (fig. 9.7) vi sono tante lamelle quanti sono i conduttori e per individuarle assumiamo la stessa numerazione dei conduttori. Fra due lamelle contigue vi è quindi una differenza di potenziale pari alla f.e.m. indotta in un conduttore.

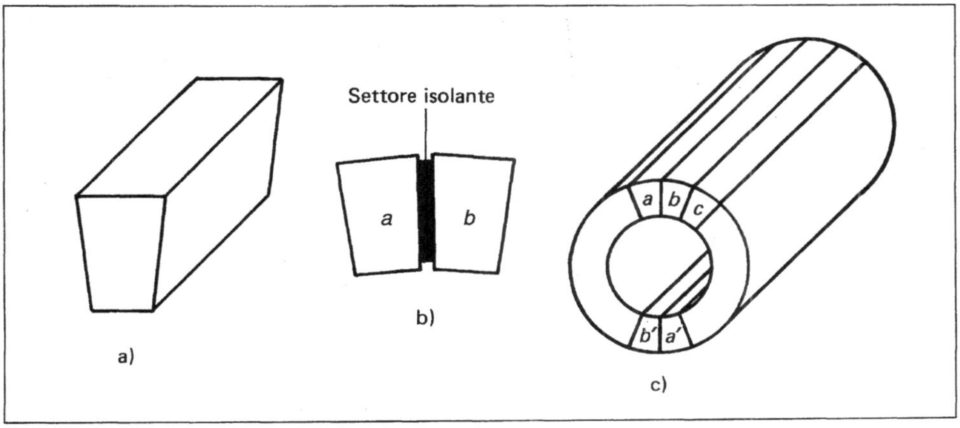

Figura 9.6. Collettore a lamelle: a) singola lamella di rame; b) disposizione di due lamelle contigue *a* e *b* separate da un settore isolante; c) collettore a lamelle completo (sono disegnate solo alcune lamelle).

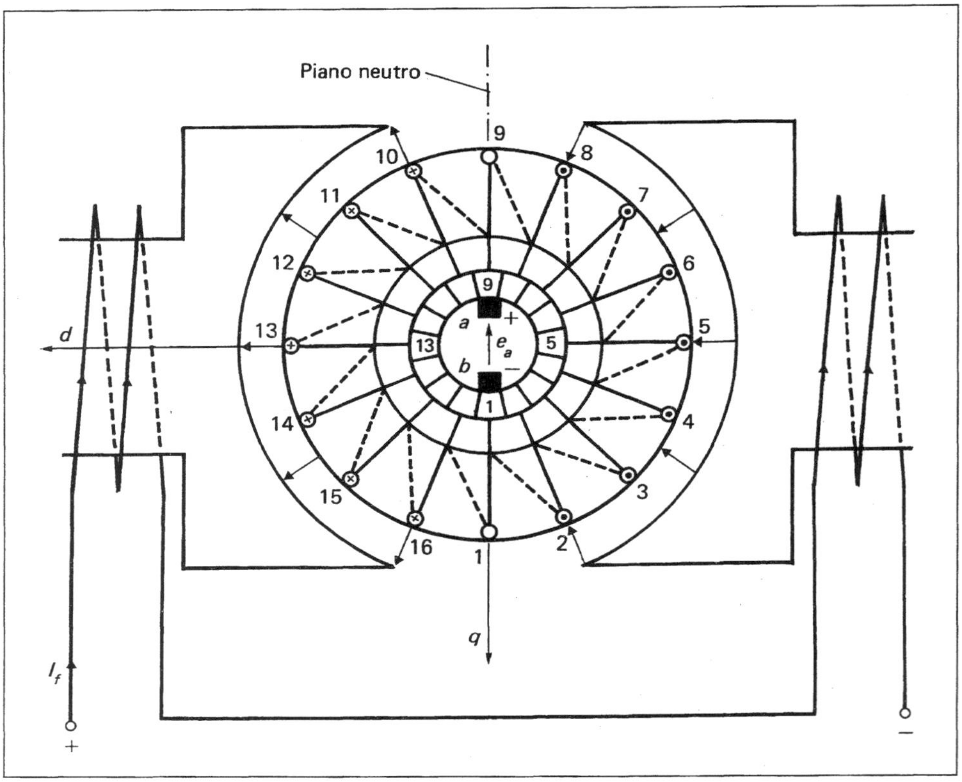

Figura 9.7. Collegamento fra avvolgimento e collettore a lamelle; *a*, *b*: spazzole.

Il collegamento con il circuito esterno si realizza, come detto, appoggiando *due spazzole* sul collettore in posizione tale da raccogliere la massima f.e.m.. È evidente perciò che esse devono essere poste a contatto con le lamelle che sono collegate ai conduttori attivi giacenti sul *piano neutro*, come mostra la fig. 9.7, dove le due spazzole *a* e *b* sono a contatto con le lamelle 1 e 9 a loro volta collegate ai conduttori attivi 1 e 9.
È facile verificare, infatti, che la f.e.m. $e_a(t)$ raccolta alle spazzole (e precisamente tra la spazzola *a* e la spazzola *b*) è sempre pari alla somma delle f.e.m. istantanee indotte nei conduttori che sono in serie sotto lo stesso polo e quindi assumono lo stesso segno.
Consideriamo come istante iniziale $t = 0$ quello di fig. 9.7 per cui risulta:

$$(9.5) \qquad e_a(0) = \sum_{1}^{8}{}_k\, e_k(0) = -\sum_{9}^{16}{}_i\, e_i(0) > 0,$$

come è facile verificare dall'andamento delle f.e.m. indotte di fig. 9.4. La spazzola *a* è *positiva* e la spazzola *b* è *negativa*.
Se ora si considera l'istante successivo $t_1 = t_\varepsilon = \varepsilon/\Omega$, il conduttore 1 prende il posto del conduttore 2, il conduttore 2 quello del conduttore 3 e così via; la situazione vista dalle spazzole *a* e *b* è quindi identica a quella precedente relativa all'istante $t = 0$, perciò alle spazzole si raccoglie la stessa f.e.m. data dalla relazione

$$(9.5) \qquad e_a(t_\varepsilon) = e_a(0)\,.$$

In un generico istante t intermedio ($0 \leq t \leq t_\varepsilon$), la f.e.m. assume valori differenti; ma se il numero di conduttori in serie sotto ogni polo è elevato, la f.e.m. raccolta alle spazzole è praticamente costante.
La f.e.m. $e_a(t)$ è dunque una funzione periodica di periodo t_ε e il suo valore medio E_a vale, ricordando che risulta $T = ut_\varepsilon$, essendo *u il numero di conduttori* in serie sotto un polo:

$$(9.6) \qquad E_a = \frac{1}{t_\varepsilon}\int_0^{t_\varepsilon} e_a(t)\mathrm{d}t = \frac{1}{T}\int_0^T e_a(t)\mathrm{d}t.$$

Poiché i conduttori sono sede di f.e.m. uguali fra loro e sfasate nel tempo (si veda la fig. 9.5), il valore medio E_a si può ottenere moltiplicando, per il numero u di conduttori in serie sotto un polo, il valore medio e_{cm} della f.e.m. istantanea e_c indotta in un conduttore quando esso passa dalla spazzola *a* alla spazzola *b*, descrivendo quindi un passo polare τ, e cioè in mezzo periodo.
Quindi e_{cm} si ottiene integrando la curva di fig. 9.3 nell'intervallo di tempo $0 \div \pi/\Omega$, nel caso di macchina a 2 poli:

$$(9.7) \qquad e_{cm} = \frac{1}{\pi/\Omega}\int_0^{\pi/\Omega} e_c\mathrm{d}t\,.$$

Il valore medio della f.e.m. alle spazzole E_a vale perciò:

$$(9.8) \qquad E_a = u \cdot e_{cm}\,.$$

È opportuno, ora, osservare che il collettore a lamelle è coassiale con il rotore e disposto di fianco ad esso come mostra la fig. 9.8; le spazzole poggiano quindi sulla parte esterna del collettore e non sulla parte interna come indicato, per ragioni di semplicità, in fig. 9.7.
Ricordiamo, infine, che il cosiddetto anello di Pacinotti, non è usato: esso è sostituito da altri tipi di avvolgimenti che consentono un sensibile rispar-

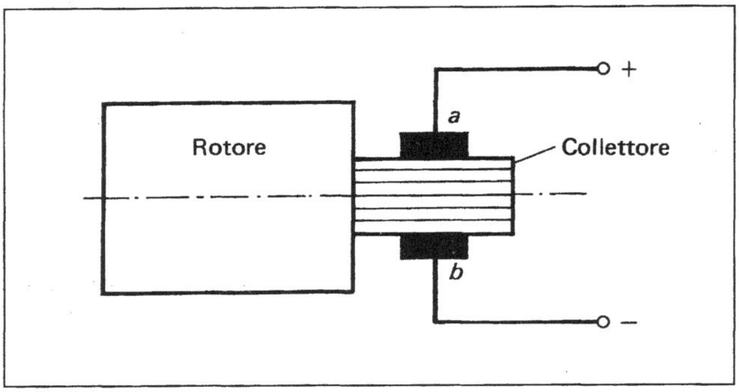

Figura 9.8. Effettiva posizione delle spazzole sul collettore.

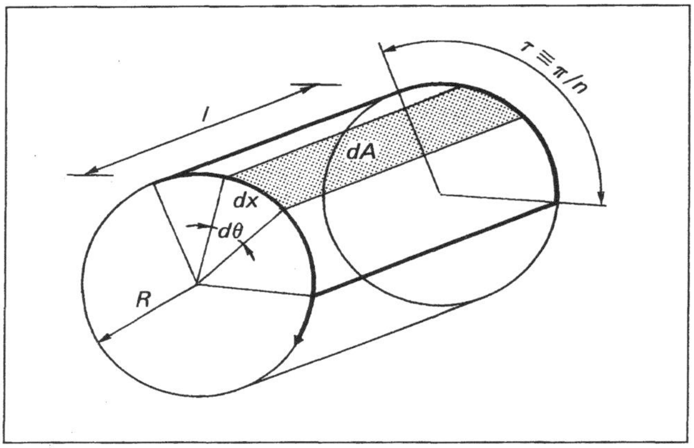

Figura 9.9.

mio di materiale conduttore, in quanto con il loro impiego si eliminano i *conduttori passivi* interni (come i conduttori 1′ e 9′ di fig. 9.4).

Calcolo del valore medio della f.e.m. indotta

Dalla relazione $e_c = b\ell v \equiv b$ si deduce che, per valutare il valore medio e_{cm} di e_c, basta calcolare il valore medio dell'induzione lungo un passo polare sotto un polo. A tale scopo si suppone costante l'induzione lungo ciascuna generatrice del rotore di lunghezza ℓ.
Il valore medio dell'induzione lungo un passo polare vale, facendo riferimento alla fig. 9.9:

$$B_m = \frac{1}{\tau}\int_0^{\tau} b \cdot \mathrm{d}x, \tag{9.9}$$

dove risulta:

$$\mathrm{d}x = R \cdot \mathrm{d}\theta \qquad \text{e} \qquad \tau = \pi R/n\ .$$

Per cui si ha:

(9.10) $$B_m = \frac{n}{\pi}\int_0^{\pi/n} b \cdot \mathrm{d}\theta .$$

Integrando il flusso elementare $\mathrm{d}\Phi = b \cdot \mathrm{d}A$ di ciascun tubo al traferro sotto un polo si ottiene il *flusso Φ per polo*:

(9.11) $$\Phi = \int_{A\ \text{polo}} \mathrm{d}\Phi = \int_{A\ \text{polo}} b \cdot \mathrm{d}A ,$$

dove risulta (fig. 9.9): $\mathrm{d}A = \mathrm{d}x \cdot \ell = \ell R \cdot \mathrm{d}\theta$, e quindi, ricordando la (9.10)

(9.12) $$\Phi = R \cdot \ell \int_0^{\pi/n} b \cdot \mathrm{d}\theta = \frac{\pi}{n} R\ell B_m .$$

Il valore medio della f.e.m. indotta in un conduttore vale quindi:

(9.13) $$e_{cm} = \ell v \cdot B_m = \Omega R \ell B_m .$$

Indicando con U il numero totale di conduttori in serie risulta:

(9.14) $$U = 2n \cdot u .$$

Si ottiene perciò, ricordando la (9.12):

(9.15) $$E_a = u \cdot e_{cm} = \frac{U}{2n}\Omega R \ell B_m = \frac{U}{2n}\frac{\Omega}{\pi} n\Phi = \frac{1}{2} U \frac{\Omega}{\pi}\Phi = K\Omega\Phi .$$

Introducendo la velocità di rotazione N espressa in giri/minuto si ha:

(9.16) $$N = 60\frac{\Omega}{2\pi}$$

e quindi

(9.17) $$E_a = U\frac{N}{60}\Phi = K'N\Phi .$$

Nelle (9.15) e (9.17) risulta pertanto:

(9.18) $$\begin{cases} K = \dfrac{1}{2}\dfrac{U}{\pi} \\ K' = \dfrac{U}{60} = \dfrac{2\pi}{60} K . \end{cases}$$

La macchina ora descritta (fig. 9.7) funziona da generatore ed è chiamata *dinamo*.

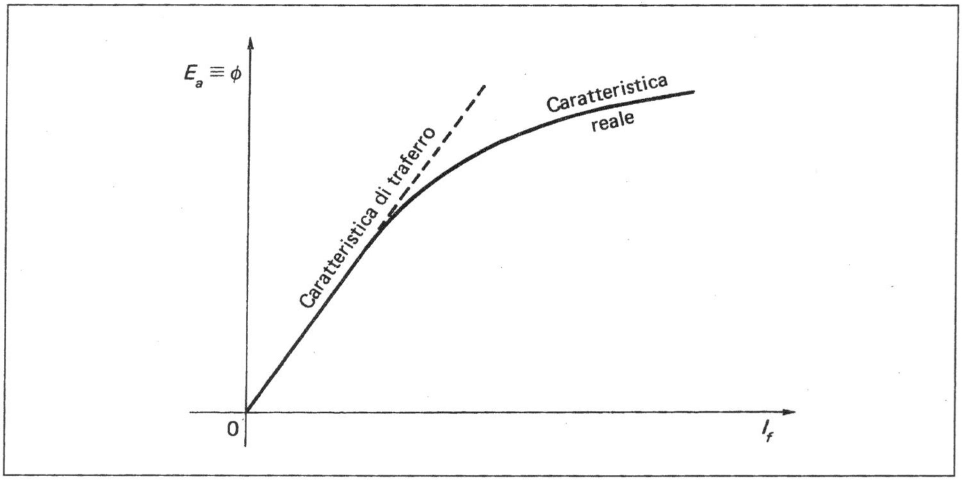

Figura 9.10. Caratteristica di magnetizzazione, o caratteristica a vuoto, tracciata a velocità Ω = cost.: $E_a = K\Omega\Phi \equiv \Phi$.

Caratteristica di magnetizzazione o caratteristica a vuoto

La *caratteristica di magnetizzazione* o *caratteristica a vuoto* è la curva, riportata in fig. 9.10, che lega la f.e.m. E_a alle spazzole e la corrente di eccitazione I_f, mantenendo costante la velocità Ω di rotazione del rotore. In fig. 9.10 sono state tracciate la caratteristica reale (continua) e quella di traferro (tratteggiata), cioè la caratteristica che si ottiene supponendo che il circuito ferromagnetico non si saturi.

9.3. FUNZIONAMENTO A CARICO COME GENERATORE. REAZIONE DI INDOTTO

Se si collega ai morsetti della dinamo la resistenza di carico R (fig. 9.11), nel circuito circola una corrente continua I.
Detta R_a la resistenza dell'avvolgimento di indotto della dinamo, si possono scrivere le seguenti equazioni di regime, avendo adottato per la macchina le convenzioni di segno dei generatori (fig. 9.11.b):

$$(9.19) \quad \begin{cases} E_a = K\Omega\Phi \\ V_a = E_a - R_a I = RI \\ V_f = R_f I_f \,. \end{cases}$$

Nei conduttori dell'avvolgimento di indotto circola una corrente pari a $I/2$ (poiché la macchina ha due poli), in un senso nei conduttori sotto un polo e in senso contrario nei conduttori sotto l'altro polo e, inoltre, ha la stessa direzione della f.e.m. e_c in essi indotta.
Pertanto, durante la rotazione del rotore, la corrente circolante in ogni conduttore cambia segno ogni mezzo periodo ($T/2$) nell'istante in cui il conduttore è collegato alla lamella che è in contatto con una delle due spazzole; la corrente, quindi, in ogni conduttore risulta una funzione periodica alternativa nel tempo, come mostra la fig. 9.12, in cui è messo in evidenza anche il tempo t_c in cui avviene il cambiamento di segno della

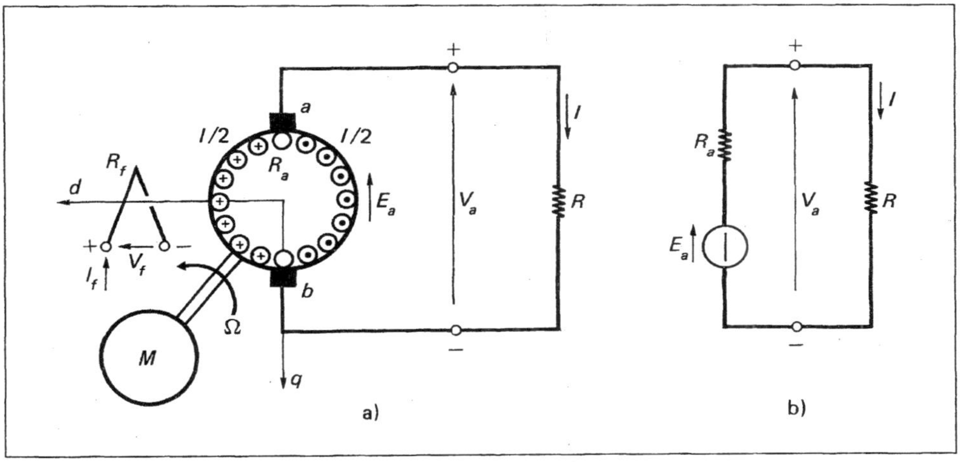

Figura 9.11. a) Schema della dinamo: *M*, motore primo. b) Circuito elettrico equivalente.

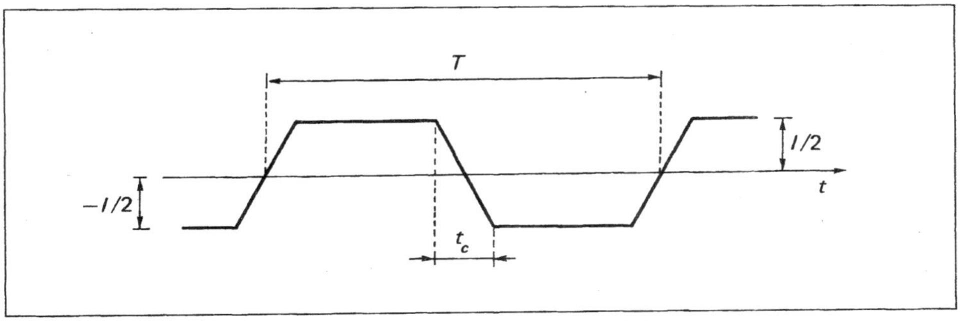

Figura 9.12. Andamento nel tempo della corrente nei conduttori dell'avvolgimento indotto; t_c: tempo di commutazione.

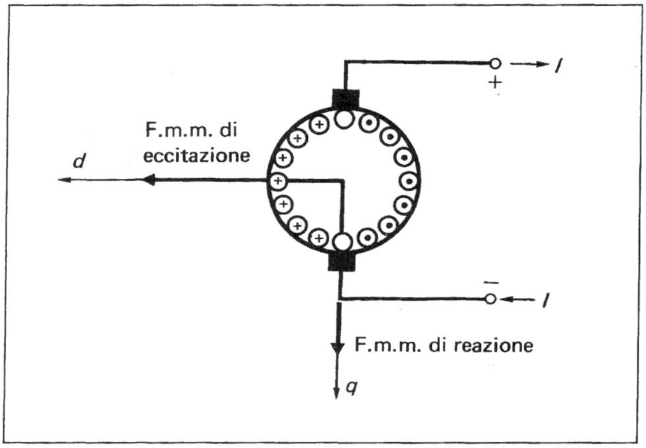

Figura 9.13. F.m.m. di eccitazione e di reazione.

corrente. Questo fenomeno viene chiamato *commutazione* e t_c è detto *tempo di commutazione*.
Il suo studio (qui non affrontato) è abbastanza complesso e assume un'importanza determinante per il funzionamento della macchina.
La corrente $I/2$ circolante nei conduttori crea a sua volta una f.m.m. che agisce secondo la direzione e il verso dell'asse q, come mostra la fig. 9.13. Questa f.m.m. è detta *f.m.m. di indotto* o *d'armatura* o *di reazione*.

Reazione di indotto

Si chiama *reazione di indotto* l'influenza che la f.m.m. d'armatura esercita sul valore e sulla distribuzione periferica, lungo il traferro, dell'induzione prodotta dalla sola f.m.m. dell'induttore.
Per analizzare questo effetto, esaminiamo il comportamento della macchina nei tre casi seguenti:
a) funzionamento a vuoto ($I_f \neq 0$; $I = 0$);
b) funzionamento con sola corrente di indotto ($I_f = 0$; $I \neq 0$);
c) funzionamento a carico ($I_f \neq 0$); $I \neq 0$).

a) *Funzionamento a vuoto*. Questo funzionamento è già stato descritto in precedenza. In particolare ricordiamo che la f.m.m. di eccitazione $M_f = N_f I_f$ (curva 1 di fig. 9.14) crea un campo magnetico la cui induzione è distribuita, lungo il traferro, come la curva 1′ di fig. 9.14.

b) *Funzionamento con sola corrente di indotto*. Supponendo di sopprimere la f.m.m. di eccitazione e di far circolare nell'indotto, attraverso le spazzole *a* e *b*, una corrente continua I, si ottiene la f.m.m. di reazione M_i, avente un andamento triangolare (curva 2 di fig. 9.14), dovuto al fatto che i conduttori di indotto sono uniformemente distri-

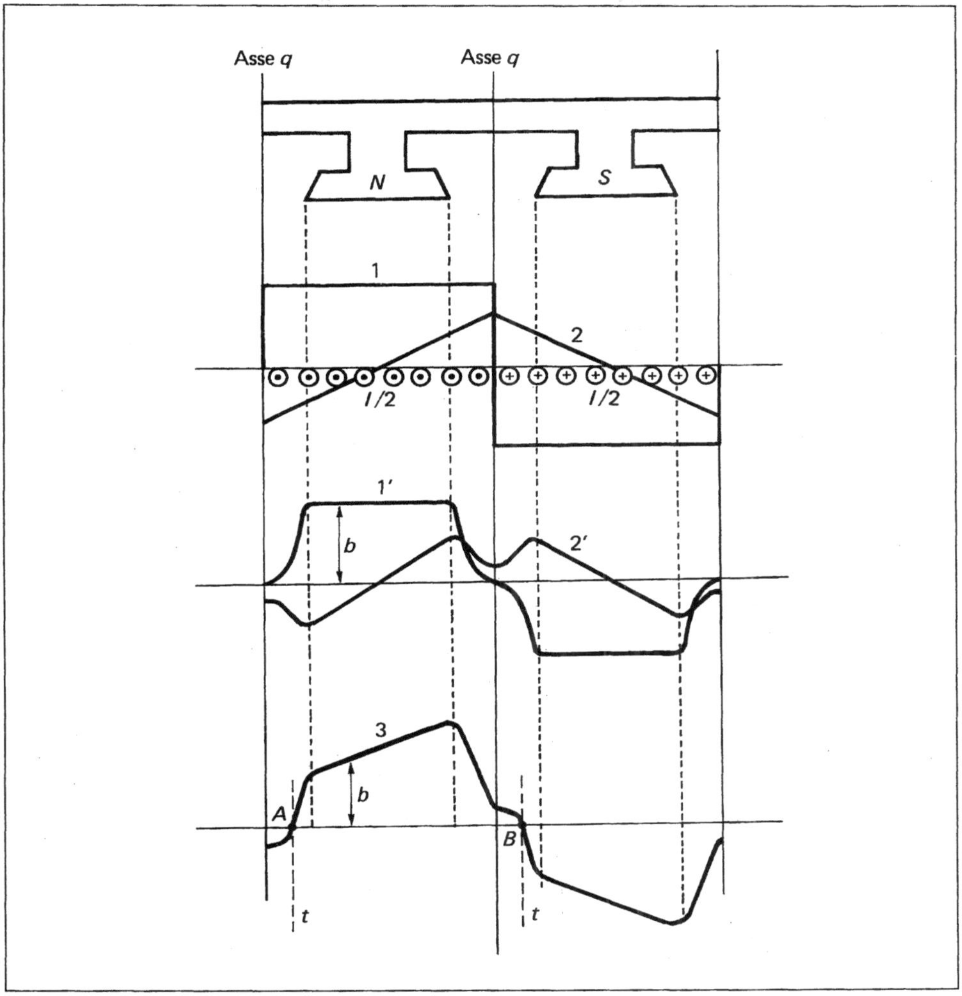

Figura 9.14. Andamenti delle f.m.m. e delle induzioni al traferro; 1, f.m.m. di eccitazione (M_f); 2, f.m.m. di reazione (M_i); 1′, induzione *b* con sola f.m.m. di eccitazione; 2′, induzione con sola f.m.m. di reazione; 3, induzione *b* risultante a carico; *t*, traccia del piano neutro a carico (nei punti *A* e *B* l'induzione *b* è nulla).

buiti nelle cave di rotore e sono percorsi una metà da una corrente $I/2$ in un senso e l'altra metà da una corrente $I/2$ in senso opposto. Questa f.m.m. crea un campo magnetico (detto *campo trasversale*) la cui induzione al traferro è data dalla curva 2′ di fig. 9.14.

c) Funzionamento a carico. Nel funzionamento a carico, la f.m.m. di indotto si compone con quella di eccitazione determinando un unico campo risultante la cui induzio-

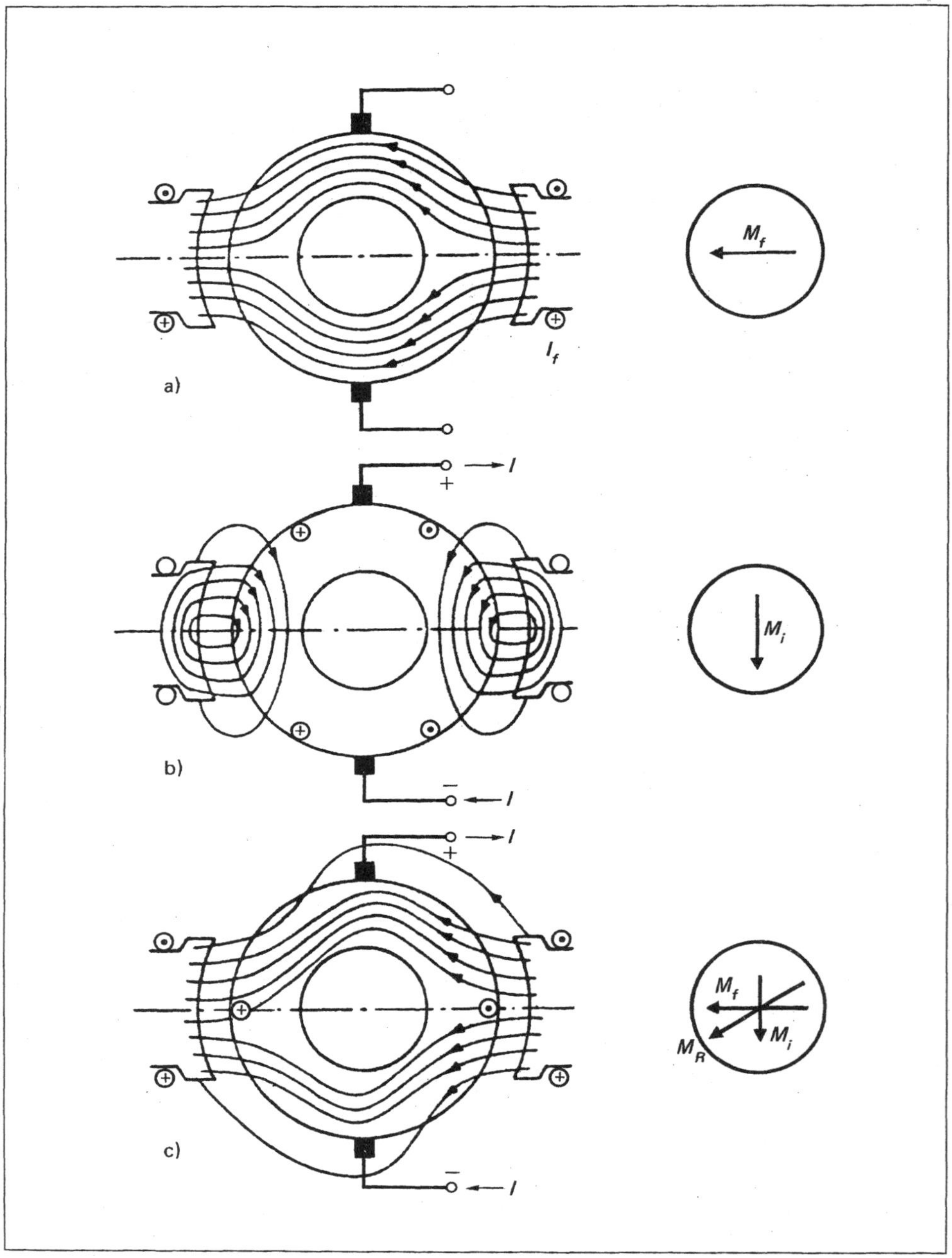

Figura 9.15. Andamenti dei tubi di flusso per i tre funzionamenti esaminati: a) funzionamento a vuoto (solo f.m.m. di eccitazione M_f); b) funzionamento con sola corrente di indotto (f.m.m. M_i); c) funzionamento a carico (f.m.m. risultante M_R).

ne al traferro è data dalla curva 3 di fig. 9.14.
È importante osservare che, per ottenere l'induzione risultante, si devono comporre le f.m.m. (le «cause») e non le induzioni (gli «effetti») per le quali, a causa della saturazione dei circuiti ferromagnetici, non è valido il «principio di sovrapposizione degli effetti».
In fig. 9.15 sono riportati gli andamenti dei tubi di flusso nei tre casi di funzionamento esaminati.

Effetti della reazione di indotto

Come si deduce dall'andamento dell'induzione risultante al traferro (curva 3 di fig. 9.14), gli effetti della reazione di indotto sono tali da produrre:
1) una distorsione della distribuzione dell'induzione;
2) uno spostamento del *piano neutro* o piano di inversione dell'induzione (traccia t di fig. 9.14).
Esso perciò non coincide con il piano di inversione delle correnti (la cui traccia è rappresentata dall'asse q), essendo quest'ultimo legato solo alla posizione delle spazzole sul collettore. Tale spostamento è legato al valore della f.m.m. di reazione M_i e quindi al valore della corrente di indotto.
Esaminiamo ora questi due aspetti.

1) *Distorsione della distribuzione dell'induzione.* In seguito alla distorsione si ha una diminuzione del flusso induttore, rispetto al funzionamento a vuoto, poiché, a causa della saturazione dei circuiti ferromagnetici, l'aumento del flusso lungo mezza espansione polare risulta minore della diminuzione lungo l'altra metà.

2) *Spostamento del piano neutro.* Lo spostamento del piano neutro ha, invece, effetti assai dannosi nei riguardi del fenomeno della «commutazione», tanto che, se non si prendono adeguati provvedimenti, la macchina a carico non può funzionare.

Il provvedimento oggi usato per annullare o comunque ridurre gli effetti della reazione di indotto è quello di dotare la macchina di *poli ausiliari* e di *avvolgimenti compensatori.*

Poli ausiliari. I poli ausiliari sono piccoli poli, posti sullo statore nelle mezzerie interpolari, eccitati in serie dalla corrente di indotto in modo da annullare localmente la f.m.m. di reazione. In tal modo viene eliminato lo spostamento del *piano neutro*, che così coincide con quello delle correnti. Non si elimina però la distorsione dell'induzione.

Avvolgimenti compensatori. Sono avvolgimenti, posti in cave praticate nelle espansioni dei poli principali, percorsi in serie dalla corrente di indotto. Essi sono costruiti in modo da produrre una f.m.m. uguale e contraria a quella dell'indotto lungo l'espansione polare, annullando così la distorsione del flusso.
Le macchine a corrente continua oggi vengono costruite sempre con i *poli ausiliari*, mentre l'*avvolgimento compensatore* si trova solo su quelle di grande potenza o su

quelle utilizzate nei circuiti di controllo.
Pur essendoci riferiti alla dinamo, le considerazioni fatte sono valide anche per le macchine a corrente continua funzionanti come motori.

9.4. FUNZIONAMENTO IN REGIME STAZIONARIO. GENERATORI A CORRENTE CONTINUA

In regime stazionario la macchina funziona con tensioni e correnti continue e con velocità di rotazione Ω costanti.

Dinamo ad eccitazione indipendente

Il funzionamento di questa macchina è già stato in parte descritto nel par. 9.3.
Ricordiamo che le equazioni di funzionamento sono le seguenti (fig. 9.16):

$$(9.20) \quad \begin{cases} V_a = E_a - R_a I = RI \\ E_a = K\Phi\Omega \\ V_f = R_f I_f \, . \end{cases}$$

Definiamo *caratteristica esterna* la curva che lega la tensione ai morsetti V_a alla corrente di carico I, mantenendo costante la corrente di eccitazione I_f. Essa si ottiene collegando alla macchina una resistenza di carico R variabile, in modo da ottenere una corrente I variabile.
L'andamento della caratteristica (fig. 9.17) si deduce dalla prima equazione delle (9.20) dove risulta E_a = cost. e nell'ipotesi di trascurare l'effetto della reazione di indotto.

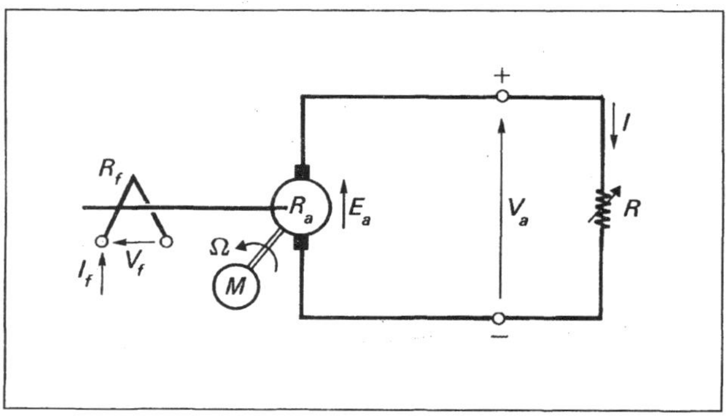

Figura 9.16. Dinamo ad eccitazione indipendente.

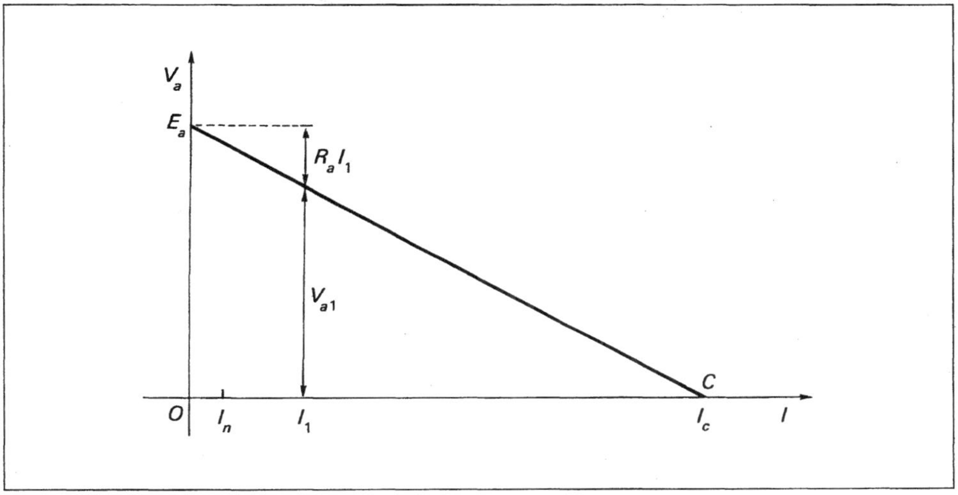

Figura 9.17. Caratteristica esterna di una dinamo ad eccitazione indipendente; I_c, corrente di corto circuito.

Il punto C rappresenta il funzionamento in *corto circuito* ($R = 0$; $V_a = 0$), per il quale si ha:

$$(9.21) \quad I_c = E_a/R_a\,.$$

Ricordiamo a questo proposito che, dette V_n e I_n la tensione e la corrente nominali della macchina, risulta normalmente:

$$(9.22) \quad \frac{R_a I_n}{V_n} = \frac{R_a}{R_n} = 0{,}02 \div 0{,}10\,,$$

dove $R_n = V_n/I_n$ è detta *resistenza nominale*.
Quindi se $E_a = V_n$ si ottiene:

$$(9.23) \quad I_c = \frac{V_n}{R_a} = \frac{R_a I_n}{0{,}02 \div 0{,}10}\,\frac{1}{R_a} = (10 \div 50) I_n\,.$$

La (9.23) mostra la pericolosità di un corto circuito per questo tipo di macchina.

Dinamo ad eccitazione derivata

Lo schema di questa macchina è riportato in fig. 9.18. Le equazioni di funzionamento sono le seguenti:

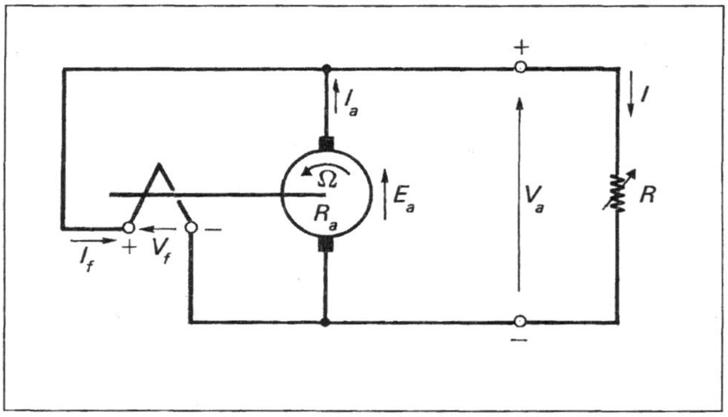

Figura 9.18. Dinamo ad eccitazione derivata.

$$(9.24)\quad \begin{cases} V_a = E_a - R_a I_a = RI \\ E_a = K\Phi\Omega \\ V_f = V_a = R_f I_f \\ I_a = I + I_f \,. \end{cases}$$

Prima di analizzare lo studio di questo generatore è indispensabile fare due osservazioni.

1) Con riferimento alla fig. 9.18, si supponga di funzionare a tensione nominale $V_a = V_n$ con carico nominale $R = R_n$ e quindi con corrente nominale $I_n = V_n/R_n$.
Detta I_{fn} la corrente di eccitazione in queste condizioni di funzionamento, si ha quindi:

$$(9.25)\qquad V_n = R_n I_n = R_f I_{fn} \,,$$

da cui segue

$$(9.26)\qquad I_n/I_{fn} = R_f/R_n \,.$$

Per avere *perdite nel circuito di eccitazione* $P_{fn} = V_n I_{fn}$ modeste rispetto alla *potenza nominale* $P_n = V_n I_n$ della macchina, deve risultare $I_n \gg I_{fn}$ e quindi, per la (9.26), $R_f \gg R_n$.
Normalmente risulta:

$$(9.27)\qquad R_f/R_n = I_n/I_{fn} = 100 \div 1000 \quad (P_{fn}/P_n = 0{,}001 \div 0{,}01)\,.$$

2) Considerando le equazioni (9.24) e la caratteristica dimagnetizzazione $E_a = E_a(I_f)$ di fig. 9.10, passante per l'origine, anche mettendo in rotazione la macchina risulta $E_a = 0$, perché la corrente di eccitazione I_f è nulla.
Queste macchine, dopo la costruzione, vengono però eccitate separatamente, per cui nel circuito ferromagnetico rimane del magnetismo residuo, in modo tale che si ottiene un flusso per polo Φ_r anche con corrente di eccitazione nulla.
Quindi, mettendo in rotazione la macchina alla velocità Ω, nasce una f.e.m. E_{ar} data da:

$$(9.28)\qquad E_{ar} = K\Phi_r\Omega \,.$$

La caratteristica di magnetizzazione risulta quindi come quella riportata in fig. 9.19. La f.e.m. residua E_{ar} permette che la dinamo raggiunga a vuoto un determinato valore di f.e.m. dovuto al fenomeno dell'*autoeccitazione*, qui di seguito descritto.

Autoeccitazione della dinamo ad eccitazione derivata. Consideriamo il funzionamento della macchina a vuoto ($R = \infty$, $I = 0$), ruotante a velocità $\Omega = \text{cost.}$
Assumendo come istante iniziale quello per cui la corrente di eccitazione $i_f = 0$, si può scrivere la seguente equazione, in cui $i_a = i_f$, essendo $i = 0$, e avendo indicato con L_a e L_f le autoinduttanze dell'avvolgimento indotto e di quello induttore:

(9.29) $$E_a(i_f) = (R_a + R_f)i_f + (L_a + L_f)pi_f\,.$$

Ricordando la (9.22) e la (9.27), si ha:

(9.30) $$(R_a + R_f) = \left(1 + \frac{R_a}{R_f}\right)R_f = (1 + 0,001 \div 0,00002)R_f \simeq R_f\,.$$

In fig. 9.19 è riportata, in linea tratteggiata, anche la caratteristica rettilinea dell'avvolgimento di eccitazione:

(9.31) $$v_f = R_f i_f\,.$$

Questa caratteristica e quella di magnetizzazione si intersecano nel punto A (a cui corrispondono la f.e.m. E_{aA} e la corrente I_{fA}), che rappresenta la *condizione di regime* cercata.

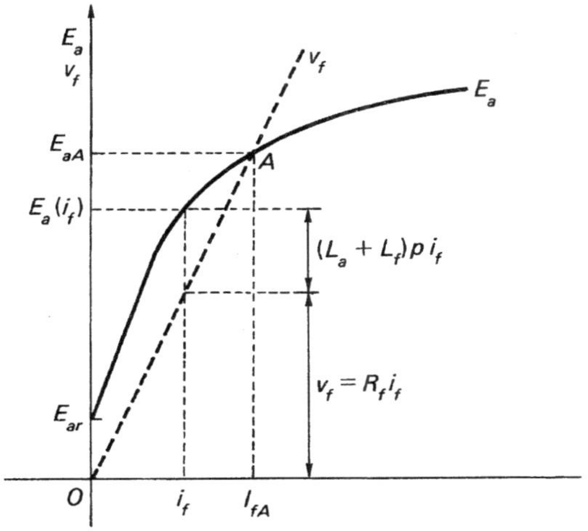

Figura 9.19. Caratteristica di magnetizzazione (E_a, linea continua) e caratteristica del circuito di eccitazione (v_f, linea tratteggiata).

Infatti dalla (9.29) si ottiene, ricordando la (9.30),

$$pi_f = \frac{E_a(i_f) - R_f i_f}{L_a + L_f}. \qquad (9.32)$$

Pertanto la derivata della corrente di eccitazione pi_f è positiva ($pi_f > 0$), e quindi la corrente i_f è crescente, se $E_a(i_f) > R_f i_f$ e cioè fino al punto di intersezione A delle due caratteristiche di fig. 9.19, che rappresenta la condizione di equilibrio per cui risulta:

$$E_{aA} = R_f I_{fA} \qquad (pi_f = 0).$$

Funzionamento a carico. Anche il funzionamento a carico presenta aspetti particolari.

Supponendo che la macchina si sia autoeccitata, portandosi a funzionare nel punto A, si vuole ora costruire la caratteristica a carico $V_a = V_a(I)$ supponendo costante la velocità di rotazione Ω e trascurando l'effetto della reazione di indotto.

Poiché la corrente di eccitazione I_f non è costante ma varia con la tensione $V_a = R_f I_f$, la caratteristica esterna deve essere costruita graficamente come indicato in fig. 9.20. In essa si è fatto riferimento, per ragioni di maggior chiarezza, ad una macchina avente le seguenti caratteristiche:

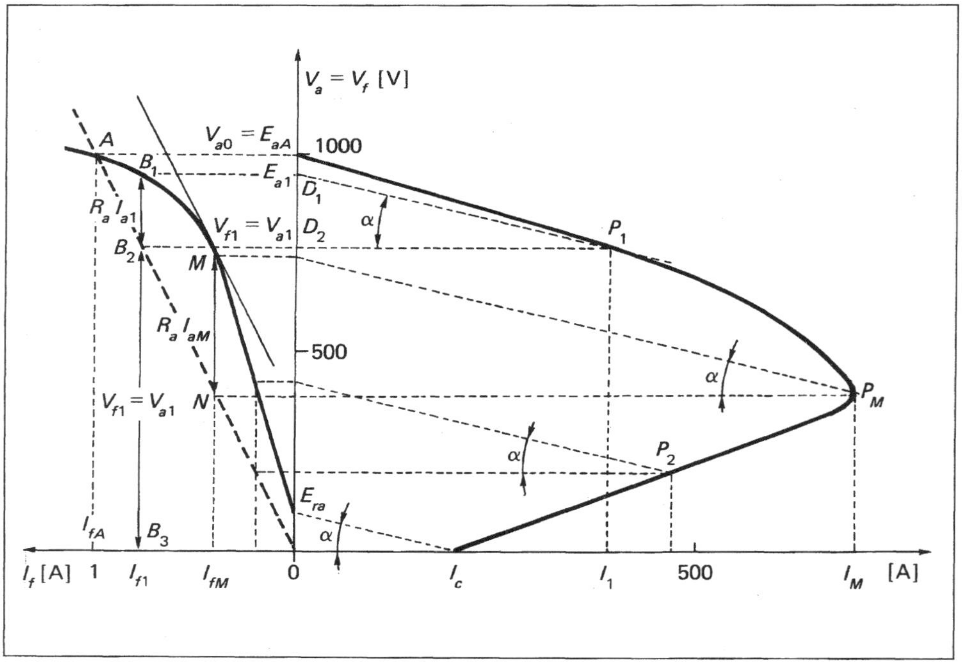

Figura 9.20. Costruzione della caratteristica esterna di una dinamo con eccitazione derivata.

- tensione nominale: $V_n = 1000$ V;
- corrente nominale: $I_n = 100$ A;
- resistenza dell'avvolgimento di indotto: $R_a = 0{,}5\ \Omega$;
- resistenza dell'avvolgimento di eccitazione: $R_f = 1000\ \Omega$.

Nella fig. 9.20 la caratteristica di magnetizzazione e quella del circuito di eccitazione sono riportate nel diagramma di sinistra, in cui risulta:

$$\begin{cases} V_{a0} = E_{a0} = 1000\ \text{V} \\ I_{fA} = 1\ \text{A} \\ E_{ra} = 100\ \text{V}. \end{cases}$$

Per la costruzione della caratteristica si fissa un valore a piacere di corrente di eccitazione: $I_{f1} = B_3O < I_{fA}$.
In corrispondenza di esso si individuano i punti B_1 sulla caratteristica di magnetizzazione e B_2 su quella rettilinea, per cui risulta:

$$\begin{cases} V_{f1} = V_{a1} = B_2B_3 = D_2O = R_f I_{f1} \\ E_{a1} = B_1B_3 = D_1 0. \end{cases} \tag{9.33}$$

Dalle (9.33) si ricava pertanto:

$$R_a I_{a1} = E_{a1} - V_{f1} = B_1B_2 = D_1D_2\,, \tag{9.34}$$

da cui si ottiene:

$$I_{a1} = \frac{E_{a1} - V_{f1}}{R_a} = \frac{D_1D_2}{R_a} \tag{9.35}$$

e infine:

$$I_1 = I_{a1} - I_{f1}\,. \tag{9.36}$$

Si è quindi in grado di determinare il punto di funzionamento P_1 della *caratteristica esterna* essendo note la corrente I_1 e la tensione V_{a1} (diagramma di destra della fig. 9.20).
Ripetendo il procedimento per altri valori di corrente di eccitazione si ottiene il grafico di fig. 9.20.
Con i dati prima riportati si ottiene: $I_{f1} = 0{,}8$ A; $V_{f1} = V_{a1} = 800$ V; $E_{a1} = 985$ V; $I_{a1} = (985 - 800)/0{,}5 = 330$ A; $I_1 = I_{a1} - I_{f1} = 329{,}2$ A $\simeq 330$ A.
Come si può notare risulta $I_{a1} \gg I_{f1}$ e quindi nella costruzione della caratteristica si può ritenere che $I = I_a - I_f \simeq I_a$.
La costruzione grafica può essere agevolata dalla seguente osservazione. Il triangolo rettangolo $D_1D_2P_1$ ha per cateti:

$$D_1D_2 = R_a I_{a1} \simeq R_a I_1$$
$$P_1D_2 = I_1$$

e quindi risulta:

$$\frac{D_1D_2}{P_1D_2} = \text{tg}\alpha = R_a = \text{cost.}$$

Ciò permette, individuato il punto P_1 della caratteristica, di tracciare gli altri punti di funzionamento mandando delle rette parallele a D_1P_1 (la cui pendenza è α) fino ad intersecare le rette orizzontali, come mostra la fig. 9.20, per la costruzione di altri punti (per esempio P_M e P_2).
Il *valore massimo I_M di corrente* è dato dal valore massimo $R_aI_{aM} \simeq R_aI_M$ della caduta di tensione, che si ottiene individuando il valore massimo dell'intercetta fra la caratteristica di magnetizzazione e la caratteristica rettilinea.
Allo scopo si manda la tangente t alla caratteristica di magnetizzazione parallela alla caratteristica rettilinea, individuando il segmento $MN = R_aI_{aM}$, comemostra la fig. 9.20.
Osserviamo inoltre che la *corrente di corto circuito* I_c (ottenuta per $V_a = 0$ e quindi $I_f = 0$) risulta minore della corrente massima I_M:

$$I_c = \frac{E_{ra}}{R_a} < I_M \,.$$

Con i dati sopra riportati risulta:

$$R_aI_{aM} = 250 \text{ V}$$

$$I_{fM} = 0{,}4 \text{ A}$$

da cui si ha:

$$I_{aM} \simeq I_M = 700 \text{ A} = 7 \cdot I_n \,.$$

In corto circuito risulta invece:

$$I_c = E_{ra}/R_a = 200 \text{ A} = 2 \cdot I_n \,.$$

Osserviamo che per una dinamo ad eccitazione indipendente avente le stesse caratteristiche si sarebbe ottenuto:

$$I_c = E_{aA}/R_a = 1000/0{,}5 = 2000 \text{ A} = 20 \cdot I_n \,.$$

9.5. MOTORI A CORRENTE CONTINUA

La macchina a corrente continua funzionante come motore è alimentata da una linea in corrente continua e al suo asse viene collegato un carico meccanico (ad esempio una pompa, un ventilatore, ecc.).

Motore a corrente continua ad eccitazione indipendente o derivata

In fig. 9.21.a è riportato lo schema della macchina ad eccitazione indipendente e in fig. 9.21.b quello ad eccitazione derivata. I due schemi sono del

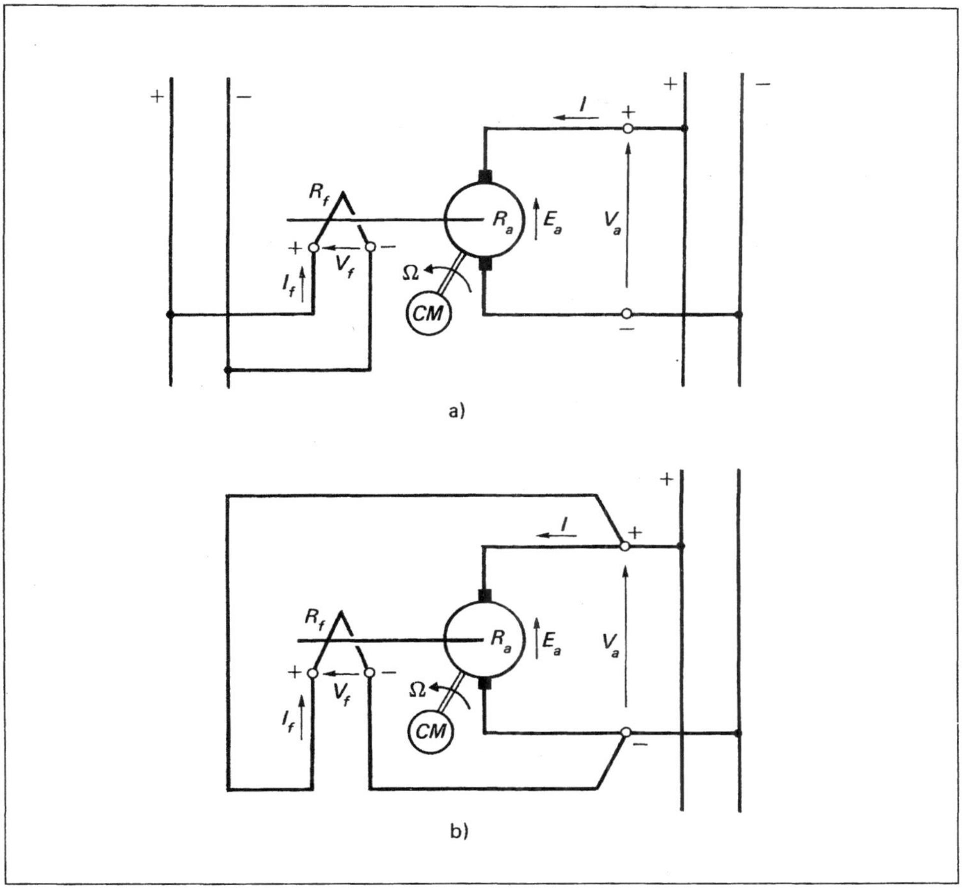

Figura 9.21. Schemi di alimentazione di un motore a corrente continua: a) eccitazione indipendente; b) eccitazione derivata; *CM*, carico meccanico.

tutto equivalenti per quanto concerne il funzionamento della macchina. Costruttivamente questa macchina è identica ad una dinamo ad eccitazione indipendente.

La *caratteristica di magnetizzazione*, simile a quella di fig. 9.10, è rilevata facendo funzionare la macchina a vuoto come generatore. Le equazioni di funzionamento a regime sono le seguenti:

$$(9.37) \quad \begin{cases} V_a = E_a + R_a I \\ E_a = K\Phi\Omega \\ V_f = R_f I_f \,. \end{cases}$$

La coppia meccanica C sviluppata dalla macchina si deduce dal seguente bilancio energetico:

$$V_a I = R_a I^2 + E_a I \, , \tag{9.38}$$

dove $V_a I$ è la potenza elettrica assorbita, $R_a I^2$ la potenza perduta ed $E_a I$ la potenza elettrica convertita in potenza meccanica.
Considerando quindi la potenza $(E_a I)$ convertita in potenza meccanica P_m si ha

$$P_m = C\Omega = E_a I \, , \tag{9.39}$$

da cui segue

$$C = K\Phi I \, . \tag{9.40}$$

La potenza P_m e la coppia C non sono quelle disponibili sul carico a causa delle perdite meccaniche (attriti e ventilazione) e delle perdite nel ferro di rotore; esse sono definite potenza meccanica e coppia lorde.
Si definisce *caratteristica meccanica* la curva che lega la *coppia* C alla *velocità di rotazione* Ω.
Dalle (9.37) si ha:

$$I = (V_a - E_a)/R_a = (V_a - K\Omega\Phi)/R_a \, . \tag{9.41}$$

Si chiama *velocità a vuoto* Ω_0 la velocità per cui la f.e.m. uguaglia la tensione di alimentazione V_a e quindi dalle (9.41) e (9.40) si ottiene $I = 0$ e $C = 0$. Si ha pertanto:

$$\begin{cases} \Omega_0 = \dfrac{V_a}{K\Phi} \\ I = \dfrac{K\Phi}{R_a}(\Omega_0 - \Omega) \\ C = \dfrac{(K\Phi)^2}{R_a}(\Omega_0 - \Omega). \end{cases} \tag{9.42}$$

Si definiscono *corrente di spunto* o *avviamento* I_s e *coppia di spunto* o *avviamento* C_s i valori di corrente e coppia a macchina ferma ($\Omega = 0$). Esse valgono pertanto:

$$\begin{cases} I_s = \dfrac{V_a}{R_a} \\ C_s = K\Phi I_s = K\Phi \dfrac{V_a}{R_a} \, . \end{cases} \tag{9.43}$$

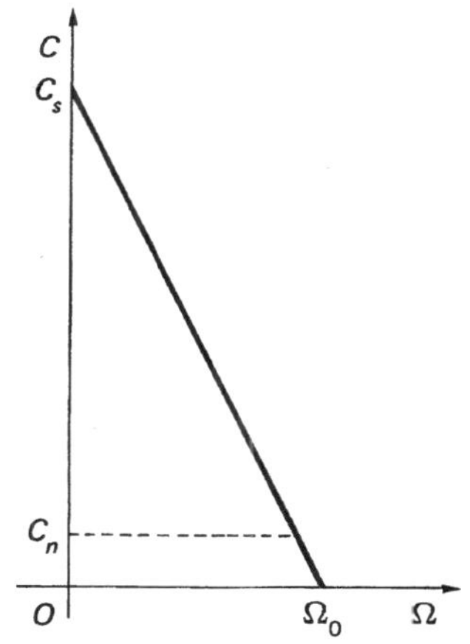

Figura 9.22. Caratteristica meccanica di un motore a c.c. con eccitazione indipendente o derivata; C_s, coppia di spunto; Ω_o, velocità di marcia a vuoto; C_n, coppia nominale.

Supponendo costanti la tensione di alimentazione V_a e la corrente di eccitazione I_f, e quindi il flusso Φ, la caratteristica meccanica è riportata in fig. 9.22, nell'ipotesi di trascurare l'effetto della reazione di indotto.
Per quanto concerne la corrente di spunto I_s, valgono considerazioni analoghe a quelle fatte per la corrente di corto circuito I_c della dinamo ad eccitazione indipendente.
Infatti a tensione nominale di alimentazione $V_a = V_n$ e macchina ferma, detti I_n e Φ_n la corrente e il flusso nominali, risulta:

(9.44) $I_s = V_n/R_a = (10 \div 50)I_n$

e quindi

(9.45) $C_s = K\Phi_n I_s = (10 \div 50)C_n$,

dove $C_n = K\Phi_n I_n$ è la coppia nominale.
A causa dell'elevato valore della corrente di spunto I_s non si può avviare la macchina a piena tensione.
Un sistema per limitare la corrente di avviamento è quello di inserire in serie all'avvolgimento di indotto una resistenza R_{av} detta *reostato di avviamento*, come indicato in fig. 9.23.
Le relazioni (9.42) e (9.43) diventano quindi:

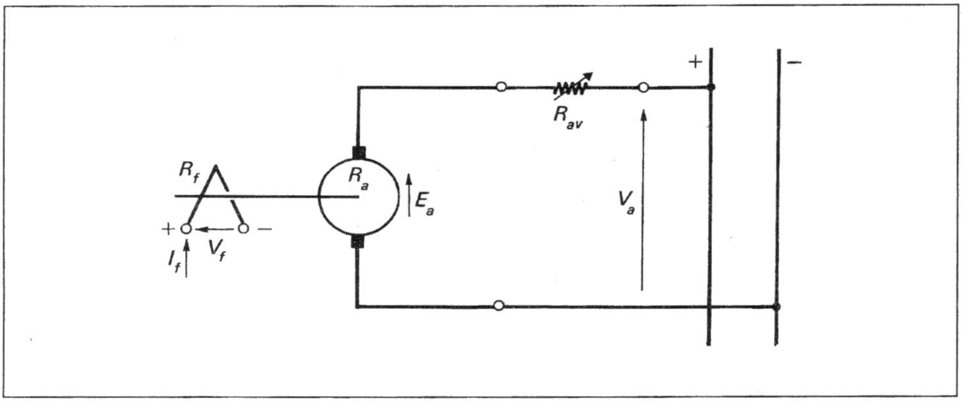

Figura 9.23. Schema di inserzione del reostato di avviamento R_{av}.

$$
(9.46)\quad
\begin{cases}
C = \dfrac{(K\Phi)^2}{R_a + R_{av}}(\Omega_0 - \Omega) \\
I_s = \dfrac{V_a}{R_a + R_{av}} \\
C_s = K\Phi \cdot \dfrac{V_a}{R_a + R_{av}} \\
\Omega_0 = \dfrac{V_a}{K\Phi} \text{ (indipendente da } R_{av}\text{)}.
\end{cases}
$$

In fig. 9.24 sono riportate alcune caratteristiche ottenute inserendo diversi valori del reostato di avviamento R_{av}.

Regolazione della velocità di rotazione. Con l'inserzione del reostato di avviamento è possibile regolare anche la velocità di rotazione della macchina, come mostra la fig. 9.24, in cui si è riportata anche la coppia resistente C_r del carico.
Questo tipo di regolazione, che non modifica la velocità a vuoto Ω_o, non viene utilizzata perché la potenza ($R_{av}I^2$) risulta tutta dissipata sotto forma di calore.
Vediamo allora altri tipi di regolazione.

Regolazione sull'eccitazione. Questa regolazione si effettua mantenendo costante la tensione di alimentazione V_a e modificando la corrente di eccitazione I_f e quindi il flusso Φ (si veda la caratteristica di magnetizzazione riportata in fig. 9.25).

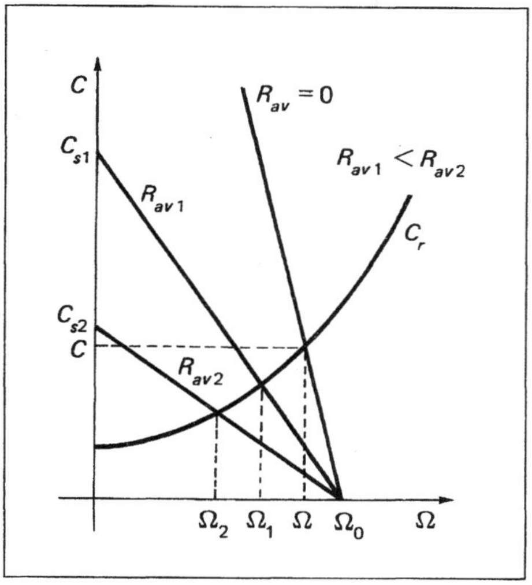

Figura 9.24. Effetto dell'inserzione del reostato di avviamento sulla caratteristica meccanica di un motore a c.c. con eccitazione indipendente o derivata; C_r, coppia resistente del carico.

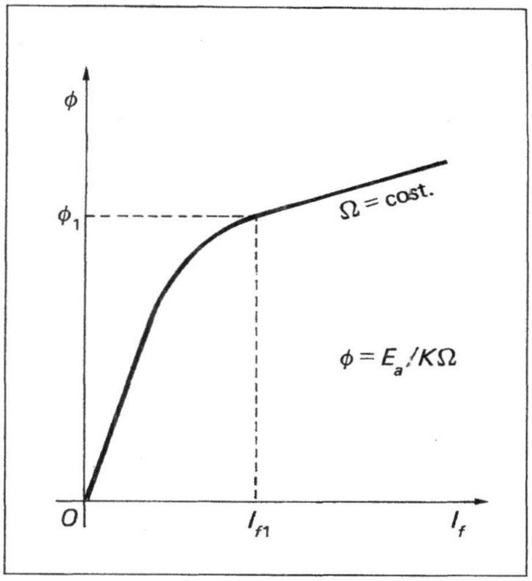

Figura 9.25. Caratteristica di magnetizzazione a velocità Ω costante.

Dalle (9.42) e (9.43) si ha, con K_1 e K_2 costanti:

$$(9.47) \quad \begin{cases} \Omega_0 = K_1 / \Phi \\ C_s = K_2 \cdot \Phi \end{cases}$$

Le caratteristiche meccaniche si modificano come indicato in fig. 9.26. Questa regolazione si spinge fino a circa il ginocchio della caratteristica di magnetizzazione e cioè per valori di $I_f \leq I_{f1}$, al di sopra dei quali non si hanno apprezzabili aumenti del flusso Φ.

Regolazione della tensione di alimentazione (regolazione d'armatura). Questa regolazione si effettua mantenendo costante la corrente di eccitazione I_f (e quindi il flusso Φ) e modificando la tensione di alimentazione V_a.
Dalle (9.42) e (9.43) si ottiene, con K_3 e K_4 costanti:

$$(9.48) \quad \begin{cases} \Omega_0 = K_3 V_a \\ C_s = K_4 V_a . \end{cases}$$

Le caratteristiche meccaniche si modificano come indicato in fig. 9.27.

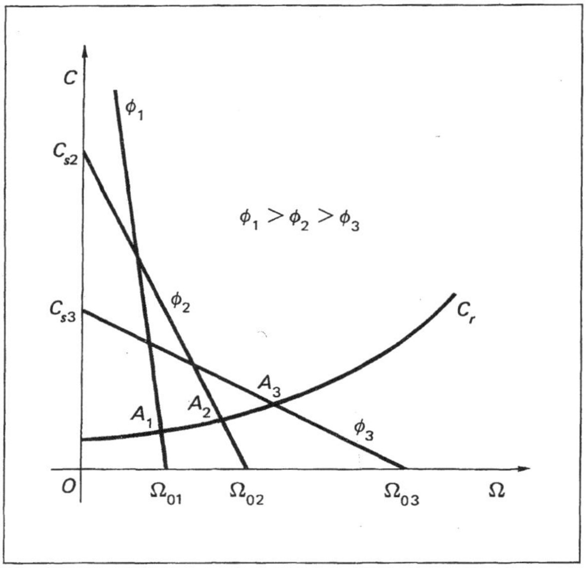

Figura 9.26. Effetto della regolazione sull'eccitazione sulla caratteristica meccanica di un motore a c.c. con eccitazione indipendente o derivata; C_r, caratteristica meccanica del carico; A_1, A_2, A_3, punti di funzionamento.

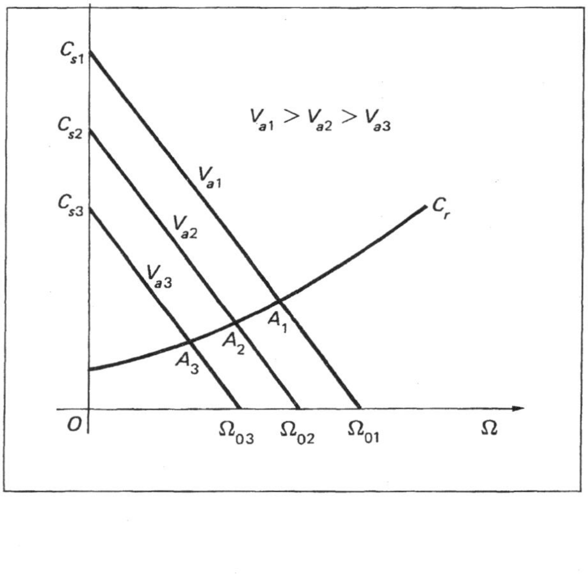

Figura 9.27. Effetto della regolazione d'armatura sulla caratteristica meccanica di un motore a c.c. con eccitazione indipendente o derivata; C_r, caratteristica meccanica del carico; A_1, A_2, A_3, punti di funzionamento.

Motore a corrente continua ad eccitazione serie

In fig. 9.28 è riportato lo schema della macchina a corrente continua con eccitazione serie.
Il circuito di eccitazione è posto in serie all'avvolgimento di indotto per cui

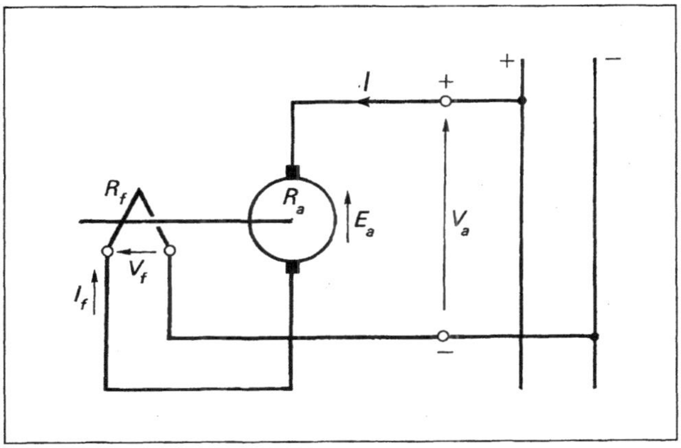

Figura 9.28. Schema di un motore a c.c. con eccitazione serie.

risulta:

(9.49) $I_f = I$.

È evidente perciò che la resistenza R_f dell'avvolgimento di eccitazione è dello stesso ordine di grandezza della resistenza R_a dell'avvolgimento di indotto: $R_f \simeq R_a$, per limitare le perdite nel circuito di eccitazione.
Le equazioni di funzionamento sono:

$$(9.50) \quad \begin{cases} V_a = E_a + R_a I + V_f \\ E_a = K\Phi\Omega \\ V_f = R_f I_f \\ I_f = I \\ C = K\Phi I \end{cases}$$

e quindi, ponendo $R_t = R_a + R_f$, si ha:

(9.51) $V_a = E_a + (R_a + R_f)I = E_a + R_t I$.

Anche in questo caso la caratteristica di magnetizzazione, simile a quella riportata in fig. 9.25, è rilevata facendo funzionare la macchina a vuoto come generatore a velocità di rotazione costante.

Caratteristica meccanica. Per ragioni di semplicità la caratteristica meccanica $C = C(\Omega)$ verrà costruita considerando la caratteristica di magnetizzazione costituita da due tratti rettilinei, come indicato in fig. 9.29, in cui si individuano due zone.

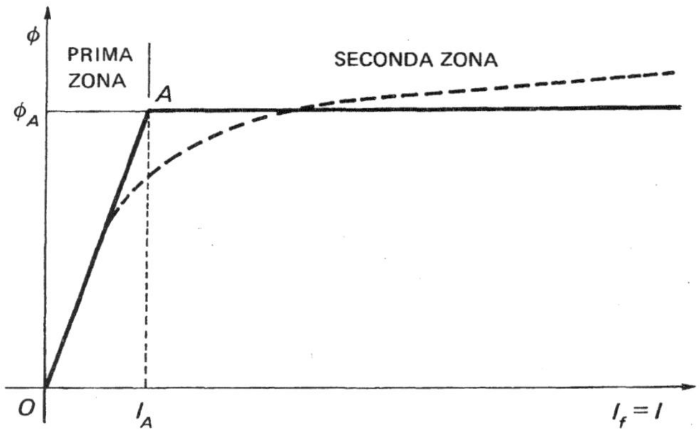

Figura 9.29. Schematizzazione della caratteristica di magnetizzazione mediante due tratti rettilinei, di cui uno orizzontale.

Nella prima zona ($0 < I_f = I \leq I_A$) la caratteristica di magnetizzazione concide con quella di traferro per cui si può scrivere:

(9.52) $\quad \Phi = K_1 I_f = K_1 I$.

Nella seconda zona ($I_f = I > I_A$) il flusso Φ è ritenuto costante:

(9.53) $\quad \Phi = \Phi_A$.

Esaminiamo ora il comportamento della macchina sotto queste ipotesi. *Prima zona*: $0 < I_f = I \leq I_A$ (alte velocità). Dalla (9.52) si ottiene, con $K_2 = K \cdot K_1$,

(9.54) $$\begin{cases} E_a = K\Phi\Omega = K_1 K\Omega I = K_2 \Omega I \\ C = K\Phi I = K_1 K I^2 = K_2 I^2 \end{cases}$$

e quindi:

(9.55) $\quad V_a = E_a + R_t I = (K_2 \Omega + R_t) I$,

da cui risulta

(9.56) $\quad I = V_a / (K_2 \Omega + R_t)$.

L'espressione della coppia diventa perciò:

$$(9.57)\qquad C = \frac{K_2 \cdot V_a^2}{(K_2 \cdot \Omega + R_t)^2}.$$

Dalla (9.56) si ottiene:

$$(9.58)\qquad \Omega = \frac{V_a - R_t I}{K_2 \cdot I}.$$

La (9.58) mostra come la zona considerata ($0 < I \leq I_A$) è quella delle alte velocità; per $I = 0$ si ottiene $\Omega = \infty$.
Per il valore limite $I = I_A$ risulta:

$$(9.59)\qquad \begin{aligned} \Omega_A &= \frac{V_a - R_t I_A}{K_2 I_A} \\ C_A &= \frac{K_2 V_a^2}{(K_2 \Omega_A + R_t)^2} = K\Phi_A I_A. \end{aligned}$$

Seconda zona: $I \geq I_A$ (basse velocità). In questa zona si può scrivere:

$$(9.60)\qquad \Phi = \Phi_A.$$

Dalle (9.50) e (9.51) si ottiene perciò:

$$(9.61)\qquad \begin{cases} E_a = K\Phi\Omega = K\Phi_A\Omega \\ V_a = E_a + R_t I = K\Phi_A\Omega + R_t I \end{cases}$$

e quindi:

$$(9.62)\qquad \begin{cases} I = (V_a - K\Phi_A\Omega)/R_t = I_s - (K\Phi_A/R_t)\Omega \\ C = K\Phi I = K\Phi_A I_s - \dfrac{(K\Phi_A)^2}{R_t}\cdot\Omega = C_s - \dfrac{(K\Phi_A)^2}{R_t}\cdot\Omega, \end{cases}$$

dove si sono introdotte la corrente di spunto $I_s = V_a/R_t$ e la coppia di spunto $C_s = K\Phi_A \cdot I_s$.
Questa zona è detta delle basse velocità perché, come si può dedurre dalle (9.62) Ω varia fra 0 e Ω_A: $0 \leq \Omega \leq \Omega_A$.
Per quanto concerne la corrente di spunto I_s valgono considerazioni analoghe a quelle effettuate per il motore ad eccitazione indipendente.
In fig. 9.30 è riportata la caratteristica meccanica $C = C(\Omega)$; essa mostra come la coppia diminuisce all'aumentare della velocità di rotazione, per cui risulta pericoloso lasciare questo motore senza carico ($C = 0$).
Il motore a corrente continua con *eccitazione serie* è utilizzato per la *trazione elettrica* (treni, tram, metropolitane, filovie).

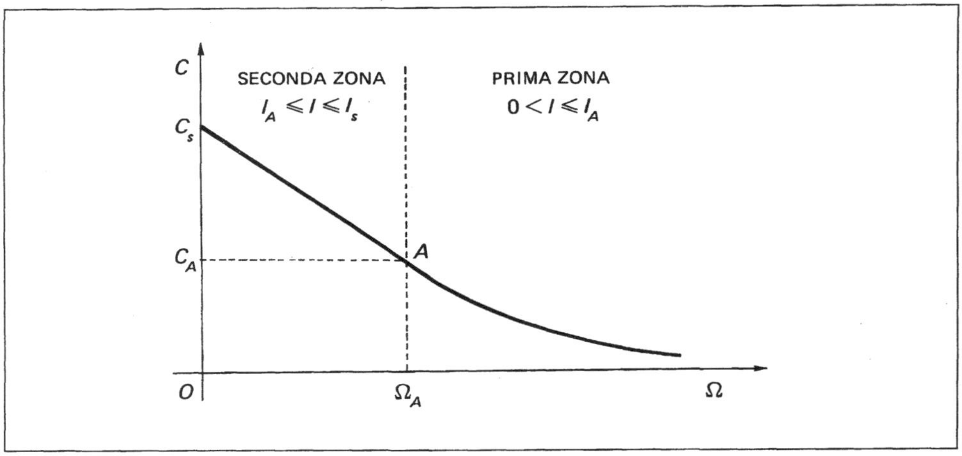

Figura 9.30. Caratteristica meccanica di un motore a c.c. con eccitazione serie ottenuta utilizzando una caratteristica di magnetizzazione a tratti rettilinei.

9.6. FUNZIONAMENTO IN REGIME DINAMICO

Le equazioni di funzionamento della macchina a corrente continua in regime dinamico vengono dedotte dalla struttura di fig. 9.31.
Le grandezze elettromagnetiche sono scritte con le lettere minuscole, per indicare che esse non sono in generale costanti ma possono variare nel tempo.
In fig. 9.32 è riportata anche la caratteristica di magnetizzazione che lega il flusso per polo φ alla corrente di eccitazione i_f.

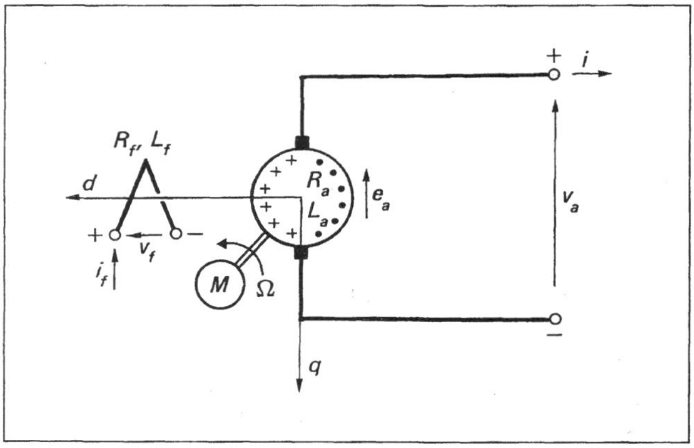

Figura 9.31

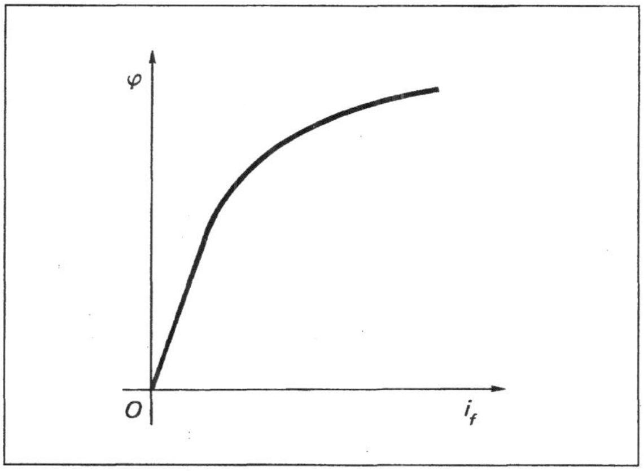

Figura 9.32. Caratteristica di magnetizzazione.

Per l'*avvolgimento indotto* si è assunta la convenzione di segno dei *generatori*, mentre per l'*avvolgimento di eccitazione* quello degli *utilizzatori*. Per scrivere le equazioni di funzionamento in regime dinamico occorre definire l'induttanza L_a dell'avvolgimento di indotto o di armatura e l'induttanza L_f dell'avvolgimento di eccitazione. Ricordiamo che l'induttanza del circuito di eccitazione è data dal rapporto del flusso concatenato con esso e la corrente i_f che lo ha prodotto; e cioè, nell'ipotesi di macchina a $2n$ poli:

$$L_f = \frac{\varphi_c}{i_f} = (2nN_f\varphi)/i_f \,. \tag{9.63}$$

Se si considera rettilinea la caratteristica di magnetizzazione l'induttanza L_f risulta costante.

Osserviamo che fra i due avvolgimenti non sussiste mutuo accoppiamento poiché le f.m.m. prodotte dalle correnti circolanti nei rispettivi avvolgimenti agiscono una sull'asse d (f.m.m. di eccitazione prodotta dalla corrente i_f) e una sull'asse q (f.m.m. di indotto prodotta dalla corrente i), le cui direzioni sono ortogonali (fig. 9.31).

Le equazioni in regime dinamico della macchina funzionante come *generatore* sono le seguenti,

$$\begin{cases} e_a = K\varphi\Omega \\ v_a = e_a - R_a i - L_a p i \\ \varphi_c = (2nN_f)\varphi \\ v_f = R_f i_f + p\varphi_c \,. \end{cases} \tag{9.64}$$

Per completare il modello matematico della macchina occorre scrivere l'equazione dell'equilibrio meccanico. Detta quindi C la coppia resistente sviluppata dalla dinamo, C_m la coppia motrice del motore primo che la trascina e J il momento d'inerzia totale, si ha:

$$C_m = C + Jp\Omega \,. \tag{9.65}$$

La coppia C della macchina si ottiene dal bilancio energetico, ricavato moltiplicando la seconda equazione delle (9.64) per la corrente i:

$$v_a i = e_a i - R_a i^2 - p\left(\frac{1}{2} L_a i^2\right), \tag{9.66}$$

dove $v_a i$ rappresenta la potenza elettrica erogata, $e_a i = p_m$ la potenza meccanica assorbita, $R_a i^2$ le perdite nel rame, e l'ultimo termine la variazione nel tempo dell'energia magnetica.
L'espressione della coppia C risulta quindi:

$$C = \frac{p_m}{\Omega} = \frac{e_a \cdot i}{\Omega} = K\varphi i \,. \tag{9.67}$$

Le equazioni che individuano il modello della macchina a corrente continua in regime dinamico nel funzionamento come *generatore*, sono quindi le seguenti, nell'ipotesi di considerare L_f costante e cioè rettilinea la caratteristica di magnetizzazione (fig. 9.33):

$$\begin{cases} v_a = e_a - R_a i - L_a p i \\ v_f = R_f i_f + L_f p i_f \\ C_m = C + Jp\Omega \\ C = K\varphi i \\ e_a = K\varphi\Omega \qquad \varphi = K_1 i_f \,. \end{cases} \tag{9.68}$$

Dalle equazioni (9.68) si possono dedurre le equazioni della macchina a corrente continua funzionante come *motore*, assumendo la convenzione di segno degli utilizzatori, come indicato in fig. 9.34.
In conclusione le equazioni che descrivono il funzionamento della macchina a corrente continua in regime dinamico come *motore*, sono le seguenti, avendo indicato con C_r la coppia resistente del carico meccanico ad esso collegato:

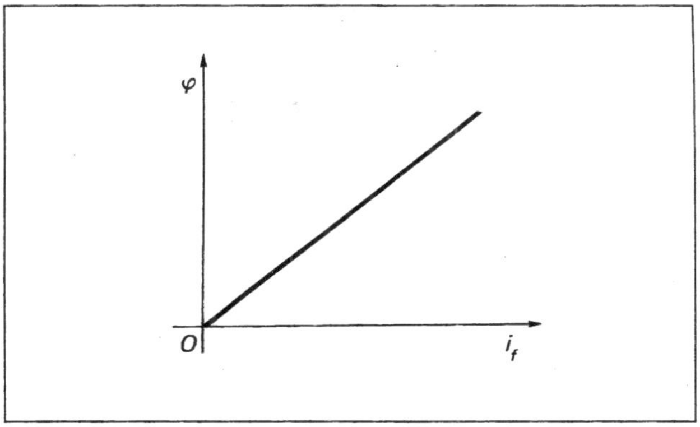

Figura 9.33

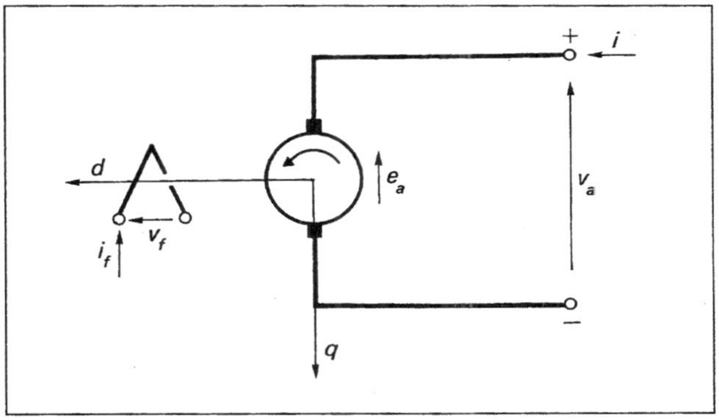

Figura 9.34

$$(9.69)\quad \begin{cases} v_a = e_a + R_a i + L_a p i \\ v_f = R_f i_f + L_f p i_f \\ C = C_r + J p \Omega \\ C = K\varphi i \\ e_a = K\varphi\Omega \qquad \varphi = K_1 i_f\,. \end{cases}$$

È infine possibile manipolare le espressioni sia della f.e.m. indotta $e_a = K\varphi\Omega$ sia della coppia $C = K\varphi i$ che compaiono nelle relazioni (9.68) e (9.69) definendo il *flusso concatenato* φ_{ad} con l'avvolgimento indotto prodotto dalla corrente di eccitazione i_f:

$$(9.70)\quad \varphi_{ad} = K\varphi = K \cdot K_1 i_f\,.$$

Il prodotto $(K \cdot K_1)$ rappresenta una *mutua induttanza*, poiché è il rapporto fra il flusso concatenato φ_{ad} e la corrente di eccitazione i_f che lo ha prodotto; questa mutua induttanza la definiamo M_{af}:

(9.71) $M_{af} = K \cdot K_1$.

La relazione (9.70) diventa quindi:

(9.72) $\varphi_{ad} = K\varphi = M_{af} \cdot i_f$.

Le espressioni della f.e.m. $e_a = K\varphi\Omega$ e della coppia $C = K\varphi i$ si possono pertanto scrivere nel seguente modo:

(9.73) $$\begin{cases} e_a = K\varphi\Omega = \varphi_{ad}\Omega = M_{af} \cdot i_f \cdot \Omega \\ C = K\varphi i = \varphi_{ad} i = M_{af} \cdot i_f \cdot i . \end{cases}$$

Le equazioni di un *motore con eccitazione serie* si ottengono dalle equazioni (9.69) ponendo $i_f = i$ (circuito di indotto in serie con l'avvolgimento di eccitazione) e, detta v_{al} la tensione di alimentazione, $v_{al} = v_f + v_a$.

10

MACCHINE ASINCRONE

10.1. STRUTTURA DELLA MACCHINA ASINCRONA TRIFASE

La macchina asincrona trifase è costituita da uno *statore cilindrico cavo esterno* e da *un rotore interno*, anch'esso cilindrico, calettato sull'albero; tra di essi è interposto un traferro di spessore costante.
Sia lo statore sia il rotore sono di materiale ferromagnetico laminato e le lamiere vengono sovrapposte in senso assiale.
Le due strutture sono dotate di cave rivolte verso il traferro, in cui vengono alloggiati i conduttori attivi per realizzare gli avvolgimenti trifase di statore

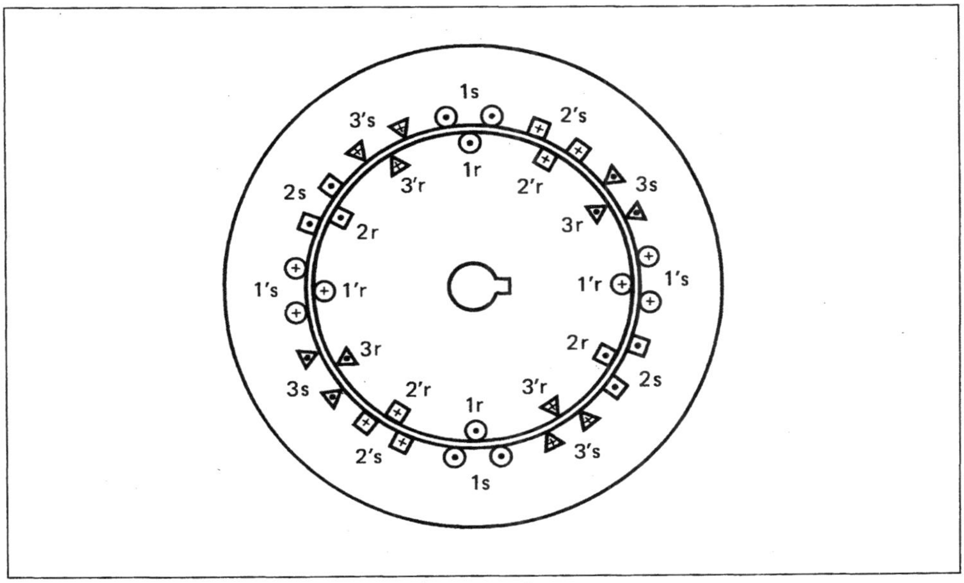

Figura 10.1. Sezione di una macchina asincrona trifase a 4 poli. Cave per polo-fase: statore, $q_s = 2$; rotore, $q_r = 1$. Fasi di statore: 1s, 2s, 3s. Fasi di rotore: 1r, 2r, 3r.

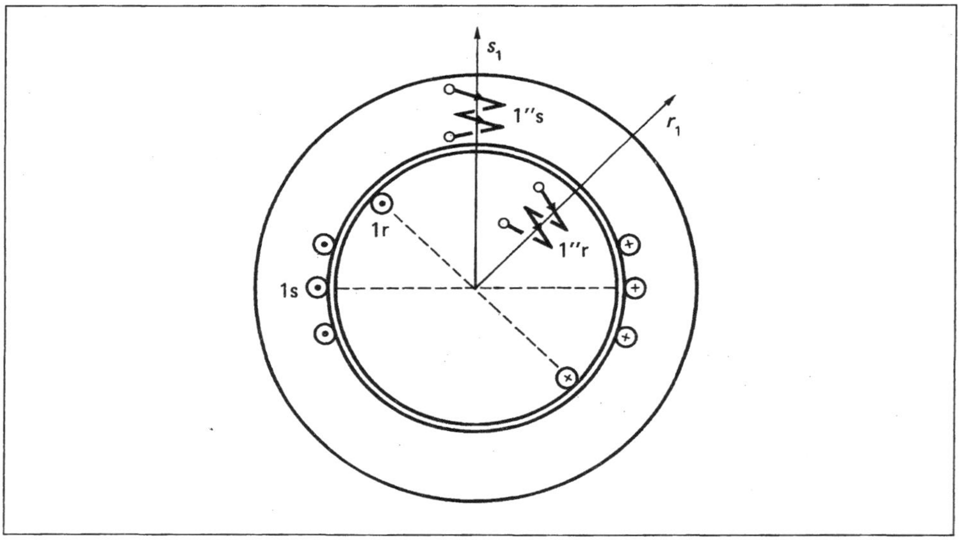

Figura 10.2. Schematizzazione degli avvolgimenti effettivi distribuiti mediante bobine concentrate, i cui assi coincidono con quelli degli avvolgimenti stessi: l'avvolgimento 1s è sostituito dalla *bobina* 1″s; l'*avvolgimento* 1r è sostituito dalla *bobina* 1″r.

e di rotore, aventi lo stesso numero di poli. Gli avvolgimenti così ottenuti possono essere collegati sia a stella sia a triangolo.

In fig. 10.1 è mostrata la sezione di una macchina asincrona trifase a $2n = 4$ poli, in cui l'avvolgimento di statore ha $q_s = 2$ cave per polo-fase mentre il rotore ha $q_r = 1$ cava per polo-fase.

Un rotore del tipo sopra descritto si dice *avvolto*; esiste anche una seconda versione dell'avvolgimento di rotore, detta a *gabbia*, che verrà introdotta più avanti.

Gli avvolgimenti verranno schematizzati mediante bobine concentrate, i cui assi coincidono con quelli degli avvolgimenti effettivi, come mostra la fig. 10.2 in cui si sono messe in evidenza solo una fase di statore e una di rotore.

L'uso prevalente di questa macchina è come motore.

10.2. EQUAZIONI DELLA MACCHINA ASINCRONA TRIFASE

La macchina asincrona trifase oggetto di studio è schematizzata in fig. 10.3, dove s_1, s_2, s_3 e r_1, r_2, r_3 rappresentano gli assi delle fasi di statore e

di rotore.
Le frecce degli assi indicano il senso positivo delle f.m.m. prodotte dagli avvolgimenti percorsi da correnti positive.
Per tutti gli avvolgimenti si è assunta la convenzione di segno degli utilizzatori.
Si indicano con θ_1, θ_2 e θ_3 gli angoli formati dagli assi degli avvolgimenti di rotore rispetto all'asse s_1 dell'avvolgimento di statore; risulta quindi:

$$\theta_1 = \theta ; \qquad \theta_2 = \theta + 2\pi/3 ; \qquad \theta_3 = \theta + 4\pi/3 .$$

Gli angoli sono positivi se misurati in senso antiorario.
Si indicano con N_s e N_r i numeri di spire degli avvolgimenti di statore e di rotore rispettivamente.
Si fanno le seguenti ipotesi:
a) si considera la macchina a *2 poli*;

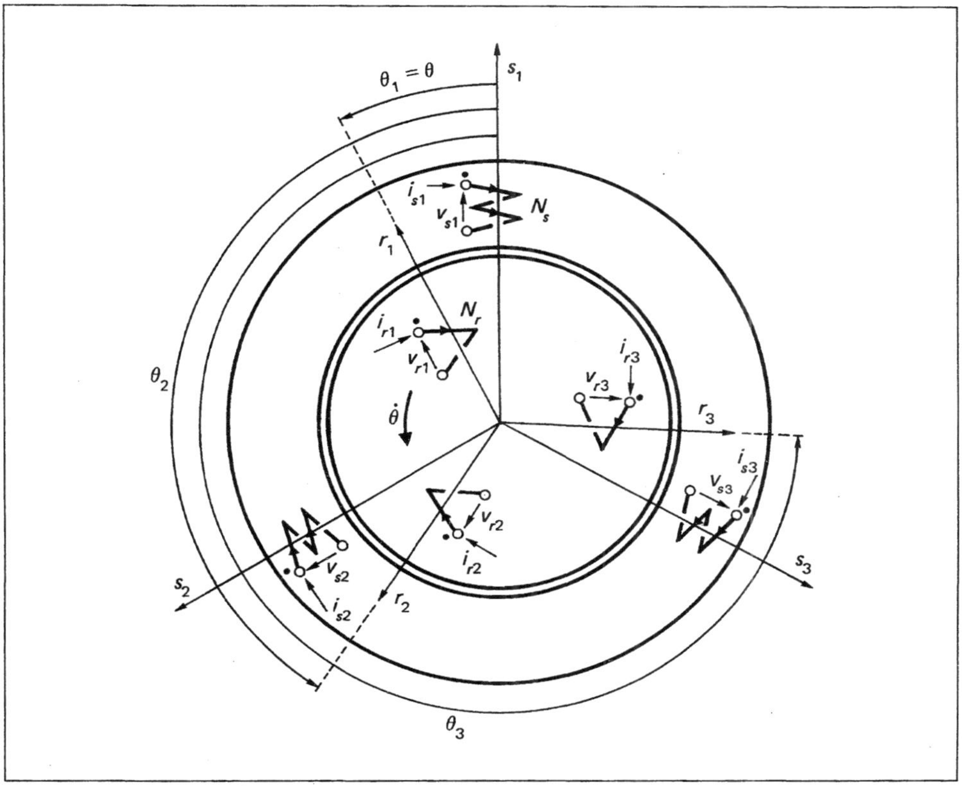

Figura 10.3. Schematizzazione della macchina asincrona trifase.

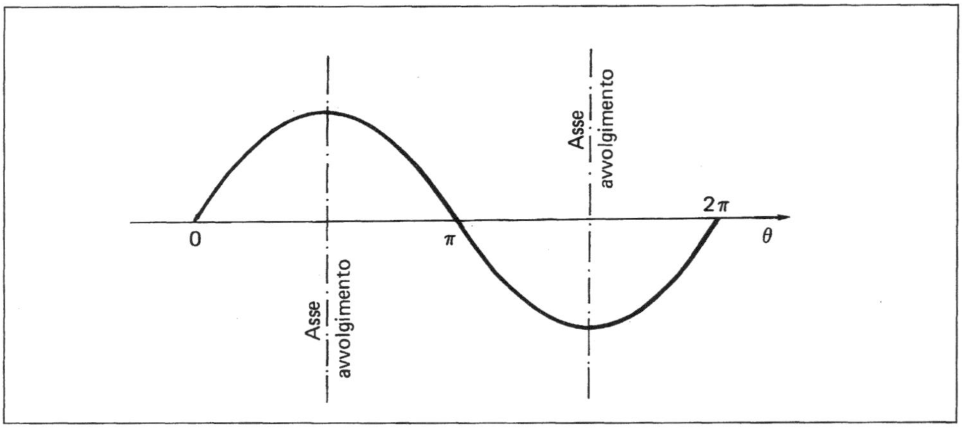

Figura 10.4. Diagramma di f.m.m. al traferro creato da ciascun avvolgimento.

b) si ritiene la permeabilità dei circuiti ferromagnetici costante e di valore molto maggiore di quello della permeabilità del vuoto;
c) si suppone che ogni avvolgimento sia di statore sia di rotore crei un diagramma di f.m.m. al traferro ad andamento sinusoidale nello spazio, come mostra la fig. 10.4.
Per quanto concerne l'ipotesi a) occorre osservare che i risultati sono validi anche per una macchina avente un numero di poli generico pari $2n$; si deve però ricordare che tutte le velocità effettive della macchina risultano ridotte di n rispetto a quelle della macchina a due poli. Indicata, quindi, con $\dot{\theta} = p\theta$ la velocità di rotazione del rotore della macchina a *2 poli*, la velocità di rotazione effettiva $\dot{\theta}_m$ del rotore della macchina a $2n$ poli vale: $\dot{\theta}_m = \dot{\theta}/n$.
Con riferimento alla fig. 10.3, le equazioni di funzionamento del generico avvolgimento k, detto φ_k il flusso da esso concatenato, sono scritte nella seguente forma:

$$\begin{cases} v_k = R_k i_k + p\varphi_k \\ \varphi_k = L_k i_k + \sum m_{kh} \cdot i_h \qquad (k, h = s_1, s_2, s_3, r_1, r_2, r_3 \,;\, h \neq k) \end{cases}$$

dove R_k e L_k indicano rispettivamente la resistenza e l'autoinduttanza del suddetto avvolgimento e m_{kh} è la mutua induttanza fra esso ed un qualsiasi altro avvolgimento h.
Poiché la struttura della macchina è simmetrica con traferro costante, le autoinduttanze di ogni avvolgimento di statore e di rotore e le mutue induttanze fra due qualsiasi avvolgimenti di statore e due qualsiasi

avvolgimenti di rotore sono indipendenti dall'anomalia θ e quindi costanti; esse sono così definite:

$$\begin{cases} \text{Autoinduttanza di ogni fase di statore:} & L_{ss} \\ \text{Mutua induttanza fra due fasi di statore:} & M_{ss} \end{cases}$$

$$\begin{cases} \text{Autoinduttanza di ogni fase di rotore:} & L_{rr} \\ \text{Mutua induttanza fra due fasi di rotore:} & M_{rr} \end{cases}$$

In base all'ipotesi *c*) si può dimostrare che il coefficiente di *mutua induttanza* $m_{sr}(\theta)$ fra un generico avvolgimento di statore e un generico avvolgimento di rotore varia in funzione dell'angolo θ con legge *sinusoidale*. Detto M_{sr} il valore massimo di queste mutue induttanze, in tab. 10.1 ne sono riportati gli andamenti in funzione degli angoli θ_1, θ_2 e θ_3 prima definiti.
Lo studio è assai agevolato se si utilizzano alcune nozioni di *algebra delle matrici*.
Definiamo perciò i vettori delle grandezze elettriche e magnetiche in gioco:

Vettore tensioni — *Vettore correnti* — *Vettore flussi concatenati*

$$\left[v_{s,r}^{1,2,3}\right] = \begin{bmatrix} v_{s1} \\ v_{s2} \\ v_{s3} \\ v_{r1} \\ v_{r2} \\ v_{r3} \end{bmatrix} \qquad \left[i_{s,r}^{1,2,3}\right] = \begin{bmatrix} i_{s1} \\ i_{s2} \\ i_{s3} \\ i_{r1} \\ i_{r2} \\ i_{r3} \end{bmatrix} \qquad \left[\varphi_{s,r}^{1,2,3}\right] = \begin{bmatrix} \varphi_{s1} \\ \varphi_{s2} \\ \varphi_{s3} \\ \varphi_{r1} \\ \varphi_{r2} \\ \varphi_{r3} \end{bmatrix}$$

Tabella 10.1. Mutue induttanze fra avvolgimenti di statore e di rotore.

Avv. di statore	*Avv. di rotore*	*Mutua induttanza*
s_1	r_1	$M_{sr} \cdot \cos \theta_1$
s_1	r_2	$M_{sr} \cdot \cos \theta_2$
s_1	r_3	$M_{sr} \cdot \cos \theta_3$
s_2	r_1	$M_{sr} \cdot \cos \theta_3$
s_2	r_2	$M_{sr} \cdot \cos \theta_1$
s_2	r_3	$M_{sr} \cdot \cos \theta_2$
s_3	r_1	$M_{sr} \cdot \cos \theta_2$
s_3	r_2	$M_{sr} \cdot \cos \theta_3$
s_3	r_3	$M_{sr} \cdot \cos \theta_1$

La relazione che lega il *vettore flussi concatenati* al *vettore correnti* è la seguente:

$$\begin{vmatrix}\varphi_{s1}\\ \varphi_{s2}\\ \varphi_{s3}\\ \varphi_{r1}\\ \varphi_{r2}\\ \varphi_{r3}\end{vmatrix} = \left|\begin{array}{ccc|ccc} L_{ss} & M_{ss} & M_{ss} & M_{sr}\cos\theta_1 & M_{sr}\cos\theta_2 & M_{sr}\cos\theta_3 \\ M_{ss} & L_{ss} & M_{ss} & M_{sr}\cos\theta_3 & M_{sr}\cos\theta_1 & M_{sr}\cos\theta_2 \\ M_{ss} & M_{ss} & L_{ss} & M_{sr}\cos\theta_2 & M_{sr}\cos\theta_3 & M_{sr}\cos\theta_1 \\ \hline M_{sr}\cos\theta_1 & M_{sr}\cos\theta_3 & M_{sr}\cos\theta_2 & L_{rr} & M_{rr} & M_{rr} \\ M_{sr}\cos\theta_2 & M_{sr}\cos\theta_1 & M_{sr}\cos\theta_3 & M_{rr} & L_{rr} & M_{rr} \\ M_{sr}\cos\theta_3 & M_{sr}\cos\theta_2 & M_{sr}\cos\theta_1 & M_{rr} & M_{rr} & L_{rr} \end{array}\right| \begin{vmatrix} i_{s1}\\ i_{s2}\\ i_{s3}\\ i_{r1}\\ i_{r2}\\ i_{r3}\end{vmatrix}$$

(10.1)

Ad esempio il flusso φ_{s2} concatenato con l'avvolgimento s_2 vale:

$$\varphi_{s2} = M_{ss} i_{s1} + L_{ss} i_{s2} + M_{ss} i_{s3} + (M_{sr}\cos\theta_3) i_{r1} + \\ + (M_{sr}\cos\theta_1) i_{r2} + (M_{sr}\cos\theta_2) i_{r3} \, .$$

La matrice che lega il *vettore flussi* al *vettore correnti* si chiama *matrice delle induttanze* $[L_{sr}(\theta)]$:

$$[L_{sr}(\theta)] = \left|\begin{array}{ccc|ccc} L_{ss} & M_{ss} & M_{ss} & M_{sr}\cos\theta_1 & M_{sr}\cos\theta_2 & M_{sr}\cos\theta_3 \\ M_{ss} & L_{ss} & M_{ss} & M_{sr}\cos\theta_3 & M_{sr}\cos\theta_1 & M_{sr}\cos\theta_2 \\ M_{ss} & M_{ss} & L_{ss} & M_{sr}\cos\theta_2 & M_{sr}\cos\theta_3 & M_{sr}\cos\theta_1 \\ \hline M_{sr}\cos\theta_1 & M_{sr}\cos\theta_3 & M_{sr}\cos\theta_2 & L_{rr} & M_{rr} & M_{rr} \\ M_{sr}\cos\theta_2 & M_{sr}\cos\theta_1 & M_{sr}\cos\theta_3 & M_{rr} & L_{rr} & M_{rr} \\ M_{sr}\cos\theta_3 & M_{sr}\cos\theta_2 & M_{sr}\cos\theta_1 & M_{rr} & M_{rr} & L_{rr} \end{array}\right|$$

(10.2)

La matrice $[L_{sr}(\theta)]$ è composta dalle seguenti sottomatrici:

(10.3) $$[L_{ss}] = \begin{vmatrix} L_{ss} & M_{ss} & M_{ss} \\ M_{ss} & L_{ss} & M_{ss} \\ M_{ss} & M_{ss} & L_{ss} \end{vmatrix} ;$$

(10.4) $$[L_{rr}] = \begin{vmatrix} L_{rr} & M_{rr} & M_{rr} \\ M_{rr} & L_{rr} & M_{rr} \\ M_{rr} & M_{rr} & L_{rr} \end{vmatrix} ;$$

$$(10.5)\quad [M(\theta)] = \begin{vmatrix} M_{sr}\cos\theta_1 & M_{sr}\cos\theta_2 & M_{sr}\cos\theta_3 \\ M_{sr}\cos\theta_3 & M_{sr}\cos\theta_1 & M_{sr}\cos\theta_2 \\ M_{sr}\cos\theta_2 & M_{sr}\cos\theta_3 & M_{sr}\cos\theta_1 \end{vmatrix};$$

$$(10.6)\quad [M'(\theta)] = \begin{vmatrix} M_{sr}\cos\theta_1 & M_{sr}\cos\theta_3 & M_{sr}\cos\theta_2 \\ M_{sr}\cos\theta_2 & M_{sr}\cos\theta_1 & M_{sr}\cos\theta_3 \\ M_{sr}\cos\theta_3 & M_{sr}\cos\theta_2 & M_{sr}\cos\theta_1 \end{vmatrix}.$$

La matrice $[M'(\theta)]$ è la *matrice trasposta* della matrice $[M(\theta)]$ poiché si ottiene da quest'ultima scambiando righe con le colonne:

$$[M'(\theta)] = [M(\theta)]^t .$$

Perciò la matrice $[L_{s,r}]$ si può anche scrivere nel seguente modo:

$$(10.7)\quad [L_{s,r(\theta)}] = \begin{vmatrix} [L_{ss}] & [M(\theta)] \\ [M(\theta)]^t & [L_{rr}] \end{vmatrix}.$$

Dette R_s e R_r rispettivamente le resistenze di ogni fase di statore e di ogni fase di rotore, possiamo definire la seguente *matrice delle resistenze* $[R_{s,r}]$:

$$(10.8)\quad [R_{s,r}] = \left|\begin{array}{ccc|ccc} R_s & 0 & 0 & 0 & 0 & 0 \\ 0 & R_s & 0 & 0 & 0 & 0 \\ 0 & 0 & R_s & 0 & 0 & 0 \\ \hline 0 & 0 & 0 & R_r & 0 & 0 \\ 0 & 0 & 0 & 0 & R_r & 0 \\ 0 & 0 & 0 & 0 & 0 & R_r \end{array}\right| = \begin{vmatrix} [R_s] & [0] \\ [0] & [R_r] \end{vmatrix}.$$

Le *equazioni elettromagnetiche* della macchina sono pertanto le seguenti:

$$(10.9)\quad \left[v_{s,r}^{1,2,3}\right] = [R_{s,r}] \cdot \left[i_{s,r}^{1,2,3}\right] + p\left[\varphi_{s,r}^{1,2,3}\right]$$

$$(10.10)\quad \left[\varphi_{s,r}^{1,2,3}\right] = [L_{s,r}(\theta)] \cdot \left[i_{s,r}^{1,2,3}\right].$$

Si ottiene perciò un sistema di 6 equazioni differenziali, che possono essere ridotte a 4 se le fasi di statore e di rotore sono collegate in modo da formare un sistema trifase a tre fili.
In tal caso risulta infatti:

$$(10.11)\quad \begin{cases} i_{s1} + i_{s2} + i_{s3} = 0 \\ i_{r1} + i_{r2} + i_{r3} = 0 \end{cases}$$

e quindi una corrente di statore e una corrente di rotore risultano funzione della somma delle altre due.
Accanto alle *equazioni elettromagnetiche* occorre aggiungere l'equazione dell'*equilibrio meccanico*.
A questo proposito definiamo le seguenti grandezze:
J = momento di inerzia totale della macchina comprensivo cioè del carico ad essa collegato;
C_r = coppia resistente del carico;
$C = C(\varphi, i)$ = coppia elettromagnetica della macchina.
Ricordando che $\dot{\theta}_m = \dot{\theta}/n$ è la velocità effettiva di rotazione del rotore della macchina, l'*equazione dell'equilibrio meccanico* è la seguente:

$$(10.12) \quad C(\varphi, i) = C_r + Jp\dot{\theta}_m = C_r + \frac{J}{n} p\dot{\theta} .$$

Poiché nella relazione (10.10), che lega flussi e correnti, compare come variabile l'*angolo* θ, si deve aggiungere anche l'equazione:

$$(10.13) \quad p\theta = \dot{\theta} .$$

Ammettendo perciò che valgano le relazioni (10.11) per le correnti di statore e di rotore, il *regime dinamico* di una macchina asincrona è governato dalle seguenti 6 equazioni differenziali:
– 4 equazioni elettromagnetiche [equazioni (10.9)];
– 1 equazione dell'equilibrio meccanico [equazione (10.12)];
– 1 equazione per l'angolo θ [equazione (10.13)].
Le *variabili di stato* sono:
– 4 correnti o flussi, che sono legate dalle (10.10) e (10.11);
– angolo θ;
– velocità $\dot{\theta}$.
Il sistema di equazioni differenziali così ottenuto è assai pesante da integrare, anche per la presenza della *variabile di stato* θ, che è una grandezza sempre crescente e non limitata come le altre variabili di stato. Ciò comporta che nell'integrazione del sistema si possono commettere gravi errori nella sua valutazione.
Ecco quindi che nasce l'esigenza di modificare la struttura del sistema di equazioni differenziali in modo tale da poter eliminare la variabile angolare θ.

10.3. LA MACCHINA AD INDUZIONE EQUIVALENTE

Verrà nel seguito mostrato come è possibile studiare il funzionamento in regime dinamico di una macchina trifase ad induzione sostituendola con una macchina equivalente avente una struttura più semplice.
Dapprima verrà eseguito un cambiamento di variabili, considerando questa operazione come un algoritmo puramente matematico, e poi verrà mostrato come le nuove equazioni ottenute descrivano il funzionamento dinamico di una macchina equivalente a quella di partenza.
A questo proposito, con riferimento alla struttura della macchina, definiamo, come indicato in fig. 10.5, due assi d e q ortogonali la cui posizione è individuata dall'angolo θ_s formato dall'*asse d* e dall'*asse* s_1 della fase 1 di statore o dall'*angolo* θ_r formato dall'*asse d* e dall'*asse* r_1 della fase 1 di rotore; θ_s e θ_r sono positivi se misurati in senso antiorario come θ.
Fra gli angoli θ, θ_s e θ_r vale la relazione:

(10.14) $\theta_s = \theta + \theta_r$

e derivando:

(10.15) $\dot{\theta}_s = \dot{\theta} + \dot{\theta}_r$,

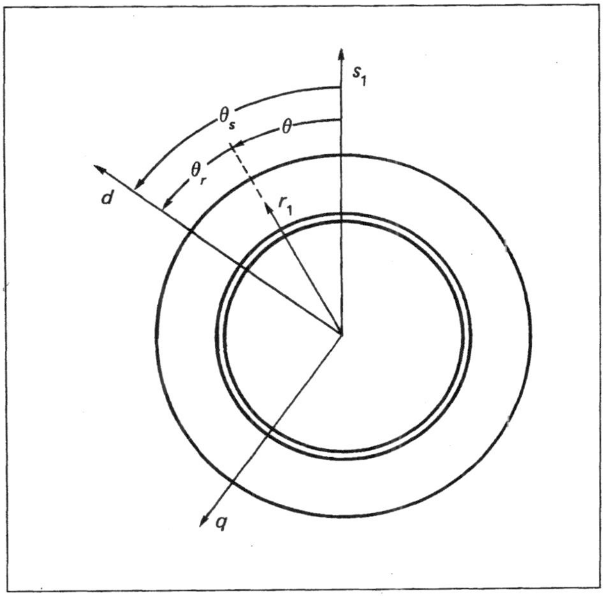

Figura 10.5

dove:
$\dot{\theta}$ è la velocità di rotazione del rotore della macchina asincrona (a due poli);
$\dot{\theta}_s$ è la velocità degli *assi d-q* rispetto allo statore;
$\dot{\theta}_r$ è la velocità degli *assi d-q* rispetto al rotore.

Le *nuove variabili* si ottengono da quelle relative alla macchina trifase mediante l'applicazione della seguente matrice di trasformazione (detta *matrice di Park*):

$$(10.16)\quad [T_1(\alpha)] = \sqrt{\frac{2}{3}} \begin{vmatrix} \cos\alpha & \cos(\alpha - 2\pi/3) & \cos(\alpha - 4\pi/3) \\ -\operatorname{sen}\alpha & -\operatorname{sen}(\alpha - 2\pi/3) & -\operatorname{sen}(\alpha - 4\pi/3) \\ 1/\sqrt{2} & 1/\sqrt{2} & 1/\sqrt{2} \end{vmatrix} .$$

Per la trasformazione delle *variabili di statore* si deve porre $\alpha = \theta_s$ e per la trasformazione delle *variabili di rotore* si deve porre $\alpha = \theta_r$.
Dette per esempio $[a^{1,2,3}]$ tre generiche grandezze della macchina trifase e $[a^{d,q,o}]$ *quelle equivalenti* il legame fra le due è espresso dalla seguente relazione:

$$(10.17)\quad [a^{d,q,o}] = [T_1(\alpha)] \cdot [a^{1,2,3}] .$$

La matrice $[T_1(\alpha)]$ definita dalla relazione (10.16) gode della proprietà di essere *ortogonale*, cioè la sua *trasposta* $[T_1(\alpha)]^t$ è uguale alla sua inversa $[T_1(\alpha)]^{-1}$:

$$[T_1(\alpha)]^t = \sqrt{\frac{2}{3}} \cdot \begin{vmatrix} \cos\alpha & -\operatorname{sen}\alpha & 1/\sqrt{2} \\ \cos(\alpha - 120°) & -\operatorname{sen}(\alpha - 120°) & 1/\sqrt{2} \\ \cos(\alpha - 240°) & -\operatorname{sen}(\alpha - 240°) & 1/\sqrt{2} \end{vmatrix} .$$

È facile verificare che risulta infatti:

$$[T_1(\alpha)] \cdot [T_1(\alpha)]^t = [T_1(\alpha)]^t \cdot [T_1(\alpha)] = \begin{vmatrix} 1 & 0 & 0 \\ 0 & 1 & 0 \\ 0 & 0 & 1 \end{vmatrix} = [U]_3 ,$$

quindi per la definizione di *matrice inversa* si ha:

$$[T_1(\alpha)]^{-1} = [T_1(\alpha)]^t .$$

La trasformazione delle variabili

a) Variabili di statore

Si definiscono, mediante la relazione (10.17) ponendo $\alpha = \theta_s$:
- 3 nuove tensioni di statore: v_{sd}, v_{sq}, v_{so};
- 3 nuove correnti di statore: i_{sd}, i_{sq}, i_{so};
- 3 nuovi flussi concatenati di statore: φ_{sd}, φ_{sq}, φ_{so}.

b) Variabili di rotore

Analogamente, ponendo $\alpha = \theta_r$, mediante la relazione (10.17) si definiscono:
- 3 nuove tensioni di rotore: v_{rd}, v_{rq}, v_{ro};
- 3 nuove correnti di rotore: i_{rd}, i_{rq}, i_{ro};
- 3 nuovi flussi concatenati di rotore: φ_{rd}, φ_{rq}, φ_{ro}.

Per esempio risulta per le *correnti di statore*:

$$\begin{vmatrix} i_{sd} \\ i_{sq} \\ i_{so} \end{vmatrix} = \sqrt{\frac{2}{3}} \begin{vmatrix} \cos\theta_s & \cos(\theta_s - 120°) & \cos(\theta_s - 240°) \\ -\operatorname{sen}\theta_s & -\operatorname{sen}(\theta_s - 120°) & -\operatorname{sen}(\theta_s - 240°) \\ \frac{1}{\sqrt{2}} & \frac{1}{\sqrt{2}} & \frac{1}{\sqrt{2}} \end{vmatrix} \cdot \begin{vmatrix} i_{s1} \\ i_{s2} \\ i_{s3} \end{vmatrix} =$$

$$= \sqrt{\frac{2}{3}} \begin{vmatrix} i_{s1}\cos\theta_s + i_{s2}\cos(\theta_s - 120°) + i_{s3}\cos(\theta_s - 240°) \\ -i_{s1}\operatorname{sen}\theta_s - i_{s2}\operatorname{sen}(\theta_s - 120°) - i_{s3}\operatorname{sen}(\theta_s - 240°) \\ \frac{1}{\sqrt{2}}(i_{s1} + i_{s2} + i_{s3}) \end{vmatrix}$$

e cioè

$$\begin{cases} i_{sd} = \sqrt{\frac{2}{3}}\,[i_{s1}\cos\theta_s + i_{s2}\cos(\theta_s - 120°) + i_{s3}\cos(\theta_s - 240°)] \\ i_{sq} = -\sqrt{\frac{2}{3}}\,[i_{s1}\operatorname{sen}\theta_s + i_{s2}\operatorname{sen}(\theta_s - 120°) + i_{s3}\operatorname{sen}(\theta_s - 240°)] \\ i_{so} = \frac{1}{\sqrt{3}}(i_{s1} + i_{s2} + i_{s3})\,. \end{cases}$$

Per ottenere le equazioni nelle nuove variabili dobbiamo definire la matrice di trasformazione totale $[T(\theta_s, \theta_r)]$ nel seguente modo:

$$(10.18)\quad [T(\theta_s,\theta_r)] = \begin{vmatrix} [T_1(\theta_s)] & \begin{vmatrix} 0 & 0 & 0 \\ 0 & 0 & 0 \\ 0 & 0 & 0 \end{vmatrix} \\ \begin{vmatrix} 0 & 0 & 0 \\ 0 & 0 & 0 \\ 0 & 0 & 0 \end{vmatrix} & [T_1(\theta_r)] \end{vmatrix} .$$

Sulla diagonale principale della $[T(\theta_s, \theta_r)]$ ci sono le due matrici $[T_1(\theta_s)]$ e $[T_1(\theta_r)]$ e sulla diagonale secondaria le due *matrici nulle*

$$[0] = \begin{vmatrix} 0 & 0 & 0 \\ 0 & 0 & 0 \\ 0 & 0 & 0 \end{vmatrix} .$$

Applichiamo ora ad entrambi i membri delle (10.9) e (10.10) la matrice di trasformazione (10.16), ricordando la relazione (10.17), ottenendo così le equazioni nelle nuove variabili (d, q, o):

$$(10.19)\quad [T(\theta_s,\theta_r)]\cdot\left[v_{s,r}^{1,2,3}\right] = \left[v_{s,r}^{d,q,o}\right] = [T(\theta_s,\theta_r)][R_{s,r}]\left[i_{s,r}^{1,2,3}\right] + [T(\theta_s,\theta_r)]p\left[\varphi_{s,r}^{1,2,3}\right]$$

$$(10.20)\quad [T(\theta_s,\theta_r)]\left[\varphi_{s,r}^{1,2,3}\right] = \left[\varphi_{s,r}^{d,q,o}\right] = [T(\theta_s,\theta_r)]\,[L_{s,r}]\left[i_{s,r}^{1,2,3}\right] .$$

Elaboriamo ora queste ultime due relazioni.

Relazione (10.19). Data la natura della matrice $[R_{s,r}]$ [si veda la (10.8)] risulta:

$$[T(\theta_s, \theta_r)]\,[R_{s,r}] = [R_{s,r}]\,[T(\theta_s, \theta_r)] ,$$

allora è pure:

$$(10.21)\quad [T(\theta_s,\theta_r)]\,[R_{s,r}]\cdot\left[i_{s,r}^{1,2,3}\right] = [R_{s,r}]\,[T(\theta_s,\theta_r)]\left[i_{s,r}^{1,2,3}\right] = [R_{s,r}]\left[i_{s,r}^{d,q,o}\right] .$$

Consideriamo ora la derivata dei flussi che compare nella (10.19) al secondo membro. Si ottiene, ricordando che $[T]^{-1}[T] = [U]$,

$$\begin{aligned}(10.22)\quad p\left[\varphi_{s,r}^{1,2,3}\right] &= p\left\{[T(\theta_s,\theta_r)]^{-1}[T(\theta_s,\theta_r)]\left[\varphi_{s,r}^{1,2,3}\right]\right\} = \\ &= p\left\{[T(\theta_s,\theta_r)]^{-1}\left[\varphi_{s,r}^{d,q,o}\right]\right\} = \left\{p[T(\theta_s,\theta_r)]^{-1}\right\}\cdot\left[\varphi_{s,r}^{d,q,o}\right] + \\ &+ [T(\theta_s,\theta_r)]^{-1}\left\{p\left[\varphi_{s,r}^{d,q,o}\right]\right\} .\end{aligned}$$

Risulta quindi

$$(10.23)\quad [T(\theta_s,\theta_r)]\cdot p\left[\varphi_{s,r}^{1,2,3}\right]=[T(\theta_s,\theta_r)]\,\{p[T(\theta_s,\theta_r)]^{-1}\}\left[\varphi_{s,r}^{d,q,o}\right]+ + \underbrace{[T(\theta_s,\theta_r)]\,[T(\theta_s,\theta_r)]^{-1}}_{[U]}\cdot\left\{p\left[\varphi_{s,r}^{d,q,o}\right]\right\}.$$

Operiamo ora sul prodotto $[T(\theta_s, \theta_r)] \cdot \{p[T(\theta_s, \theta_r)]^{-1}\}$ ricordando che la matrice $[T(\theta_s, \theta_r)]$ è ortogonale, cioè la sua trasposta è uguale alla sua inversa.
In regime qualsiasi θ_s e θ_r sono funzioni del tempo t per cui, posto $\dot{\theta}_{s,r} = p\theta_{s,r}$, si ha:

$$(10.24)\quad p[T(\theta_s,\theta_r)]^t=\begin{vmatrix}\dot{\theta}_s\dfrac{d}{d\theta_s}[T_1(\theta_s)]^t & [0]\\ [0] & \dot{\theta}_r\dfrac{d}{d\theta_r}[T_1(\theta_r)]^t\end{vmatrix}.$$

Consideriamo ora le due matrici che compaiono sulla diagonale principale della (10.24). Risulta:

$$(10.25)\quad \frac{d}{d\theta_s}[T_1(\theta_s)]^t=\sqrt{\frac{2}{3}}\begin{vmatrix}-\operatorname{sen}\theta_s & -\cos\theta_s & 0\\ -\operatorname{sen}(\theta_s-120°) & -\cos(\theta_s-120°) & 0\\ -\operatorname{sen}(\theta_s-240°) & -\cos(\theta_s-240°) & 0\end{vmatrix}$$

$$(10.26)\quad \frac{d}{d\theta_r}[T_1(\theta_r)]^t=\sqrt{\frac{2}{3}}\begin{vmatrix}-\operatorname{sen}\theta_r & -\cos\theta_r & 0\\ -\operatorname{sen}(\theta_r-120°) & -\cos(\theta_r-120°) & 0\\ -\operatorname{sen}(\theta_r-240°) & -\cos(\theta_r-240°) & 0\end{vmatrix}.$$

Quindi si ha:

$$(10.27)\quad [T(\theta_s,\theta_r)]\cdot p\{[T(\theta_s,\theta_r)]^{-1}\}=$$

$$=\begin{vmatrix}[T_1(\theta_s)] & [0]\\ [0] & [T_1(\theta_r)]\end{vmatrix}\cdot\begin{vmatrix}\dot{\theta}_s\cdot\dfrac{\mathrm{d}}{\mathrm{d}\theta_s}[T_1(\theta_s)]^t & [0]\\ [0] & \dot{\theta}_r\dfrac{\mathrm{d}}{\mathrm{d}\theta_r}[T_1(\theta_r)]^t\end{vmatrix}=$$

$$=\begin{vmatrix}\dot{\theta}_s\cdot[T_1(\theta_s)]\cdot\dfrac{\mathrm{d}}{\mathrm{d}\theta_s}[T_1(\theta_s)]^t & [0]\\ [0] & \dot{\theta}_r\cdot[T_1(\theta_r)]\cdot\dfrac{\mathrm{d}}{\mathrm{d}\theta_r}[T_1(\theta_r)]^t\end{vmatrix}.$$

Risulta inoltre, ricordando le (10.25) e (10.26):

$$(10.28)\quad [T_1(\theta_s)]\frac{\mathrm{d}}{\mathrm{d}\theta_s}[T_1(\theta_s)]^t=\begin{vmatrix}0 & -1 & 0\\ 1 & 0 & 0\\ 0 & 0 & 0\end{vmatrix}=[J]\quad \text{e}$$

$$(10.29)\quad [T_1(\theta_r)]\frac{\mathrm{d}}{\mathrm{d}\theta_r}[T_1(\theta_r)]^t=\begin{vmatrix}0 & -1 & 0\\ 1 & 0 & 0\\ 0 & 0 & 0\end{vmatrix}=[J].$$

Perciò la (10.27) diventa:

$$(10.30)\qquad [T(\theta_s,\theta_r)]p\{[T(\theta_s,\theta_r)]^{-1}\} = \begin{vmatrix} \dot{\theta}_s \cdot [J] & [0] \\ [0] & \dot{\theta}_r \cdot [J] \end{vmatrix}.$$

L'equazione (10.19) assume quindi la seguente espressione:

$$(10.31)\qquad \begin{bmatrix} [v_s^{d,q,o}] \\ [v_r^{d,q,o}] \end{bmatrix} = \begin{bmatrix} [R_s] & [0] \\ [0] & [R_r] \end{bmatrix} \cdot \begin{bmatrix} [i_s^{d,q,o}] \\ [i_r^{d,q,o}] \end{bmatrix} + \begin{bmatrix} \dot{\theta}_s \cdot [J] & [0] \\ [0] & \dot{\theta}_r \cdot [J] \end{bmatrix} \begin{bmatrix} [\varphi_s^{d,q,o}] \\ [\varphi_r^{d,q,o}] \end{bmatrix} + $$
$$+p\begin{bmatrix} [\varphi_s^{d,q,o}] \\ [\varphi_r^{d,q,o}] \end{bmatrix}.$$

Relazione (10.20). Risulta:

$$(10.32)\qquad [\varphi_{s,r}^{d,q,o}] = [T(\theta_s,\theta_r)]\,[L_{s,r}] \cdot [T(\theta_s,\theta_r)]^{-1}[T(\theta_s,\theta_r)]\,[i_{s,r}^{1,2,3}] =$$
$$= [T(\theta_s,\theta_r)]\,[L_{s,r}]\,[T(\theta_s,\theta_r)]^{-1}[i_{s,r}^{d,q,o}].$$

Elaboriamo il seguente prodotto di matrici, ricordando la (10.7) e la (10.18):

$$(10.33)\qquad [T(\theta_s,\theta_r)]\,[L_{s,r}]\,[T(\theta_s,\theta_r)]^{-1} =$$
$$= \begin{bmatrix} [T_1(\theta_s)] & [0] \\ [0] & [T_1(\theta_r)] \end{bmatrix} \begin{bmatrix} [L_{ss}] & [M(\theta)] \\ [M(\theta)]^t & [L_{rr}] \end{bmatrix} \cdot \begin{bmatrix} [T_1(\theta_s)]^t & [0] \\ [0] & [T_1(\theta_r)]^t \end{bmatrix} =$$
$$= \begin{bmatrix} [[T_1(\theta_s)]\,[L_{ss}]] & [[T_1(\theta_s)]\,[M(\theta)]] \\ [[T_1(\theta_r)]\,[M(\theta)]^t] & [[T_1(\theta_r)]\,[L_{rr}]] \end{bmatrix} \cdot \begin{bmatrix} [T_1(\theta_s)]^t & [0] \\ [0] & [T_1(\theta_r)]^t \end{bmatrix} =$$
$$= \begin{vmatrix} [[T_1(\theta_s)]\,[L_{ss}]\,[T_1(\theta_s)]^t] & [[T_1(\theta_s)]\,[M(\theta)]\,[T_1(\theta_r)]^t] \\ [[T_1(\theta_r)]\,[M(\theta)]^t[T_1(\theta_r)]^t] & [[T_1(\theta_r)]\,[L_{rr}]\,[T_1(\theta_r)]^t] \end{vmatrix}.$$

Osserviamo che, ricordando le regole della trasposizione del prodotto di matrici, risulta:

$$(10.34)\qquad \{[T_1(\theta_s)]\,[M(\theta)]\,[T_1(\theta_r)]^t\}^t = \{[T_1(\theta_r)]^t\}^t[M(\theta)]^t \cdot [T_1(\theta_s)]^t =$$
$$= [T_1(\theta_r)]\,[M(\theta)]^t[T_1(\theta_s)]^t.$$

Esaminiamo le varie sottomatrici della (10.33). Si ha:

(10.35) $[T_1(\theta_s)][L_{ss}][T_1(\theta_s)]^t =$

$$= \frac{2}{3}\begin{vmatrix} \cos\theta_s & \cos(\theta_s - 120°) & \cos(\theta_s - 240°) \\ -\operatorname{sen}\theta_s & -\operatorname{sen}(\theta_s - 120°) & -\operatorname{sen}(\theta_s - 240°) \\ \frac{1}{\sqrt{2}} & \frac{1}{\sqrt{2}} & \frac{1}{\sqrt{2}} \end{vmatrix} \cdot \begin{vmatrix} L_{ss} & M_{ss} & M_{ss} \\ M_{ss} & L_{ss} & M_{ss} \\ M_{ss} & M_{ss} & L_{ss} \end{vmatrix} \cdot$$

$$\cdot \begin{vmatrix} \cos\theta_s & -\operatorname{sen}\theta_s & 1/\sqrt{2} \\ \cos(\theta_s - 120°) & -\operatorname{sen}(\theta_s - 120°) & 1/\sqrt{2} \\ \cos(\theta_s - 240°) & -\operatorname{sen}(\theta_s - 240°) & 1/\sqrt{2} \end{vmatrix} = \begin{vmatrix} L_s & 0 & 0 \\ 0 & L_s & 0 \\ 0 & 0 & L_{so} \end{vmatrix}$$

dove si è posto:

(10.36) $$\begin{cases} L_s = L_{ss} - M_{ss} \\ L_{so} = L_{ss} + 2M_{ss} . \end{cases}$$

Analogamente si trova:

(10.37) $$[T_1(\theta_r)][L_{rr}][T_1(\theta_r)]^t = \begin{vmatrix} L_r & 0 & 0 \\ 0 & L_r & 0 \\ 0 & 0 & L_{ro} \end{vmatrix}$$

dove si è posto:

(10.38) $$\begin{cases} L_r = L_{rr} - M_{rr} \\ L_{ro} = L_{rr} + 2M_{rr} \end{cases}$$

(10.39) $$[T_1(\theta_s)][M(\theta)][T_1(\theta_r)]^t = \begin{vmatrix} M & 0 & 0 \\ 0 & M & 0 \\ 0 & 0 & 0 \end{vmatrix}$$

dove si è posto:

(10.40) $M = \frac{3}{2} M_{sr}$.

La (10.32) diventa quindi:

(10.41) $$\begin{bmatrix} [\varphi_s^{d,q,o}] \\ [\varphi_r^{d,q,o}] \end{bmatrix} = \begin{vmatrix} \begin{bmatrix} L_s & 0 & 0 \\ 0 & L_s & 0 \\ 0 & 0 & L_{so} \end{bmatrix} & \begin{bmatrix} M & 0 & 0 \\ 0 & M & 0 \\ 0 & 0 & 0 \end{bmatrix} \\ \begin{bmatrix} M & 0 & 0 \\ 0 & M & 0 \\ 0 & 0 & 0 \end{bmatrix} & \begin{bmatrix} L_r & 0 & 0 \\ 0 & L_r & 0 \\ 0 & 0 & L_{ro} \end{bmatrix} \end{vmatrix} \cdot \begin{bmatrix} [i_s^{d,q,o}] \\ [i_r^{d,q,o}] \end{bmatrix} .$$

Le equazioni elettromagnetiche, dopo le elaborazioni effettuate, diventano le seguenti, dove le auto e le mutue induttanze risultano costanti:

$$(10.42)\quad \begin{cases} v_{sd} = R_s i_{sd} + p\varphi_{sd} - \dot{\theta}_s \varphi_{sq} \\ v_{sq} = R_s i_{sq} + p\varphi_{sq} + \dot{\theta}_s \varphi_{sd} \\ v_{rd} = R_r i_{rd} + p\varphi_{rd} - \dot{\theta}_r \varphi_{rq} \\ v_{rq} = R_r i_{rq} + p\varphi_{rq} + \dot{\theta}_r \varphi_{rd} \end{cases}$$

$$(10.43)\quad \begin{cases} \varphi_{sd} = L_s i_{sd} + M i_{rd} \\ \varphi_{sq} = L_s i_{sq} + M i_{rq} \\ \varphi_{rd} = L_r i_{rd} + M i_{sd} \\ \varphi_{rq} = L_r i_{rq} + M i_{sq} \end{cases}$$

dove: $\dot{\theta}_s = \dot{\theta} + \dot{\theta}_r$

$$(10.44)\quad \begin{cases} v_{so} = R_s i_{so} + p\varphi_{so} \\ v_{ro} = R_r i_{ro} + p\varphi_{ro} \end{cases}$$

$$(10.45)\quad \begin{cases} \varphi_{so} = L_{so} i_{so} \\ \varphi_{ro} = L_{ro} i_{ro}\,. \end{cases}$$

Le equazioni (10.44) e (10.45) sono relative alle componenti *omopolari* che, come prima detto, risultano nulle se l'alimentazione è a 3 fili con collegamento a stella delle fasi, poiché in queste condizioni risulta:

$$i_{so} = \frac{1}{\sqrt{3}}(i_{s1} + i_{s2} + i_{s3}) = 0 \quad \text{e}$$

$$i_{ro} = \frac{1}{\sqrt{3}}(i_{r1} + i_{r2} + i_{r3}) = 0$$

e quindi $v_{so} = v_{ro} = 0$.
È opportuno osservare che anche nel caso di collegamento a triangolo delle fasi, essendo $v_1 + v_2 + v_3 = 0$, risulta nulla la componente *omopolare* v_o:

$$v_o = \frac{1}{\sqrt{3}}(v_1 + v_2 + v_3) = 0\,.$$

Comunque queste equazioni sono completamente svincolate dalle (10.42) e (10.43), che rappresentano le equazioni elettromagnetiche della macchina in regime dinamico.

Il bilancio energetico

Occorre ora scrivere l'equazione dell'equilibrio meccanico definito dalla (10.12) in cui si deve esplicitare l'espressione della coppia C della macchina. A questo scopo scriviamo il bilancio energetico, espresso in termini di potenza, della macchina.
La potenza elettrica istantanea vale:

$$
\begin{aligned}
(10.46)\quad p(t) &= v_{s1}\cdot i_{s1} + v_{s2}\cdot i_{s2} + v_{s3}\cdot i_{s3} + v_{r1}\cdot i_{r1} + v_{r2}\cdot i_{r2} + v_{r3}\cdot i_{r3} = \\
&= \left[v_{s,r}^{1,2,3}\right]^t \cdot \left[i_{s,r}^{1,2,3}\right] = \left[v_{s,r}^{1,2,3}\right]^t [T(\theta_s,\theta_r)]^{-1}\cdot[T(\theta_s,\theta_r)]\left[i_{s,r}^{1,2,3}\right] = \\
&= \left\{[T(\theta_s,\theta_r)]\left[v_{s,r}^{1,2,3}\right]\right\}^t \left[i_{s,r}^{d,q,o}\right] = \left[v_{s,r}^{d,q,o}\right]^t \left[i_{s,r}^{d,q,o}\right].
\end{aligned}
$$

La (10.46) mostra che la matrice $[T(\theta_s,\ \theta_r)]$, per il fatto di essere ortogonale, lascia immutata la potenza.
Sviluppando la (10.46) si ha, ricordando la (10.42):

$$
\begin{aligned}
(10.47)\quad p(t) &= \left[v_{s,r}^{d,q,o}\right]^t \left[i_{s,r}^{d,q,o}\right] = \underbrace{R_s\left(i_{sd}^2 + i_{sq}^2 + i_{so}^2\right) + R_r\left(i_{rd}^2 + i_{rq}^2 + i_{ro}^2\right)}_{[1]} + \\
&\underbrace{+ i_{sd}\cdot p\varphi_{sd} + i_{sq}\cdot p\varphi_{sq} + i_{so}\varphi_{so} + i_{rd}p\varphi_{rd} + i_{rq}p\varphi_{rq} + i_{ro}p\varphi_{ro}}_{[2]} + \\
&\underbrace{+\dot\theta(i_{rd}\varphi_{rq} - i_{rq}\varphi_{rd})}_{[3]}.
\end{aligned}
$$

Ricordiamo che il *bilancio energetico* di un sistema elettromeccanico è così esprimibile, in termini di potenze:

$$(10.48)\quad p = p_c + p_m + \mathrm{d}w/\mathrm{d}t$$

dove:
p è la potenza elettrica entrante nel sistema,
p_c è la potenza trasformata in calore,
p_m è la potenza meccanica scambiata con i sistemi interagenti,
$\mathrm{d}w/\mathrm{d}t$ è la variazione dell'energia magnetica immagazzinata dal sistema.

Ricordando la (10.43), la variazione dell'energia magnetica assume la seguente espressione:

$$\frac{\mathrm{d}w}{\mathrm{d}t} = \frac{\mathrm{d}}{\mathrm{d}t}\left(\frac{1}{2}L_s i_{sd}^2 + \frac{1}{2}L_s i_{sq}^2 + \frac{1}{2}L_{so} i_{so}^2 + \frac{1}{2}L_r i_{rd}^2 + \frac{1}{2}L_r i_{rq}^2 + \right.$$

$$\left. + \frac{1}{2}L_{ro} i_{ro}^2 + M i_{sd} i_{rd} + M i_{sq} i_{rd}\right) = i_{sd} \cdot p\varphi_{sd} + i_{sq} \cdot p\varphi_{sq} +$$

$$+ i_{so} p\varphi_{so} + i_{rd} p\varphi_{rd} + i_{rq} p\varphi_{rq} + i_{ro} p\varphi_{ro} .$$

Perciò nell'espressione (10.47) della potenza istantanea $p(t)$ i tre termini a secondo membro assumono il seguente significato:

(10.49) $[1] = R_s(i_{sd}^2 + i_{sq}^2 + i_{so}^2) + R_r \cdot (i_{rd}^2 + i_{rq}^2 + i_{ro}^2) = p_c$

(10.50) $[2] = i_{sd} \cdot p\varphi_{sd} + i_{sq} \cdot p\varphi_{sq} + i_{so} \cdot p\varphi_{so} + i_{rd} \cdot p\varphi_{rd} +$

$$+ i_{rq} \cdot p\varphi_{rq} + i_{ro} \cdot p\varphi_{ro} = \frac{\mathrm{d}w}{\mathrm{d}t}$$

(10.51) $[3] = \dot{\theta}(i_{rd} \cdot \varphi_{rq} - i_{rq} \cdot \varphi_{rd}) = p_m .$

L'espressione della *coppia* della macchina asincrona è perciò:

(10.52) $C(t) = \dfrac{p_m}{\dot{\theta}_m} = n\dfrac{p_m}{\dot{\theta}} = n(i_{rd}\varphi_{rq} - i_{rq}\varphi_{rd}).$

Ricordando il legame (10.43) fra flussi e correnti si ha pure:

(10.53) $C = n(i_{rd} \cdot \varphi_{rq} - i_{rq} \cdot \varphi_{rd}) = nM(i_{sq} \cdot i_{rd} - i_{sd} \cdot i_{rq}) =$

$$= n\frac{M}{L_s L_r - M^2}(\varphi_{sq} \cdot \varphi_{rd} - \varphi_{sd} \cdot \varphi_{rq}).$$

L'equazione (10.12) dell'equilibrio meccanico diventa la seguente:

(10.54) $\dfrac{J}{n}p\dot{\theta} = n\dfrac{M}{L_s L_r - M^2}(\varphi_{sq} \cdot \varphi_{rd} - \varphi_{sd} \cdot \varphi_{rq}) - C_r .$

Non considerando le equazioni (10.44) relative alle componenti omopolari il *modello matematico* adatto alla descrizione del funzionamento in regime dinamico della macchina asincrona è del 5° ordine:

– *quattro equazioni elettromagnetiche*:

(10.55)
$$\begin{cases} p\varphi_{sd} = v_{sd} - R_s i_{sd} + \dot{\theta}_s \varphi_{sq} \\ p\varphi_{sq} = v_{sq} - R_s i_{sq} - \dot{\theta}_s \varphi_{sd} \\ p\varphi_{rd} = v_{rd} - R_r i_{rd} + \dot{\theta}_r \varphi_{rq} \\ p\varphi_{rq} = v_{rq} - R_r i_{rq} - \dot{\theta}_r \varphi_{rd} \end{cases}$$

$$(10.56)\quad \begin{cases} \varphi_{sd} = L_s i_{sd} + M i_{rd} \\ \varphi_{sq} = L_s i_{sq} + M i_{rq} \\ \varphi_{rd} = L_r i_{rd} + M i_{sd} \\ \varphi_{rq} = L_r i_{rq} + M i_{sq} \end{cases}$$

– *una equazione relativa all'equilibrio meccanico*:

$$(10.57)\quad \frac{J}{n} p\dot{\theta} = n \frac{M}{L_s L_r - M^2} (\varphi_{sq} \cdot \varphi_{rd} - \varphi_{sd} \cdot \varphi_{rq}) - C_r\,.$$

Si ricorda pure che è

$$(10.58)\quad \dot{\theta}_s = \dot{\theta}_r + \dot{\theta}\,.$$

Nell'equazione (10.58) vi è un grado di libertà perché è arbitraria la scelta del valore da attribuire a $\dot{\theta}_s$ o $\dot{\theta}_r$ (e non a $\dot{\theta}$ che rappresenta la velocità di rotazione del rotore).
Se la macchina asincrona trifase è alimentata con un sistema trifase di tensioni sinusoidali di pulsazione $\omega = 2\pi f$, si definisce *scorrimento* x la seguente relazione:

$$x = (\omega - \dot{\theta})/\omega$$

dove ω rappresenta la velocità del campo rotante a 2 poli.
Per la scelta di $\dot{\theta}_s$ o di $\dot{\theta}_r$ è utile porre, come si vedrà nel seguito:

a) $\dot{\theta}_s = 0$ e quindi $\dot{\theta}_r = -\dot{\theta} = -(1-x)\omega$

b) $\dot{\theta}_s = \omega$ e quindi $\dot{\theta}_r = \omega - \dot{\theta} = x\omega\,.$

È interessante osservare che le (10.55) e (10.56) rappresentano le equazioni di funzionamento della macchina con avvolgimenti di induttore e di indotto a collettore schematizzato in fig. 10.6.
Le spazzole s_d e r_d sono rigidamente allineate con l'asse d, mentre le spazzole s_q e r_q sono rigidamente allineate con l'asse q.
Spazzole e assi ruotano quindi con velocità $\dot{\theta}_s$ rispetto all'asse s_1 dell'avvolgimento di statore e $\dot{\theta}_r$ rispetto all'asse r_1 dell'avvolgimento di rotore.

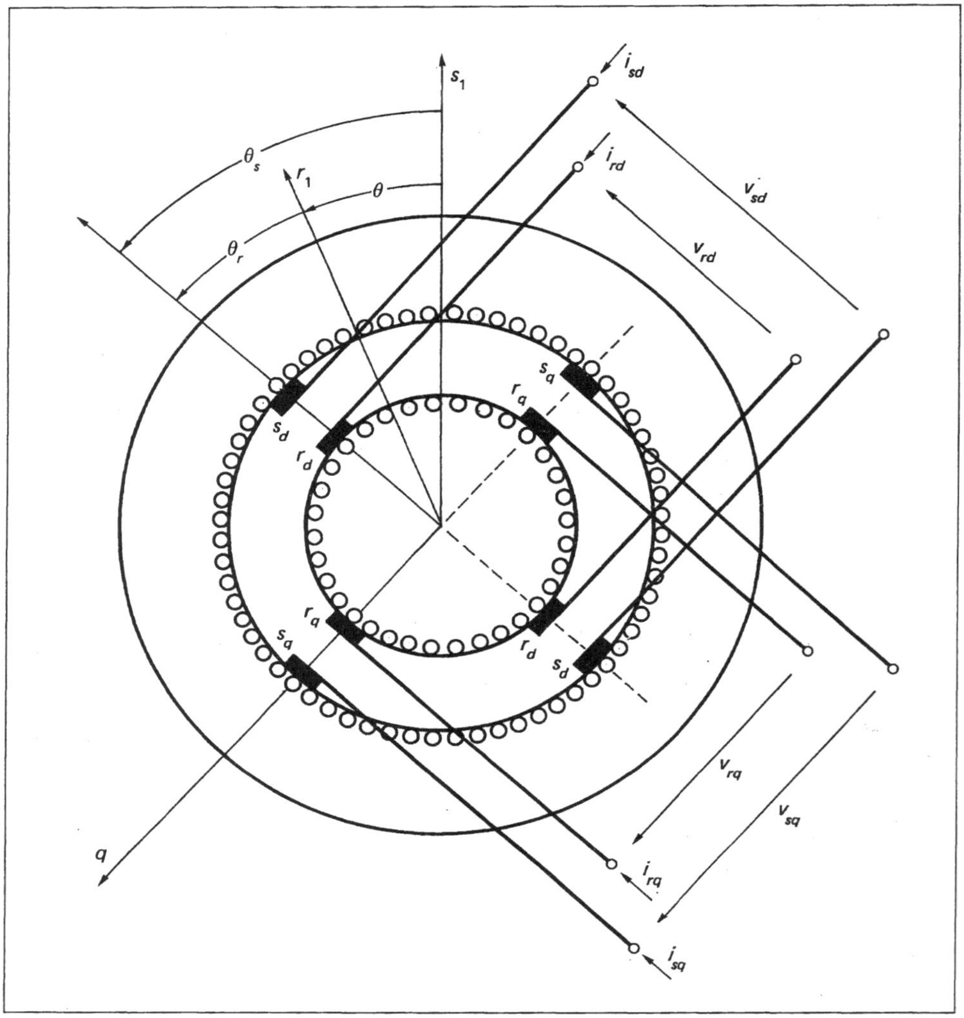

Figura 10.6

Uso delle grandezze complesse

Le equazioni (10.55) e (10.56) possono essere scritte in forma più compatta se si definiscono le seguenti grandezze complesse:

$$\text{(10.59)} \quad \begin{cases} \bar{v}_s = v_{sd} + jv_{sq} \\ \bar{v}_r = v_{rd} + jv_{rq} \end{cases}$$

$$(10.60)\quad \begin{cases} \bar{i}_s = i_{sd} + ji_{sq} \\ \bar{i}_r = i_{rd} + ji_{rq} \end{cases}$$

$$(10.61)\quad \begin{cases} \overline{\varphi}_s = \varphi_{sd} + j\varphi_{sq} \\ \overline{\varphi}_r = \varphi_{rd} + j\varphi_{rq}\,. \end{cases}$$

Questo equivale a far corrispondere l'*asse reale* (R_e) con l'*asse d* e l'*asse immaginario* (I_m) con l'*asse q* (fig. 10.7).
Dalle (10.55) e (10.56), ricordando le (10.59), (10.60) e (10.61), si ottiene:

$$(10.62)\quad \begin{cases} \bar{v}_s = R_s\bar{i}_s + p\overline{\varphi}_s + j\dot{\theta}_s\overline{\varphi}_s \\ \bar{v}_r = R_r\bar{i}_r + p\overline{\varphi}_r + j\dot{\theta}_r\overline{\varphi}_r \end{cases}$$

$$(10.63)\quad \begin{cases} \overline{\varphi}_s = L_s\bar{i}_s + M\bar{i}_r \\ \overline{\varphi}_r = L_r\bar{i}_r + M\bar{i}_s\,. \end{cases}$$

Una proprietà significativa delle grandezze complesse ora definite è che la proiezione di ognuna di esse sull'asse di una fase della macchina trifase rappresenta il valore istantaneo di quella grandezza nella fase in esame a meno del coefficiente $\sqrt{2/3}$.
Infatti, prendendo come esempio la tensione di fase v_{s1} della fase s_1 di statore, si ha:

$$(10.64)\quad [v_s^{1,2,3}] = [T_1(\theta_s)]^{-1}[v_s^{d,q,o}] = [T_1(\theta_s)]^t[v_s^{d,q,o}]\,.$$

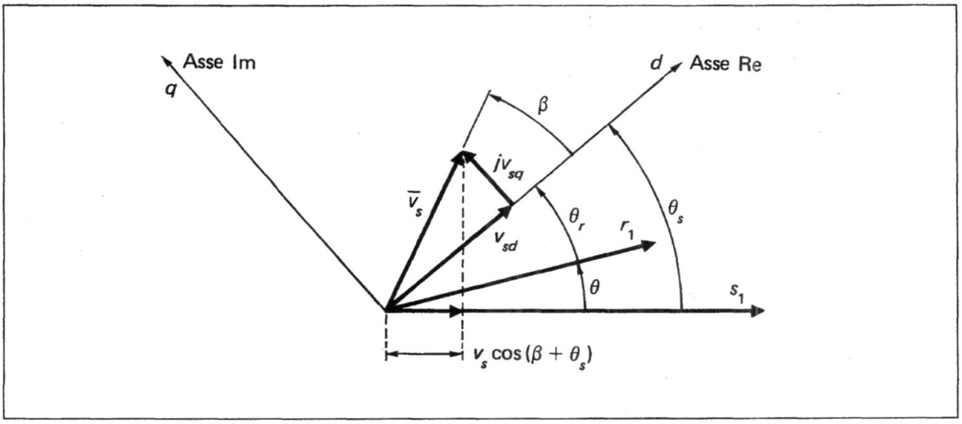

Figura 10.7

Nell'ipotesi che sia nulla la componente omopolare si ottiene:

(10.65) $v_{s1} = \sqrt{\frac{2}{3}}\{v_{sd}\cos\theta_s - v_{sq}\,\mathrm{sen}\,\theta_s\}.$

Dalla fig. 10.7 si ha:

$$v_{sd} = |\bar{v}_s|\cos\beta = v_s\cos\beta$$

(10.66)

$$v_{sq} = v_s\,\mathrm{sen}\,\beta$$

quindi dalla (10.65) risulta:

(10.67) $v_{s1} = \sqrt{\frac{2}{3}}v_s\{\cos\beta\cos\theta_s - \mathrm{sen}\,\beta\,\mathrm{sen}\,\theta_s\} = \sqrt{\frac{2}{3}}v_s\cos(\beta + \theta_s).$

La (10.67) rappresenta la proiezione, a meno del coefficiente $\sqrt{2/3}$, del vettore $\bar{v}_s$ sull'*asse* s_1 della fase s_1 di statore della macchina trifase; quanto ora visto vale per tutte le altre grandezze.
Si può perciò dire che il funzionamento in regime dinamico della macchina asincrona si ottiene da un complesso di vettori ($\bar{v}_s$, $\bar{v}_r$, $\bar{i}_s$, $\bar{i}_r$, $\bar{\varphi}_s$ e $\bar{\varphi}_r$) di modulo e di fase variabili nel tempo, le cui proiezioni sugli assi delle tre fasi di statore rappresentano il valore istantaneo delle grandezze delle tre fasi.

Circuiti equivalenti in regime dinamico

Avvalendosi delle grandezze complesse definite nel precedente paragrafo è possibile interpretare le equazioni elettromagnetiche della macchina asincrona mediante l'ausilio di circuiti equivalenti che, nel funzionamento a regime, coincidono con quelli forniti dalla teoria classica.
Si fa l'ipotesi che l'avvolgimento di rotore sia in corto circuito e quindi risulti $\bar{v}_r = 0$ (è questo il normale funzionamento della macchina asincrona).
Inoltre si assumono gli *assi di riferimento dq* ruotanti alla velocità di sincronismo nel senso del campo in modo che risulti:

$$\dot{\theta}_s = \omega \qquad \text{e} \qquad \dot{\theta}_r = x\omega\,.$$

Indichiamo con $K_s = N_s/N_r$ il rapporto di trasformazione.
Definiamo ora le seguenti nuove grandezze riferite alle spire N_s:

(10.68) $\bar{i}'_r = \bar{i}_r / K_s \quad (i'_{rd} = i_{rd}/K_s \quad \text{e} \quad i'_{rq} = i_{rq}/K_s)$

(10.69) $\bar{\varphi}'_r = K_s\bar{\varphi}_r\,.$

Le (10.63) si modificano nel seguente modo:

$$(10.70)\quad \begin{cases} \overline{\varphi}_s = L_s\bar{i}_s + M\bar{i}_r = L_s\bar{i}_s + (MK_s)\bar{i}_r' \\ \overline{\varphi}_r = \overline{\varphi}_r'/K_s = L_r\bar{i}_r + M\bar{i}_s = L_r \cdot K_s\bar{i}_r' + M\bar{i}_s \end{cases}$$

e quindi, definendo i nuovi parametri autoinduttanza di rotore L'_r e mutua induttanza M' nel modo seguente:

$$(10.71)\quad \begin{cases} L_r' = K_s^2 L_r \\ M' = K_s M \end{cases}$$

si ha:

$$(10.72)\quad \begin{cases} \overline{\varphi}_s = L_s\bar{i}_s + M'\bar{i}_r' \\ \overline{\varphi}_r' = L_r'\bar{i}_r' + M'\bar{i}_s \,. \end{cases}$$

Le equazioni vettoriali (10.62) diventano perciò, ricordando che $\dot{\theta}_s = \omega$ e $\dot{\theta}_r = x\omega$,

$$(10.73)\quad \begin{cases} \bar{v}_s = R_s\bar{i}_s + p\overline{\varphi}_s + j\omega\overline{\varphi}_s = R_s\bar{i}_s + p\overline{\varphi}_s + j\omega L_s\bar{i}_s + j\omega M'\bar{i}_r' \\ \bar{v}_r = 0 = R_r\bar{i}_r + p\overline{\varphi}_r + jx\omega\overline{\varphi}_r = R_r K_s\bar{i}_r' + \dfrac{1}{K_s}\, p\overline{\varphi}_r' + \dfrac{1}{K_s}\, jx\omega\overline{\varphi}_r' \,. \end{cases}$$

Dalla seconda equazione della (10.73), dividendo per x e moltiplicando per K_s, si ottiene

$$(10.74)\quad 0 = \frac{K_s^2 R_r}{x}\bar{i}_r' + \frac{p\varphi_r'}{x} + j\omega L_r'\bar{i}_r' + j\omega M'\bar{i}_s \,.$$

Definendo la nuova resistenza di rotore, riferita allo statore $R'_r = K_s^2 R_r$, si ha, infine:

$$(10.75)\quad \begin{cases} \bar{v}_s = R_s\bar{i}_s + p\overline{\varphi}_s + j\omega L_s\bar{i}_s + j\omega M'\bar{i}_s - j\omega M'\bar{i}_s + j\omega M'\bar{i}_r' = \\ \quad = R_s\bar{i}_s + p\overline{\varphi}_s + j\omega(L_s - M')\bar{i}_s + j\omega M'(\bar{i}_s + \bar{i}_r') \\ 0 = \dfrac{R_r'}{x}\bar{i}_r' + \dfrac{1}{x}\, p\overline{\varphi}_r' + j\omega L_r'\bar{i}_r' + j\omega M'\bar{i}_r' - j\omega M'\bar{i}_r' + j\omega M'\bar{i}_s = \\ \quad = \dfrac{R_r'}{x}\bar{i}_r' + \dfrac{1}{x}\, p\overline{\varphi}_r' + j\omega(L_r' - M')\bar{i}_r' + j\omega M'(\bar{i}_s + \bar{i}_r') \,. \end{cases}$$

Le equazioni (10.75) si possono interpretare con il circuito equivalente di fig. 10.8.

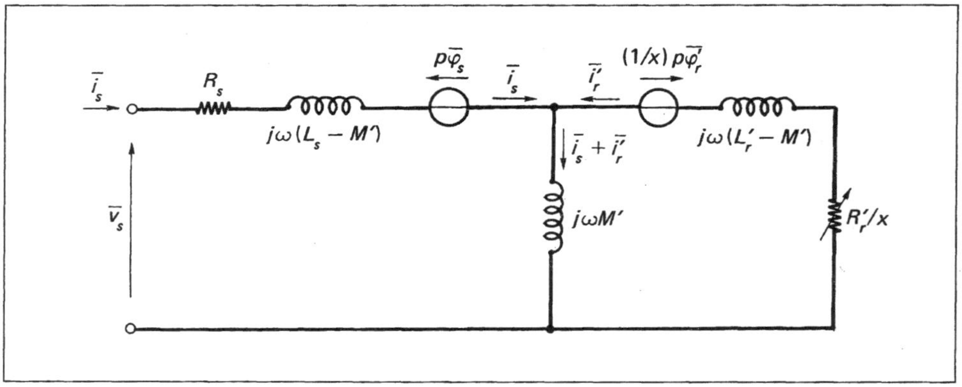

Figura 10.8. Rete elettrica equivalente della macchina asincrona in regime dinamico.

L'espressione (10.53) della coppia, ricordando le (10.68) e (10.71), diventa:

$$(10.76)\quad C = nM(i_{sq} \cdot K_s i'_{rd} - i_{sd} \cdot K_s i'_{rq}) = nM'(i_{sq} \cdot i'_{rd} - i_{sd} \cdot i'_{rq})\,.$$

10.4. CIRCUITI EQUIVALENTI IN REGIME PERMANENTE

Si definisce *regime permanente* quello in cui la macchina asincrona, alimentata con un sistema trifase sinusoidale simmetrico di tensioni, ruota a velocità $\dot{\theta}_m = \dot{\theta}/n$ costante e quindi risulta pure costante lo scorrimento $x = (\omega - \dot{\theta})/\omega$.
Consideriamo perciò il seguente sistema trifase di tensioni di statore:

$$(10.77)\quad \begin{cases} v_{s1} = \sqrt{2}V_s \cos(\omega t + \alpha) \\ v_{s2} = \sqrt{2}V_s \cos(\omega t + \alpha - 120°) \\ v_{s3} = \sqrt{2}V_s \cos(\omega t + \alpha - 240°)\,. \end{cases}$$

Si assumono gli assi *dq* ruotanti alla velocità ω, cioè $\dot{\theta}_s = \omega$, per cui risulta $\theta_s = \omega t + \gamma$.
Le variabili sugli assi *dq* valgono:

$$\begin{vmatrix} v_{sd} \\ v_{sq} \\ v_{so} \end{vmatrix} = \sqrt{\frac{2}{3}} \begin{vmatrix} \cos\theta_s & \cos(\theta_s - 120°) & \cos(\theta_s - 240°) \\ -\mathrm{sen}\,\theta_s & -\mathrm{sen}(\theta_s - 120°) & -\mathrm{sen}(\theta_s - 240°) \\ 1/\sqrt{2} & 1/\sqrt{2} & 1/\sqrt{2} \end{vmatrix} \cdot \begin{vmatrix} v_{s1} \\ v_{s2} \\ v_{s3} \end{vmatrix}.$$

Si ottiene perciò:

$$(10.78)\quad \begin{cases} v_{sd} = \dfrac{2}{\sqrt{3}} V_s[\cos(\omega t+\gamma)\cdot\cos(\omega t+\alpha)+ \\ \quad +\cos(\omega t+\gamma-120°)\cdot\cos(\omega t+\alpha-120°)+ \\ \quad +\cos(\omega t+\gamma-240°)\cdot\cos(\omega t+\alpha-240°)] = \sqrt{3}V_s\cos(\alpha-\gamma) \\ v_{sq} = \sqrt{3}V_s\,\mathrm{sen}(\alpha-\gamma) \\ v_{so} = 0. \end{cases}$$

Inoltre risulta:

$$(10.79)\quad v_s = \sqrt{v_{sd}^2+v_{sq}^2} = \sqrt{3}V_s\,.$$

Quindi, avendo assunto gli assi *dq* ruotanti alla velocità $\dot{\theta}_s = \omega$, le tensioni v_{sd}, v_{sq} e v_s risultano *costanti* nel tempo.
Poiché per ipotesi è pure x = cost., è immediato verificare che un integrale particolare del sistema di equazione (10.75) (che rappresenta la soluzione di *regime permanente*) si ottiene considerando *correnti* e *flussi costanti*, per cui è $p\overline{\varphi}_s = p\overline{\varphi}'_r = 0$.
Pertanto il *regime permanente* per la macchina equivalente è definito da grandezze elettromagnetiche costanti nel tempo.
Definiamo ora le seguenti reattanze:

$$(10.80)\quad \begin{cases} X_{sd} = \omega(L_s - M') = \omega L_{ds} \\ X'_{dr} = \omega(L'_r - M') = \omega L'_{dr} \\ X_m = \omega M'. \end{cases}$$

Assumiamo ora la convenzione di segno dei generatori per l'avvolgimento di rotore, intodучendo cioè la corrente $\bar{i}_r'' = -\bar{i}_r'$ per cui risulta:

$$(10.81)\quad \begin{cases} \bar{i}_r'' = i_{rd}'' + j i_{rq}'' = -i_{rd}' - j i_{rq}' \\ |\bar{i}_r''| = |\bar{i}_r'| = |\bar{i}_r|/K_s\,. \end{cases}$$

Il sistema di equazioni (10.75) diventa pertanto il seguente *sistema algebrico* valido in regime permanente:

$$(10.82)\quad \begin{cases} \bar{v}_s = R_s\bar{i}_s + jX_{ds}\bar{i}_s + jX_m(\bar{i}_s - \bar{i}_r'') \\ 0 = \dfrac{R_r'}{x}\bar{i}_r'' + jX_{dr}'\cdot\bar{i}_r'' - jX_m(\bar{i}_s - \bar{i}_r'') \end{cases}$$

(10.83) $\begin{cases} \overline{\varphi}_s = L_s\bar{i}_s - M'\bar{i}_r'' = L_{ds}\bar{i}_s + M'(\bar{i}_s - \bar{i}_r'') \\ \overline{\varphi}_r = -L_r'\bar{i}_r'' + M'\bar{i}_s = -L_{dr}'\bar{i}_r'' + M'(\bar{i}_s - \bar{i}_r''). \end{cases}$

Osserviamo che il flusso

(10.84) $\overline{\varphi}_c = M'(\bar{i}_s - \bar{i}_r'') = \overline{\varphi}_s - L_{ds}\bar{i}_s = \overline{\varphi}_r + L_{dr}'\bar{i}_r''$

rappresenta il *flusso concatenato comune* agli avvolgimenti di statore e di rotore.

Quindi si può definire la seguente f.e.m.:

(10.85) $\bar{e}_s = j\omega\overline{\varphi}_c = jX_m(\bar{i}_s - \bar{i}_r'')$.

La rete elettrica equivalente che soddisfa alle equazioni (10.82) è riportata in fig. 10.9; essa si deduce dalla rete di fig. 10.8 in cui si pone $p\overline{\varphi}_s = p\overline{\varphi}_r' = 0$.

Il legame fra le grandezze complesse $\bar{v}_s$ e $\bar{i}_s$ si può ottenere sia risolvendo il sistema (10.82) sia, più semplicemente, valutando l'*impedenza equivalente* $\bar{z}_{es}$ vista ai morsetti di ingresso della rete di fig. 10.9, ottenendo:

(10.86) $$\begin{cases} \bar{z}_{es} = \dfrac{\bar{v}_s}{\bar{i}_s} = \underbrace{\left[R_s + \dfrac{\dfrac{R_r'}{x} X_m^2}{\left(\dfrac{R_r'}{x}\right)^2 + (X_m + X_{dr}')^2} \right]}_{R_{es}} + \\ \qquad + j\underbrace{\left[X_{ds} + \dfrac{\left(\dfrac{R_r'}{x}\right)^2 X_m + X_m X_{dr}' \cdot (X_m + X_{dr}')}{\left(\dfrac{R_r'}{x}\right)^2 + (X_m + X_{dr}')^2} \right]}_{X_{es}} = R_{es} + jX_{es} \\ z_{es} = \sqrt{R_{es}^2 + X_{es}^2} \\ \phi_s = \arccos(R_{es}/z_{es}). \end{cases}$$

In fig. 10.10 è riportata la rappresentazione vettoriale dei vettori $\bar{v}_s$ e $\bar{i}_s$, ricordando le (10.78).

Dal diagramma di fig. 10.10 si deducono le componenti i_{sd} e i_{sq} di $\bar{i}_s$:

(10.87) $\begin{cases} i_{sd} = i_s \cos(\alpha - \gamma - \phi_s) \\ i_{sq} = i_s \operatorname{sen}(\alpha - \gamma - \phi_s). \end{cases}$

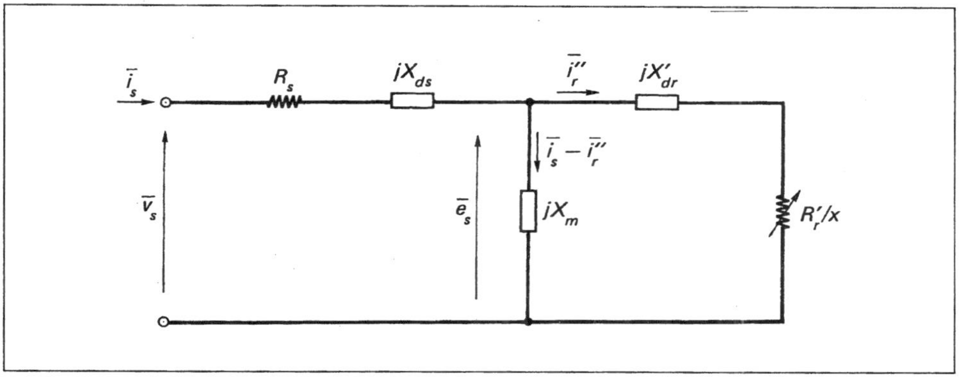

Figura 10.9. Rete elettrica equivalente in regime permanente (assi *d*, *q*).

Si ricorda inoltre che risulta $i_{so} = 0$.

La rete elettrica equivalente di fig. 10.9 permette anche di fare importanti considerazioni energetiche.

La *potenza elettrica attiva* assorbita nel funzionamento in regime permanente, sia dalla macchina a collettore sia da quella effettiva trifase, dato che la trasformazione effettuata conserva le potenze [si veda la (10.46)], è data dalla seguente relazione:

(10.88) $P_a = v_{sd} i_{sd} + v_{sq} i_{sq} = v_s i_s \cos \phi_s$.

Valutiamo ora il significato fisico della potenza attiva associata al parametro (R'_r/x) di fig. 10.9 percorso dalla corrente i''_r e cioè della grandezza:

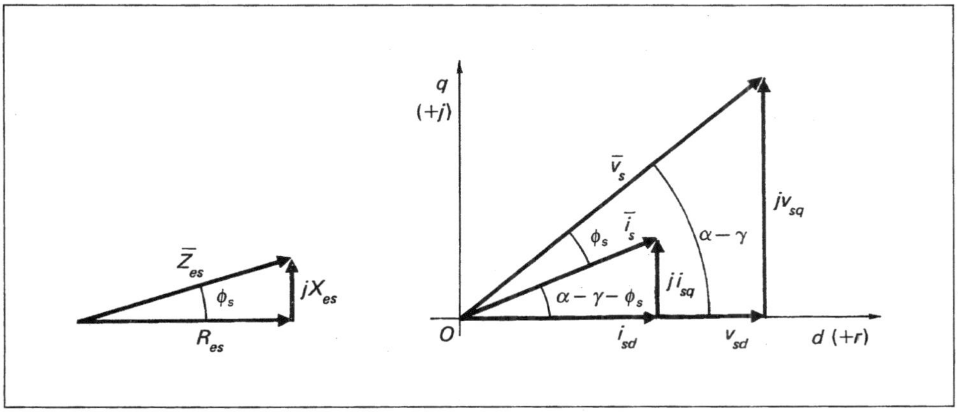

Figura 10.10

$$(10.89)\quad P_2 = \frac{R'_r}{x} i''^2_r .$$

L'espressione (10.76) della coppia, in base alle (10.81), diventa:

$$(10.90)\quad C = nM'(i_{sd} i''_{rq} - i_{sq} i''_{rd}) .$$

Dalla rete di fig. 10.9 si ottiene:

$$(10.91)\quad \bar{i}''_r = i''_{rd} + j i''_{rq} = \bar{i}_s \cdot \frac{jX_m}{\dfrac{R'_r}{x} + j(X_m + X'_{dr})} =$$
$$= (i_{sd} + j i_{sq}) \cdot \frac{X_m(X_m + X'_{dr}) + j(R'_r/x) \cdot X_m}{(R'_r/x)^2 + (X_m + X'_{dr})^2},$$

e quindi:

$$(10.92)\quad i''^2_r = i^2_s \cdot \frac{X^2_m}{(R'_r/x)^2 + (X_m + X'_{dr})^2}$$

$$(10.93)\quad \begin{cases} i''_{rd} = \dfrac{X_m(X_m + X'_{dr})i_{sd} - (R'_r/x)X_m i_{sq}}{(R'_r/x)^2 + (X_m + X'_{dr})^2} \\[2ex] i''_{rq} = \dfrac{X_m(X_m + X'_{dr})i_{sq} + (R'_r/x)X_m i_{sd}}{(R'_r/x)^2 + (X_m + X'_{dr})^2} . \end{cases}$$

Introducendo le componenti i''_{rd} e i''_{rq} nell'espressione (10.90) della coppia si ottiene, ricordando la (10.92):

$$(10.94)\quad C = nM' \cdot \frac{(R'_r/x) \cdot X_m i^2_{sd} + (R'_r/x) \cdot X_m i^2_{sq}}{(R'_r/x)^2 + (X_m + X'_{dr})^2} =$$
$$= n \frac{X_m}{\omega} \cdot \frac{X_m (R'_r/x) i^2_s}{(R'_r/x)^2 + (X_m + X'_{dr})^2} = \frac{1}{\Omega_o} (R'_r/x) \cdot i''^2_r ,$$

dove $\Omega_o = \omega/n$ è detta *velocità di sincronismo* e rappresenta la velocità di rotazione del *campo rotante* della macchina asincrona trifase.
Dal confronto fra la (10.89) e la (10.94) si ottiene quindi:

$$(10.95)\quad P_2 = P_t = (R'_r/x) i''^2_r = C\Omega_o .$$

La potenza $P_t = C\Omega_o$ è detta *potenza trasmessa*.

La *potenza meccanica* resa all'albero vale, ricordando la (10.52) e che $\dot{\theta} = (1 - x)\omega$:

$$(10.96)\quad P_m = \dot{\theta}_m C = \frac{1}{n}\dot{\theta} C = (1-x)\Omega_o C = (1-x)P_t = = (1-x)\frac{R_r'}{x} i_r''^2 = \left(\frac{1}{x} - 1\right) R_r' i_r''^2 .$$

La differenza fra la potenza trasmessa P_t e la potenza meccanica P_m rappresenta la *potenza perduta* nell'avvolgimento di rotore, risultando infatti, in base alle (10.95) e (10.96):

$$(10.97)\quad P_{cur} = P_t - P_m = R_r' i_r''^2 .$$

Da queste ultime considerazioni e ricordando che il *circuito magnetico in ferro* della struttura di *statore* è *sede di perdite* di cui si tiene conto, in analogia al trasformatore, mediante il parametro resistivo R_o alimentato dalla f.e.m. (10.84) $\bar{e}_s$, la rete elettrica equivalente di fig. 10.9 può essere tracciata come indicato in fig. 10.11, in cui sono state messe in evidenza le potenze attive nelle varie sezioni del circuito.
Verrà ora mostrato che la rete equivalente di fig. 10.11 può essere utilizzata anche per lo studio in *regime permanente alternato sinusoidale* di ciascuna fase della *macchina asincrona trifase*.

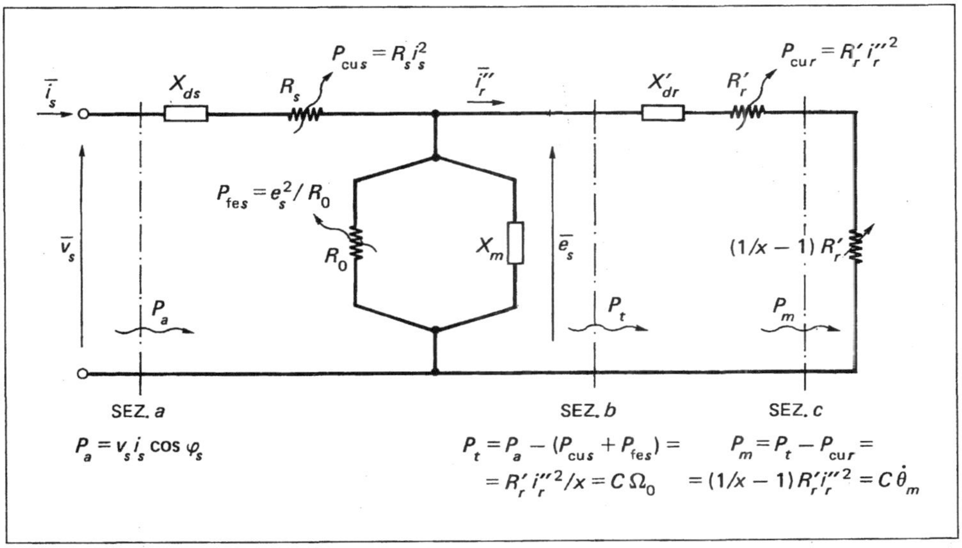

Figura 10.11. Potenze attive nella macchina equivalente sugli assi *d-q*.

Dalle (10.87), e considerando che $i_{so} = 0$, è possibile ottenere le correnti di statore i_{s1}, i_{s2} e i_{s3} applicando la matrice trasposta $[T_1(\theta_s)]^t$, dove $\theta_s = \omega t + \gamma$:

(10.98) $[i_s^{1,2,3}] = [T_1(\theta_s)]^t [i_s^{d,q,o}]$.

Si ottiene:

$$(10.99)\quad \begin{cases} i_{s1} = \sqrt{\dfrac{2}{3}} i_s \cos(\omega t + \alpha - \phi_s) = \sqrt{2} I_s \cos(\omega t + \alpha - \phi_s) \\ i_{s2} = \sqrt{\dfrac{2}{3}} i_s \cos(\omega t + \alpha - \phi_s - 120°) = \sqrt{2} I_s \cos(\omega t + \alpha - \phi_s - 120°) \\ i_{s3} = \sqrt{\dfrac{2}{3}} i_s \cos(\omega t + \alpha - \phi_s - 240°) = \sqrt{2} I_s \cos(\omega t + \alpha - \phi_s - 240°) \end{cases}$$

dove risulta:

(10.100) $i_s = \sqrt{3} I_s$.

Il sistema trifase di correnti di statore (10.99) è quindi sfasato dell'angolo φ_s rispetto al sistema trifase di tensioni (10.77), cioè dello stesso angolo esistente fra i vettori $\bar{v}_s$ e $\bar{i}_s$. In fig. 10.12 è riportato il diagramma vettoriale dei vettori corrispondenti ai due sistemi trifasi suddetti.
Poiché risulta $v_s = \sqrt{3}\ V_s$ e $i_s = \sqrt{3}\ I_s$ e quindi: $v_s/i_s = z_{es} = V_s/I_s$, se ne deduce che il legame fra i generici vettori $\bar{V}_{sk}$ e $\bar{I}_{sk}$ (con $K = 1, 2, 3$) è costituito dalla medesima impedenza $\bar{z}_{es}$ [si veda la (10.86)], vista dai morsetti delle reti equivalenti di fig. 10.9 e di fig. 10.11, che lega la corrente $\bar{i}_s$ alla tensione $\bar{v}_s$.

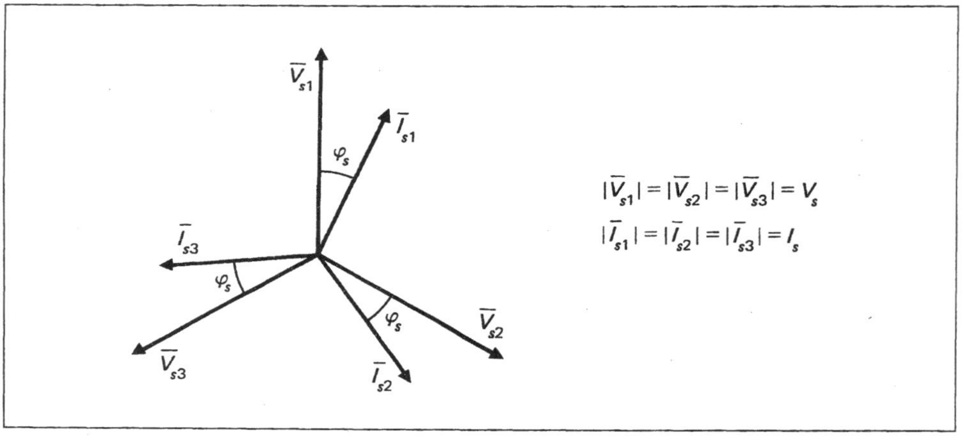

Figura 10.12

In modo del tutto analogo si può ricavare dalla f.e.m. e_s [definita dalla (10.85)] la f.e.m. E_s indotta in ciascuna fase di statore, mediante la seguente relazione:

(10.101) $$e_s = \sqrt{3}\, E_s = \omega\varphi_c \,.$$

Dalla (10.93) inoltre, indicando con $\varepsilon = artg(i''_{rq}/i''_{rd})$, si può scrivere, considerando anche la (10.81):

(10.102) $$\begin{cases} i''_{rd} = i''_r \cos\varepsilon = -(i_r / K_s)\cos\varepsilon \\ i''_{rq} = i''_r \operatorname{sen}\varepsilon = -(i_r / K_s)\operatorname{sen}\varepsilon \,. \end{cases}$$

Ricordando che $i''_{ro} = 0$, è possibile ottenere le correnti di rotore i_{r1}, i_{r2}, i_{r3} della macchina asincrona trifase applicando la matrice trasposta $[T_1(\theta_r)]^t$, dove risulta $\theta_r = \theta_s - \theta = x\omega t + \delta$:

(10.103) $$[i_r''^{1,2,3}] = [T_1(\theta_r)]^t \cdot [i_r''^{d,q,o}] \,.$$

Si ottiene così, ricordando anche la (10.102):

(10.104) $$\begin{cases} i''_{r1} = \sqrt{\dfrac{2}{3}}\, i''_r \cdot \cos(x\omega t + \delta + \varepsilon) = \sqrt{2}\, I''_r \cdot \cos(x\omega t + \delta + \varepsilon) = \\ \quad = -\sqrt{\dfrac{2}{3}}\, \dfrac{i_r}{K_s} \cos(x\omega t + \delta + \varepsilon) = \\ \quad = -\sqrt{2}\, \dfrac{I_r}{K_s} \cos(x\omega t + \delta + \varepsilon) = -\dfrac{i_{r1}}{K_s} \\ i''_{r2} = \sqrt{\dfrac{2}{3}}\, i''_r \cdot \cos(x\omega t + \delta + \varepsilon - 120°) = \\ \quad = \sqrt{2}\, I''_r \cdot \cos(x\omega t + \delta + \varepsilon - 120°) = \\ \quad = -\sqrt{\dfrac{2}{3}}\, \dfrac{i_r}{K_s} \cos(x\omega t + \delta + \varepsilon - 120°) = \\ \quad = -\sqrt{2}\, \dfrac{I_r}{K_s} \cos(x\omega t + \delta + \varepsilon - 120°) = -\dfrac{i_{r2}}{K_s} \\ i''_{r3} = \sqrt{\dfrac{2}{3}}\, i''_r \cdot \cos(x\omega t + \delta + \varepsilon - 240°) = \\ \quad = \sqrt{2}\, I''_r \cdot \cos(x\omega t + \delta + \varepsilon - 240°) = \\ \quad = -\sqrt{\dfrac{2}{3}}\, \dfrac{i_r}{K_s} \cos(x\omega t + \delta + \varepsilon - 240°) = \\ \quad = -\sqrt{2}\, \dfrac{I_r}{K_s} \cos(x\omega t + \delta + \varepsilon - 240°) = -\dfrac{i_{r2}}{K_s} \,. \end{cases}$$

Come logico risulta $i_{rk} = -i''_{rk} K_s$ (con $k = 1, 2, 3$) poiché le correnti di rotore i_{rk} si è assunta la convenzione di segno degli utilizzatori, mentre per le correnti i''_{rk} quella dei generatori e inoltre le correnti i''_{rk} sono riferite allo statore mediante il coefficiente di riporto $K_s = N_s/N_r$.
Si ha anche:

$$i''_r = \sqrt{3}\, I''_r = \sqrt{3}\, I_r/K_s \,. \tag{10.105}$$

Osserviamo infine che le *correnti di rotore* i_{rk} o i''_{rk} costituiscono un sistema trifase equilibrato di pulsazione $\omega_r = x\omega$; ciò è dovuto al fatto che il campo magnetico rotante alla velocità ω rispetto allo statore, ruota rispetto al rotore alla velocità $\omega_r = \omega - \dot{\theta} = \omega - (1 - x)\omega = x\omega$.
Da quanto fino a ora esposto e ricordando che la trasformazione proposta conserva le potenze, la rete elettrica equivalente di fig. 10.11 rappresenta anche la rete elettrica equivalente di ciascuna fase della macchina asincrona trifase in regime permanente.
Introducendo i vettori tensione di statore $\bar{V}_s$, f.e.m. $\bar{E}_s$, correnti $\bar{I}_s$, $\bar{I}''_r$ e $\bar{I}_o$, relativi a una generica fase della macchina asincrona trifase, si ottiene quindi la rete elettrica equivalente riportata in fig. 10.13, dove i parametri e le grandezze di rotore sono riferiti al numero di spire dell'avvolgimento di statore.
Le reattanze X_{ds} e X'_{dr} rappresentano le *reattanze di dispersione* di ciascuna fase rispettivamente di statore e di rotore.
L'impedenza $\bar{Z}_o$ del ramo derivato vale:

$$\begin{cases} \bar{Z}_o = jR_o X_m / (R_o + jX_m) \\ \operatorname{tg} \varphi_o = \dfrac{R_o}{X_m} \,. \end{cases} \tag{10.106}$$

Nel circuito equivalente di fig. 10.13 sono riportate anche le potenze attive di fase che si possono individuare nelle varie sezioni della rete.

10.5. IL DIAGRAMMA CIRCOLARE E LA COPPIA DELLA MACCHINA ASINCRONA TRIFASE

Il circuito equivalente di fig. 10.13 permette di tracciare il *diagramma circolare* e di determinare l'espressione della *coppia* in funzione dello scorrimento o della velocità di rotazione del rotore $\dot{\theta}_m = (1 - x)\Omega_o$, di una macchina asincrona trifase, funzionante in regime permanente.

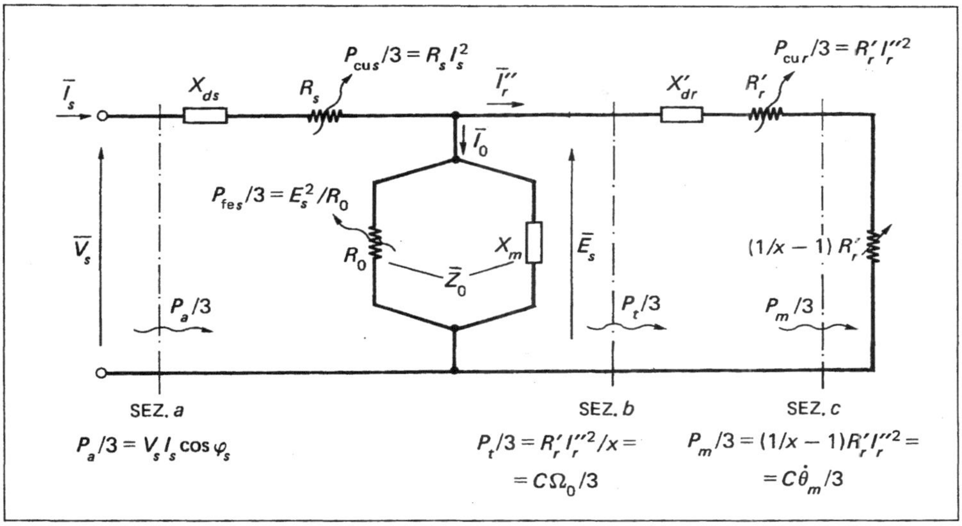

Figura 10.13. Rete elettrica equivalente di ciascuna fase della macchina asincrona trifase.

Per semplificare la trattazione, a esso viene sostituito il circuito di fig. 10.14, in cui il ramo derivato $\bar{Z}_o$ viene posto a monte e quindi alimentato dalla tensione di fase $\bar{V}_s$; perciò le due reattanze X_{ds} e X'_{dr}, che risultano così in serie, vengono conglobate nell'unica reattanza di dispersione $X_d = X_{ds} + X'_{dr}$.

Il diagramma circolare

Il diagramma circolare rappresenta, nel piano complesso, il modo di variare dei vettori corrente $\bar{I}_r$ e $\bar{I}_s$ al variare dello scorrimento x, supponendo che rimangano costanti la tensione e la frequenza della rete di alimentazione. Come verrà nel seguito mostrato, dal diagramma circolare è anche possibile dedurre il funzionamento completo della macchina asincrona trifase.
Dal circuito di fig. 10.14 si ottiene dunque, detta $R_t(x) = R_s + R'_r(x)$ la resistenza complessiva:

$$\text{(10.107)} \qquad \begin{cases} \bar{V}_s = R_t(x) \cdot \bar{I}_r + jX_d \cdot \bar{I}_r \\ I_r(x) = V_s / \sqrt{R_t^2(x) + X_d^2} \, . \end{cases}$$

Dividendo entrambi i membri della prima equazione della (10.107) per jX_d, si ha:

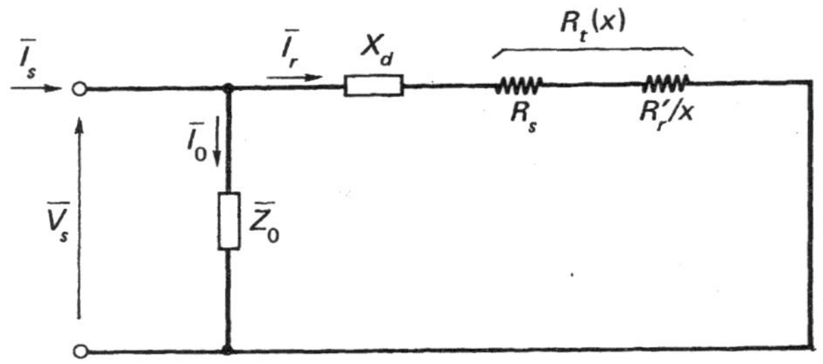

Figura 10.14. Rete elettrica equivalente semplificata di una fase della macchina asincrona trifase.

$$(10.108)\qquad -j\bar{V}_s/X_d = -jR_t(x)\cdot \bar{I}_r/X_d + \bar{I}_r\,.$$

Definiamo ora le seguenti correnti:

$$(10.109)\qquad \begin{cases} \bar{I}_a = -j\bar{V}_s/X_d \\ \bar{I}_{r1} = -jR_t(x)\cdot \bar{I}_r/X_d\,, \end{cases}$$

per cui risulta:

$$(10.110)\qquad \bar{I}_a = \bar{I}_r + \bar{I}_{r1}\,.$$

Dalla (10.109) si deduce che la corrente $\bar{I}_a$ è in quadratura in ritardo rispetto alla tensione di fase $\bar{V}_s$ e il suo modulo è costante, essendolo la tensione V_s e la reattanza X_d, e la corrente $\bar{I}_{r1}$ risulta in quadratura in ritardo rispetto a $\bar{I}_r$ e il suo modulo è funzione dello scorrimento x.
Scelta allora la scala delle correnti σ_I[A/mm] e fissato un generico valore dello scorrimento x si può tracciare il diagramma vettoriale di fig. 10.15, in cui la tensione di fase $\bar{V}_s$ è posta sull'asse reale.
Poiché $I_r = \sigma_I \cdot \overline{AD}$ e $I_{r1} = \sigma_I \cdot \overline{DB}$ risultano ortogonali, il triangolo ADB è rettangolo nel vertice D, e quindi al variare dello scorrimento x (e cioè di I_r e I_{r1}) esso descrive una circonferenza di diametro $I_a = \sigma_I \cdot \overline{AB}$.
Poiché inoltre lo scorrimento $x = (\Omega_o - \theta_m)/\Omega_o$ può assumere tutti i valori reali compresi fra $-\infty$ e $+\infty$, il diagramma di fig. 10.15 è un cerchio completo.
Con riferimento alla rete equivalente di fig. 10.14, si ottiene la corrente assorbita $\bar{I}_s$, sommando alla corrente $\bar{I}_r$ la corrente $\bar{I}_o = \bar{V}_s/\bar{Z}_o$, detta *corrente*

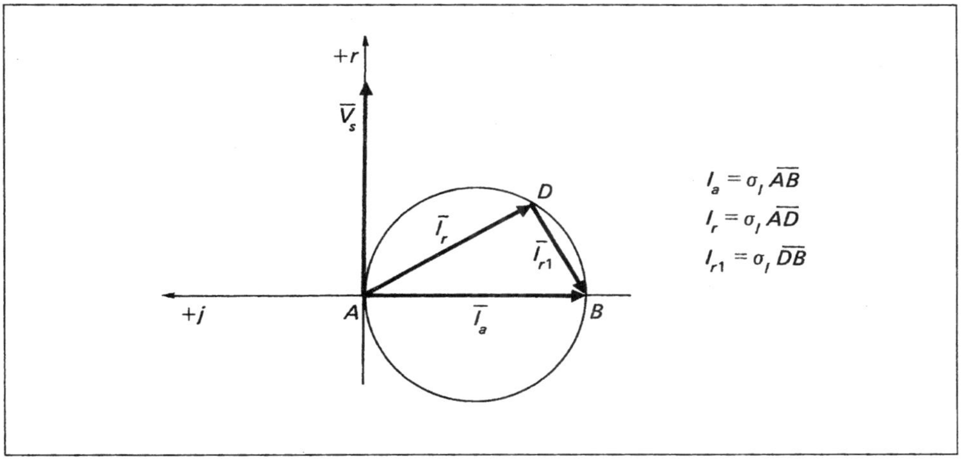

Figura 10.15

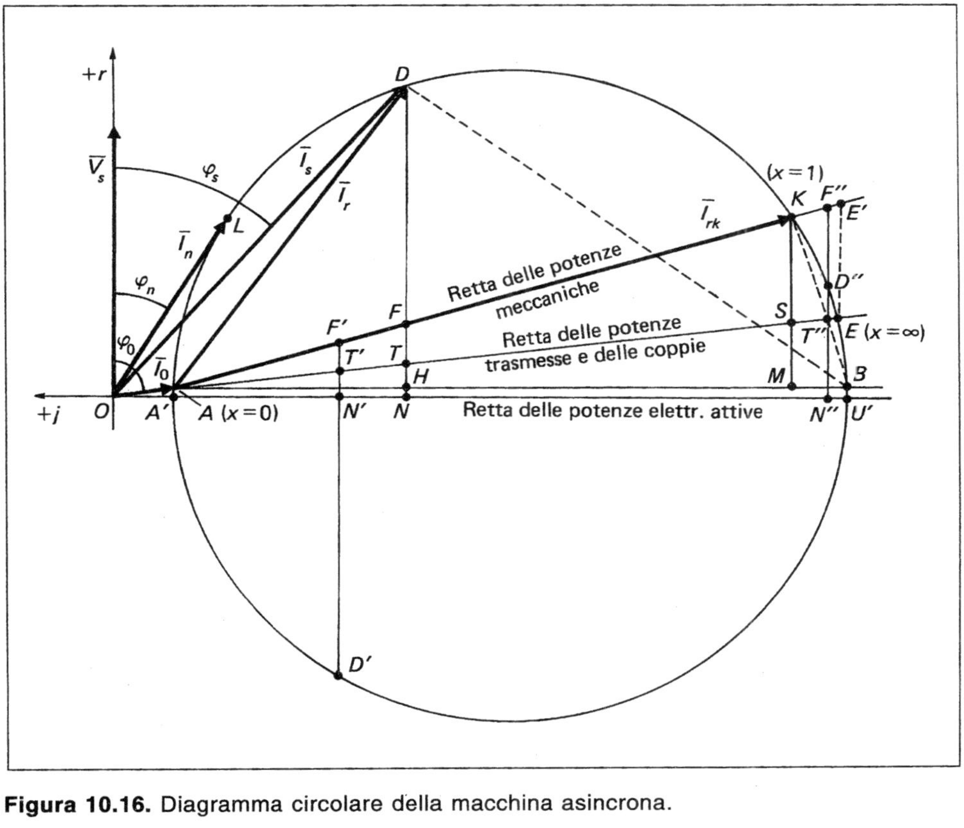

Figura 10.16. Diagramma circolare della macchina asincrona.

a vuoto:

$$\bar{I}_s = \bar{I}_r + \bar{I}_o \,. \qquad (10.111)$$

La corrente a vuoto $\bar{I}_o$ è costante ed è sfasata in ritardo rispetto alla tensione di fase $\bar{V}_s$ dell'angolo φ_o definito dalla (10.106).
Si ottiene quindi il diagramma circolare di fig. 10.16, ricordando che risulta generalmente $I_o/I_a = 0{,}05 \div 0{,}08$ e $\cos \varphi_o = 0{,}1$ ($\varphi_o \simeq 84^o$). Al variare dello scorrimento x, l'estremo D del vettore corrente $\bar{I}_s$ descrive il cerchio tracciato in fig. 10.16. Dal diagramma circolare si può dedurre, per ogni valore di scorrimento x, non solo il modulo della corrente $\bar{I}_s$, ma anche il suo sfasamento φ_s rispetto alla tensione di fase $\bar{V}_s$.
Dal diagramma circolare di fig. 10.16 è possibile anche dedurre i possibili funzionamenti della macchina asincrona trifase.
Con riferimento al circuito equivalente semplificato di fig. 10.14, le potenze attive in gioco valgono:

$$(10.112)\quad \begin{cases} \text{Potenza elettrica assorbita: } & P_a = 3V_sI_s \cos\varphi_s \equiv I_s \cos\varphi_s \\ \text{Perdite nel ferro di statore: } & P_{fes} = 3V_s^2/R_o = 3V_sI_o \cos\varphi_o \equiv \\ & \equiv I_o \cos\varphi_o \\ \text{Perdite nel rame di statore: } & P_{cus} = 3R_sI_r^2 \\ \text{Potenza trasmessa: } & P_t = P_a - (P_{fes} + P_{cus}) = 3R_r'I_r^2/x = \\ & = C \cdot \Omega_o \equiv C \\ \text{Perdite nel rame di rotore: } & P_{cur} = 3R_r'I_r^2 \\ \text{Perdite totali nel rame: } & P_{cut} = P_{cus} + P_{cur} = 3(R_s + R_r')I_r^2 \\ \text{Potenza meccanica resa: } & P_m = P_t - P_{cur} = P_a - (P_{fes} + P_{cut}) = \\ & = 3\left(\frac{1}{x} - 1\right)R_r'I_r^2 = C \cdot \dot{\theta}_m \\ \text{Rendimento: } & \eta = P_m/P_a \,. \end{cases}$$

Nel diagramma circolare di fig. 10.16, il punto D rappresenta un punto di funzionamento al generico scorrimento x. Consideriamo ora il funzionamento a scorrimento $x = 1$, che corrisponde al funzionamento a *rotore bloccato*: $\dot{\theta}_m = (1 - x)\omega_o = 0$.

La corrente di rotore $\bar{I}_{rk}$ vale:

(10.113) $$\bar{I}_{rk} = \bar{V}_s / [(R_s + R'_r) + jX_d].$$

Nel diagramma circolare questa condizione è individuata dal punto K, risultando: $I_{rk} = \sigma_I \cdot \overline{AK}$.

La corrente di statore I_{sk}, individuata dal segmento $\overline{OK}$ ($I_{sk} = \sigma_I \cdot \overline{OK}$, non tracciata nel diagramma per ragioni di chiarezza), è detta *corrente di corto circuito*.

Considerando i triangoli rettangoli ADB e AKB, si può scrivere:

(10.114) $$\begin{cases} \overline{AD}^2 = \overline{HA} \cdot \overline{AB} \\ \overline{AK}^2 = \overline{AM} \cdot \overline{AB} \end{cases}$$

e quindi, con riferimento anche ai triangoli rettangoli simili AFH e AKM, si ha:

(10.115) $$\frac{\overline{AD}^2}{\overline{AK}^2} = \frac{\overline{AH}}{\overline{AM}} = \frac{\overline{FH}}{\overline{KM}}.$$

Ricordando che $I_r = \sigma_I \cdot \overline{AD}$ e $I_{rk} = \sigma_I \cdot \overline{AK}$, dalla (10.115) si ottiene:

(10.116) $$\frac{\overline{AD}^2}{\overline{AK}^2} = \frac{I_r^2}{I_{rk}^2} = \frac{3(R_s + R'_r)I_r^2}{3(R_s + R'_r)I_{rk}^2} = \frac{P_{cut}}{P_{cutk}} = \frac{\overline{FH}}{\overline{KM}}$$

dove $P_{cutk} = 3(R_s + R'_r)I_{rk}^2$ indica le perdite totali nel rame a *rotore bloccato* ($x = 1$; $\dot{\theta}_m = 0$). Definita perciò la *scala delle potenze* $\sigma_p = 3V_s\sigma_I$[W/mm], il segmento $\overline{KM}$ può rappresentare le suddette perdite, potendosi scrivere:

(10.117) $$P_{cutk} = \sigma_p \cdot \overline{KM}.$$

Per le (10.116) e (10.117) le perdite totali nel rame P_{cut}, nella generica condizione di funzionamento a scorrimento x (punto D di fig. 10.16) valgono quindi:

(10.118) $$P_{cut} = \frac{\overline{FH}}{\overline{KM}} \cdot P_{cutk} = \frac{\overline{FH}}{\overline{KM}} \cdot \sigma_p \cdot \overline{KM} = \sigma_p \cdot \overline{FH}.$$

Perciò il segmento generico $\overline{FH}$, intercettato sulla verticale condotta per D dal diametro $\overline{AB}$ e dalla corda $\overline{AK}$, letto nella scala delle potenze σ_p, rappresenta le perdite totali nel rame allo scorrimento generico x.

Poiché dal diagramma di fig. 10.16 si deduce che

$$\text{(10.119)} \qquad \begin{cases} I_s \cos\varphi_s = \sigma_I \cdot \overline{DN} \\ I_o \cos\varphi_o = \sigma_I \cdot \overline{HN} \end{cases}$$

i segmenti $\overline{DN}$ e $\overline{HN}$, letti nella scala delle potenze σ_p, rappresentano ristrettivamente anche la potenza attiva assorbita P_a e le perdite nel ferro statore P_{fes}, risultando infatti [si veda anche la (10.112)]:

$$\text{(10.120)} \qquad \begin{cases} P_a = 3V_sI_s \cos\varphi_s = 3V_s\sigma_I \cdot \overline{DN} = \sigma_p \cdot \overline{DN} \\ P_{fes} = 3V_sI_o \cos\varphi_o = 3V_s\sigma_I \cdot \overline{HN} = \sigma_p \cdot \overline{HN}. \end{cases}$$

Quindi il segmento $\overline{DF} = \overline{DN} - (\overline{FH} + \overline{HN})$, letto nella scala delle potenze σ_p, rappresenta la potenza meccanica resa P_m, poiché risulta per la (10.112) e ricordando anche le (10.118) e (10.120):

$$\text{(10.121)} \qquad \begin{aligned} P_{\overline{DF}} &= \sigma_p \cdot \overline{DF} = \sigma_p \cdot \overline{DN} - (\sigma_p \cdot \overline{FH} + \sigma_p \cdot \overline{HN}) = \\ &= P_a - (P_{cut} + P_{fes}) = P_m\,. \end{aligned}$$

Il rapporto fra i segmenti $\overline{DF}$ e $\overline{DN}$ rappresenta il rendimento η:

$$\text{(10.122)} \qquad \eta = P_m / P_a = \overline{DF} / \overline{DN}\,.$$

La retta $\overline{AK}$, che congiunge il punto di funzionamento *a vuoto A* e il punto a *rotore bloccato K* è detta *retta delle potenze meccaniche*, mentre la retta orizzontale passante per il punto 0, origine degli assi, è detta *retta delle potenze elettriche attive*.

È possibile tracciare anche la *retta delle potenze trasmesse* o *retta delle coppie*, essendo $P_t \equiv C (P_t = C\Omega_o)$, da cui è possibile dedurre la potenza trasmessa P_t o la coppia C.

A tale scopo dividiamo il segmento verticale $\overline{KM}$ di fig. 10.16, mediante il punto S, in due parti $\overline{KS}$ e $\overline{SM}$ proporzionali rispettivamente alla resistenza di rotore R'_r e a quella di statore R_s:

$$\text{(10.123)} \qquad \frac{\overline{KS}}{\overline{SM}} = \frac{R'_r}{R_s}\,.$$

Congiungiamo il punto S con il punto A e indichiamo con T il punto di intersezione di $\overline{SA}$ con il segmento verticale DH. Dalla similitudine dei triangoli rettangoli ATH e ASM e ricordando le (10.115) e (10.116) si ha:

$$(10.124) \qquad \frac{\overline{TH}}{\overline{SM}} = \frac{\overline{AH}}{\overline{AM}} = \frac{\overline{AD}^2}{\overline{AK}^2} = \frac{I_r^2}{I_{rk}^2} = \frac{3R_s I_r^2}{3R_s I_{rk}^2} = \frac{P_{cus}}{P_{cusk}},$$

dove $P_{cusk} = 3R_s I_{rk}^2$ indica le perdite nel rame di statore a *rotore bloccato* ($x = 1$; $\dot{\theta}_m = 0$) o in *corto circuito*.
Perciò il segmento $\overline{SM}$ letto nella scala delle potenze σ_p rappresenta le suddette perdite, potendosi scrivere:

$$(10.125) \qquad P_{cusk} = \sigma_p \cdot \overline{SM} .$$

Quindi le perdite nel rame di statore P_{cus} nella generica condizione di funzionamento a scorrimento x (punto D di fig. 10.16), valgono per le (10.124) e (10.125):

$$(10.126) \qquad P_{cus} = \frac{\overline{TH}}{\overline{SM}} \cdot P_{cusk} = \frac{\overline{TH}}{\overline{SM}} \cdot \sigma_p \overline{SM} = \sigma_p \cdot \overline{TH}.$$

Perciò il segmento $\overline{TH}$, letto nella scala delle potenze σ_p, rappresenta le perdite nel rame di statore al generico scorrimento x. Inoltre il segmento $\overline{FT} = \overline{FH} - \overline{TH}$ rappresenta le perdite nel rame di rotore, poiché risulta, ricordando le (10.118) e (10.126):

$$(10.127) \qquad P_{FT} = \sigma_p \cdot \overline{FT} = \sigma_p \cdot \overline{FH} - \sigma_p \cdot \overline{TH} = P_{cut} - P_{cus} = P_{cur} .$$

Quindi il segmento $\overline{DT} = \overline{DF} + \overline{FT}$, letto nella scala delle potenze σ_p, rappresenta la potenza trasmessa P_t, potendosi scrivere per le (10.121), (10.127) e per la penultima relazione della (10.112):

$$(10.128) \qquad P_{DT} = \sigma_p \cdot \overline{DT} = \sigma_p \cdot \overline{DF} + \sigma_p \cdot \overline{FT} = P_m + P_{cur} = P_t .$$

Definita la scala delle coppie $\sigma_c = \sigma_p / \Omega_o$ [J/mm], il segmento $\overline{DT}$ rappresenta anche la coppia C al generico scorrimento x:

$$(10.129) \qquad C = \sigma_c \cdot \overline{DT} = \sigma_p \overline{DT} / \Omega_o = P_t / \Omega_o .$$

Osserviamo inoltre che lo scorrimento x è dato dal rapporto fra i segmenti $\overline{FT}$ e $\overline{DT}$, poiché risulta:

$$(10.130) \qquad \overline{FT} / \overline{DT} = P_{cur} / P_t = x .$$

La retta $\overline{SA}$ rappresenta quindi la *retta delle potenze trasmesse* o *retta delle coppie*.
Individuando quindi sul cerchio un generico punto di funzionamento (come il punto D di fig. 10.16), i segmenti verticali intercettati dal punto sul cerchio e dalle rette sopra definite, letti nelle rispettive scale, rappresentano la potenza elettrica attiva assorbita ($P_a = \sigma_p \cdot \overline{DN}$), la potenza meccanica resa ($P_m = \sigma_p \cdot \overline{DF}$), la potenza trasmessa ($P_t = \sigma_p \cdot \overline{DT}$) e la coppia ($C = \sigma_c \cdot \overline{DT}$).
Occorre inoltre precisare che, in base alle convenzioni assunte per le potenze e la coppia (si veda il circuito equivalente di fig. 10.13), se il punto di funzionamento giace sopra la retta, la corrispondente grandezza è positiva e cioè la potenza elettrica attiva P_a è assorbita, la potenza meccanica P_m e la coppia C sono rese; mentre se il punto giace sotto la retta, la corrispondente grandezza è negativa e cioè la potenza elettrica attiva P_a è erogata, la potenza meccanica P_m e la coppia C sono assorbite.
Così in corrispondenza dei punti di funzionamento D, D' e D'' di fig. 10.16 risulta:

Punto D

Potenza elettrica assorbita:	P_a	$= \sigma_p \cdot \overline{DN} > 0$	(assorbita)
Potenza meccanica:	P_m	$= \sigma_p \cdot \overline{DF} > 0$	(resa)
Coppia:	C	$= \sigma_c \cdot \overline{DT} > 0$	(resa)
Scorrimento:	x	$= \overline{FT}/\overline{DT} > 0$	$(\dot{\theta}_m < \Omega_o)$

Punto D′

Potenza elettrica assorbita:	P_a	$= \sigma_p \cdot \overline{D'N'} < 0$	(resa)
Potenza meccanica:	P_m	$= \sigma_p \cdot \overline{D'F'} < 0$	(assorbita)
Coppia:	C	$= \sigma_c \cdot \overline{D'T'} < 0$	(assorbita)
Scorrimento:	x	$= \overline{F'T'}/\overline{D'T'} < 0$	$(\dot{\theta}_m > \Omega_o)$

Punto D″

Potenza elettrica assorbita:	P_a	$= \sigma_p \cdot \overline{D''N''} > 0$	(assorbita)
Potenza meccanica:	P_m	$= \sigma_p \cdot \overline{D''F''} < 0$	(assorbita)
Coppia:	C	$= \sigma_c \cdot \overline{D''T''} > 0$	(resa)
Scorrimento:	x	$= \overline{F''T''}/\overline{D''T''} > 1$	$(\dot{\theta}_m < 0)$

Per ottenere la velocità del rotore $\dot{\theta}_m < 0$ occorre far ruotare il rotore in senso contrario alla velocità Ω_o del campo rotante.
Quindi nel punto D la macchina funziona da *motore* ($P_a > 0$, $P_m > 0$), nel punto D' funziona come *generatore* ($P_a < 0$, $P_m < 0$), mentre nel punto D'' funziona come *freno*, in quanto la potenza elettrica assorbita P_a è positiva e la potenza meccanica P_m è negativa è cioè assorbita.
Osserviamo inoltre che nel punto di funzionamento E, ottenuto dall'intersezione della retta delle potenze trasmesse $\overline{AS}$ con il cerchio, lo scorrimento x_E assume il valore infinito: $x_E = \infty$.
Infatti la potenza trasmessa P_{tE} è nulla, essendo nullo il segmento intercettato fra il cerchio e la retta delle potenze trasmesse, mentre le perdite nel rame di rotore P_{curE} valgono:

$$P_{curE} = \sigma_p \cdot \overline{EE'},$$

per cui lo scorrimento x_E vale:

$$x_E = \frac{P_{curE}}{P_{tE}} = \frac{P_{curE}}{0} = \infty. \qquad (10.131)$$

Complessivamente sul diagramma circolare si possono individuare le seguenti zone di funzionamento:

1) *Arco ADK*: ***motore***
$P_a > 0$ (assorbita); $P_m > 0$ (resa); $C > 0$ (resa)
$0 \leq x \leq 1$; $\Omega_o \geq \dot{\theta}_m \geq 1$

Punto A: funzionamento a vuoto
$P_m = 0$ $x = 0$
$C = 0$ $\dot{\theta}_m = \Omega_o$

Punto K: funzionamento a rotore bloccato
$P_m = 0$ $x = 1$
$C_k = \sigma_s \cdot \overline{KS} > 0$ $\dot{\theta}_m = 0$.

2) *Arco A'D'U'*: ***generatore***
$P_a < 0$ (resa); $P_m < 0$ (assorbita); $C < 0$ (assorbita)
$x < 0$; $\dot{\theta}_m > \Omega_o$.
La *zona utile* è il tratto $A'D'$.

3) *Archi AA′, EBU′, KD″E*: ***freno***

Negli *archi AA′ e EBU* si ha:
$P_a > 0$ (assorbita);
$P_m < 0$ (assorbita);
$C < 0$ (assorbita);
$x < 0$; $\dot{\theta}_m > \Omega_o$

Nell'*arco KD″E* si ha:
$P_a > 0$ (assorbita);
$P_m < 0$ (assorbita);
$C > 0$ (resa);
$x > 1$; $\dot{\theta}_m < 0$.

L'unica zona utilizzata come *freno* è quella relativa all'arco *KD″E*, con valori di scorrimento fino a $x = 2$, per cui il rotore ruota alla velocità: $\dot{\theta}_m = (1 - x)\Omega_o = -\Omega_o$, cioè alla stessa velocità del campo rotante ma in senso inverso.
Per ottenere questo funzionamento è sufficiente far ruotare a vuoto il motore asincrono (punto *A* di fig. 10.16) e cioè alla velocità $\dot{\theta}_m = \Omega_o (x = 0)$, e poi invertire la tensione di alimentazione di due fasi di statore, come indicato in fig. 10.17. In tal modo il campo rotante inverte istantaneamente il senso di rotazione, mentre il rotore continua a ruotare per inerzia nello stesso senso di prima e quindi in senso contrario alla rotazione del campo stesso.

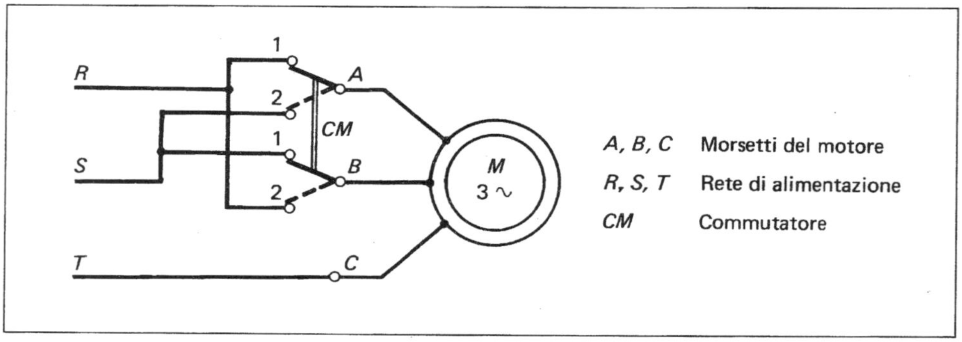

Figura 10.17. Schema di inversione del senso di rotazione di un motore asincrono. *Cummutatore CM in posizione 1*: $R \equiv A$; $S \equiv B$; rotazione oraria del campo rotante. *Commutatore CM in posizione 2*: $R \equiv B$; $S \equiv A$; rotazione antioraria del campo rotante.

All'atto dell'inversione, essendo la velocità del rotore pari, in valore assoluto, a Ω_o, ma di segno opposto ($\dot{\theta}_m = -\Omega_o$), lo scorrimento vale:

$$x = \frac{\Omega_o - \dot{\theta}_m}{\Omega_o} = 2.$$

Il rotore poi diminuisce la propria velocità (in valore assoluto) fino a fermarsi ($\dot{\theta}_m = 0$; $x = 1$) e quindi la macchina si porta a funzionare nel punto K del diagramma circolare di fig. 10.16.
Da questo punto in poi la macchina riparte come motore asincrono, con rotazione opposta a quella precedente l'inversione dell'alimentazione, descrivendo l'arco KDA del diagramma di fig. 10.16.

Il diagramma circolare dedotto dai risultati della prova a vuoto e della prova a rotore bloccato

È possibile tracciare il diagramma circolare dopo aver ricavato sperimentalmente la *corrente a vuoto* I_o e il suo sfasamento φ_o rispetto alla tensione di alimentazione V_s, dedotti dalla prova *a vuoto* alla velocità di sincronismo $\dot{\theta}_m = \Omega_o (x = 0)$, e la *corrente* di *corto circuito* I_{sk} e il suo sfasamento φ_{sk} rispetto alla tensione V_s, dedotti dalla prova *a rotore bloccato* ($\dot{\theta}_m = 0$; $x = 1$).
Entrambe le prove vanno effettuate allo stesso valore della tensione di fase V_s.
Le correnti *a vuoto* $\bar{I}_o$ e *a rotore bloccato* $\bar{I}_{sk}$ vanno riportate sul piano complesso, avendo posto la tensione $\bar{V}_s$ sull'asse reale, come mostrato in fig. 10.18.
Detti A e K gli estremi dei vettori $\bar{I}_o$ e $\bar{I}_{sk}$, il diagramma circolare si costruisce come segue:
– il centro C del cerchio si trova sulla retta orizzontale $a - a'$ parallela all'asse immaginario $+j$, condotta per il punto A;
– si traccia l'asse $b - b'$ della corda $\overline{AK}$ del cerchio;
– il punto di intersezione fra l'asse $b - b'$ della corda $\overline{AK}$ e la retta diametrale $a - a'$ individua il centro C del cerchio, il cui raggio è quindi $\overline{AC}$.
La retta $\overline{AK}$ rappresenta, come detto prima, la *retta delle potenze meccaniche*.
Naturalmente per poter tracciare la *retta delle coppie*, occorre poter valutare la resistenza di statore R_s e quella di rotore R'_r.

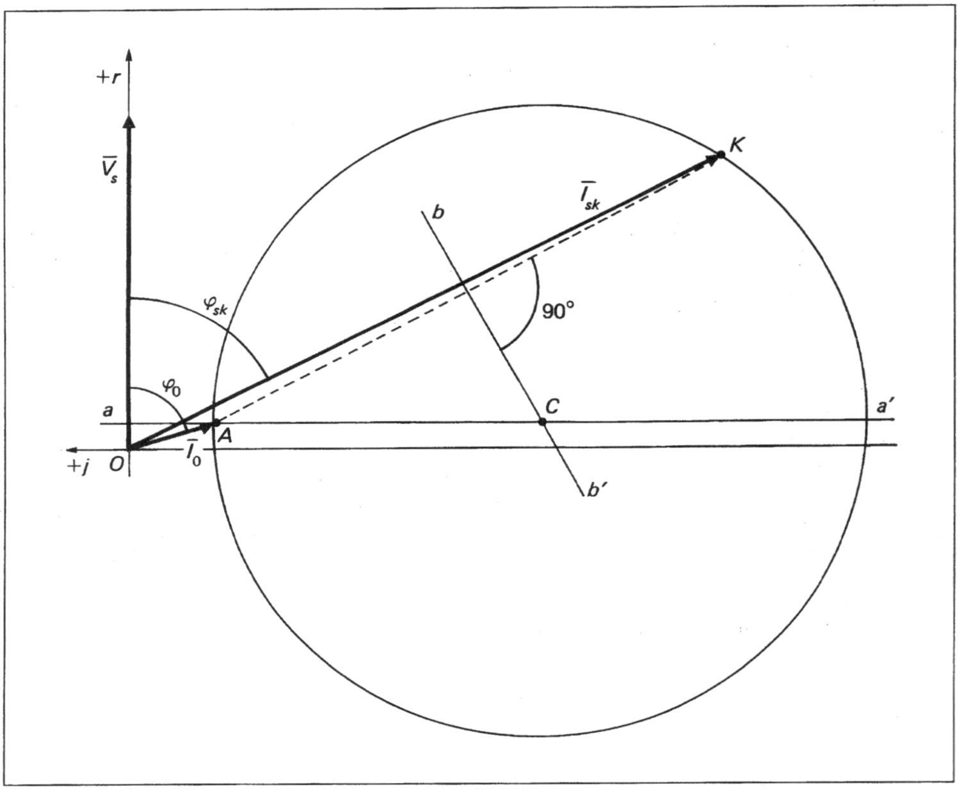

Figura 10.18

Grandezze nominali di un motore asincrono trifase

I dati nominali di un motore asincrono trifase sono i seguenti:
- potenza meccanica resa: P_n [W];
- tensione nominale: V_n [V] (tensione concatenata);
- corrente nominale: I_n [A] (assorbita dallo statore);
- frequenza nominale: f_n [Hz];
- velocità di sincronismo: $\Omega_n = \Omega_o$ [rad/s];
- coppia nominale: $C_n = P_n/\Omega_n$ [J].

Ricordiamo che la potenza nominale P_n non è la massima potenza meccanica che la macchina può erogare come motore, ma è la potenza che essa può erogare con continuità senza che si danneggi a causa del riscaldamento dovuto alle perdite.

Normalmente la macchina è progettata in modo tale che la corrente nominale I_n risulti tangente al diagramma circolare.
In tal modo il fattore di potenza cos φ_n, dell'angolo di sfasamento φ_n fra la corrente I_n e la tensione di fase $V_{sn} = V_n/\sqrt{3}$, risulta il più elevato possibile (punto L del diagramma circolare di fig. 10.16).

Definiamo ora anche l'*impedenza nominale* Z_n mediante la relazione:

$$(10.132) \qquad Z_n = \frac{V_n}{\sqrt{3}I_n} = \frac{V_{sn}}{I_n}.$$

Se riferiamo le resistenze e le reattanze del circuito equivalente di fig. 10.14 all'impedenza nominale Z_n e le correnti in esso circolanti alla corrente nominale I_n, otteniamo le corrispondenti grandezze in valore relativo. Normalmente in un motore asincrono si hanno i seguenti valori:

$$(10.133) \qquad \begin{cases} \text{corrente a vuoto:} & i_o = I_o/I_n = 0,20 \div 0,40 \\ \text{corrente di corto circuito} & \\ \quad \text{a rotore bloccato:} & i_{sk} = I_{sk}/I_n = 3 \div 7 \\ \text{resistenza di statore:} & r_s = R_s/Z_n = 0,005 \div 0,030 \\ \text{resistenza di rotore:} & r_r = R_r'/Z_n = 0,005 \div 0,030 \\ \text{reattanza di corto circuito:} & x_d = X_d/Z_n = 0,15 \div 0,30 \\ \text{impedenza a vuoto:} & z_o = Z_o/Z_n = 2,5 \div 5. \end{cases}$$

La coppia della macchina asincrona trifase in regime permanente

Dal circuito equivalente semplificato di fig. 10.14 si può dedurre agevolmente l'espressione della coppia in funzione dello scorrimento x o della velocità di rotazione $\dot{\theta}_m = (1 - x)\Omega_o$, ricordando che essa è legata alla potenza trasmessa P_t dalla relazione [si veda la quarta espressione della (10.112)]:

$$(10.134) \qquad C = \frac{P_t}{\Omega_o} = \frac{3R_r'}{\Omega_o x} I_r^2 .$$

Il valore efficace al quadrato della corrente I_r vale, con riferimento al circuito equivalente di fig. 10.14:

$$(10.135) \qquad I_r^2 = V_s^2/[(R_s + R_r'/x)^2 + X_d^2]$$

e quindi, indicando con $V = \sqrt{3}\ V_s$ la tensione concatenata, si ottiene:

$$C = \frac{3V_s^2}{\Omega_o} \frac{R_r'/x}{(R_s + R_r'/x)^2 + X_d^2} = \frac{V^2}{\Omega_o} \frac{R_r'/x}{(R_s + R_r'/x)^2 + X_d^2}. \tag{10.136}$$

Ponendo inoltre:

$$\begin{cases} Z = \sqrt{R_s^2 + X_d^2} \\ \varepsilon\ = R_s/Z \end{cases} \tag{10.137}$$

la (10.136) diventa:

$$C = \frac{V^2}{\Omega_o} \frac{1}{Z[R_r'/(xZ) + 2\varepsilon + xZ/R_r']}. \tag{10.138}$$

Introducendo le grandezze in valore relativo definite dalla (10.133), a cui si aggiunge l'impedenza:

$$z^* = Z\ /\ Z_n = \sqrt{r_s^2 + x_d^2} \tag{10.139}$$

$$(z^* \simeq 0{,}15 \div 0{,}30 \qquad \text{e quindi} \qquad \varepsilon = 0{,}20 \div 0{,}05)$$

la (10.138) diventa:

$$C = \frac{V^2}{Z_n \Omega_o} \cdot \frac{1}{z^* \cdot \left(\dfrac{r_r}{xz^*} + 2\varepsilon + \dfrac{xz^*}{r_r} \right)}. \tag{10.140}$$

In fig. 10.19 è tracciata la *caratteristica meccanica* della macchina asincrona, e cioè la curva che esprime il legame fra la coppia C definita dalla (10.138) e lo scorrimento x (e quindi la velocità di rotazione $\dot{\theta}_m = (1 - x)\Omega_o$).
Nel funzionamento come *motore* la coppia è *positiva*, mentre nel funzionamento come *generatore* la coppia è *negativa*.
Il punto A della caratteristica meccanica di fig. 10.19 rappresenta il funzionamento a vuoto della macchina asincrona; in questa condizione la coppia e lo scorrimento sono nulli ($C = 0$; $x = 0$) e quindi la velocità di rotazione del rotore è uguale alla velocità di sincronismo Ω_o : $\dot{\theta}_m = \Omega_o$.
Ponendo nella relazione (10.138) il valore 1 allo scorrimento x, che corrisponde al funzionamento a macchina ferma, si ottiene la *coppia di spunto o di avviamento* C_k.
Con le note regole dell'analisi matematica si può ottenere il valore massimo della coppia C_{M1} nel funzionamento come motore e il valore massimo

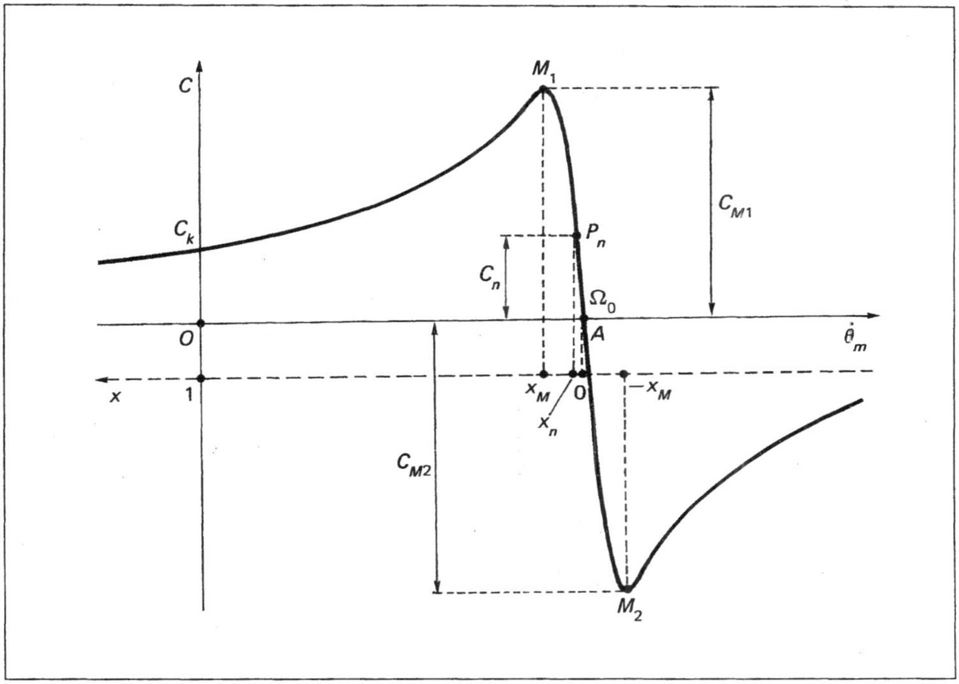

Figura 10.19

della coppia C_{M2} nel funzionamento come generatore. Come sopra detto C_{M2} ha segno opposto rispetto a C_{M1}.
In sintesi si ottiene, introducendo anche le grandezze in valore relativo, quanto segue:

Funzionamento come motore

(10.141)

Coppia di spunto:

$$C_k = \frac{V^2}{\Omega_o} \cdot \frac{R_r'}{X_d^2\left[\left(\frac{R_s + R_r'}{X_d}\right)^2 + 1\right]} = \frac{V^2}{Z_n \Omega_o} \cdot \frac{r_r}{x_d^2 \cdot \left[\left(\frac{r_s + r_r}{x_d}\right)^2 + 1\right]}$$

Scorrimento: $x_k = 1$

$$
(10.142)\quad \begin{cases}
\text{Coppia massima:} \\
C_{M1} = \dfrac{V^2}{\Omega_o} \cdot \dfrac{1}{2Z(1+\varepsilon)} = \\
\quad = \dfrac{V^2}{Z_n \Omega_o} \cdot \dfrac{1}{2z^*(1+\varepsilon)} \\
\text{Scorrimento di coppia massima:} \\
x_{M1} = R'_r / Z = r_r / z^* = x_M
\end{cases}
$$

Funzionamento come generatore

$$
(10.143)\quad \begin{cases}
\text{Coppia massima:} \\
C_{M2} = \dfrac{V^2}{\Omega_o} \cdot \dfrac{1}{2Z(1-\varepsilon)} = \\
\quad = \dfrac{V^2}{Z_n \Omega_o} \cdot \dfrac{1}{2z^*(1-\varepsilon)} \\
\text{Scorrimento di coppia massima:} \\
x_{M2} = -x_M = -R'_r / Z = -r_r / z^* .
\end{cases}
$$

Dalle (10.142) e (10.143) si deduce che la coppia massima C_{M2} nel funzionamento come generatore è maggiore della coppia massima C_{M1} nel funzionamento come motore: $C_{M2} > C_{M1}$.

Ciò è messo in evidenza in modo assai chiaro dal diagramma circolare riportato per ragioni di chiarezza in fig. 10.20, in cui si è tracciata la *retta delle coppia* $\overline{AE}$.

Per valutare i due suddetti valori si conducono le due tangenti al cerchio tg_1 e tg_2 parallele alla *retta delle coppie* $\overline{AE}$ e si individuano i punti di tangenza M_1 e M_2.

Il segmento verticale $\overline{M_1M'_1}$ fornisce la coppia massima come *motore*: $C_{M1} = \sigma_c \cdot \overline{M_1M'_1}$, mentre il segmento verticale $\overline{M_2M'_2}$ fornisce la coppia massima come *generatore*: $C_{M2} = \sigma_c \cdot \overline{M_2M'_2}$. Poiché la *retta delle coppie* $\overline{AE}$ giace sopra al diametro del cerchio $\overline{AB}$, risulta $\overline{M_2M'_2} > \overline{M_1M'_1}$ e quindi $C_{M2} > C_{M1}$.

Il funzionamento stabile della macchina asincrona è quello compreso fra il funzionamento *a vuoto* e quello *a coppia massima*, e cioè, con riferimento alla caratteristica meccanica di fig. 10.19, nel tratto AM_1 nel caso di motore e nel tratto AM_2 nel caso di generatore.

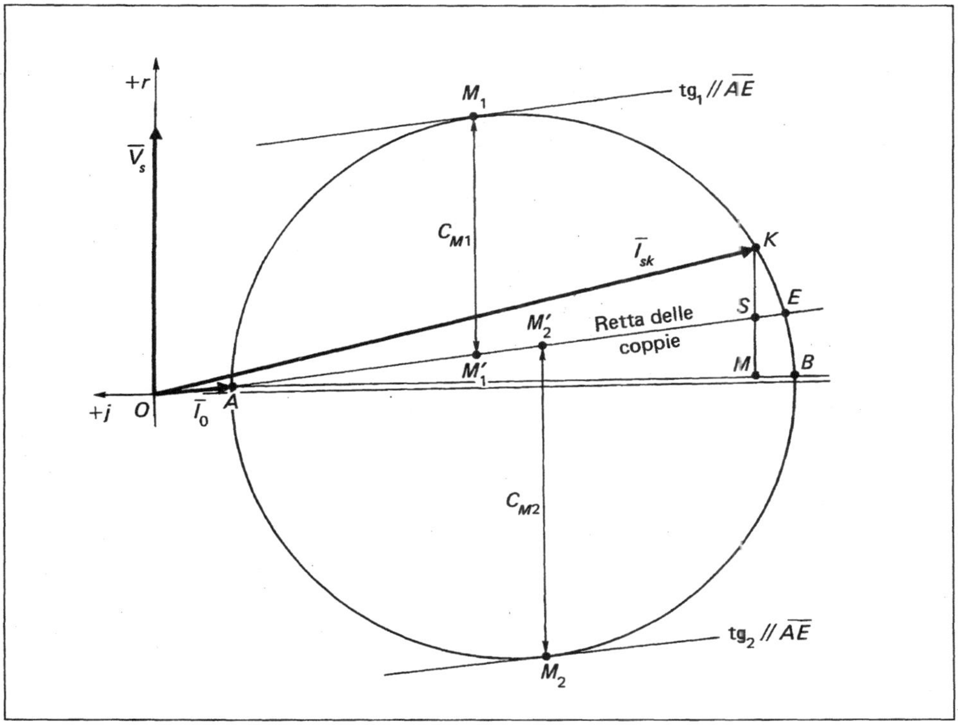

Figura 10.20

Il punto P_n della caratteristica rappresenta il funzionamento a coppia nominale C_n e a scorrimento nominale x_n.
Normalmente risulta:

$$(10.144) \quad \begin{cases} C_{M1}/C_n = 1,7 \div 2,5 \\ C_k/C_n = 0,6 \div 1,3 \\ x_n = 0,002 \div 0,06 \\ x_M = 0,02 \div 0,20. \end{cases}$$

Uso del reostato di rotore nel motore asincrono

Poiché la corrente a rotore bloccato I_{sk} (detta anche *corrente di spunto*, perché assorbita dalla macchina in fase di avviamento) vale circa $3 \div 7$ volte la corrente nominale I_n ($I_{sk} = 3 \div 7\ I_n$), in molti casi non è possibile

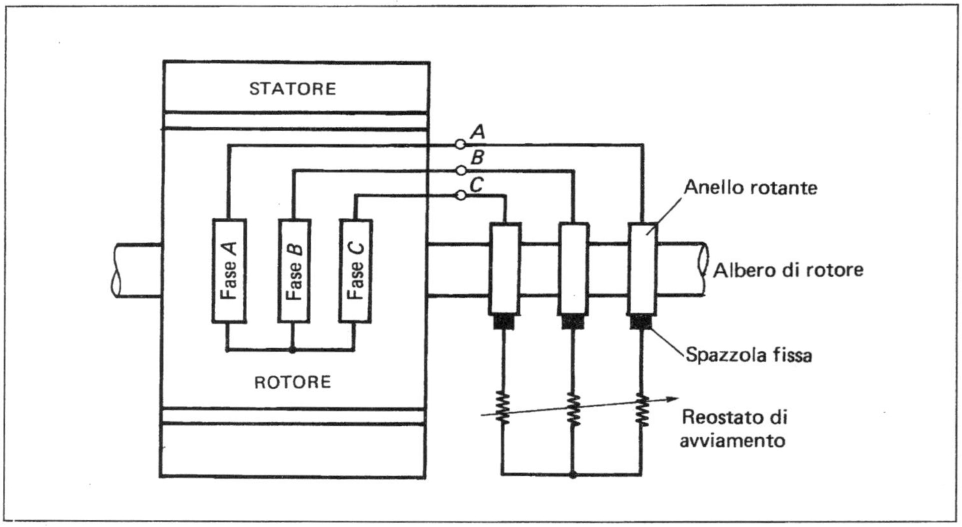

Figura 10.21. Inserzione del reostato di avviamento in serie a ciascuna fase di rotore.

avviare un motore asincrono a tensione nominale, se non si usano opportuni accorgimenti.

Uno di questi consiste nell'adottare un *reostato di rotore* o *reostato di avviamento*, che può essere utilizzato solo nei motori asincroni il cui circuito elettrico di rotore è realizzato mediante un avvolgimento trifase (nel seguito verrà mostrato il funzionamento del motore dotato di *rotore a gabbia*, a cui questo dispositivo non può essere applicato).

Il reostato di avviamento è composto da tre resistenze uguali e variabili poste in serie a ciascuna fase di rotore, mediante tre anelli calettati sull'albero (e quindi rotanti con esso), su cui appoggiano tre spazzole fisse, come mostra la fig. 10.21, in cui è schematicamente rappresentato anche l'avvolgimento di rotore.

Facendo riferimento al circuito equivalente di fig. 10.14, la corrente di corto circuito $\bar{I}_{sk}$ è data dalla somma della corrente a vuoto $\bar{I}_o$ e della corrente di rotore $\bar{I}_{rk}$, definita dalla relazione (10.113):

$$\bar{I}_{sk} = \bar{I}_o + \bar{I}_{rk} . \qquad (10.145)$$

Poiché normalmente risulta $I_o = (0{,}2 \div 0{,}4)I_n$, è chiaro che, per ridurre il valore della corrente di avviamento I_{sk}, occorre ridurre la corrente I_{rk}, il cui valore efficace alla tensione nominale di fase $V_{sn} = V_n/\sqrt{3}$ è dato dalla seguente relazione:

$$(10.146) \qquad I_{rk} = \frac{V_{sn}}{\sqrt{(R_s + R_r')^2 + X_d^2}} = \frac{V_{sn}}{X_d} \cdot \frac{1}{\sqrt{\left(\dfrac{R_s + R_r'}{X_d}\right)^2 + 1}}.$$

Introducendo le grandezze in valore relativo definite dalla (10.133) e ricordando anche la (10.132), la (10.146) diventa:

$$(10.147) \qquad I_{rk} = \frac{I_n}{X_d / Z_n} \cdot \frac{1}{\sqrt{\left(\dfrac{r_s + r_r}{x_d}\right)^2 + 1}} = \frac{I_n}{x_d} \cdot \frac{1}{\sqrt{\left(\dfrac{r_s + r_r}{x_d}\right)^2 + 1}}.$$

Con i valori riportati nella (10.133) risulta:

$$(10.148) \qquad \begin{cases} \dfrac{1}{x_d} = 3 \div 7 \\ \left(\dfrac{r_s + r_r}{x_d}\right)^2 = 0{,}005 \div 0{,}100 \\ \sqrt{\left(\dfrac{r_s + r_r}{x_d}\right)^2 + 1} = 1{,}002 \div 1{,}050. \end{cases} \qquad I_{rk} = (3 \div 7) I_n$$

Indichiamo con R_a la resistenza di ciascuna fase del reostato di rotore e con $R'_a = K_s^2 R_a$ e $r_a = R'_a/Z_n$ rispettivamente la resistenza del reostato riferita all'avvolgimento di statore e il suo valore relativo ($K_s = N_s/N_r$ è il rapporto di trasformazione).

Per effetto dell'inserzione di questa resistenza in serie a ciascuna fase di rotore, la corrente I_{rk} diventa:

$$(10.149) \qquad I_{rk} = \frac{V_{sn}}{\sqrt{(R_s + R_r' + R_a')^2 + X_d^2}} = \frac{I_n}{x_d} \cdot \frac{1}{\sqrt{\left(\dfrac{r_s + r_r + r_a}{x_d}\right)^2 + 1}}.$$

Logicamente anche l'espressione della coppia è influenzata dalla resistenza del reostato, come si deduce ad esempio dalla (10.140), dove occorre introdurre l'espressione $(r_r + r_a)$ il luogo di r_r:

$$(10.150) \qquad C = \frac{V^2}{Z_n \Omega_o} \cdot \frac{1}{z^* \cdot \left(\dfrac{r_r + r_a}{xz^*}\right) + 2\varepsilon + \dfrac{xz^*}{r_r + r_a}}.$$

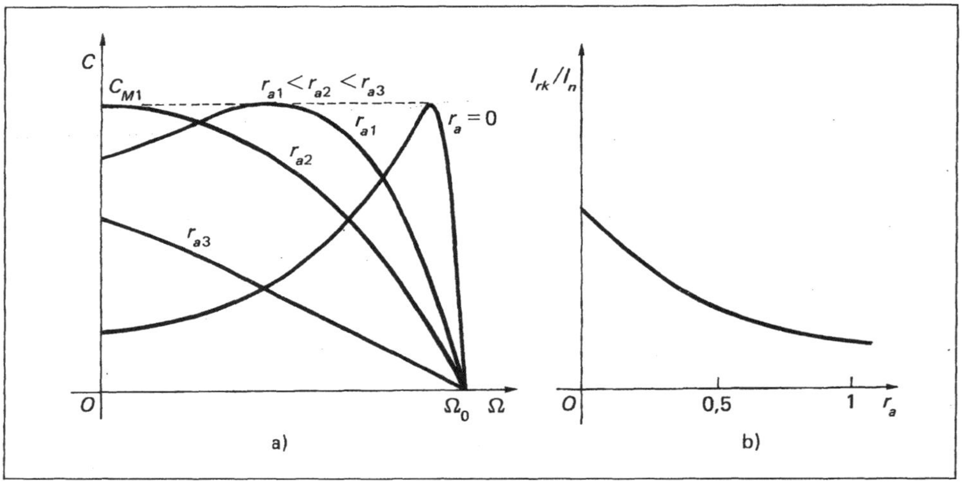

Figura 10.22. Effetto della resistenza r_a del reostato di avviamento sulla coppia C (a) e sulla corrente I_{rk} (b).

In particolare la coppia di spunto C_k, definita dalla (10.141), diventa:

$$C_k = \frac{V^2}{Z_n \Omega_o} \cdot \frac{r_r + r_a}{x_d \left[\left(\frac{r_s + r_r + r_a}{x_d} \right)^2 + 1 \right]} . \tag{10.151}$$

Dalla (10.142) invece si rileva che l'espressione della coppia massima C_{M1} è indipendente dal valore della resistenza del reostato di avviamento, mentre ne è influenzato lo scorrimento di coppia massima x_m, risultando:

$$x_M = (r_r + r_a)/z^* . \tag{10.152}$$

In fig. 10.22.a è riportato l'andamento di un certo numero di caratteristiche meccaniche al variare del valore della resistenza del reostato di avviamento, mentre la fig. 10.22.b mostra come diminuisce la corrente I_{rk} (e quindi anche I_{sk}) all'aumentare della suddetta resistenza.
Dopo aver avviato il motore, il reostato di rotore viene escluso e vi è un dispositivo che solleva le spazzole e mette in corto circuito gli anelli.

10.6. LA MACCHINA ASINCRONA CON ROTORE A GABBIA

Il rotore a gabbia permette di realizzare un avvolgimento di rotore avente un elevato numero di fasi. Esso è costituito da un normale rotore di macchina asincrona in cui in ciascuna cava viene posto un solo conduttore, normalmente chiamato *sbarra*. Lo statore è identico a quello di una macchina con rotore dotato di avvolgimento trifase. Le sbarre di tutte le cave sono collegate fra loro, alle due estremità, mediante due *anelli di corto circuito*, come mostra la fig. 10.23.

Se la struttura di fig. 10.23 viene sottoposta all'azione del campo magnetico rotante creato dalle correnti di statore, nelle sbarre viene indotto un sistema polifase di f.e.m. il cui numero di fasi dipende sia dal numero di poli ($2n$) del campo rotante, sia dal numero N_{sb} delle sbarre.

Infatti lo sfasamento, espresso in gradi, fra le f.e.m. indotte in due sbarre adiacenti è dato dalla seguente relazione:

$$\beta = \frac{360°}{N_{sb}} \cdot n. \tag{10.153}$$

Sbarre distanti di un angolo pari a $360°/n$ sono sedi di f.e.m. in fase fra loro.

Ad esempio, se le 12 sbarre di fig. 10.23 sono sottoposte all'azione di un campo rotante (in senso antiorario rispetto al rotore) avente $2n = 2$ poli, si ottiene il diagramma vettoriale delle f.e.m. indotte in esse di fig. 10.24.a, mentre se il campo ha $2n = 4$ poli si ottiene il diagramma vettoriale di fig. 10.24.b e, infine, se il campo ha $2n = 8$ poli si ottiene il diagramma vettoriale di fig. 10.24.c.

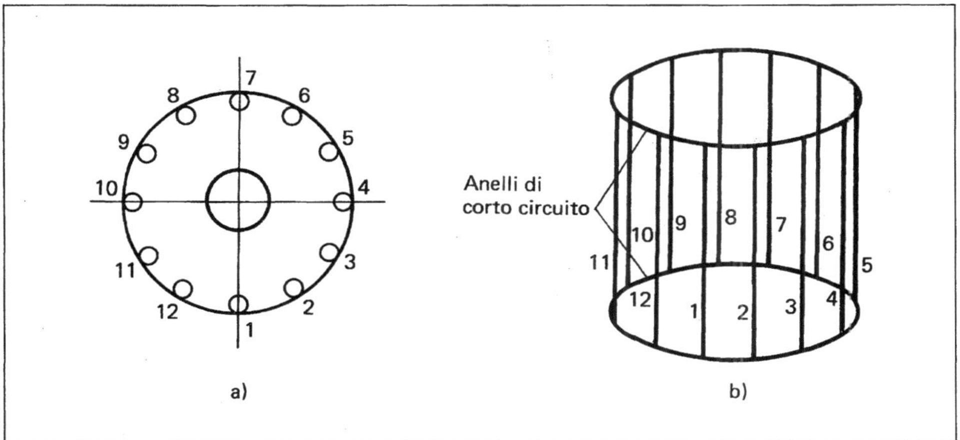

Figura 10.23. Rotore a gabbia di una macchina asincrona: a) sezione del rotore normale all'asse in cui sono indicate le sbarre numerate da 1 a 12; b) gabbia, estratta dal rotore, con le sbarre collegate in corto circuito dai due anelli.

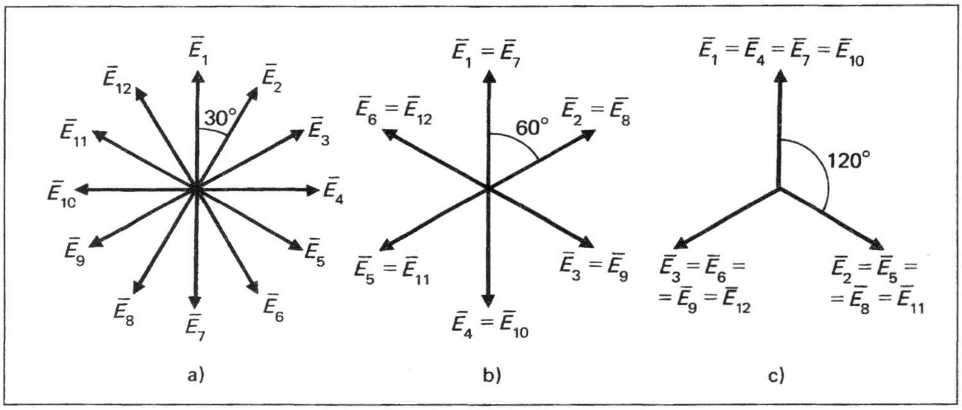

Figura 10.24. F.e.m. indotte nelle sbarre della struttura di fig. 10.23 da un campo rotante, in senso antiorario rispetto al rotore, avente un diverso numero di poli. a) Campo a $2n = 2$ poli: sistema a $N_f = 12/(2/2) = 12$ fasi. b) Campo a $2n = 4$ poli: sistema a $N_f = 12/(4/2) = 6$ fasi. c) Campo a $2n = 8$ poli: sistema a $N_f = 12/(8/2) = 3$ fasi.

Un avvolgimento a gabbia quindi non ha un proprio numero di poli, ma assume quello dell'avvolgimento di eccitazione e il numero di fasi N_f è, generalmente, uguale al numero di sbarre N_{sb} diviso per il numero di coppie polari n del campo rotante: $N_f = N_{sb}/n$.

Si può infine dimostrare che un avvolgimento a gabbia a N_f fasi e $2n$ poli è equivalente ad un opportuno avvolgimento trifase avente lo stesso numero di poli.

Quindi lo studio del funzionamento della macchina asincrona trifase con rotore a gabbia è riconducibile a quello di una macchina dotata di rotore con avvolgimento trifase.

Perciò anche per la macchina asincrona trifase con rotore a gabbia valgono le reti elettriche equivalenti riportate nelle figg. 10.8, 10.13 e 10.14.

Si costruiscono macchine asincrone trifasi con rotore a gabbia per potenze che vanno da qualche centinaio di watt fino a circa 20.000 KW; la gabbia può essere di alluminio (ottenuta per pressofusione) o di rame, e il suo largo impiego è dovuto alla facilità di costruzione.

10.7. LA MACCHINA ASINCRONA MONOFASE

La macchina asincrona monofase si ottiene disponendo sullo statore un avvolgimento monofase, mentre il rotore è del tipo *a gabbia*, come mostra

la fig. 10.25, in cui l'avvolgimento monofase a $2n = 2$ poli è schematizzato con una bobina di N_s spire poste in due cave diametrali.
L'avvolgimento di statore percorso da una corrente alternata monofase, di valore efficace I_s, non crea un campo rotante, ma stazionario e variabile nel tempo, il cui valore massimo è diretto come l'asse della bobina.
Se la corrente è definita dalla seguente espressione:

$$(10.154) \qquad i_s = \sqrt{2}\, I_s \cos \omega t \,,$$

il campo principale m_{ps} vale:

$$(10.155) \qquad \begin{cases} m_{ps} = M_s \cos \omega t \cdot \cos \theta \\ M_s = \dfrac{2\sqrt{2}}{\pi} N_s I_s \,. \end{cases}$$

In queste condizioni il rotore non può mettersi in movimento.
Lo studio del funzionamento di questa macchina viene effettuato mostrando come esso sia equivalente a quello di due macchine asincrone trifasi opportunamente collegate fra loro.
Un campo di f.m.m. creato da un avvolgimento monofase si può ottenere infatti utilizzando due avvolgimenti trifasi posti in serie fra loro nel modo seguente.
Si pongano nelle stesse cave di statore i conduttori di due avvolgimenti trifasi, indicati a e b, e si colleghino in serie fra loro le fasi dei due avvolgimenti come mostra la fig. 10.26, in cui per semplicità si considera una macchina a $2n = 2$ poli e con una cava per polo e per fase: $q = 1$.

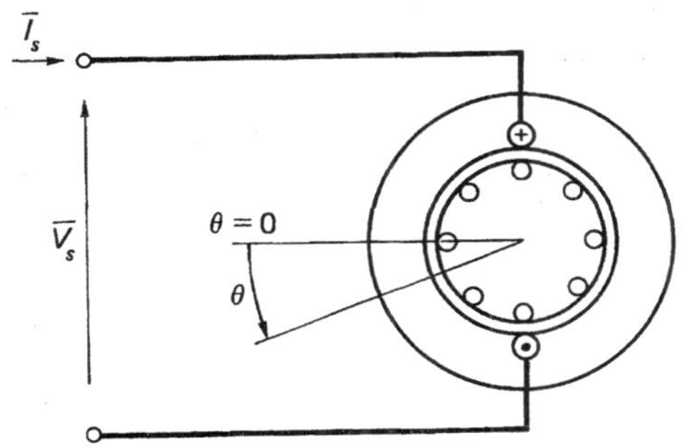

Figura 10.25. Macchina asincrona monofase a due poli; l'avvolgimento di statore è monofase e il rotore è del tipo a gabbia.

Tabella 10.2.

Avvolgimento a		*Avvolgimento b*	
Fase	*Corrente*	*Fase*	*Corrente*
1a	I_{s1}	1b	I_{s1}
2a	I_{s2}	2b	I_{s3}
3a	I_{s3}	3b	I_{s2}

La fase 1a è posta in serie alla fase 1b, mentre la fase 2a è in serie alla fase 3b e la fase 3a è in serie alla fase 2b, come indicato in fig. 10.26.b.
Il sistema trifase equilibrato di correnti, $\bar{I}_{s1}$, $\bar{I}_{s2}$, $\bar{I}_{s3}$, percorrendo gli avvolgimenti di statore *a* e *b* (ciascuno di N_s' spire) crea due campi rotanti in senso contrario, poiché l'avvolgimento *b* ha una fase scambiata rispetto all'avvolgimento *a*, come mostra la fig. 10.26.b e come è riassunto nella tab. 10.2.
Definite le correnti mediante le seguenti espressioni:

$$\begin{cases} i_{s1} = \sqrt{2}I_s \cos \omega t \\ i_{s2} = \sqrt{2}I_s \cos(\omega t - 120°) \\ i_{s3} = \sqrt{2}I_s \cos(\omega t - 240°) \end{cases} \tag{10.156}$$

i campi principali creati dai due avvolgimenti valgono pertanto:

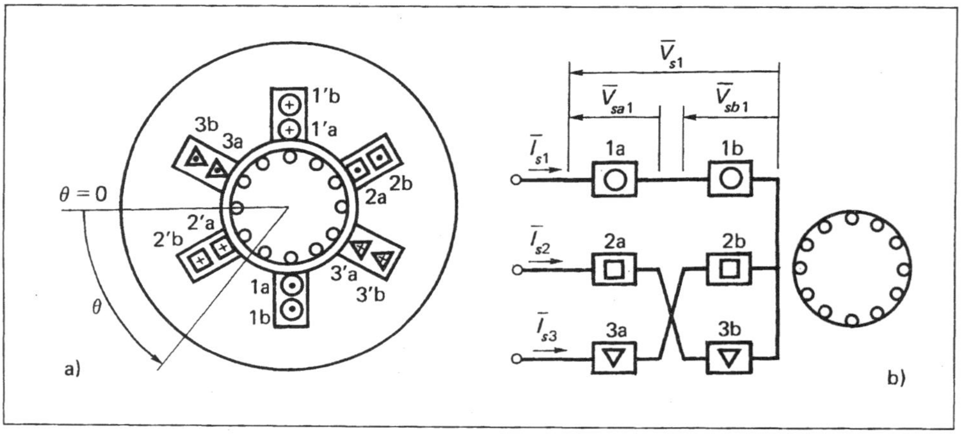

Figura 10.26. Schema di una macchina asincrona trifase con avvolgimenti di statore (1a, 2a, 3a) e (1b, 2b, 3b) posti nelle stesse cave; il rotore è del tipo a gabbia.

Avvolgimento a

$$m_{pa} = \frac{3}{2} M'_s \cos(\omega t - \theta) \tag{10.157}$$

Avvolgimento b

$$m_{pb} = \frac{3}{2} M'_s \cos(\omega t + \theta) \tag{10.158}$$

dove risulta:

$$M'_s = \frac{2\sqrt{2}}{\pi} N'_s I_s \,. \tag{10.159}$$

Quindi il campo risultante risulta definito dalla seguente relazione:

$$\begin{aligned} m'_{ps} &= m_{pa} + m_{pb} = \frac{3}{2} M'_s [\cos(\omega t - \theta) + \cos(\omega t + \theta)] = \\ &= 3M'_s \cdot \cos \omega t \cdot \cos \theta \,. \end{aligned} \tag{10.160}$$

La (10.160) mostra come il campo risultante m'_{ps} non sia un campo ruotante, ma un campo stazionario come quello creato da un avvolgimento monofase. Inoltre dal confronto della (10.160) con la prima delle (10.155), si deduce che i due campi m'_{ps} e m_{ps} sono uguali se risulta $M_s = 3M'_s$ e cioè, a pari corrente I_s, se $N_s = 3N'_s$.
La struttura di fig. 10.26 rappresenta inoltre l'insieme di due macchine asincrone trifasi aventi due avvolgimenti di statore distinti (avvolgimento *a* e avvolgimento *b*), posti nelle stesse cave, e un rotore a gabbia in comune. I campi rotanti creati dai due avvolgimenti trifasi *a* e *b* hanno velocità uguali e contrarie: $|\Omega_{oa}| = |\Omega_{ob}| = \Omega_o = \omega / n$.
Se si suppone che la macchina ruoti alla velocità Ω nello stesso senso del campo creato dall'avvolgimento *a*, si definisce *campo diretto* il campo rotante creato da quest'ultimo avvolgimento e *campo inverso* quello creato dall'avvolgimento *b*.
Gli scorrimenti associati ai suddetti campi valgono quindi:

Campo diretto (avvolgimento *a*)

$$x_a = \frac{\Omega_o - \Omega}{\Omega_o} = x \tag{10.161}$$

(il rotore ruota alla velocità Ω nello stesso senso del campo creato dall'avvolgimento *a*)

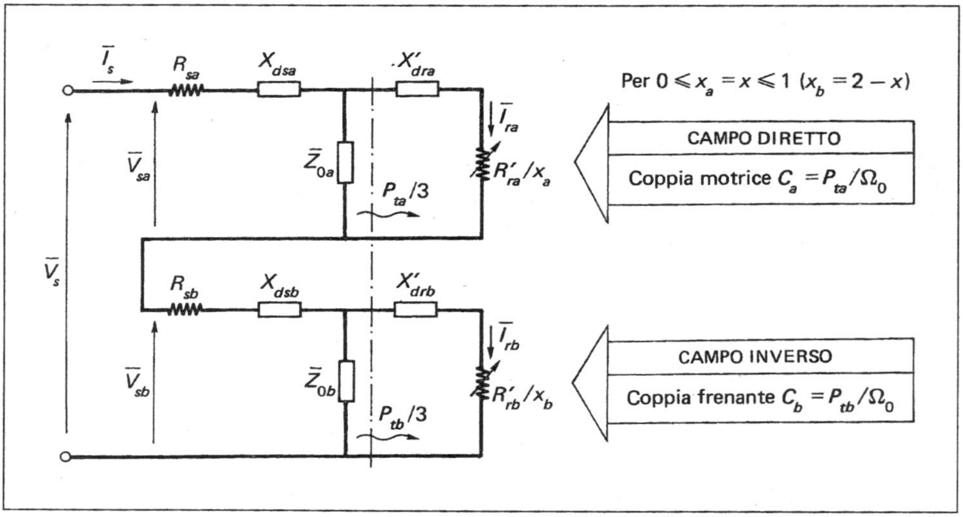

Figura 10.27. Rete elettrica equivalente di una fase della macchina trifase di fig. 10.26.

Campo inverso (avvolgimento *b*)

$$x_b = \frac{\Omega_o + \Omega}{\Omega_o} = 2 - x \qquad (10.162)$$

(il rotore ruota alla velocità Ω in senso contrario al campo creato dall'avvolgimento *b*).

Pertanto per ciascuna fase degli avvolgimenti *a* e *b*, si possono tracciare due circuiti equivalenti analoghi a quello di fig. 10.13, ponendo $x = x_a$ nella rete equivalente dell'avvolgimento *a* e $x = x_b$ nella rete equivalente dell'avvolgimento *b*, e collegando questi due circuiti in serie fra loro.
In fig. 10.27 è riportata la rete equivalente così ottenuta, relativa ad una generica fase della macchina schematizzata in fig. 10.26.
Se gli avvolgimenti *a* e *b* sono uguali, risulta:

$$\begin{cases} R_{sa} = R_{sb}; & R'_{ra} = R'_{rb} \\ X_{dsa} = X_{dsb}; & X'_{dra} = X'_{drb} \\ \overline{Z}_{oa} = \overline{Z}_{ob}. & \end{cases} \qquad (10.163)$$

Nel caso di rotazione del rotore con velocità Ω nel senso del campo creato dall'avvolgimento *a*, gli scorrimenti sono dati dalle relazioni (10.161) e (10.162).

In questa condizione l'avvolgimento a si comporta da *motore* (rotore rotante nella stessa direzione del campo con scorrimento $x_a = x$), mentre l'avvolgimento b si comporta da *freno* (rotore rotante in senso contrario al campo con scorrimento $x_b = 2 - x$).
Definite infatti le potenze trasmesse, e le corrispondenti coppie, dei due avvolgimenti mediante le relazioni seguenti:

$$(10.164) \quad \begin{cases} P_{ta} = 3\dfrac{R'_{ra}}{x_a} I_{ra}^2 = \Omega_o C_a & \text{(avvolgimento } a\text{: campo diretto)} \\ P_{tb} = 3\dfrac{R'_{rb}}{x_b} I_{rb}^2 = \Omega_o C_b & \text{(avvolgimento } b\text{: campo inverso)} \end{cases}$$

la coppia risultante C, agente sul rotore schematizzato come in fig. 10.28, vale:

$$(10.165) \quad C = C_a - C_b = \frac{1}{\Omega_o}(P_{ta} - P_{tb}).$$

Da quanto fino ad ora detto, si può perciò affermare che la struttura di statore della macchina trifase di fig. 10.26 risulta equivalente a quella della macchina monofase di fig. 10.25. Poiché le due macchine hanno i rotori identici (entrambe a gabbia), i risultati relativi ad una fase della macchina trifase possono essere estesi a quella monofase. In particolare, anche per la macchina monofase si ottiene il circuito elettrico equivalente di fig. 10.29 (del tutto analogo a quello di fig. 10.27), in cui, con riferimento alla fig.

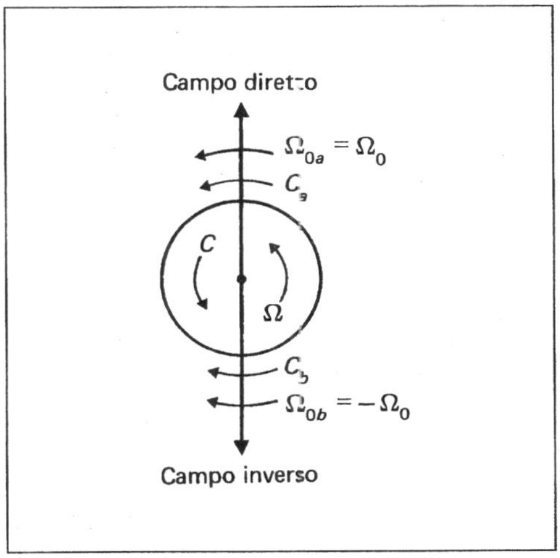

Figura 10.28. Schematizzazione del rotore della macchina di fig. 10.26. Sono indicate le velocità e le coppie create dai due campi rotanti.

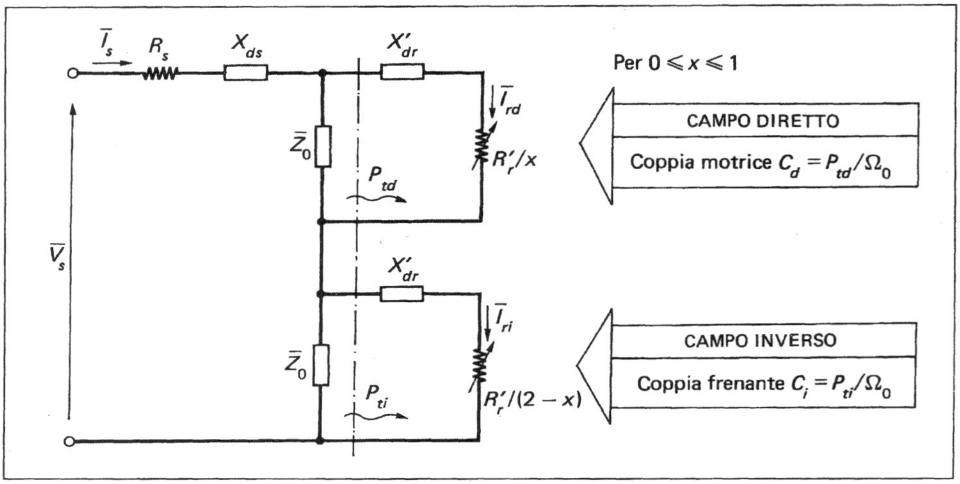

Figura 10.29. Rete elettrica equivalente del motore asincrono monofase.

10.25, si è assunta positiva la rotazione del rotore in senso antiorario e quindi, nel caso di macchina a $2n = 2$ poli, risulta $\Omega = p\theta$.
In esso si individuano i due circuiti equivalenti di rotore, uno relativo al *campo diretto* con scorrimento $x_d = x = (\Omega_o - \Omega)/\Omega_o$, e l'altro al *campo inverso* con scorrimento $x_i = (\Omega_o + \Omega)/\Omega_o = 2 - x$. Definite, in modo analogo alle (10.164), le potenze trasmesse da due campi:

$$(10.166) \quad \begin{cases} P_{td} = \dfrac{R'_r}{x} I_{rd}^2 & \text{(campo diretto)} \\ P_{ti} = \dfrac{R'_r}{2-x} I_{ri}^2 & \text{(campo inverso)} \end{cases}$$

la coppia motrice C agente sul rotore vale:

$$(10.167) \quad C = \frac{1}{\Omega_o}(P_{td} - P_{ti}) = \frac{R'_r}{\Omega_o}\left(\frac{I_{rd}^2}{x} - \frac{I_{ri}^2}{2-x}\right).$$

Quando la macchina è ferma ($\Omega = 0$ e quindi $x = 1$ e $2 - x = 1$) risulta $I_{rd} = I_{ri}$, come si deduce dalla rete di fig. 10.29, perciò, in base alla (10.167) la coppia, detta di avviamento, è nulla: la macchina quindi non può mettersi in movimento da sola. Una volta avviata in una direzione (mediante dispositivi ausiliari) il motore è in grado di sviluppare una coppia diversa da zero, come mostra la fig. 10.30, in cui è rappresentata la caratteristica meccanica del motore monofase, deducibile dalla relazione (10.167) e dall'analisi della rete elettrica equivalente di fig. 10.29. In essa si è assunta positiva la velocità di rotazione in senso antiorario, con riferimento alla struttura di fig. 10.25.

È interessante osservare che, quando la macchina eroga circa la potenza nominale, con scorrimenti quindi di valore modesto ($x = 0{,}05 \div 0{,}10$), risulta $P_{td} \gg P_{ti}$.

Infatti, se si trascura la corrente assorbita dai due rami derivati di impedenza $\bar{Z}_o$ della rete di fig. 10.29, risulta $I_{rd} = I_{ri}$, e quindi, con i valori di scorrimento x sopra indicati, si ottiene:

$$(10.168) \qquad P_{td}/P_{ti} = [R'_r \cdot I_{rd}^2/x]/[R'_r \cdot I_{ri}^2/(2-x)] = (2-x)/x = 20 \div 40.$$

Risulta perciò, dalla (10.167), nel funzionamento con coppie che vanno da zero fino al valore nominale:

$$(10.169) \qquad C = \frac{1}{\Omega_o}(P_{td} - P_{ti}) = \frac{1}{\Omega_o} P_{td}[1 - (0{,}025 \div 0{,}05)] \simeq \frac{P_{td}}{\Omega_o}.$$

Avviamento dei motori asincroni monofase

Se sulla struttura monofase di statore di fig. 10.25 si dispone un secondo avvolgimento identico a quello esistente e spostato dell'angolo $\beta = 90°/n = 90°$ (avendo preso in esame una macchina a $2n = 2$ poli) (fig. 10.31), si può ottenere un campo di f.m.m. rotante se i due avvolgimenti sono percorsi da correnti alternate sinusoidali isofrequenziali di ampiezza uguale e sfa-

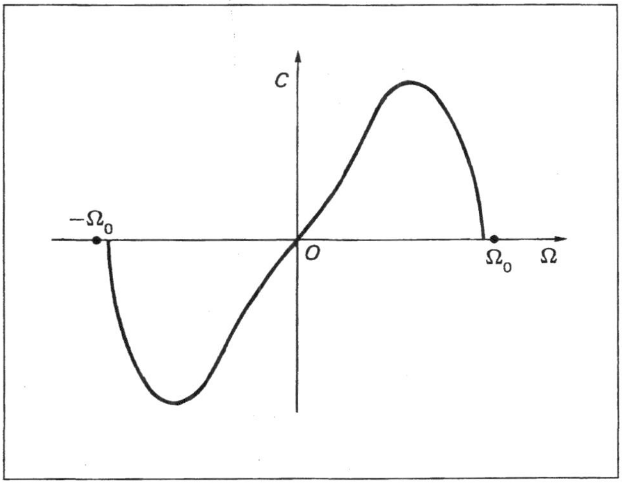

Figura. 10.30. Caratteristica meccanica di un motore asincrono monofase. Con riferimento alla struttura di fig. 10.25, si è assunta positiva la rotazione del rotore in senso antiorario.

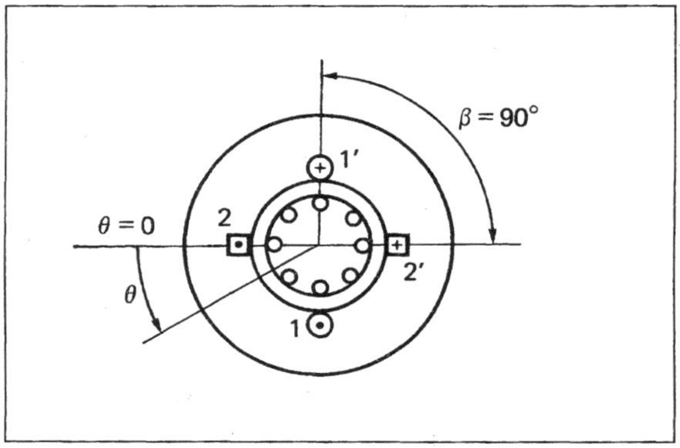

Figura 10.31. Struttura di statore bifase a $2n = 2$ poli; 1 e 2: avvolgimenti di N_s spire.

sate di 90°:

$$\text{(10.170)} \quad \begin{cases} i_{s1} = \sqrt{2} I_s \cos \omega t \\ i_{s2} = \sqrt{2} I_s \cos(\omega t + 90°). \end{cases}$$

I campi principali dei due avvolgimenti valgono:

$$\text{(10.171)} \quad \begin{cases} m_{p1} = M_s \cos \omega t \cdot \cos \theta = \\ \quad = \frac{1}{2} M_s [\cos(\omega t - \theta) + \cos(\omega t + \theta)] \quad \text{(avv. 1)} \\ m_{p2} = M_s \cos(\omega t + 90°) \cdot \cos(\theta + 90°) = \\ \quad = \frac{1}{2} M_s [\cos(\omega t - \theta) - \cos(\omega t + \theta)] \quad \text{(avv. 2)} \\ M_s = \frac{2\sqrt{2}}{\pi} N_s I_s . \end{cases}$$

Sommando i due campi si ottiene il seguente *campo rotante*:

$$\text{(10.172)} \quad m_p = M_s \cdot \cos(\omega t - \theta)$$

(campo rotante in senso *antiorario* alla velocità $\Omega_o = \omega / n = \omega$).

Se i due avvolgimenti non hanno lo stesso numero di spire e le correnti non sono uguali di ampiezza e sono sfasate di un angolo diverso da 90°, si ottiene ugualmente un campo rotante, la cui ampiezza però non è costante (viene detto anche *campo rotante ellittico*).

È quindi possibile avviare un motore asincrono monofase come bifase

disponendo, oltre all'avvolgimento principale, detto anche *avvolgimento di lavoro*, un secondo avvolgimento, detto *avvolgimento di avviamento*, avente un numero di spire in generale differente da quello principale.
Occorre ora che l'avvolgimento di avviamento assorba una corrente sfasata di un angolo prossimo a 90° rispetto alla corrente assorbita dall'avvolgimento di lavoro, all'atto dell'avviamento della macchina.
Poiché la rete di alimentazione è monofase, l'accorgimento più comune per creare il suddetto sfasamento consiste nell'inserire in serie all'avvolgimento di avviamento un condensatore, il cui effetto è quello di sfasare le correnti assorbite dai due avvolgimenti.
Con un adatto proporzionamento del condensatore le due correnti possono risultare sfasate, all'atto dell'avviamento, di un angolo pari a circa 90°.
Il circuito di avviamento può venire escluso mediante l'intervento di un interruttore centrifugo che si apre ad una determinata velocità di rotazione (fig. 10.32) e la macchina funziona come motore monofase.

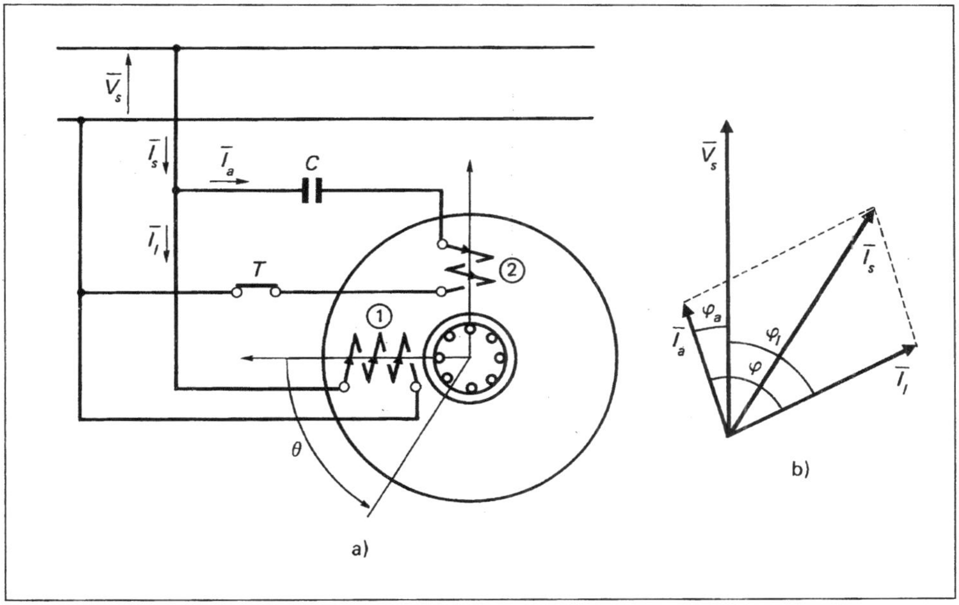

Figura 10.32. Schema di un motore asincrono monofase a condensatore.
a) 1, avvolgimento di lavoro di N_l spire; 2, avvolgimento di avviamento di N_a *spire;* C, condensatore; *T*, interruttore centrifugo.
b) Diagramma vettoriale delle correnti assorbite all'avviamento, cioè a macchina ferma: I_l, corrente assorbita dall'avvolgimento di lavoro; I_a, corrente assorbita dall'avvolgimento di avviamento; I_s, corrente totale di linea.

In altri casi il condensatore è permanentemente inserito e la macchina funziona come motore bifase.
Esaminiamo il funzionamento della macchina di fig. 10.32, nell'ipotesi che essa sia ferma e che il diagramma vettoriale delle correnti sia quello di fig. 10.32.b.
Se indichiamo con $\varphi = \varphi_a + \varphi_l$ l'angolo di sfasamento fra la corrente I_l, assorbita dall'avvolgimento di lavoro di N_l spire, e la corrente I_a, assorbita dall'avvolgimento di avviamento di N_a spire, i valori istantanei delle suddette correnti valgono:

$$\begin{cases} i_l = \sqrt{2} I_l \cos \omega t \\ i_a = \sqrt{2} I_a \cos(\omega t + \varphi). \end{cases} \tag{10.173}$$

Quindi i campi principali creati dai due avvolgimenti sono:

Avvolgimento di lavoro

$$\begin{cases} m_{pl} = M_l \cos \omega t \cdot \cos \theta = \frac{1}{2} M_l [\cos(\omega t + \theta) + \cos(\omega t - \theta)] \\ M_l = \frac{2\sqrt{2}}{\pi} N_l I_l \end{cases} \tag{10.174}$$

Avvolgimento di avviamento

$$\begin{cases} m_{pa} = M_a \cos(\omega t + \varphi) \cdot \cos(\theta + 90°) = \\ \quad = \frac{1}{2} M_a [\cos(\omega t + \theta + \varphi + 90°) + \\ \quad + \cos(\omega t - \theta + \varphi - 90°)] \\ M_a = \frac{2\sqrt{2}}{\pi} N_a I_a . \end{cases} \tag{10.175}$$

Sommando i due campi, si ottiene il campo risultante:

$$\begin{aligned} m_p &= m_{pl} + m_{pa} = \\ &= \underbrace{\frac{1}{2}[(M_l + M_a \operatorname{sen} \varphi) \cdot \cos(\omega t - \theta) + M_a \cos \varphi \cdot \operatorname{sen}(\omega t - \theta)]}_{m_d} + \\ &\quad \underbrace{+\frac{1}{2}[(M_l - M_a \operatorname{sen} \varphi) \cos(\omega t + \theta) - M_a \cos \varphi \cdot \operatorname{sen}(\omega t + \theta)]}_{m_i}. \end{aligned} \tag{10.176}$$

Il campo m_d è detto *diretto*, perché ruota alla velocità $\Omega_o = \omega$ in senso *antiorario* (senso positivo per la misura dell'angolo θ), mentre il campo m_i è detto *inverso*, perché ruota alla velocità $\Omega_o = \omega$ in senso *orario*, e quindi in senso contrario a quello del campo diretto m_d.
Elaborando le espressioni di m_d e m_i si ottiene:

Campo diretto

$$(10.177) \qquad \begin{cases} m_d = M_d \cos(\omega t - \theta - \gamma) \\ M_d = \frac{1}{2}\sqrt{(M_l + M_a \operatorname{sen}\varphi)^2 + M_a^2 \cos\varphi^2} \\ \operatorname{tg}\gamma = M_a \cos\varphi \;/\; (M_l + M_a \operatorname{sen}\varphi) \end{cases}$$

Campo inverso

$$(10.178) \qquad \begin{cases} m_i = M_i \cos(\omega t + \theta + \alpha) \\ M_i = \frac{1}{2}\sqrt{(M_l - M_a \operatorname{sen}\varphi)^2 + M_a^2 \cos\varphi^2} \\ \operatorname{tg}\alpha = M_a \cos\varphi/(M_l - M_a \operatorname{sen}\varphi). \end{cases}$$

Il dimensionamento dell'avvolgimento di avviamento è tale che il valore massimo M_i del campo inverso risulti sensibilmente inferiore a quello M_d del campo diretto.
Se ad esempio si ha:

$$\begin{cases} M_l = 100 \\ M_a = 90 \\ \varphi = 80° \end{cases}$$

si ottiene:

$$\begin{cases} M_d = 94{,}64 \\ M_i = 9{,}66 \\ M_i / M_d = 0{,}102. \end{cases}$$

11

MACCHINE SINCRONE

11.1. STRUTTURA DELLA MACCHINA SINCRONA TRIFASE

La macchina sincrona trifase è costituita da uno statore cilindrico cavo (simile a quello della macchina asincrona trifase), all'interno del quale è disposto un rotore dotato di $2n$ poli. Lo statore è di materiale ferromagnetico laminato, mentre il rotore in generale è di materiale ferromagnetico massiccio (eventualmente vengono laminate le espansioni polari).
Nelle cave di statore viene disposto un avvolgimento trifase (avvolgimento indotto) avente lo stesso numero di poli del rotore. Sul rotore viene invece posto l'avvolgimento di eccitazione (avvolgimento induttore), percorso normalmente da una corrente continua. Si possono avere due diversi tipi di strutture di rotore, come mostra la fig. 11.1:
a) struttura a *poli lisci* (*macchina isotropa*) (fig. 11.1.a);
b) struttura a *poli salienti* (*macchina anisotropa*) (fig. 11.1.b).
Nella *macchina a poli lisci* l'avvolgimento di eccitazione è disposto nelle cave distribuite, per circa 2/3, lungo la periferia del rotore, che in questo caso è cilindrico. Il traferro interposto fra le strutture di statore e di rotore è quindi di ampiezza costante.
Nella *macchina a poli salienti* l'avvolgimento di eccitazione è costituito da bobine avvolte sui corpi dei poli. Il traferro in questo caso è variabile: minimo in corrispondenza dell'asse polare AP e massimo in corrispondenza dell'asse interpolare AI.
L'avvolgimento di eccitazione, percorso dalla corrente continua I_f, crea una forza magnetomotrice (f.m.m.) per polo in modo tale che si possano distinguere successivamente un *polo nord* (f.m.m. di verso tale da creare un flusso *uscente* dal polo) e un *polo sud* (f.m.m. di verso tale da creare un flusso *entrante* nel polo).

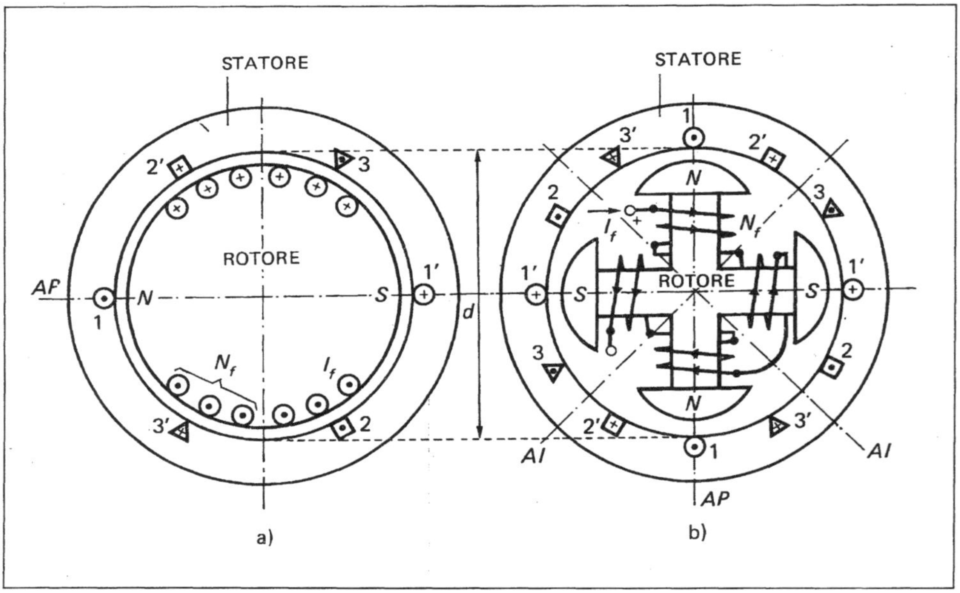

Figura 11.1. Vista della sezione normale all'albero di una macchina sincrona. a) Rotore a poli lisci (macchina isotropa); numero poli: $2n = 2$. b) Rotore a poli salienti (macchina anisotropa); numero poli: $2n = 4$. N_f, numero di spire per polo dell'avvolgimento di eccitazione; I_f, corrente di eccitazione; *AP*, asse polare; *AI*, asse interpolare; *N*, polo nord; *S*, polo sud.

Detto d il diametro interno dello statore il *passo polare* τ vale:

$$(11.1) \qquad \tau = \frac{\pi d}{2n} .$$

Esso rappresenta la distanza fra l'asse di un polo nord e l'asse di un polo sud misurata al traferro.

Facendo percorrere l'avvolgimento di eccitazione dalla corrente continua I_f, si crea un campo magnetico all'interno della macchina (i cui tubi di flusso sono schematizzati in fig. 11.2), tale da stabilire fra la struttura di rotore e quella di statore una *differenza di potenziale magnetico* (d.p.m.), denominata *forza magnetomotrice di eccitazione.*

Sia nella macchina sincrona isotropa sia in quella anisotropa, questa differenza di potenziale magnetico determina al traferro, lungo un passo polare, un'induzione ad andamento spaziale praticamente sinusoidale come mostra la fig. 11.3.

Se quindi si pone in rotazione il rotore alla velocità angolare costante Ω [r/s], nell'avvolgimento trifase viene indotto un sistema trifase simmetrico di f.e.m. in modo identico a quanto si verifica nel caso del campo rotante.
Per cui il valore efficace della f.e.m. indotta in ciascuna fase, detti N il numero di conduttori per fase di lunghezza attiva l, f_a il fattore di avvolgimento e B il valore massimo dell'induzione al traferro, è data dalla seguente relazione:

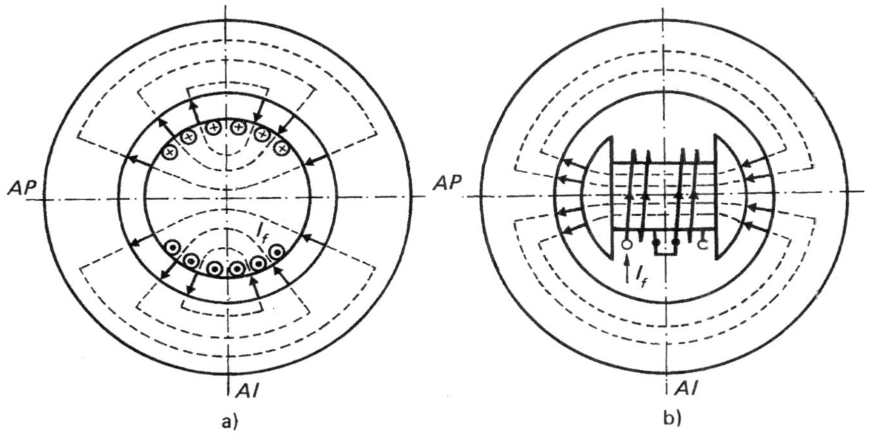

Figura 11.2. Andamento dei tubi di flusso per effetto dell'eccitazione in una macchina sincrona. a) Rotore liscio. b) Rotore a poli salienti.

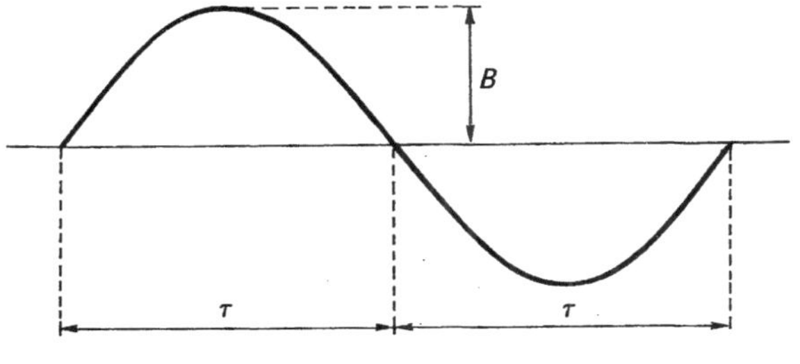

Figura 11.3. Andamento dell'induzione al traferro lungo un doppio passo polare τ.

$$
(11.2) \quad \begin{cases} E = 2Nf_a E_c \\ E_c = \dfrac{\sqrt{2}}{4}\,\omega\Phi \\ \Phi = \dfrac{2}{\pi}\,\tau\ell B \\ \omega = 2\pi f = n\Omega\,. \end{cases}
$$

Generalmente le macchine *isotrope* hanno due poli, raramente quattro, mentre le macchine *anisotrope* vengono costruite con un numero di poli uguale o maggiore di quattro (esistono macchine aventi anche più di 100 poli).
Per lo studio della macchina sincrona in regime dinamico si fa riferimento ad una macchina anisotropa a due poli, schematizzando gli avvolgimenti di statore mediante bobine concentrate, i cui assi coincidono con quelli degli avvolgimenti effettivi.
I risultati ottenuti si possono estendere sia ad una macchina avente un numero qualsiasi di poli sia alla macchina isotropa.

11.2. STRUTTURA DELLA MACCHINA SINCRONA PER LO STUDIO IN REGIME DINAMICO

Per lo studio in regime dinamico della macchina sincrona facciamo riferimento alla struttura di fig. 11.4, in cui si è schematizzata una macchina a poli salienti avente $2n = 2$ *poli*.
L'*asse polare AP* è chiamato *asse diretto d* e l'*asse interpolare AI* è chiamato *asse quadratura q*; l'*asse q* risulta spostato di 90° rispetto all'*asse d* in senso antiorario.
Gli avvolgimenti presi in considerazione sono:
– sullo *statore*: un avvolgimento *trifase simmetrico* costituito da tre avvolgimenti monofase uguali uniformemente distribuiti sulla periferia della macchina e disposti a 120° uno dall'altro;
– sul *rotore*: un avvolgimento di eccitazione f e una gabbia smorzatrice definita dai conduttori 1-1′, 2-2′, 3-3′, 4-4′, 5-5′ e 6-6′ posta in corto cirucito, mediante due anelli frontali.
Per tutti gli avvolgimenti si assume la convenzione di segno degli utilizzatori.
Gli avvolgimenti di statore, che sono distribuiti in modo uniforme nelle

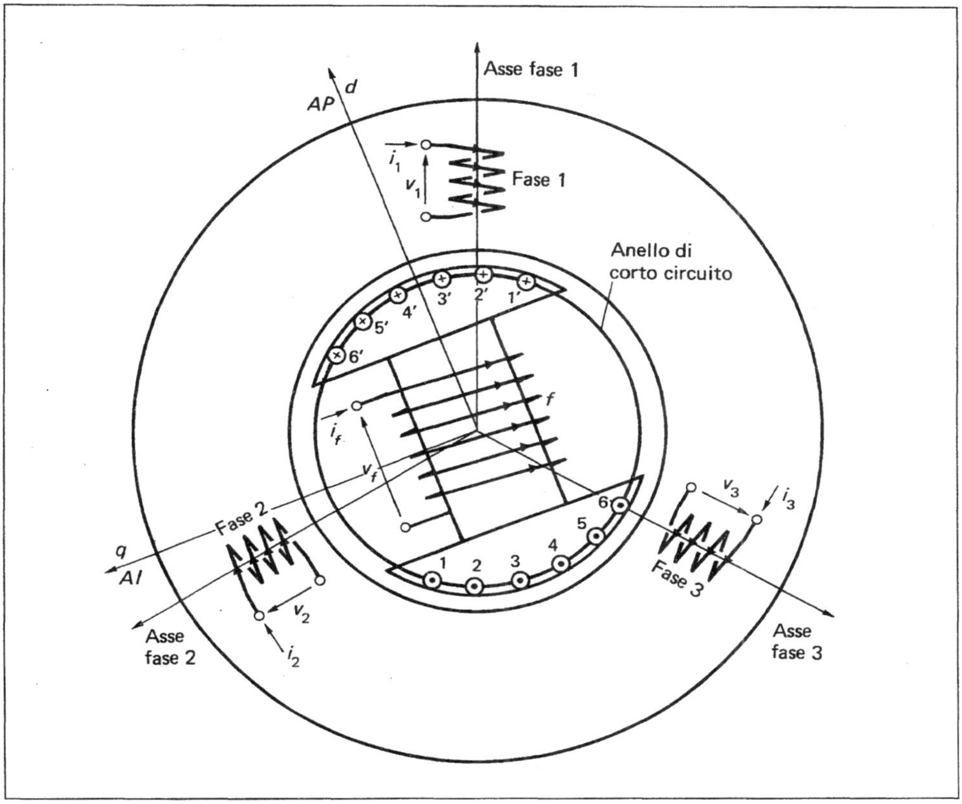

Figura 11.4. Schematizzazione della macchina sincrona trifase.

cave, vengono rappresentati, per ragioni di semplicità, come avvolgimenti concentrati sui propri assi.

Le frecce degli assi individuano il verso positivo delle f.m.m. prodotte dagli avvolgimenti percorsi da correnti positive.

Si considera la permeabilità del ferro costante e di valore molto maggiore di quello della permeabilità del vuoto.

Per lo studio del funzionamento della macchina occorre valutare i coefficienti di auto e di mutua induttanza degli avvolgimenti poiché le equazioni, relative al generico avvolgimento k, vengono scritte (in analogia a quanto effettuato per la macchina asincrona) nel modo seguente:

$$(11.3) \qquad \begin{cases} v_k = R_k i_k + p\varphi_k \\ \varphi_k = \sum_h L_{kh} i_h \, . \end{cases}$$

11.3. AUTO E MUTUE INDUTTANZE

Avvolgimento trifase di statore (indotto)

In fig. 11.5 è schematizzato l'avvolgimento trifase di statore, avendo messo in evidenta l'*angolo* θ formato dall'*asse diretto d* rispetto all'*asse della fase 1* e considerato positivo se misurato in senso antiorario.
Definiamo ora gli angoli formati dall'*asse d* rispetto agli assi delle 3 fasi e positivi se antiorari:

$$\begin{cases} \textit{asse } d \textit{ e asse fase } 1: & \theta_1 = \theta \\ \textit{asse } d \textit{ e asse fase } 2: & \theta_2 = \theta - 120° \\ \textit{asse } d \textit{ e asse fase } 3: & \theta_3 = \theta - 240° . \end{cases} \tag{11.4}$$

Autoinduttanza di ciascuna fase di statore

In fig. 11.6 sono rappresentati due caratteristici tubi di flusso (φ_1 e φ_2) ottenuti alimentando la generica fase k, in cui circola la corrente i_k.
Lo spessore δ del traferro relativo ai tubi di flusso φ_1 e φ_2 non è costante (in fig. 11.6 risulta $\delta_1 > \delta_2$) ma dipende dalla posizione del rotore rispetto all'avvolgimento in esame e cioè dipende dall'angolo θ_k: $\delta = \delta(\theta_k)$.
Al variare della posizione del rotore rispetto all'avvolgimento in esame varia pertanto la permeanza Λ del circuito magnetico e quindi l'autoin-

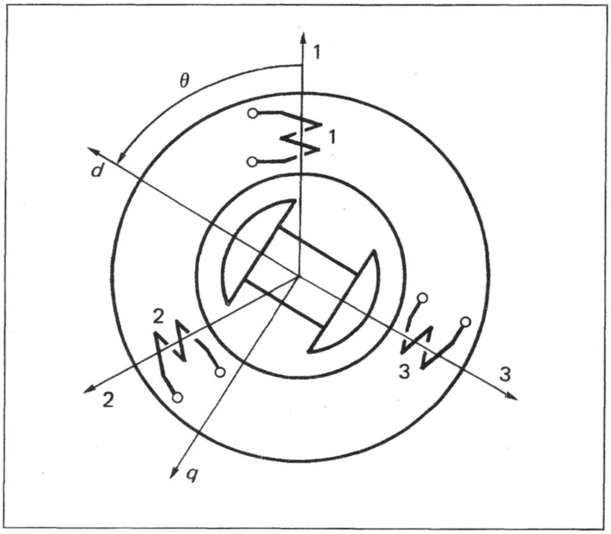

Figura 11.5

duttanza dell'avvolgimento ($L = N^2\Lambda$). Più precisamente si ha che l'autoinduttanza è *massima* quando l'*asse d* coincide con l'*asse della fase*: $\theta_k = 0$ ($L \equiv \Lambda \equiv 1/\delta_m$ essendo δ_m il valore minimo assunto dal traferro δ; fig. 11.7.a), mentre l'autoinduttanza è *minima* quando l'*asse q* coincide con l'*asse della fase* $\theta_k = 90°$ (δ assume il valore *massimo* δ_M; fig. 11.7.b).
L'autoinduttanza di ogni fase è perciò *funzione periodica* dell'*angolo* θ_k e si ripete ogni 180°.
Noi prendiamo in considerazione solo l'*armonica fondamentale* nello sviluppo in serie di Fourier della funzione $L = L(\theta_k)$.
In base a queste considerazioni e ricordando che l'autoinduttanza di ciascuna fase è *massima* quando l'*asse d* coincide con l'*asse di ciascuna fase*, si possono definire le seguenti autoinduttanze di ogni fase:

$$(11.5) \quad \begin{cases} \textit{fase } 1 \quad L_{11}(\theta_1) = L_0 + L_2 \cos 2\theta_1 = L_0 + L_2 \cos 2\theta \\ \textit{fase } 2 \quad L_{22}(\theta_2) = L_0 + L_2 \cos 2\theta_2 = L_0 + L_2 \cos 2 \cdot (\theta - 120°) \\ \textit{fase } 3 \quad L_{33}(\theta_3) = L_0 + L_2 \cos 2\theta_3 = L_0 + L_2 \cos 2 \cdot (\theta - 240°)\,. \end{cases}$$

Mutua induttanza fra due fasi di statore

Considerazioni analoghe permettono di dire che anche la *mutua induttanza* fra due fasi di statore è una funzione periodica, di periodo 180°, dell'angolo θ. Per meglio definire questa funzione, consideriamo a titolo di esempio

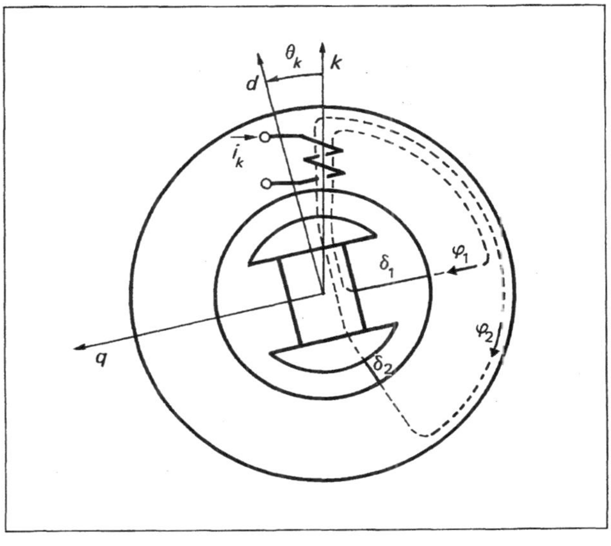

Figura 11.6

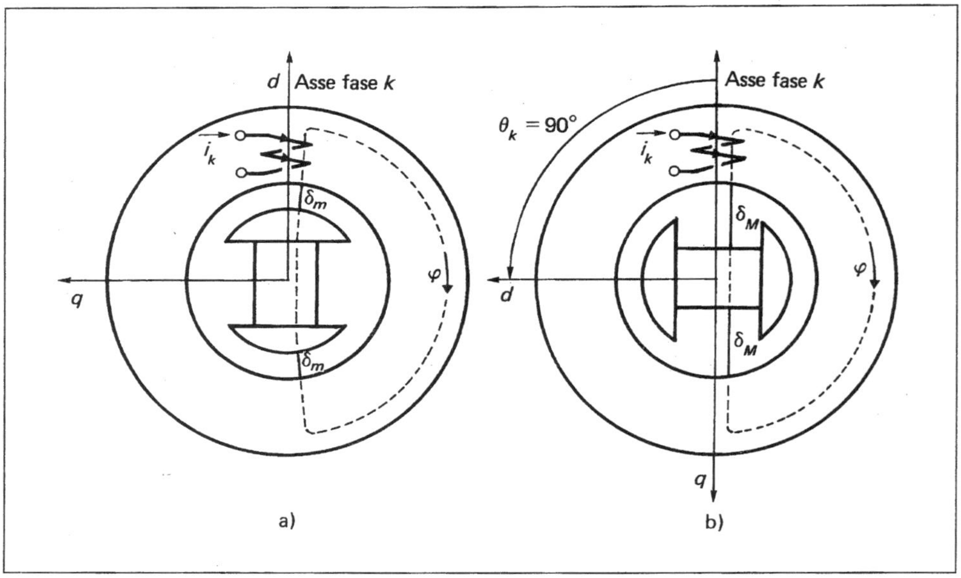

Figura 11.7. a) Tubo di flusso φ che incontra il traferro minimo δ_m; asse $d \equiv$ asse fase k: $\theta_k = 0$. b) Tubo di flusso φ che incontra il traferro massimo δ_M: asse $q \equiv$ asse fase k: $\theta_k = 90°$.

la *mutua induttanza* fra gli *avvolgimenti 2 e 3*. In fig. 11.8 sono riportate le due posizioni del rotore che permettono di individuare il valore massimo e il valore minimo del traferro incontrato dai tubi di flusso che si concatenano anche con l'avvolgimento 3 quando si alimenta l'avvolgimento 2 ($i_2 \neq 0$ e $i_1 = i_3 = 0$).

Quando l'*asse d* coincide con l'*asse della fase 1* (fig. 11.8.a: $\theta_1 = 0$) il tubo di flusso φ_{23} incontra il *traferro massimo* δ_M e quindi la mutua induttanza $|L_{23}| \equiv 1/\delta_M$ assume il *valore minimo assoluto*, mentre quando l'*asse q* coincide con l'*asse della fase 1* (fig. 11.8.b: $\theta_1 = 90°$) il tubo di flusso φ_{23} incontra il *traferro minimo* δ_m e quindi la mutua induttanza $|L_{23}| \equiv 1/\delta_m$ assume il *valore massimo assoluto*.

Quindi la mutua induttanza L_{23} fra la *fase 2* e la *fase 3* dipende dall'angolo θ_1: $L_{23} = L_{23}(\theta_1)$ e assume il *valore massimo assoluto* per $\theta_1 = 90°$.

Analogamente si ottiene che la mutua induttanza fra le *fasi 1 e 2* dipende dall'angolo θ_3: $L_{12} = L_{12}(\theta_3)$ e assume il *valore massimo assoluto* per $\theta_3 = 90°$, mentre la mutua induttanza fra le *fasi 3 e 1* dipende dall'angolo θ_2: $L_{31} = L_{31}(\theta_2)$ e assume il *valore massimo assoluto* per $\theta_2 = 90°$.

Si è parlato di *valori assoluti*, poiché come si deduce dalla fig. 11.8, il

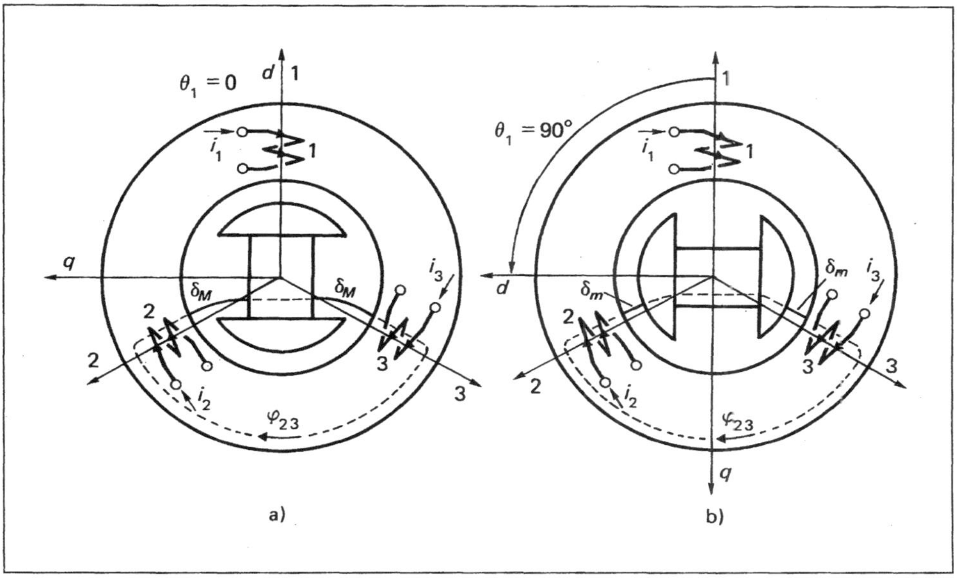

Figura 11.8. Determinazione della mutua induttanza fra le fasi 2 e 3: $i_2 \neq 0$, $i_1 = i_3 = 0$. a) Asse $d \equiv$ asse fase 1 ($\theta_1 = 0$); il tubo di flusso φ_{23} incontra il traferro massimo δ_M. b) Asse $q \equiv$ asse fase 1 ($\theta_1 = 90°$); il tubo di flusso φ_{23} incontra il traferro minimo δ_m.

flusso φ_{23}, creato dall'avvolgimento 2, concatena la *fase 3* non alimentata in senso *opposto* (dall'esterno verso l'interno) rispetto al senso che il flusso ha nella *fase 2* stessa (dall'interno verso l'esterno). Queste considerazioni ci permettono di dire che la mutua induttanza L_{23} è *negativa*: $L_{23}(\theta_1) < 0$. Analoghe considerazioni valgono per le altre due mutue induttanze. In conclusione si può scrivere:

$$(11.6) \quad \begin{cases} \textit{fase } 1 - \textit{fase } 2\text{:} \quad L_{12}(\theta_3) = -L_{m_0} + L_{m_2} \cos 2\theta_3 \\ \textit{fase } 2 - \textit{fase } 3\text{:} \quad L_{23}(\theta_1) = -L_{m_0} + L_{m_2} \cos 2\theta_1 \\ \textit{fase } 3 - \textit{fase } 1\text{:} \quad L_{31}(\theta_2) = -L_{m_0} + L_{m_2} \cos 2\theta_2 \, . \end{cases}$$

In fig. 11.9 sono riportati a titolo di esempio gli andamenti in funzione dell'angolo θ_1 dell'autoinduttanza $L_{11}(\theta_1)$ della *fase 1* e della mutua induttanza $L_{23}(\theta_1)$ delle *fasi 2 e 3*.

Nell'espressione delle autoinduttanze di ciascuna fase nella parte costante L_0 è compresa anche l'autoinduttanza di *dispersione* l_0 dell'avvolgimento; possiamo perciò scrivere: $L_0 = l_0 + L_{00}$.

Si può dimostrare che sussistono le seguenti relazioni fra i coefficienti

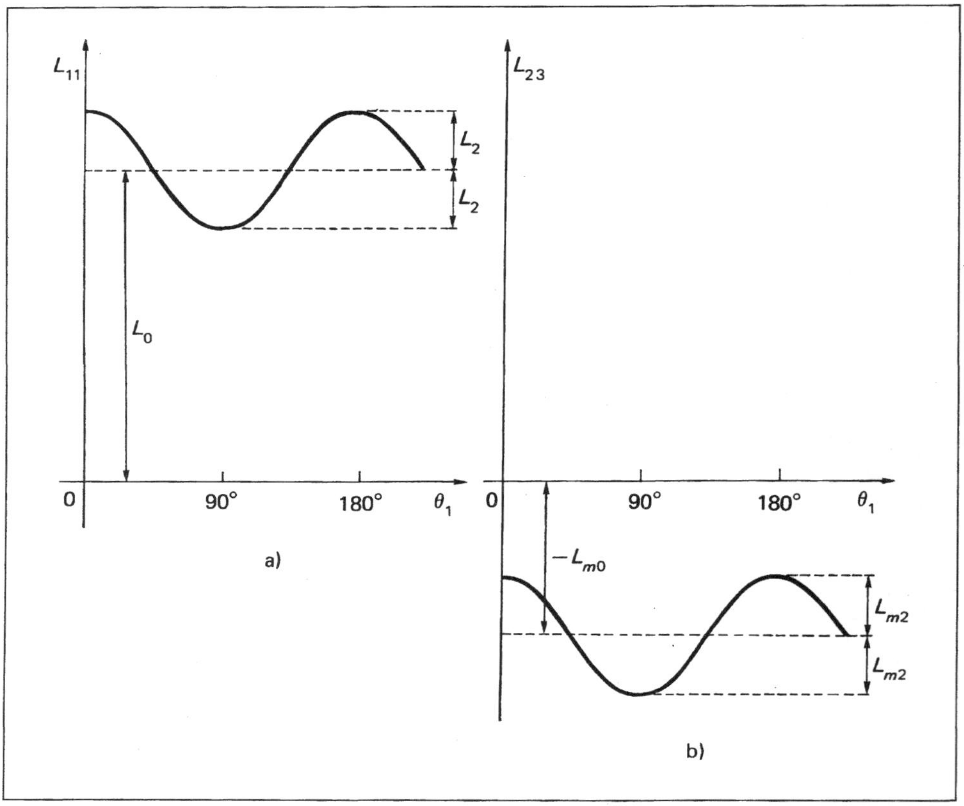

Figura 11.9. Andamenti in funzione dell'angolo θ_1 dell'autoinduttanza $L_{11}(\theta_1)$ della fase 1 e della mutua induttanza $L_{23}(\theta_1)$ delle fasi 2 e 3.

delle autoinduttanze definite dalle (11.5) e le mutue induttanze definite dalle (11.6):

(11.7) $$L_{m_0} = \frac{1}{2} L_{00}$$

(11.8) $$L_{m_2} = L_2 \, .$$

In definitiva si ha quindi:

Autoinduttanze

(11.9) $$\begin{cases} \textit{fase } 1\text{:} \;\; L_{11}(\theta_1) = l_0 + L_{00} + L_2 \cos 2\,\theta_1 \\ \textit{fase } 2\text{:} \;\; L_{22}(\theta_2) = l_0 + L_{00} + L_2 \cos 2\,\theta_2 \\ \textit{fase } 3\text{:} \;\; L_{33}(\theta_3) = l_0 + L_{00} + L_2 \cos 2\,\theta_3 \end{cases}$$

Mutue induttanze

$$(11.10)\quad \begin{cases} \textit{fase } 1 - \textit{fase } 2\text{:}\ \ L_{12}(\theta_3) = -\frac{1}{2} L_{00} + L_2 \cos 2\,\theta_3 \\ \textit{fase } 2 - \textit{fase } 3\text{:}\ \ L_{23}(\theta_1) = -\frac{1}{2} L_{00} + L_2 \cos 2\,\theta_1 \\ \textit{fase } 3 - \textit{fase } 1\text{:}\ \ L_{31}(\theta_2) = -\frac{1}{2} L_{00} + L_2 \cos 2\,\theta_2 \end{cases}$$

$$\theta_1 = \theta; \qquad \theta_2 = \theta - 120°; \qquad \theta_3 = \theta - 240°.$$

Avvolgimento di eccitazione

L'avvolgimento di eccitazione è posto sul rotore; come si può dedurre dalla fig. 11.4 il traferro visto dal rotore è indipendente dalla sua posizione rispetto allo statore e quindi l'*autoinduttanza* L_f *dell'avvolgimento di eccitazione* è indipendente da θ. Poniamo perciò:

(11.11) L_f = costante.

Avvolgimento smorzatore

L'avvolgimento smorzatore, come quello di eccitazione, è posto sul rotore e quindi i parametri che definiamo sono indipendenti anch'essi dall'angolo θ. Poiché è un avvolgimento chiuso in corto circuito (come l'avvolgimento a gabbia di una macchina asincrona), si può pensare costituito da *spire diametrali* poste in *corto circuito*. Se però prendiamo in considerazione la struttura di fig. 11.4 in cui si individuano 6 spire diametrali (1-1′, 2-2′, 3-3′, 4-4′, 5-5′ e 6-6′), occorrerebbe definire un numero molto grande di auto e mutue induttanze; precisamente, per ragioni di simmetria, si hanno 3 autoinduttanze e 9 mutue induttanze.

Per studiare il funzionamento della gabbia smorzatrice, solo dal punto di vista del suo effetto esterno, essa può essere sostituita da due soli avvolgimenti, mutuamente disaccoppiati, uno agente lungo l'*asse d* e l'altro lungo l'*asse q*. Per giustificare questa asserzione schematizziamo, per ragioni di semplicità, l'avvolgimento smorzatore con due soli gruppi di spire come mostrato in fig. 11.10: il gruppo *a-a′* di N_s spire percorso dalla corrente i_a e il gruppo *b-b′* di N_s spire percorso dalla corrente i_b. La corrente i_a crea la f.m.m. $m_a = N_s\, i_a$ e la corrente i_b crea la f.m.m. $m_b = N_s i_b$, entrambe dirette come gli assi dei due gruppi di spire.

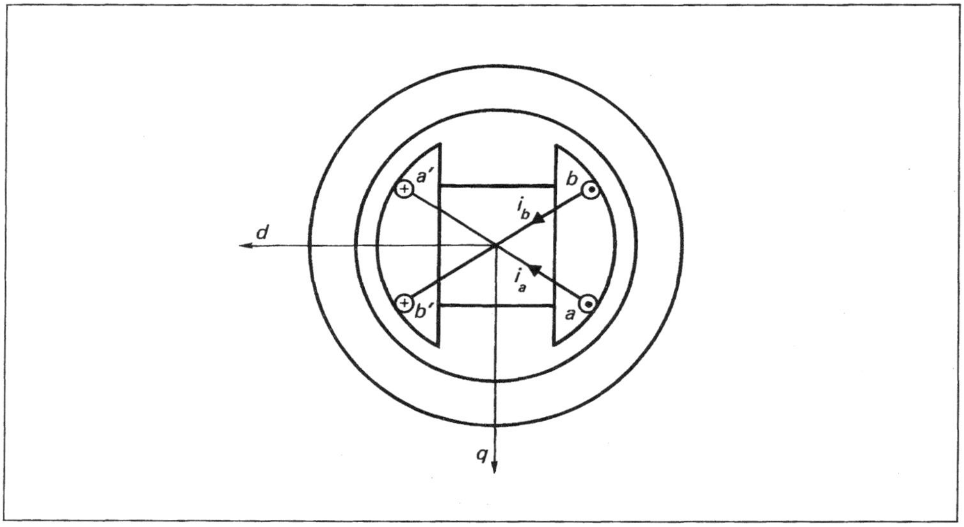

Figura 11.10. Schematizzazione della gabbia smorzatrice con i due gruppi di spire *a-a'* e *b-b'* percorsi dalle correnti i_a e i_b.

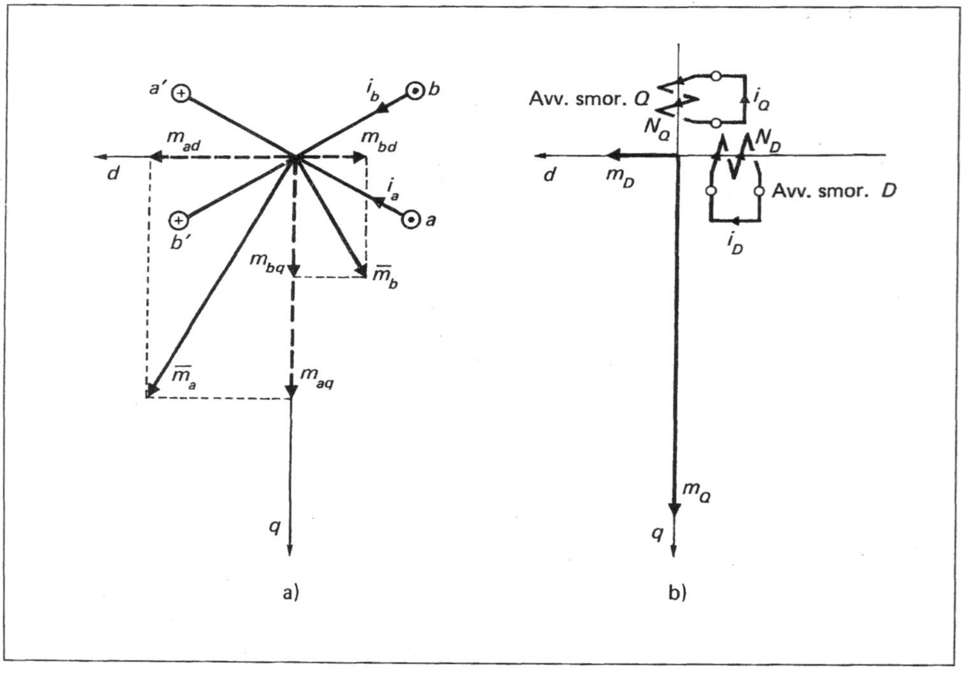

Figura 11.11. F.m.m. prodotte dagli avvolgimenti smorzatori.

Scomponendo le due f.m.m. m_a e m_b lungo gli assi d e q (fig. 11.11.a) e componendo le corrispondenti f.m.m. lungo i due assi si ottengono sull'*asse d* la f.m.m. $m_D = m_{ad} - m_{bd}$ e sull'*asse q* la f.m.m. $m_Q = m_{aq} + m_{bq}$, che risultano equivalenti complessivamente alle due f.m.m. di partenza $\bar{m}_a$ e $\bar{m}_b$: $\bar{m}_a + \bar{m}_b = \bar{m}_D + \bar{m}_Q$.
Un'ulteriore semplificazione consiste nel considerare le due f.m.m. m_D e m_Q prodotte da due avvolgimenti (avvolgimento smorzatore D e avvolgimento smorzatore Q di fig. 11.11.b): uno di N_D spire (arbitrarie) percorso dalla corrente i_D, tale che sia $m_D = N_D i_D$, agente lungo l'*asse d*, e l'altro di N_Q spire (arbitrarie) percorso dalla corrente i_Q, tale che sia $m_Q = N_Q i_Q$, agente lungo l'*asse q*.
Possiamo perciò definire le seguenti autoinduttanze di valore costante:

(11.12) *avv. smorzatore D*: L_D ,

(11.13) *avv. smorzatore Q*: L_Q .

Poiché inoltre i due avvolgimenti sono posti a 90° fra loro, la *mutua induttanza* fra di essi è *nulla*: $L_{DQ} = 0$.

Mutue induttanze fra gli avvolgimenti di statore e quelli di rotore

In fig. 11.12 è schematizzata la macchina sincrona con l'indicazione degli assi di tutti gli avvolgimenti presi in considerazione.

Mutua induttanza fra le fasi di statore e gli avvolgimenti di eccitazione f e smorzatore D

Le mutue induttanze in esame dipendono dalla posizione del rotore rispetto allo statore e cioè sono funzioni periodiche di θ. Si ripetono identicamente ad ogni giro, quindi il periodo è 360°. Il valore assoluto massimo della mutua induttanza si ottiene quando l'*asse di ciascuna* fase è allineato con l'*asse d*.
Considerando solo l'armonica principale, si ha perciò:

$$(11.14)\quad \begin{cases} \textit{fase } 1 - \textit{avv. } f\text{: } L_{1f}(\theta_1) = L_{mf} \cdot \cos\theta_1 \\ \textit{fase } 2 - \textit{avv. } f\text{: } L_{2f}(\theta_2) = L_{mf} \cdot \cos\theta_2 \\ \textit{fase } 3 - \textit{avv. } f\text{: } L_{3f}(\theta_3) = L_{mf} \cdot \cos\theta_3 \end{cases}$$

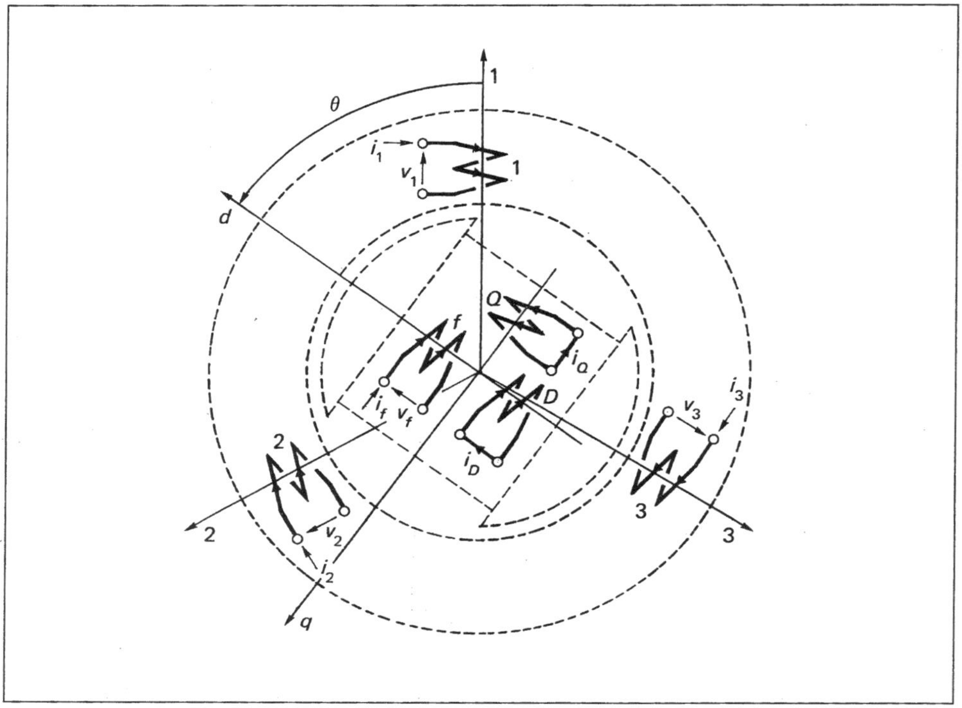

Figura 11.12

$$
(11.15)\quad \begin{cases} \textit{fase } 1 - \textit{avv. } D\text{:}\ L_{1D}(\theta_1) = L_{mD}\cos\theta_1 \\ \textit{fase } 2 - \textit{avv. } D\text{:}\ L_{2D}(\theta_2) = L_{mD}\cos\theta_2 \\ \textit{fase } 3 - \textit{avv. } D\text{:}\ L_{3D}(\theta_3) = L_{mD}\cos\theta_3\ . \end{cases}
$$

Mutua induttanza fra le fasi di statore e l'avvolgimento smorzatore Q

Valgono considerazioni analoghe a quelle fatte nel paragrafo precedente, solo che il valore assoluto massimo della mutua induttanza si ha quando l'asse di ciascuna fase è allineato con l'*asse q*.
In fig. 11.13, a titolo di esempio, è mostrata la condizione di allineamento fra la *fase 1* e l'*asse q* ($\theta_1 = 90°$); il verso del flusso φ_{1Q} (prodotto dalla corrente i_1 che percorre la fase 1, lasciando l'avv. Q aperto) mette in evidenza che nella condizione di fig. 11.13 la *mutua induttanza* fra la *fase 1* e l'*avv. Q* è *negativa*.

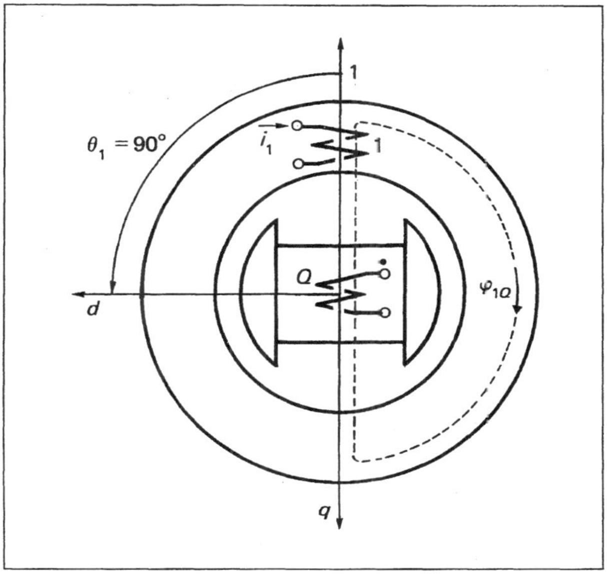

Figura 11.13

Possiamo perciò scrivere:

$$(11.16)\quad \begin{cases} \textit{fase } 1 - \textit{avv. } Q\text{:} & L_{1Q}(\theta_1) = -L_{mQ} \cdot \operatorname{sen}\theta_1 \\ \textit{fase } 2 - \textit{avv. } Q\text{:} & L_{2Q}(\theta_2) = -L_{mQ} \cdot \operatorname{sen}\theta_2 \\ \textit{fase } 3 - \textit{avv. } Q\text{:} & L_{3Q}(\theta_3) = -L_{mQ} \cdot \operatorname{sen}\theta_3 \,. \end{cases}$$

11.4. MATRICE DELLE INDUTTANZE

Chiamiamo *matrice delle induttanze* $L^*(\theta)$ la matrice quadrata i cui termini sono costituiti dalle auto e mutue induttanze dei 6 avvolgimenti della macchina sincrona descritti in fig. 11.12 e definite nei precedenti paragrafi:

$$(11.17)\quad [L^*(\theta)] = \begin{array}{c|ccc|ccc|} & 1 & 2 & 3 & f & D & Q \\ 1 & L_{11}(\theta_1) & L_{12}(\theta_3) & L_{13}(\theta_2) & L_{1f}(\theta_1) & L_{1D}(\theta_1) & L_{1Q}(\theta_1) \\ 2 & L_{12}(\theta_3) & L_{22}(\theta_2) & L_{23}(\theta_1) & L_{2f}(\theta_2) & L_{2D}(\theta_2) & L_{2Q}(\theta_2) \\ 3 & L_{13}(\theta_2) & L_{23}(\theta_1) & L_{33}(\theta_3) & L_{3f}(\theta_3) & L_{3D}(\theta_3) & L_{3Q}(\theta_3) \\ \hline f & L_{1f}(\theta_1) & L_{2f}(\theta_2) & L_{3f}(\theta_3) & L_f & L_{fD} & 0 \\ D & L_{1D}(\theta_1) & L_{2D}(\theta_2) & L_{3D}(\theta_3) & L_{fD} & L_D & 0 \\ Q & L_{1Q}(\theta_1) & L_{2Q}(\theta_2) & L_{3Q}(\theta_3) & 0 & 0 & L_Q \end{array} .$$

Nella matrice $[L^*(\theta)]$ si possono individuare le seguenti sottomatrici:

$$(11.18)\quad [L_s^*(\theta)] = \begin{array}{c|ccc|} & 1 & 2 & 3 \\ 1 & L_{11}(\theta_1) & L_{12}(\theta_3) & L_{13}(\theta_2) \\ 2 & L_{12}(\theta_3) & L_{22}(\theta_2) & L_{23}(\theta_1) \\ 3 & L_{13}(\theta_2) & L_{23}(\theta_1) & L_{33}(\theta_3) \end{array} \quad (statore)$$

$$(11.19)\quad [L_r] = \begin{array}{c|ccc|} & f & D & Q \\ f & L_f & M_{fD} & 0 \\ D & M_{fD} & L_D & 0 \\ Q & 0 & 0 & L_Q \end{array} \quad (rotore)$$

$$(11.20)\quad [M_{sr}^*(\theta)] = \begin{array}{c|ccc|} & f & D & Q \\ 1 & L_{1f}(\theta_1) & L_{1D}(\theta_1) & L_{1Q}(\theta_1) \\ 2 & L_{2f}(\theta_2) & L_{2D}(\theta_2) & L_{2Q}(\theta_2) \\ 3 & L_{3f}(\theta_3) & L_{3D}(\theta_3) & L_{3Q}(\theta_3) \end{array} \quad (statore\text{–}rotore)$$

Indicando con $[M_{sr}^*(\theta)]^t$ la *matrice trasposta* di $[M_{sr}^*(\theta)]$, si ha:

$$(11.21)\quad [M_{sr}^*(\theta)]^t = \begin{array}{c|ccc|} & 1 & 2 & 3 \\ f & L_{1f}(\theta_1) & L_{2f}(\theta_2) & L_{3f}(\theta_3) \\ D & L_{1D}(\theta_1) & L_{2D}(\theta_2) & L_{3D}(\theta_3) \\ Q & L_{1Q}(\theta_1) & L_{2Q}(\theta_2) & L_{3Q}(\theta_3) \end{array}.$$

La matrice delle induttanze $[L^*(\theta)]$ definita dalla (11.17) diventa perciò:

$$(11.22)\quad [L^*(\theta)] = \begin{vmatrix} [L_s^*(\theta)] & [M_{sr}^*(\theta)] \\ [M_{sr}^*(\theta)]^t & [L_r] \end{vmatrix}.$$

Riportiamo infine tutti i parametri che compaiono nella matrice (11.17) o (11.22).

Statore

a) Autoinduttanze

$$\begin{cases} L_{11}(\theta_1) = l_0 + L_{00} + L_2 \cos 2\theta_1 \\ L_{22}(\theta_2) = l_0 + L_{00} + L_2 \cos 2\theta_2 \\ L_{33}(\theta_3) = l_0 + L_{00} + L_2 \cos 2\theta_3 \end{cases}$$

b) Mutue induttanze

$$\begin{cases} L_{12}(\theta_3) = -\frac{1}{2} L_{00} + L_2 \cos 2\theta_3 \\ L_{23}(\theta_1) = -\frac{1}{2} L_{00} + L_2 \cos 2\theta_1 \\ L_{31}(\theta_2) = -\frac{1}{2} L_{00} + L_2 \cos 2\theta_2 \end{cases}$$

Rotore

a) Autoinduttanze

$$\begin{cases} \text{avv. eccit. } f\text{:} & L_f \\ \text{avv. smorz. } D\text{:} & L_D \\ \text{avv. smorz. } Q\text{:} & L_Q \end{cases}$$

b) Mutue induttanze

$$\{\text{avv. eccit. } f - \text{avv. smorz. } D\text{:} M_{fD}$$

Statore-rotore

a) Statore - Avv. ecc. f b) Statore - Smorz. D c) Statore - Smorz. Q

$$\begin{cases} L_{1f}(\theta_1) = L_{mf} \cos\theta_1 \\ L_{2f}(\theta_2) = L_{mf} \cos\theta_2 \\ L_{3f}(\theta_3) = L_{mf} \cos\theta_3 \end{cases} \quad \begin{cases} L_{1D}(\theta_1) = L_{mD} \cos\theta_1 \\ L_{2D}(\theta_2) = L_{mD} \cos\theta_2 \\ L_{3D}(\theta_3) = L_{mD} \cos\theta_3 \end{cases} \quad \begin{cases} L_{1Q}(\theta_1) = -L_{mQ} \operatorname{sen}\theta_1 \\ L_{2Q}(\theta_2) = -L_{mq} \operatorname{sen}\theta_2 \\ L_{3Q}(\theta_3 = -L_{mQ} \operatorname{sen}\theta_3 \end{cases} .$$

11.5. EQUAZIONI ELETTROMAGNETICHE IN REGIME DINAMICO

Per poter scrivere le *equazioni elettromagnetiche* della macchina sincrona occorre anche definire le resistenze degli avvolgimenti:
– resistenza di ciascuna fase di statore: R;
– resistenza dell'avvolgimento di eccitazione: R_f;
– resistenza dell'avvolgimento smorzatore diretto: R_D;
– resistenza dell'avvolgimento smorzatore quadratura: R_Q.
In forma matriciale si ottiene la seguente *matrice delle resistenze*:

$$(11.23) \quad [R] = \begin{array}{c|cccccc|} & 1 & 2 & 3 & f & D & Q \\ 1 & R & 0 & 0 & 0 & 0 & 0 \\ 2 & 0 & R & 0 & 0 & 0 & 0 \\ 3 & 0 & 0 & R & 0 & 0 & 0 \\ f & 0 & 0 & 0 & R_f & 0 & 0 \\ D & 0 & 0 & 0 & 0 & R_D & 0 \\ Q & 0 & 0 & 0 & 0 & 0 & R_Q \end{array} .$$

L'equazione che descrive, per esempio, il funzionamento della *fase 1* di statore, detto φ_1 il flusso concatenato, è:

$$(11.24) \quad v_1 = Ri_1 + p\varphi_1 = Ri_1 + p[L_{11}(\theta_1)i_1 + L_{12}(\theta_3)i_2 + L_{13}(\theta_2)i_3 + \\ + L_{1f}(\theta_1)i_f + L_{1D}(\theta_1)i_D + L_{1Q}(\theta_1)i_Q] .$$

Analoghe equazioni si possono scrivere per gli altri avvolgimenti.
Generalizzando questo risultato, si perviene al seguente sistema di equazioni scritte in forma matriciale:

(11.25) $[v] = [R]\,[i] + p[\varphi]$

(11.26) $[\varphi] = [L^*(\theta)]\,[i]$

dove risulta:

Vettore tensioni *Vettore correnti* *Vettore flussi*

$$(11.27)\quad [v] = \begin{vmatrix} v_1 \\ v_2 \\ v_3 \\ v_f \\ v_D = 0 \\ v_Q = 0 \end{vmatrix} \qquad (11.28)\quad [i] = \begin{vmatrix} i_1 \\ i_2 \\ i_3 \\ i_f \\ i_D \\ i_Q \end{vmatrix} \qquad (11.29)\quad [\varphi] = \begin{vmatrix} \varphi_1 \\ \varphi_2 \\ \varphi_3 \\ \varphi_f \\ \varphi_D \\ \varphi_Q \end{vmatrix} .$$

Osserviamo che nella (11.27) si è posto $v_D = v_Q = 0$ perché gli avvolgimenti D e Q sono permanentemente in corto circuito.
Il legame flussi $[\varphi]$ e correnti $[i]$ è dato da:

$$(11.30)\quad [\varphi] = \begin{vmatrix} \varphi_1 \\ \varphi_2 \\ \varphi_3 \\ \varphi_f \\ \varphi_D \\ \varphi_Q \end{vmatrix} = \begin{vmatrix} L_{11} & L_{12} & L_{13} & L_{1f} & L_{1D} & L_{1Q} \\ L_{12} & L_{22} & L_{23} & L_{2f} & L_{2D} & L_{2Q} \\ L_{13} & L_{23} & L_{33} & L_{3f} & L_{3D} & L_{3Q} \\ L_{1f} & L_{2f} & L_{3f} & L_f & L_{fD} & 0 \\ L_{1D} & L_{2D} & L_{3D} & L_{fD} & L_D & 0 \\ L_{1Q} & L_{2Q} & L_{3Q} & 0 & 0 & L_Q \end{vmatrix} \cdot \begin{vmatrix} i_1 \\ i_2 \\ i_3 \\ i_f \\ i_D \\ i_Q \end{vmatrix} .$$

Il sistema di equazioni differenziali (11.25) assieme alle (11.26) definiscono il *modello elettromagnetico* della macchina sincrona.
Per procedere all'integrazione delle equazioni si possono scegliere come *variabili di stato i flussi* $[\varphi]$, scrivendo le equazioni (11.25) in *forma normale* (si esplicitano cioè le derivate dei flussi $p[\varphi]$ in funzione delle tensioni $[v]$ e dei flussi stessi $[\varphi]$). Occorre però esprimere le correnti $[i]$ in funzione dei flussi $[\varphi]$, mediante l'inversione della matrice $[L^*(\theta)]$, ottenendo così:

(11.31) $[i] = [L^*(\theta)]^{-1} \cdot [\varphi]$.

Il sistema in *forma normale* diventa perciò il seguente:

$$(11.32)\quad \begin{cases} p[\varphi] = [v] - [R] \cdot [L^*(\theta)]^{-1} \cdot [\varphi] \\ [i] = [L^*(\theta)]^{-1} \cdot [\varphi] . \end{cases}$$

A questo sistema di equazioni elettromagnetiche va aggiunta l'equazione dell'*equilibrio meccanico.*
Supponendo che il rotore abbia un *numero di poli pari a* $2n$ e che ruoti nel senso positivo di θ (antiorario), la sua velocità di rotazione Ω vale:

$$(11.33)\quad \Omega = \frac{1}{n} p\theta = \frac{1}{n} \dot{\theta} .$$

Definito con J il *momento d'inerzia totale* (della macchina sincrona e delle parti rotanti ad essa collegate) e dette:
– $C(\varphi, i)$ la coppia elettromagnetica che la macchina sincrona sviluppa nella direzione del moto,
– C_r la coppia resistente del carico,
l'equazione dell'*equilibrio meccanico* è:

$$(11.34)\quad C = C_r + J \cdot p\Omega = C_r + \frac{J}{n} p\dot{\theta} .$$

Esplicitando la derivata $p\dot{\theta}$ si ottiene l'equazione:

$$(11.35)\quad p\dot{\theta} = (C - C_r) \frac{n}{J} .$$

L'espressione della *coppia elettromagnetica C* verrà ricavata più avanti, mentre l'espressione della *coppia resistente* C_r deve essere nota, cioè deve essere data come *ingresso.*
Nel sistema di equazioni (11.32) è presente la matrice inversa delle induttanze $[L^*(\theta)]^{-1}$ che è funzione della *variabile angolare* θ. È quindi necessario aggiungere un'altra equazione differenziale che coinvolga la derivata di θ e cioè:

$$(11.36)\quad p\theta = \dot{\theta} .$$

Il *modello matematico della macchina sincrona* è quindi dato dal seguente sistema di equazioni differenziali:

$$(11.37)\quad \begin{cases} p[\varphi] = [v] - [R] \cdot [L^*(\theta)]^{-1} \cdot [\varphi] & \text{(6 equazioni)} \\ p\dot{\theta} = (C - C_r) \frac{n}{J} & \text{(1 equazione)} \\ p\theta = \dot{\theta} & \text{(1 equazione)} . \end{cases}$$

Le variabili di stato sono i 6 flussi [φ], la velocità di rotazione $\dot{\theta}$ e l'angolo θ; in totale si hanno 8 equazioni differenziali nelle 8 variabili di stato: il modello viene definito dell'*ottavo ordine*.
La *variabile di stato* θ, a differenza delle altre variabili (flusso [φ] e velocità $\dot{\theta}$), nello studio dei fenomeni transitori può crescere indefinitamente, perché si incrementa ad ogni giro del rotore. Una variabile di questo tipo è quindi scarsamente utilizzabile nello studio di moltissimi transitori.
Questo inconveniente viene eliminato effettuando una opportuna *trasformazione delle variabili*, che determina anche una sensibile semplificazione della struttura della macchina.

11.6. TRASFORMAZIONE DELLE VARIABILI

Le variabili che subiscono la trasformazione sono solo quelle di statore, mentre quelle di rotore rimangono inalterate.
La trasformazione si ottiene applicando alle variabili di statore della macchina trifase la *matrice di trasformazione di Park*, qui di seguito riportata:

$$(11.38)\quad [T(\theta)] = \sqrt{\frac{2}{3}} \begin{vmatrix} \cos\theta_1 & \cos\theta_2 & \cos\theta_3 \\ -\mathrm{sen}\,\theta_1 & -\mathrm{sen}\,\theta_2 & -\mathrm{sen}\,\theta_3 \\ 1/\sqrt{2} & 1/\sqrt{2} & 1/\sqrt{2} \end{vmatrix} \qquad \begin{cases} \theta_1 = \theta \\ \theta_2 = \theta - 120° \\ \theta_3 = \theta - 240° . \end{cases}$$

Detto quindi $[a_{1,2,3}]$ il vettore di tre generiche variabili originarie della macchina trifase, il vettore $[a_{d,q,o}]$ delle nuove variabili è dato dalla seguente relazione:

$$(11.39)\quad [a_{d,q,o}] = [T(\theta)]\,[a_{1,2,3}] .$$

Come già messo in evidenza nello studio della macchina asincrona, la matrice $[T(\theta)]$ è *ortogonale*, cioè la sua matrice *trasposta* $[T(\theta)]^t$ è uguale alla matrice *inversa* $[T(\theta)]^{-1}$: $[T(\theta)]^t = [T(\theta)]^{-1}$.
La matrice di trasformazione $[T(\theta)]$, come già detto, viene applicata solo alle variabili di statore.

Tensioni

Le *nuove variabili* v_d, v_q, v_o sono legate a quelle originarie v_1, v_2, v_3 della macchina trifase dalla seguente relazione:

$$(11.40)\quad \begin{vmatrix} v_d \\ v_q \\ v_o \end{vmatrix} = \sqrt{\frac{2}{3}} \begin{vmatrix} \cos\theta_1 & \cos\theta_2 & \cos\theta_3 \\ -\operatorname{sen}\theta_1 & -\operatorname{sen}\theta_2 & -\operatorname{sen}\theta_3 \\ \frac{1}{\sqrt{2}} & \frac{1}{\sqrt{2}} & \frac{1}{\sqrt{2}} \end{vmatrix} \begin{vmatrix} v_1 \\ v_2 \\ v_3 \end{vmatrix} .$$

Dalla (11.40) si ha quindi:

$$(11.41)\quad \begin{cases} v_d = \sqrt{\frac{2}{3}}\,(v_1 \cos\theta_1 + v_2 \cos\theta_2 + v_3 \cos\theta_3) \\ v_q = -\sqrt{\frac{2}{3}}\,(v_1 \operatorname{sen}\theta_1 + v_2 \operatorname{sen}\theta_2 + v_3 \operatorname{sen}\theta_3) \\ v_o = \frac{1}{\sqrt{3}}\,(v_1 + v_2 + v_3)\,. \end{cases}$$

Correnti

Analogamente per le *nuove variabili* i_d, i_q, i_o si ha

$$(11.42)\quad [i_{d,\,q,\,o}] = [T(\theta)]\;[i_{1,\,2,\,3}]$$

da cui si deduce:

$$(11.43)\quad \begin{cases} i_d = \sqrt{\frac{2}{3}}\,(i_1 \cos\theta_1 + i_2 \cos\theta_2 + i_3 \cos\theta_3) \\ i_q = -\sqrt{\frac{2}{3}}\,(i_1 \operatorname{sen}\theta_1 + i_2 \operatorname{sen}\theta_2 + i_3 \operatorname{sen}\theta_3) \\ i_o = \frac{1}{\sqrt{3}}\,(i_1 + i_2 + i_3)\,. \end{cases}$$

Flussi

Per i *nuovi flussi* φ_d, φ_q, φ_o risulta:

$$(11.44)\quad [\varphi_{d,\,q,\,o}] = [T(\theta)]\;[\varphi_{1,\,2,\,3}]$$

da cui segue:

$$(11.45)\quad \begin{cases} \varphi_d = \sqrt{\frac{2}{3}}\,(\varphi_1 \cos\theta_1 + \varphi_2 \cos\theta_2 + \varphi_3 \cos\theta_3) \\ \varphi_q = -\sqrt{\frac{2}{3}}\,(\varphi_1 \operatorname{sen}\theta_1 + \varphi_2 \operatorname{sen}\theta_2 + \varphi_3 \operatorname{sen}\theta_3) \\ \varphi_o = \frac{1}{\sqrt{3}}\,(\varphi_1 + \varphi_2 + \varphi_3)\,. \end{cases}$$

Il sistema di equazioni elettromagnetiche (11.25) può essere scritto in un'altra forma, suddividendo le matrici delle resistenze (11.23), i vettori tensioni (11.27), correnti (11.28) e flussi (11.29) nel seguente modo:

Resistenze:

$$(11.46)\quad [R_{1,2,3}] = \begin{vmatrix} R & 0 & 0 \\ 0 & R & 0 \\ 0 & 0 & R \end{vmatrix} \qquad (11.47)\quad [R_{f,D,Q}] = \begin{vmatrix} R_f & 0 & 0 \\ 0 & R_D & 0 \\ 0 & 0 & R_Q \end{vmatrix}$$

Tensioni:

$$(11.48)\quad [v_{1,2,3}] = \begin{vmatrix} v_1 \\ v_2 \\ v_3 \end{vmatrix} \qquad (11.49)\quad [v_{f,D,Q}] = \begin{vmatrix} v_f \\ v_D = 0 \\ v_Q = 0 \end{vmatrix}$$

Correnti:

$$(11.50)\quad [i_{1,2,3}] = \begin{vmatrix} i_1 \\ i_2 \\ i_3 \end{vmatrix} \qquad (11.51)\quad [i_{f,D,Q}] = \begin{vmatrix} i_f \\ i_D \\ i_Q \end{vmatrix}$$

Flussi:

$$(11.52)\quad [\varphi_{1,2,3}] = \begin{vmatrix} \varphi_1 \\ \varphi_2 \\ \varphi_3 \end{vmatrix} \qquad (11.53)\quad [\varphi_{f,D,Q}] = \begin{vmatrix} \varphi_f \\ \varphi_D \\ \varphi_Q \end{vmatrix}.$$

Quindi il sistema (11.25) diventa, ricordando le (11.22) e (11.26):

$$(11.54)\quad \begin{cases} [v_{1,2,3}] = [R_{1,2,3}]\cdot[i_{1,2,3}] + p[\varphi_{1,2,3}] \\ [v_{f,D,Q}] = [R_{f,D,Q}]\cdot[i_{f,D,Q}] + p[\varphi_{f,D,Q}] \\ [\varphi_{1,2,3}] = [L_s^*(\theta)]\cdot[i_{1,2,3}] + [M_{sr}^*(\theta)][i_{f,D,Q}] \\ [\varphi_{f,D,Q}] = [M_{sr}^*(\theta)]^t\cdot[i_{1,2,3}] + [L_r][i_{f,D,Q}]. \end{cases}$$

La *matrice di trasformazione* (11.38) viene applicata alla prima matrice e alla terza matrice della (11.54):

$$(11.55)\quad [v_{d,q,o}] = [T(\theta)]\,[v_{1,2,3}] = [T(\theta)]\cdot[R_{1,2,3}]\,[i_{1,2,3}] + + [T(\theta)]\cdot p[\varphi_{1,2,3}]$$

$$(11.56)\quad [\varphi_{d,q,o}] = [T(\theta)]\,[\varphi_{1,2,3}] = [T(\theta)][L_s^*(\theta)]\,[i_{1,2,3}] + + [T(\theta)]\cdot[M_{sr}^*(\theta)]\,[i_{f,D,Q}]\,.$$

Data la natura della matrice $[R_{1,2,3}]$ (*matrice diagonale*) si può scrivere:

$$(11.57)\quad [T(\theta)]\cdot[R_{1,2,3}]\cdot[i_{1,2,3}] = [R_{1,2,3}]\cdot[T(\theta)]\cdot[i_{1,2,3}] = [R_{1,2,3}]\cdot[i_{d,q,o}]\,.$$

Si ha inoltre, ricordando che $[T(\theta)]^{-1}\cdot[T(\theta)] = [U]$:

$$(11.58)\quad [T(\theta)]\cdot p[\varphi_{1,2,3}] = [T(\theta)]\,p\{[T(\theta)]^{-1}\cdot[T(\theta)]\cdot[\varphi_{1,2,3}]\} = = [T(\theta)]\cdot p\{[T(\theta)]^{-1}\cdot[\varphi_{d,q,o}]\}\,.$$

Ricordiamo che la derivata del prodotto di due matrici $[A(t)]$ e $[B(t)]$ è data dalla seguente relazione:

$$(11.59)\quad p\{[A(t)]\cdot[B(t)]\} = p\{[A(t)]\}\cdot[B(t)] + [A(t)]\cdot p\{[B(t)]\}\,.$$

Si ha perciò:

$$(11.60)\quad p\{[T(\theta)]^{-1}\cdot[\varphi_{d,q,o}]\} = \{p[T(\theta)]^{-1}\}\cdot[\varphi_{d,q,o}] + [T(\theta)]^{-1}\cdot\{p[\varphi_{d,q,o}]\}\,.$$

In definitiva la (11.58) diventa:

$$(11.61)\quad [T(\theta)]\cdot p[\varphi_{1,2,3}] = [T(\theta)]\cdot\{p[T(\theta)]^{-1}\}\cdot[\varphi_{d,q,o}] + p[\varphi_{d,q,o}]\,.$$

Risulta inoltre, ricordando che $[T(\theta)]^{-1} = [T(\theta)]^t$ e che $p\theta = \dot{\theta}$:

$$(11.62)\quad p[T(\theta)]^{-1} = \sqrt{\frac{2}{3}}\cdot\dot{\theta}\begin{vmatrix} -\operatorname{sen}\theta_1 & -\cos\theta_1 & 0 \\ -\operatorname{sen}\theta_2 & -\cos\theta_2 & 0 \\ -\operatorname{sen}\theta_3 & -\cos\theta_3 & 0 \end{vmatrix}.$$

Allora si ha:

$$(11.63)\quad [T(\theta)]\cdot\{p[T(\theta)]^{-1}\} =$$

$$= \frac{1}{2}\,\dot{\theta}\begin{vmatrix} \cos\theta_1 & \cos\theta_2 & \cos\theta_3 \\ -\operatorname{sen}\theta_1 & -\operatorname{sen}\theta_2 & -\operatorname{sen}\theta_3 \\ \frac{1}{\sqrt{2}} & \frac{1}{\sqrt{2}} & \frac{1}{\sqrt{2}} \end{vmatrix}\cdot\begin{vmatrix} -\operatorname{sen}\theta_1 & -\cos\theta_1 & 0 \\ -\operatorname{sen}\theta_2 & -\cos\theta_2 & 0 \\ -\operatorname{sen}\theta_3 & -\cos\theta_3 & 0 \end{vmatrix} =$$

$$= \frac{2}{3}\,\dot{\theta}\begin{vmatrix} 0 & -\frac{3}{2} & 0 \\ \frac{3}{2} & 0 & 0 \end{vmatrix} = \dot{\theta}\cdot\begin{vmatrix} 0 & -1 & 0 \\ 1 & 0 & 0 \\ 0 & 0 & 0 \end{vmatrix} = \dot{\theta}\cdot[J]$$

dove si è indicata con $[J]$ la matrice:

$$(11.64)\qquad [J] = \begin{vmatrix} 0 & -1 & 0 \\ 1 & 0 & 0 \\ 0 & 0 & 0 \end{vmatrix}.$$

L'equazione (11.55) diventa perciò, ricordando le (11.57), (11.61) e (11.63):

$$(11.65)\qquad [v_{d,q,o}] = [R_{1,2,3}]\,[i_{d,q,o}] + p[\varphi_{d,q,o}] + \dot{\theta}\cdot[J]\,[\varphi_{d,q,o}]\,.$$

Occorre ora operare sulle relazioni che esprimono i flussi come funzioni delle correnti.
La (11.56) si può scrivere nel seguente modo:

$$(11.66)\qquad [\varphi_{d,q,o}] = [T(\theta)]\cdot[L_s^*(\theta)]\cdot\underbrace{[T(\theta)]^{-1}\cdot[T(\theta)]}_{[U]}\,[i_{1,2,3}] +$$
$$+ [T(\theta)]\,[M_{sr}^*(\theta)]\cdot[i_{f,D,Q}] =$$
$$= [T(\theta)]\,[L_s^*(\theta)]\cdot[T(\theta)]^{-1}\cdot[i_{d,q,o}] + [T(\theta)]\,[M_{sr}^*(\theta)]\,[i_{f,D,Q}]\,.$$

La quarta equazione delle (11.54) si può scrivere:

$$(11.67)\qquad [\varphi_{f,D,Q}] = [M_{sr}^*(\theta)]^t\cdot\underbrace{\{[T(\theta)]^{-1}\cdot[T(\theta)]\}}_{[U]}\,[i_{1,2,3}] + [L_r]\,[i_{f,D,Q}] =$$
$$= [M_{sr}^*(\theta)]^t\cdot[T(\theta)]^{-1}\cdot[i_{d,q,o}] + [L_r]\,[i_{f,D,Q}]\,.$$

Dalle (11.66) e (11.67) si deduce che nei flussi $[\varphi_{d,q,o}]$ e $[\varphi_{f,D,Q}]$ non compaiono più le correnti originarie $[i_{1,2,3}]$ della matrice trifase ma le *nuove correnti* $[i_{d,q,o}]$.
Dalla (11.66) si ha inoltre:

$$(11.68)\qquad [T(\theta)]\cdot[L_s^*(\theta)]\cdot[T(\theta)]^{-1} = \begin{vmatrix} \frac{3}{2}(L_{oo}+L_2)+\ell_o & 0 & 0 \\ 0 & \frac{3}{2}(L_{oo}-L_2)+\ell_o & 0 \\ 0 & 0 & \ell_o \end{vmatrix}$$

$$(11.69)\qquad [T(\theta)]\cdot[M_{sr}^*(\theta)] = \begin{vmatrix} \sqrt{\frac{3}{2}}L_{mf} & \sqrt{\frac{3}{2}}L_{mD} & 0 \\ 0 & 0 & \sqrt{\frac{3}{2}}L_{mQ} \\ 0 & 0 & 0 \end{vmatrix}.$$

Poniamo allora:

$$
(11.70)\quad \begin{cases} L_d = \dfrac{3}{2}(L_{oo} + L_2) + \ell_o \\ L_q = \dfrac{3}{2}(L_{oo} - L_2) + \ell_o \qquad (L_d > L_q) \\ L_o = \ell_o \\ M_f = \sqrt{\dfrac{3}{2}}\, L_{mf} \\ M_D = \sqrt{\dfrac{3}{2}}\, L_{mD} \\ M_Q = \sqrt{\dfrac{3}{2}}\, L_{mQ} \,. \end{cases}
$$

Definiamo le seguenti matrici delle induttanze:

$$
(11.71)\quad [L_s] = \begin{vmatrix} L_d & 0 & 0 \\ 0 & L_q & 0 \\ 0 & 0 & L_o \end{vmatrix} \qquad (11.72)\quad [M] = \begin{vmatrix} M_f & M_D & 0 \\ 0 & 0 & M_Q \\ 0 & 0 & 0 \end{vmatrix} .
$$

Osserviamo infine che risulta dalla (11.67):

$$
(11.73)\quad [M^*_{sr}(\theta)]^t [T(\theta)]^{-1} = [M^*_{sr}(\theta)]^t [T(\theta)]^t = \{[T(\theta)] \cdot [M^*_{sr}(\theta)]\}^t = [M]^t \,.
$$

In forma matriciale si ha:

$$
(11.74)\quad \begin{cases} [v_{d,q,o}] = [R_{1,2,3}]\,[i_{d,q,o}] + p[\varphi_{d,q,o}] + \dot{\theta}[J]\,[\varphi_{d,q,o}] \\ [v_{f,D,Q}] = [R_{f,D,Q}]\,[i_{f,D,Q}] + p[\varphi_{f,D,Q}] \\ [\varphi_{d,q,o}] = [L_s]\,[i_{d,q,o}] + [M]\,[i_{f,D,Q}] \\ [\varphi_{f,D,Q}] = [M]^t [i_{d,q,o}] + [L_r]\,[i_{f,D,Q}] \,. \end{cases}
$$

In forma esplicita le (11.74) diventano:

$$
(11.75)\quad \begin{cases} v_d = Ri_d + p\varphi_d - \dot{\theta}\varphi_q \\ v_q = Ri_q + p\varphi_q + \dot{\theta}\varphi_d \\ v_o = Ri_o + p\varphi_o \\ v_f = R_f i_f + p\varphi_f \\ v_D = 0 = R_D i_D + p\varphi_D \\ v_Q = 0 = R_Q i_Q + p\varphi_Q \end{cases}
$$

$$(11.76)\quad \begin{cases} \varphi_d = L_d i_d + M_f i_f + M_D i_D \\ \varphi_q = L_q i_q + M_Q i_Q \\ \varphi_o = L_o i_o \\ \varphi_f = M_f i_d + L_f i_f + M_{fD} i_D \\ \varphi_D = M_D i_d + M_{fD} i_f + L_D i_D \\ \varphi_Q = M_Q i_q + L_Q i_Q\,. \end{cases}$$

La *nuova matrice delle induttanze* è diventata perciò la seguente:

$$(11.77)\quad [L] = \begin{array}{c|cccccc|} & d & q & o & f & D & Q \\ d & L_d & 0 & 0 & M_f & M_D & 0 \\ q & 0 & L_q & 0 & 0 & 0 & M_Q \\ o & 0 & 0 & L_o & 0 & 0 & 0 \\ f & M_f & 0 & 0 & L_f & M_{fD} & 0 \\ D & M_D & 0 & 0 & M_{fD} & L_D & 0 \\ Q & 0 & M_Q & 0 & 0 & 0 & L_Q \end{array}.$$

La *trasformazione di Park* $[T(\theta)]$ ha quindi permesso di ottenere una matrice delle *induttanze* $[L]$ indipendente dall'angolo θ. Le relazioni (11.76) mettono in evidenza inoltre quanto segue:

a) i flussi φ_d, φ_f e φ_D, detti *flussi sull'asse diretto*, dipendono *solo* dalle correnti i_d, i_f e i_D, dette *correnti sull'asse diretto*;

b) i flussi φ_q e φ_Q, detti *flussi sull'asse quadratura*, dipendono *solo* dalle correnti i_q e i_Q, dette *correnti sull'asse quadratura*;

c) il flusso φ_o, detto *flusso omopolare*, dipende *solo* dalla corrente i_o, detta *corrente omopolare*.

Poiché per la (11.43) risulta $i_o = (i_1 + i_2 + i_3)/\sqrt{3}$ quando le tre fasi sono collegate a *stella* (questo collegamento per la macchina sincrona rappresenta praticamente la totalità dei casi) risulta $i_1 + i_2 + i_3 = 0$ e quindi anche $i_o = 0$ per cui si può eliminare il *sistema omopolare* dalle equazioni (11.75) e (11.76) ($i_o = 0$, $\varphi_o = 0$, $v_o = 0$).

Un'altra osservazione importante è che la trasformazione di Park $[T(\theta)]$ lascia inalterata la *potenza istantanea del sistema* a cui si applica.

La *potenza istantanea* $p_e(t)$ assorbita dalle tre fasi di statore vale infatti:

$$(11.78)\quad p_e = v_1 i_1 + v_2 i_2 + v_3 i_3 = [v_{1,2,3}]^t [i_{1,2,3}] =$$
$$=[v_{1,2,3}]^t [T(\theta)]^{-1} [T(\theta)]\,[i_{1,2,3}] =$$
$$= [v_{1,2,3}]^t [T(\theta)]^t \cdot [i_{d,q,o}] =$$
$$= \{[T(\theta)]\,[v_{1,2,3}]\}^t \cdot [i_{d,q,o}] = [v_{d,q,o}]^t [i_{d,q,o}] =$$
$$= v_d i_d + v_q i_q + v_o i_o \,.$$

11.7. L'ANGOLO DI CARICO δ

In merito alle equazioni (11.75) è bene osservare che, essendo l'angolo θ una funzione non nota del tempo (in quanto θ dipende dal tipo di transitorio in studio), le tensioni v_d e v_q *non* si possono considerare «ingressi» del sistema; infatti anche se sono note le tensioni di fase $[v_{1,2,3}]$, il sistema di tensioni $[v_{d,q,o}]$ non lo è, poiché è legato al sistema $[v_{1,2,3}]$ mediante la matrice di trasformazione $[T(\theta)]$: $[v_{d,q,o}] = [T(\theta)]\,[v_{1,2,3}]$.
Si può eliminare la variabile angolare θ, introducendo una nuova variabile angolare δ, di valore limitato nel tempo, facendo l'ipotesi che le tensioni di fase (v_1, v_2, v_3) costituiscano un sistema sinusoidale trifase simmetrico di valore efficace V_{sf} e pulsazione ω:

$$(11.79)\quad \begin{cases} v_1 = \sqrt{2}V_{sf}\cos(\omega t + \alpha) \\ v_2 = \sqrt{2}V_{sf}\cos(\omega t + \alpha - 120°) \\ v_3 = \sqrt{2}V_{sf}\cos(\omega t + \alpha - 240°)\,. \end{cases}$$

Trasformando le variabili si ottiene:

$$(11.80)\quad \begin{cases} v_d = \sqrt{3}V_{sf}\cos(\omega t - \theta + \alpha) \\ v_q = \sqrt{3}V_{sf}\,\mathrm{sen}(\omega t - \theta + \alpha) \\ v_o = 0 \end{cases}$$

dove risulta:

$$(11.81)\quad \theta = \int_o^t \dot{\theta}\,dt + \theta_o$$

e cioè:

$$(11.82)\quad \int_o^t \dot{\theta}\,dt = \theta - \theta_o\,.$$

Nel funzionamento in *regime permanente*, come vedremo, la velocità di rotazione $\dot{\theta}$ del rotore è costante ed è pari alla pulsazione ω delle grandezze elettriche trifasi (si veda la (11.2) dove $n = 1$ e $\Omega = \dot{\theta}$).
Durante i transitori la velocità $\dot{\theta}$ è variabile, ma poco diversa da ω, per cui è conveniente definire la seguente *nuova variabile angolare* δ:

$$(11.83)\quad \delta = \int_0^t (\dot{\theta} - \omega)\mathrm{d}t + \delta_o = \int_0^t \dot{\theta}\mathrm{d}t - \omega t + \delta_o = \theta - \omega t - \theta_o + \delta_o$$

essendo δ_o la costante di integrazione. Quindi si ha:

$$(11.84)\quad \omega t - \theta = - \delta - \theta_o + \delta_o .$$

La (11.80) diventa perciò:

$$(11.85)\quad \begin{cases} v_d = \sqrt{3}V_{sf}\cos(-\delta + \alpha - \theta_o + \delta_o) \\ v_q = \sqrt{3}V_{sf}\,\mathrm{sen}(-\delta + \alpha - \theta_o + \delta_o) . \end{cases}$$

Gli angoli α e θ_o individuano solo le condizioni iniziali delle tensioni v_1, v_2 e v_3 e dell'angolo θ, mentre la scelta di δ_o è arbitraria.
Si può ad esempio porre, per ragioni di comodità:

$$(11.86)\quad \delta_o - \theta_o + \alpha = \pi/2 ,$$

per cui la (11.85) diventa:

$$(11.87)\quad \begin{cases} v_d = \sqrt{3}V_{sf}\,\mathrm{sen}\,\delta \\ v_q = \sqrt{3}V_{sf}\cos\delta . \end{cases}$$

L'angolo δ è detto *angolo di carico* e il suo significato verrà definito più avanti.
Nei transitori l'*angolo di carico* δ può arrivare al massimo a circa ± 150° quindi, a differenza di θ, risulta di *valore limitato*.
Osserviamo inoltre che la costante di integrazione δ_o rappresenta l'*angolo di carico* a regime poiché in questa condizione di funzionamento si ha $\dot{\theta} = \omega$ e quindi dalla (11.83) $\delta = \delta_o$.
Essendo δ una nuova *variabile di stato*, deve essere definita mediante la sua derivata. Dalla (11.83) si ottiene:

$$(11.88)\quad p\delta = \dot{\theta} - \omega .$$

11.8. MACCHINA EQUIVALENTE A COLLETTORE

Le equazioni (11.75) e (11.76) si possono interpretare come le equazioni che descrivono il funzionamento di una macchina con avvolgimento di statore a collettore dotato di due file di spazzole allineate con l'*asse polare* d e l'*asse interpolare* q e quindi in movimento alla stessa velocità $\dot{\theta}$ del rotore nello stesso verso, come rappresentato in fig. 11.14.

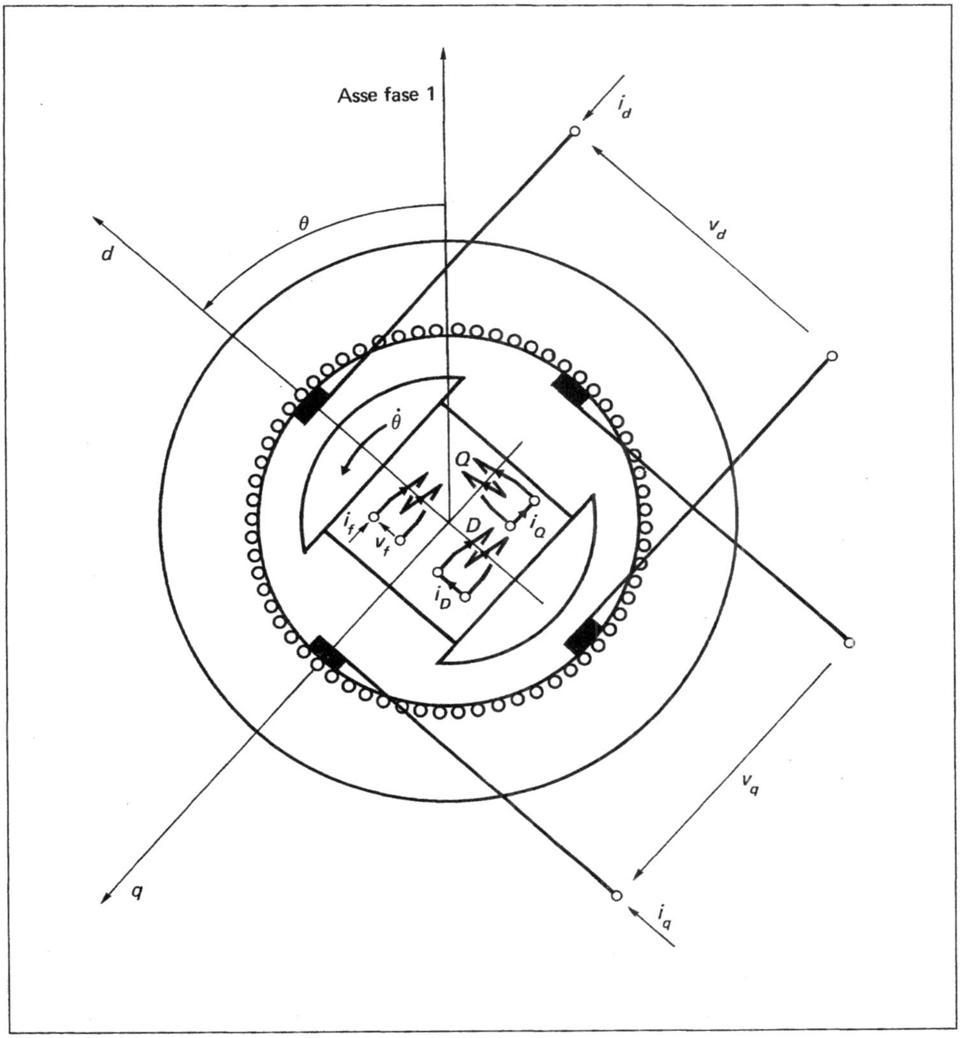

Figura 11.14

11.9. COPPIA ELETTROMAGNETICA

Per valutarne la coppia elettromagnetica, scriviamo il bilancio energetico, in termini di potenze, della macchina sincrona:

$$(11.89)\quad \begin{aligned} p_e &= V_d i_d + V_q i_q + V_f i_f + V_D i_D + V_Q i_Q = \\ &= [R(i_d^2 + i_q^2) + R_f i_f^2 + R_D i_D^2 + R_Q i_Q^2] + \\ &+ (i_d p\varphi_d + i_q p\varphi_q + i_f p\varphi_f + i_d p\varphi_D + i_Q p\varphi_Q) + \dot{\theta}(i_q\varphi_d - i_d\varphi_q)\,. \end{aligned}$$

Nella (11.89) si possono allora individuare le seguenti grandezze:

Potenza perduta sotto forma di calore

$$(11.90)\quad p_c = R(i_d^2 + i_q^2 + i_o^2) + R_f i_f^2 + R_D i_D^2 + R_Q i_Q^2$$

Variazione dell'energia magnetica

$$(11.91)\quad \frac{\mathrm{d}W}{\mathrm{d}t} = i_d p\varphi_d + i_q p\varphi_q + i_f p\varphi_f + i_D p\varphi_D + i_Q p\varphi_Q$$

Potenza meccanica

$$(11.92)\quad p_m = \dot{\theta}(i_q\varphi_d - i_d\varphi_q) = \Omega \cdot C(t) = \frac{\dot{\theta}}{n} C(t)$$

dove $C(t)$ è la coppia elettromagnetica sviluppata dalla macchina, che pertanto assume la seguente espressione:

$$(11.93)\quad C = n(i_q\varphi_d - i_d\varphi_q)\,.$$

Complessivamente le *equazioni elettromeccaniche* della *macchina sincrona equivalente* (sugli assi d e q) di fig. 11.14 sono (eliminando la componente omopolare):

$$(11.94)\quad \begin{cases} v_d = Ri_d + p\varphi_d - \dot{\theta}\varphi_q \\ v_q = Ri_q + p\varphi_q + \dot{\theta}\varphi_d \\ v_f = R_f i_f + p\varphi_f \\ v_D = 0 = R_D i_D + p\varphi_D \\ v_Q = 0 = R_Q i_Q + p\varphi_Q \\ C = C_r + \dfrac{J}{n} p\dot{\theta} \\ p\delta = \dot{\theta} - \omega \end{cases}$$

$$
(11.95) \quad \begin{cases} \varphi_d = L_d i_d + M_f i_f + M_D i_D \\ \varphi_q = L_q i_q + M_Q i_Q \\ \varphi_f = M_f i_d + L_f i_f + M_{fD} i_D \\ \varphi_D = M_D i_d + M_{fD} i_f + L_D i_D \\ \varphi_Q = M_Q i_q + L_Q i_Q \end{cases}
$$

$$
(11.96) \quad C = n(i_q \varphi_d - i_d \varphi_q) .
$$

Il sistema (11.94) è un sistema di 7 equazioni differenziali e quindi si dice che il *modello matematico della macchina sincrona è del settimo ordine.*
Per passare dalle variabili sugli assi d e q a quelle della macchina sincrona trifase si utilizza la *matrice inversa o trasposta* $[T(\theta)]^{-1} = [T(\theta)]^t$ della matrice di trasformazione di Park $[T(\theta)]$ mediante la seguente generica relazione:

$$
(11.97) \quad [a_{1,2,3}] \quad = \quad [T(\theta)]^{-1}[a_{d,q,o}]
$$

variabili della macchina trifase — variabili della macchina equivalente d, q

11.10. FUNZIONAMENTO IN REGIME PERMANENTE

Studiamo il funzionamento in *regime permanente* supponendo che le tensioni di fase (v_1, v_2, v_3) siano definite dalle (11.79) e cioè costituiscano un sistema simmetrico.
Questo regime è caratterizzato dal fatto che risultano costanti sia la corrente di eccitazione i_f sia la velocità di rotazione $\Omega = \dot{\theta}/n$, il cui valore è pari a ω/n, da cui si deduce che $\dot{\theta} = \omega$:

$$
(11.98) \quad \begin{cases} i_f = \text{costante} \\ \Omega = \dot{\theta}/n = \text{costante} \\ \dot{\theta} = \omega . \end{cases}
$$

Dalla (11.81) si deduce perciò che $\theta = \omega t + \theta_o$ e che l'angolo di carico δ a regime assume il valore δ_o, definito dalla (11.86), e di conseguenza le tensioni v_d e v_q, per la (11.87), diventano:

$$(11.99) \quad \begin{cases} v_d = \sqrt{3}V_{sf} \operatorname{sen} \delta_o = v \operatorname{sen} \delta_o \\ v_q = \sqrt{3}V_{sf} \cos \delta_o = v \cos \delta_o \end{cases} \qquad v = \sqrt{v_d^2 + v_q^2} = \sqrt{3}V_{sf}$$

mentre la componente omopolare v_o è nulla: $v_o = 0$.
È facile ora verificare che un *integrale particolare* del sistema di equazioni (11.94) (che rappresenta la condizione di funzionamento in *regime permanente*) si ottiene considerando costante il valore dei flussi e delle correnti e quindi nulle le corrispondenti derivate.
In particolare, con riferimento alle equazioni degli *avvolgimenti* smorzatori $v_D = R_D i_D + p\varphi_D = 0$ e $v_Q = R_Q i_Q + p\varphi_Q = 0$, essendo $p\varphi_D = p\varphi_Q = 0$, si ottiene:

$$(11.100) \quad i_D = i_Q = 0 \,.$$

Questo risultato rileva che in regime permanente è nulla la corrente negli avvolgimenti smorzatori e quindi è come se essi non fossero presenti. Il loro effetto si manifesta invece durante il funzionamento transitorio, il cui studio mostra che la loro azione ha un'importanza rilevante al fine di migliorare la stabilità della macchina.
Inoltre poiché $v_o = Ri_o + p\varphi_o = 0$ e $p\varphi_o = 0$ è pure $i_o = 0$.
In base a queste considerazioni, i flussi valgono:

$$(11.101) \quad \begin{cases} \varphi_d = L_d i_d + M_f i_f \\ \varphi_q = L_q i_q \\ \varphi_f = M_f i_d + L_f i_f \\ \varphi_D = M_D i_d + M_{fD} i_f \\ \varphi_Q = M_Q i_q \,. \end{cases}$$

Dalle (11.94) si ha, ricordando le (11.101) e che $\dot{\theta} = \omega$:

$$(11.102) \quad \begin{cases} v_d = Ri_d - \omega L_q i_q \\ v_q = Ri_q + \omega L_d i_d + \omega M_f i_f \\ v_f = R_f i_f \,. \end{cases}$$

Possiamo definire le seguenti reattanze:

$$(11.103)\quad \begin{cases} X_d = \omega L_d \\ X_q = \omega L_q \\ X_f = \omega M_f \end{cases} \qquad X_d > X_q \quad \text{(si veda la (11.70): } L_d > L_q\text{)}\,.$$

La reattanza X_d è detta *reattanza sincrona diretta* e la reattanza X_q *reattanza sincrona quadratura*.
La (11.102) diventa quindi:

$$(11.104)\quad \begin{cases} v_d = Ri_d - X_q i_q \\ v_q = Ri_q + X_d i_d + X_f i_f \\ v_f = R_f i_f\,. \end{cases}$$

Osserviamo che a vuoto ($i_1 = i_2 = i_3 = 0$ e quindi $i_d = i_q = 0$) si ha:

$$(11.105)\quad \begin{cases} v_{do} = 0 \\ v_{qo} = X_f \cdot i_f = e_o\,. \end{cases}$$

Il sistema trifase di correnti (i_1, i_2, i_3) si ottiene applicando la matrice inversa $[T(\theta)]^{-1} = [T(\theta)]^t$ alle variabili (i_d, i_q, $i_o = 0$):

$$(11.106)\quad [i_{1,2,3}] = [T(\theta)]^{-1}[i_{d,q,o}]\,.$$

Definendo le seguenti grandezze:

$$(11.107)\quad \begin{cases} i = \sqrt{i_d^2 + i_q^2} = \sqrt{3}I \\ i_d = i\cos\beta \\ i_q = i\,\mathrm{sen}\,\beta \end{cases} \qquad \mathrm{tg}\,\beta = i_q / i_d$$

si ottiene:

$$(11.108)\quad \begin{cases} i_1 = \sqrt{2}I\cos(\omega t + \theta_o + \beta) \\ i_2 = \sqrt{2}I\cos(\omega t + \theta_o + \beta - 120°) \\ i_3 = \sqrt{2}I\cos(\omega t + \theta_o + \beta - 240°)\,. \end{cases}$$

Possiamo dare alla (11.104) un'interpretazione vettoriale nel piano complesso assumendo l'*asse diretto d* come *asse reale* (+ *r*) e l'*asse quadratura q* come *asse immaginario* (+ *j*). Definiamo infatti le seguenti grandezze complesse:

$$
(11.109)\quad \begin{cases} \bar{v} = v_d + jv_q & |\bar{v}| = \sqrt{v_d^2 + v_q^2} = \sqrt{3}V_{sf} \\ \bar{e}_o = jX_f i_f & \\ \bar{i}_d = i_d & \\ \bar{i}_q = ji_q & \\ \bar{i} = \bar{i}_d + \bar{i}_q = i_d + ji_q & |\bar{i}| = \sqrt{i_d^2 + i_q^2} = \sqrt{3}I\,. \end{cases}
$$

Osservando che $jX_q\bar{i}_q = jX_q ji_q = -X_q i_q$ ed essendo la resistenza R molto più piccola delle reattanze X_d e X_q (indicativamente $R/X_d \simeq R/X_q \simeq 0{,}002$), dalla (11.109) si ottiene ricordando la (11.104):

$$
(11.110)\quad \bar{v} = v_d + jv_q = Ri_d - X_q i_q + jRi_q + jX_d i_d + jX_f i_f \simeq \\ \simeq jX_d\bar{i}_d + jX_q\bar{i}_q + \bar{e}_o\,.
$$

In fig. 11.15 è riportata la rappresentazione vettoriale dell'equazione

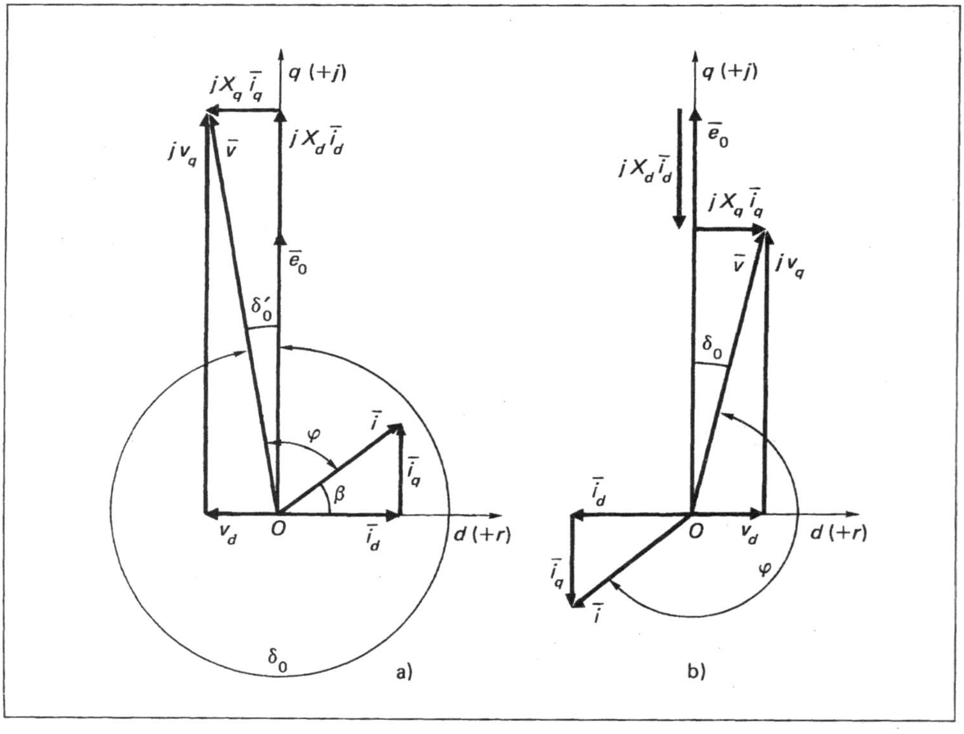

Figura 11.15. Diagramma vettoriale relativo all'equazione (11.110): a) funzionamento come *motore*; b) funzionamento come *generatore*.

(11.110). In essa sono messi in evidenza, oltre agli angoli δ_o e β, anche l'angolo di sfasamento φ, fra il vettore tensione $\bar{v}$ e il vettore corrente $\bar{i}$, e l'angolo $\delta'_o = 360° - \delta_o$, per cui si ottiene:

(11 111) $$\begin{cases} v_d = v \operatorname{sen} \delta_o = -v \operatorname{sen} \delta'_o = -X_q i_q \\ v_q = v \cos \delta_o = v \cos \delta'_o = X_d i_d + e_o \, . \end{cases}$$

Si deduce inoltre che l'angolo φ vale:

(11.112) $$\varphi = 90° - \beta + \delta'_o \, .$$

Pertanto le correnti i_d e i_q diventano:

(11.113) $$\begin{cases} i_d = i \cos \beta = i \operatorname{sen}(\varphi - \delta'_o) = i \operatorname{sen}(\delta_o + \varphi) \\ i_q = i \operatorname{sen} \beta = i \cos(\varphi - \delta'_o) = i \cos(\delta_o + \varphi) \end{cases} \qquad i = \sqrt{3} I \, .$$

Infine l'angolo $(\omega t + \theta_o + \beta)$ che compare nelle correnti (i_1, i_2, i_3) definite dalle (11.108), vale, ricordando la (11.86):

(11.114) $$\omega t + \theta_o + \beta = \omega t + \theta_o + 90° - \varphi + \delta'_o = 360° + \omega t + \alpha - \varphi$$

e quindi si ha:

(11.115) $$\begin{cases} i_1 = \sqrt{2} I \cos(\omega t + \alpha - \varphi) \\ i_2 = \sqrt{2} I \cos(\omega t + \alpha - \varphi - 120°) \\ i_3 = \sqrt{2} I \cos(\omega t + \alpha - \varphi - 240°) \, . \end{cases}$$

Pertanto lo sfasamento fra il sistema trifase delle tensioni (v_1, v_2, v_3) e quello delle correnti (i_1, i_2, i_3) è pari a φ e cioè a quello esistente fra la tensione $\bar{v}$ e la corrente $\bar{i}$, come mostra la fig. 11.16 in cui sono stati rappresentati solo i vettori ($\bar{V}_{sf}$ e $\bar{I}$) di una generica fase della macchina trifase.
Osserviamo inoltre che la potenza elettrica P_e assorbita dalla macchina

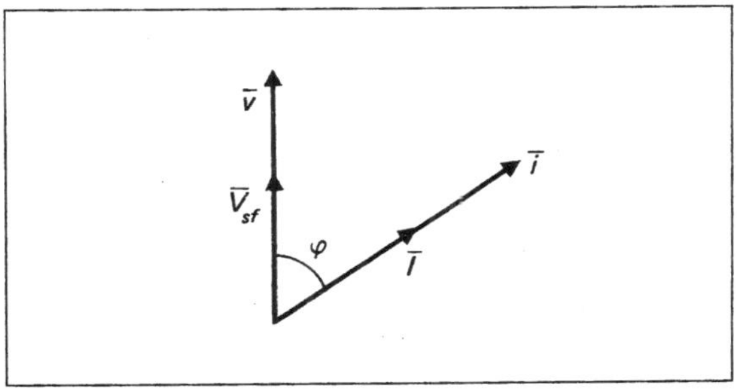

Figura 11.16. $v = \sqrt{3}\ V_{sf}$, $i = \sqrt{3}\ I$.

equivalente a collettore, che per la (11.78) è uguale a quella della macchina sincrona trifase, è in questo caso costante e vale:

$$(11.116)\quad P_e = v_d i_d + v_q i_q = vi[\text{sen}\ \delta_o \cdot \text{sen}(\delta_o + \varphi) + \cos \delta_o \cdot \cos(\delta_o + \varphi)] = \\ = vi \cos \varphi = 3V_{sf} I \cos \varphi\ .$$

Avendo assunto la convenzione di segno degli utilizzatori, se risulta $-90° < \varphi < 90°$ la macchina funziona da *motore* (fig. 11.15.a) ($\cos \varphi > 0$, $P_e > 0$) mentre se è $90° < \varphi < 270°$ la macchina funziona da generatore (fig. 11.15.b) ($\cos \varphi < 0$, $P_e < 0$).
Da queste ultime considerazioni si deduce che l'equazione (11.110) (e i conseguenti diagrammi vettoriali di fig. 11.15) rappresenta, dividendo i vettori per $\sqrt{3}$, la relazione esistente fra le grandezze di ciascuna fase della macchina sincrona trifase e precisamente fra:

la tensione di fase: $V_{sf} = v/\sqrt{3}$
la corrente: $I = i/\sqrt{3}$ $(I_d = i_d/\sqrt{3};\ I_q = i_q/\sqrt{3})$
la f.m.m. a vuoto: $E_{of} = e_o/\sqrt{3}$

e cioè risulta, per ciascuna fase:

$$(11.117)\quad \bar{V}_{sf} = \bar{E}_{of} + jX_d \bar{I}_d + jX_q \bar{I}_q\ .$$

11.11. EQUAZIONI IN REGIME PERMANENTE PER LA MACCHINA SINCRONA TRIFASE

Le equazioni della macchina sincrona trifase in regime permanente, come sopra detto, si deducono dall'equazione (11.110) dividendo entrambi i membri per $\sqrt{3}$.
Poiché la macchina funziona usualmente come generatore, è opportuno adottare la convenzione di segno dei generatori.
All'uopo basta introdurre la corrente $\bar{I}'$ avente segno opposto rispetto alla corrente $\bar{I}$: $\bar{I}' = -\bar{I}$ (fig. 11.17).
Si pone quindi:

$$(11.118)\quad \begin{cases} \bar{I}'_d = I'_d = -\bar{i}_d/\sqrt{3} \\ \bar{I}'_q = jI'_q = -\bar{i}_q/\sqrt{3} \\ \bar{I}' = \bar{I}'_d + \bar{I}'_q = -\bar{i}/\sqrt{3}\ . \end{cases}$$

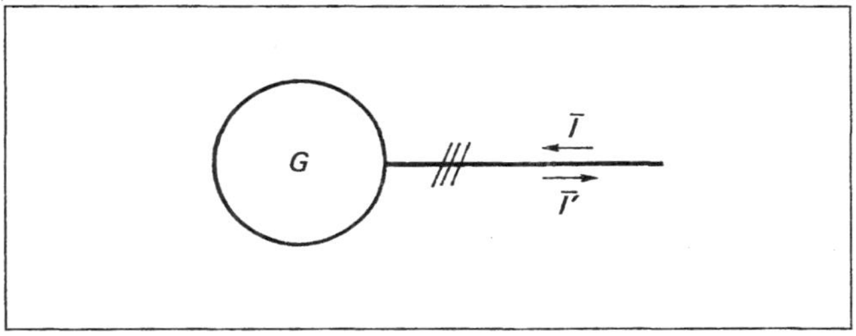

Figura 11.17

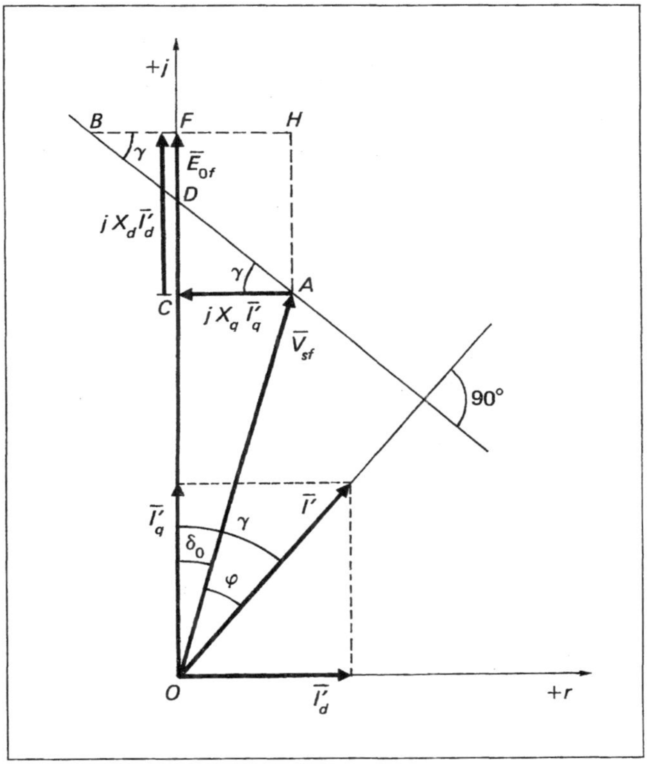

Figura 11.18. Diagramma vettoriale della macchina sincrona trifase.

L'equazione (11.117) diventa pertanto

(11.119) $\bar{E}_{of} = \bar{V}_{sf} + jX_d\,\bar{I}'_d + jX_q\,\bar{I}'_q$,

dove si è trascurata la c.d.t. resistiva $R\bar{I}'$.

In fig. 11.18 è riportato il diagramma vettoriale dell'equazione (11.119), dove si è posto $\gamma = \delta_o + \varphi$, e quindi si ha:

$$(11.120)\quad \begin{cases} I'_d = I' \operatorname{sen} \gamma \\ I'_q = I' \cos \gamma \,. \end{cases}$$

Nota la f.e.m. $E_{of} = e_o/\sqrt{3}$ si può valutare la corrente di eccitazione ricordando che risulta $e_o = X_f i_f$:

$$(11.121)\quad i_f = \sqrt{3}\, E_{of}/X_f \,.$$

Osserviamo inoltre che l'angolo di carico δ_o è dato dallo sfasamento fra la f.e.m. $\bar{E}_{of}$ e la tensione $\bar{V}_{sf}$.

11.12. COSTRUZIONE DELLE DUE REATTANZE

Questa costruzione consente di valutare la corrente di eccitazione i_f e l'angolo di carico δ_o note
– la tensione di fase V_{sf},
– la corrente erogata I',
– lo sfasamento φ.
Pur conoscendo queste grandezze e tutti i parametri, non è noto a priori l'angolo γ che permette di individuare le correnti I'_d e I'_q, mediante le quali è possibile effettuare la costruzione di fig. 11.18.
Se però si conduce dal vertice A di $\bar{V}_{sf}$ la perpendicolare AB alla direzione della corrente $\bar{I}'$ si possono scrivere le seguenti relazioni, considerando i triangoli rettangoli DCA e BHA e ricordando le (11.120):

$$(11.122)\quad \begin{cases} D\hat{A}C = H\hat{B}A = \gamma \\ CA = X_q I'_q = X_q I' \cos \gamma \\ HA = FC = X_d I'_d = X_d I' \operatorname{sen} \gamma \end{cases}$$

e quindi:

$$(11.123)\quad \begin{cases} AD = CA/\cos \gamma = X_q I' \\ AB = HA/\operatorname{sen} \gamma = X_d I' \,. \end{cases}$$

I segmenti AD e AB, ortogonali a $\bar{I}'$, sono indipendenti dall'angolo γ incognito, e quindi è possibile effettuare la costruzione nel seguente modo (fig. 11.19).

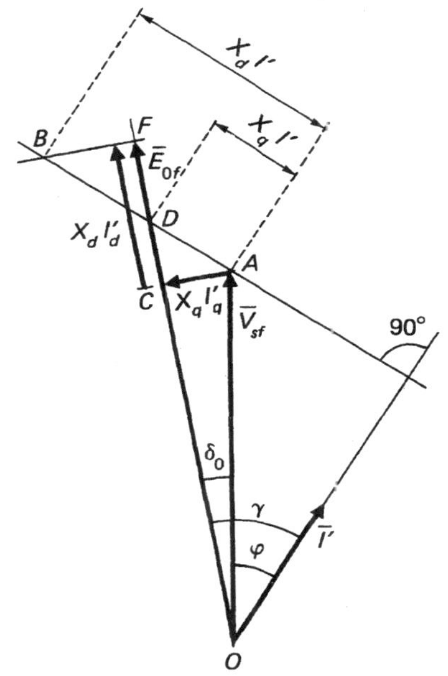

Figura 11.19. Costruzione delle due reattanze.

Noti in modulo e fase $\bar{V}_{sf}$ e $\bar{I}'$, dall'estremo A di $\bar{V}_f$ si traccia la perpendicolare a $\bar{I}'$ costruendo i due segmenti $AD = X_q I'$ e $AB = X_d I'$ (sfasati in *anticipo* rispetto a $\bar{I}'$).
Individuato il punto D, la congiungente DO determina la direzione di $\bar{E}_{of}$.
Tracciando infine le perpendicolari a OD da A e da B si individuano i punti C (per cui $CA = X_q I'_q$) e F (per cui $FO = E_{of}$ e $CF = X_d I'_d$). La costruzione è così completata.
Come detto, nota E_{of}, si risale alla corrente di eccitazione mediante la (11.121) e si individua anche l'angolo di carico δ_o.

11.13. EQUAZIONI DELLA MACCHINA SINCRONA ISOTROPA

Nella macchina sincrona isotropa (o a poli lisci) il traferro è costante e quindi le autoinduttanze delle fasi di statore e le mutue induttanze fra due generiche fasi di statore sono indipendenti dall'angolo θ, per cui le relazioni (11.9) e (11.10), essendo $L_2 = 0$, diventano:

$$(11.124)\quad \begin{cases} L_{11} = L_{22} = L_{33} = L_{oo} + \ell_o \\ L_{12} = L_{23} = L_{31} = -\dfrac{1}{2} L_{oo} \,. \end{cases}$$

Quindi per la macchina sincrona isotropa risulta:

$$(11.125)\quad L_d = L_q = \frac{3}{2} L_{oo} + \ell_o$$

e cioè:

$$(11.126)\quad X_d = X_q = \omega L_d = X_s \,.$$

Viene perciò definita una sola *reattanza sincrona* X_s e l'equazione (11.119) diventa:

$$(11.127)\quad \bar{E}_{of} = \bar{V}_{sf} + jX_s(\bar{I}'_d + \bar{I}'_q) = \bar{V}_{sf} + jX_s\bar{I}'.$$

In fig. 11.20 è riportata la costruzione grafica che consente di valutare la f.e.m. E_{of} e l'angolo di carico δ_o, noti V_{sf}, I' e φ.

11.14. DATI NOMINALI DELLA MACCHINA SINCRONA

I dati nominali o di targa sono:

Tensione nominale (concatenata): V_n [V]
Corrente nominale: I_n [A]
Potenza nominale (apparente): $A_n = \sqrt{3}\, V_n I_n$ [VA]
Frequenza nominale: f_n [Hz] ($\omega_n = 2\pi f_n$)

Si possono definire anche la *tensione nominale di fase* V_{nf} e l'*impedenza nominale* Z_n:

Tensione nominale di fase: $V_{nf} = V_n/\sqrt{3}$ [V]
Impedenza nominale: $Z_n = V_{nf}/I_n = V_n/(\sqrt{3}\, I_n)$ [W].

Inoltre indicato con $2n$ il numero di poli la velocità nominale di sincronismo Ω_n vale:

Velocità nominale: $\Omega_n = (2\pi f_n)/n = \omega_n/n$ [rad/s].

Riferendo le reattanze sincrone e la resistenza di fase R all'impedenza

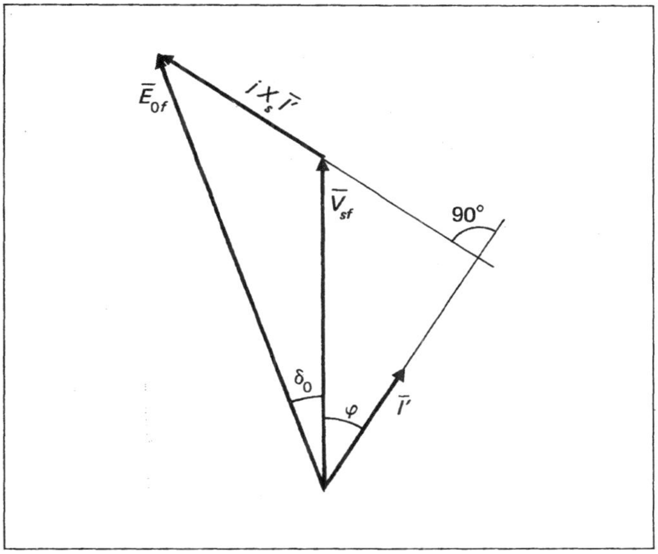

Figura 11.20

nominale si ottengono le corrispondenti grandezze in valore relativo che assumono indicativamente i seguenti valori:

Macchine anisotrope	*Macchine isotrope*
$x_d^* = (X_d/Z_n) = 1{,}2 \div 1{,}5$	$x_s^* = X_s/Z_n = 1{,}8 \div 2{,}2$
$x_q^* = (X_q/Z_n) = 0{,}8 \div 0{,}9$	
$r^* = (R/Z_n) = 0{,}002$	$r^* = R/Z_n = 0{,}002$

11.15. PROVA A VUOTO

La prova consiste nel far ruotare la macchina alla velocità di sincronismo Ω_n, lasciando i morsetti di indotto aperti e facendo circolare una corrente di eccitazione i_f continua, però di valore variabile (fig. 11.21.a).
Vengono misurate la corrente di eccitazione i_f e la tensione concatenata a vuoto V_o, che è legata alla f.e.m. di fase E_{of} dalla relazione:

(11.128) $V_o = \sqrt{3}\, E_{of} = X_f i_f = \omega_n M_f i_f$.

In fig. 11.21.b è riportato il diagramma $V_o = V_o(i_f)$, detto *caratteristica a vuoto o di magnetizzazione*.
La caratteristica *reale* (linea tratteggiata) non è rettilinea a causa della

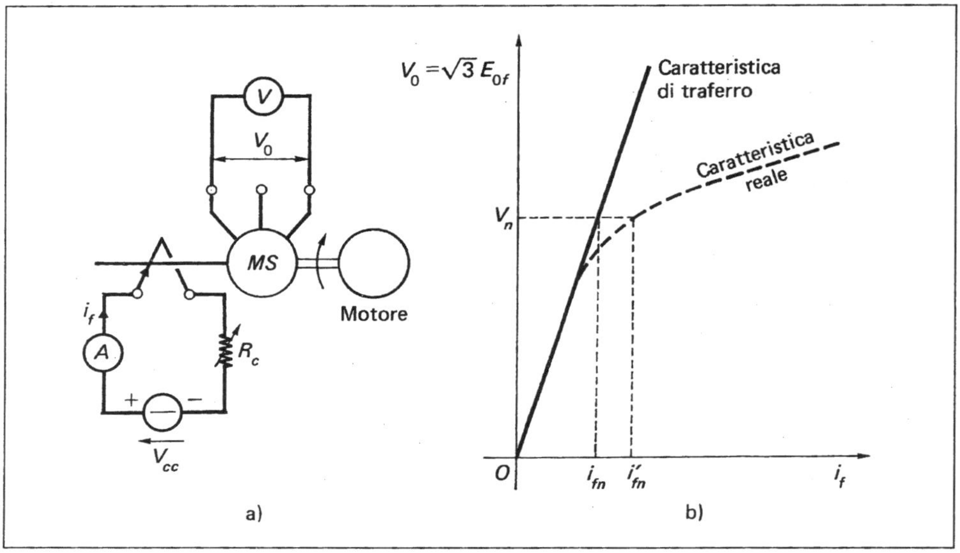

Figura 11.21. Prova a vuoto: a) circuito di prova; b) caratteristica di magnetizzazione.

saturazione dei circuiti ferromagnetici.
Per lo studio da noi effettuato si fa riferimento alla caratteristica rettilinea (quella a tratto continuo) detta *caratteristica di traferro* (si suppone cioè che il ferro non si saturi e quindi tutta la c.d.t.m. sia dovuta al traferro).
Sulla caratteristica è riportata anche la tensione nominale V_n e la corrispondente corrente di eccitazione (i_{fn} per la *caratteristica di traferro*, i'_{fn} per quella *reale*).

11.16. PROVA IN CORTO CIRCUITO

La prova consiste nel far ruotare la macchina alla velocità di sincronismo Ω_n, chiudendo i morsetti di indotto in corto circuito e facendo circolare una corrente di eccitazione i_f continua, con possibilità di variarne l'entità (fig. 11.22.a).
Vengono misurate la corrente di eccitazione i_f e la corrente di corto circuito I_c; si ottiene il diagramma rettilineo di fig. 11.22.b che lega la corrente I_c alla corrente di eccitazione i_f, detta *caratteristica di corto circuito.*
Mostriamo ora che la *caratteristica di corto circuito* è rettilinea, facendo riferimento per semplicità alla *macchina isotropa.*

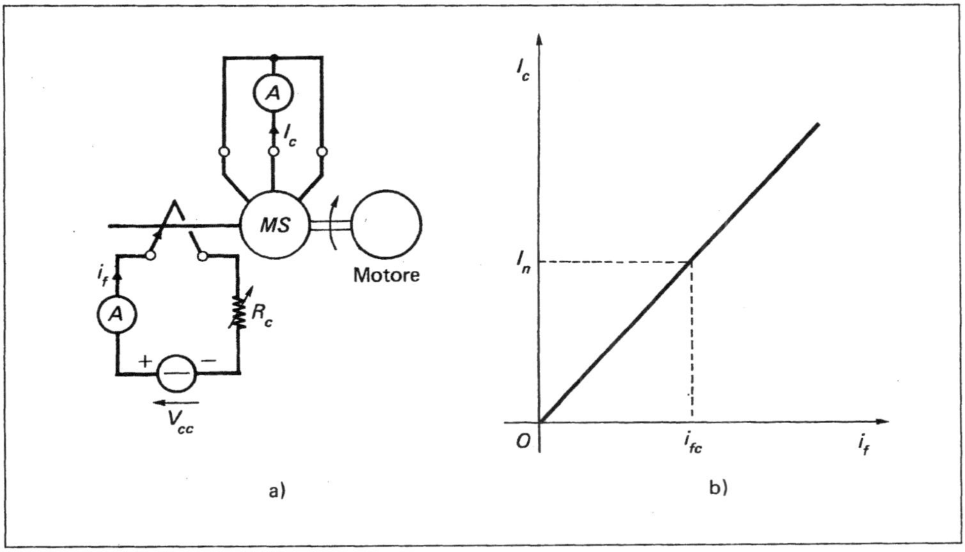

Figura 11.22. Prova in corto circuito: a) circuito di prova; b) caratteristica di corto circuito.

L'equazione di funzionamento è data dalla relazione (11.127) in cui si deve porre $V_{sf} = 0$, perché la macchina è in corto circuito. Si ottiene perciò, considerando i moduli:

(11.129) $E_{of} = X_s I_c$

(11.130) $I_c = E_{of}/X_s$.

Ricordando inoltre che dalla (11.121) si ricava:

(11.131) $E_{of} = \dfrac{i_f X_f}{\sqrt{3}}$

la (11.130) diventa:

(11.132) $I_c = \dfrac{X_f}{\sqrt{3} X_s} i_f$,

quindi $I_c \equiv i_f$ e la caratteristica $I_c = I_c(i_f)$ è rettilinea.
Analogamente per la *macchina anisotropa* si ricava:

(11.133) $E_{of} = X_d I_c$

(11.134) $I_c = \dfrac{X_f}{\sqrt{3} X_d} \cdot i_f$.

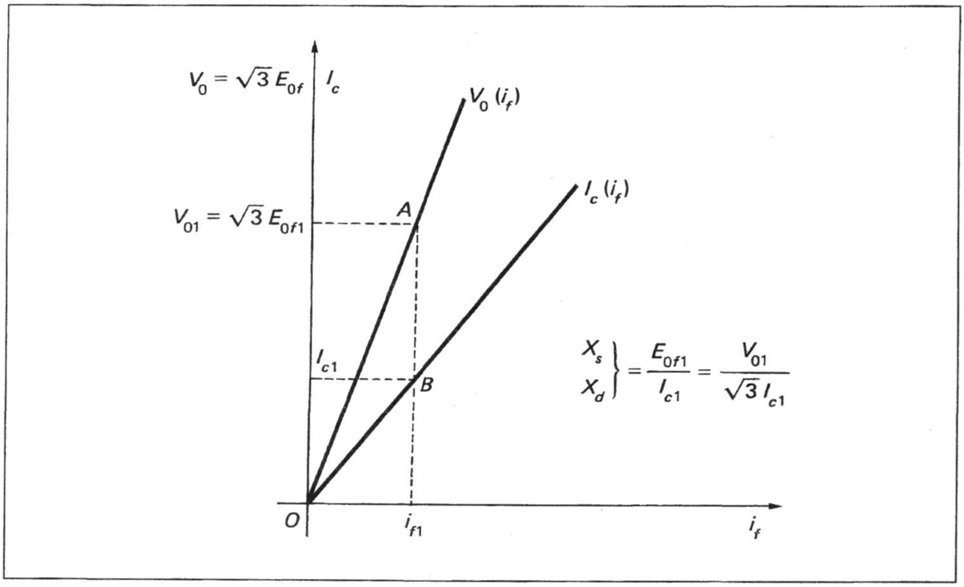

Figura 11.23. Calcolo della reattanza sincrona (diretta nel caso di macchina anisotropa) note le caratteristiche a vuoto $V_o(i_f)$ e di corto circuito $I_c(i_f)$.

Note quindi la *caratteristica a vuoto* e quella di *corto circuito*, è possibile calcolare la reattanza sincrona X_s facendo il rapporto, in base alla (11.129), fra la f.e.m. E_{of} e la corrente di corto circuito I_c a parità di corrente di eccitazione (fig. 11.23).

Nel caso di *macchina anisotropa* il suddetto rapporto (si veda la (11.133)) fornisce la *reattanza sincrona diretta* X_d (fig. 11.23).

12

PARALLELO DELLA MACCHINA SINCRONA E CURVE A V

12.1. FUNZIONAMENTO DI UNA MACCHINA SINCRONA IN PARALLELO SU UNA RETE ELETTRICA

Lo studio del funzionamento di una macchina sincrona in parallelo su una rete viene effettuato supponendo che il sistema trifase delle tensioni della rete, a cui la macchina viene collegata, sia simmetrico di ampiezza e frequenza costanti.
Una rete avente queste caratteristiche viene definita di *potenza infinita* poiché è in grado di assorbire o erogare una potenza di valore qualsiasi, senza modificare la propria tensione e la propria frequenza.

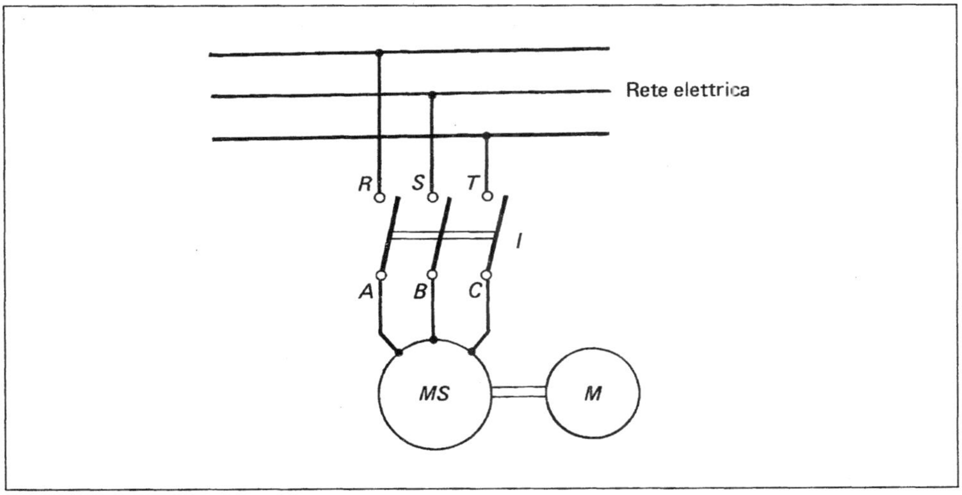

Figura 12.1. Collegamento in parallelo di una macchina sincrona su una rete elettrica: *MS*, macchina sincrona; *M*, motore primo; I, interruttore.

Con riferimento allo schema di fig. 12.1, in cui sono rappresentate la rete elettrica e la macchina sincrona *MS* (funzionante da generatore collegata al motore *M*), l'operazione di *parallelo* consiste nel chiudere l'interruttore *I* quando la macchina si trova in opportune condizioni di funzionamento che verranno nel seguito esaminate.

Condizioni per effettuare il parallelo

È evidente che per poter effettuare la chiusura dell'interruttore *I* di fig. 12.1 è necessario che le tensioni a vuoto (f.e.m.) della macchina sincrona siano uguali a quelle della rete.

Infatti in queste condizioni fra i poli *R*, *S*, *T*, *lato rete*, e i corrispondenti poli *A*, *B*, *C*, lato *macchina sincrona*, dell'interruttore, la differenza di potenziale è nulla e quindi essi possono essere collegati senza che circolino correnti.

Vediamo ora come è possibile ottenere le condizioni sopra indicate.

Ricordiamo a questo proposito che una grandezza alternata sinusoidale di pulsazione $\omega = 2\pi f$ è rappresentabile mediante un vettore di ampiezza pari al suo valore efficace ruotante con velocità angolare ω in senso antiorario.

Prendiamo in considerazione ora i sistemi trifase di tensione della rete (fig. 12.2.a) e della macchina sincrona (fig. 12.2.b).

Le tensioni di fase della rete sono rappresentate da tre vettori $\bar{V}_R$, $\bar{V}_S$, $\bar{V}_T$, tutti di modulo V_f, sfasati di 120° e ruotanti alla velocità $\omega = 2\pi f$ (f = frequenza di rete), mentre le tensioni a vuoto (f.e.m.) della macchina sincrona sono rappresentate da tre vettori $\bar{V}_A$, $\bar{V}_B$, $\bar{V}_C$, tutti di modulo V_{fG}, sfasati di

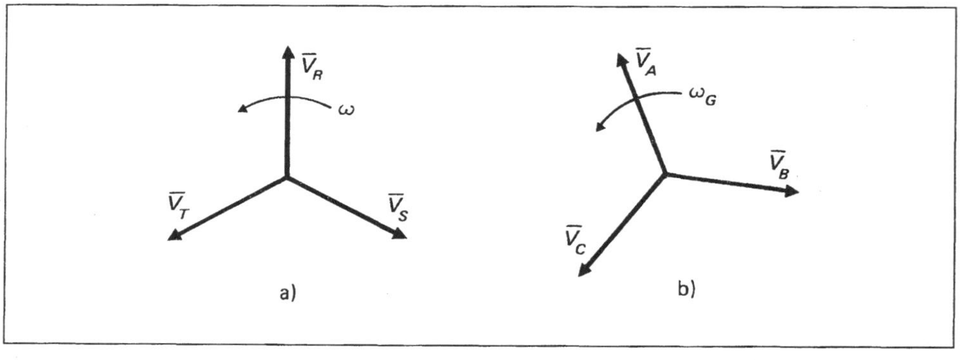

Figura 12.2. Diagrammi vettoriali dei sistemi trifase: a) tensioni di rete di pulsazione ω e modulo V_f; b) tensioni a vuoto della macchina sincrona di pulsazione ω_G e modulo V_{fG}.

120° e ruotanti alla velocità $\omega_G = 2\pi f_G$, dove f_G è la frequenza delle grandezze elettriche della macchina sincrona.
In generale risulta $\omega_G \neq \omega$ e $V_f \neq V_{fG}$.
Ricordiamo inoltre che la velocità di rotazione Ω_G del rotore della macchina sincrona è legata alla pulsazione ω_G dalla relazione:

$$(12.1) \qquad \Omega_G = \frac{\omega_G}{n} .$$

Per ipotesi la terna di tensioni di rete ha ampiezza e frequenza costanti, mentre la terna di tensioni della macchina sincrona si può modificare sia in ampiezza (agendo sulla corrente di eccitazione i_f) sia in frequenza (agendo sulla velocità di rotazione del motore primo che trascina la macchina sincrona).
È possibile quindi, modificando sia l'eccitazione sia la velocità di rotazione, far coincidere la terna di tensioni $\bar{V}_A$, $\bar{V}_B$, $\bar{V}_C$ con la terna, $\bar{V}_R$, $\bar{V}_S$, $\bar{V}_T$. Il parallelo (cioè la chiusura dell'interruttore I) si effettua nell'istante in cui si verifica questa condizione.
Eseguito il parallelo, la rete impone alla macchina sincrona la tensione ai morsetti e la frequenza, per cui la velocità di rotazione della macchina e del motore primo ad essa collegato risulta costante e vale:

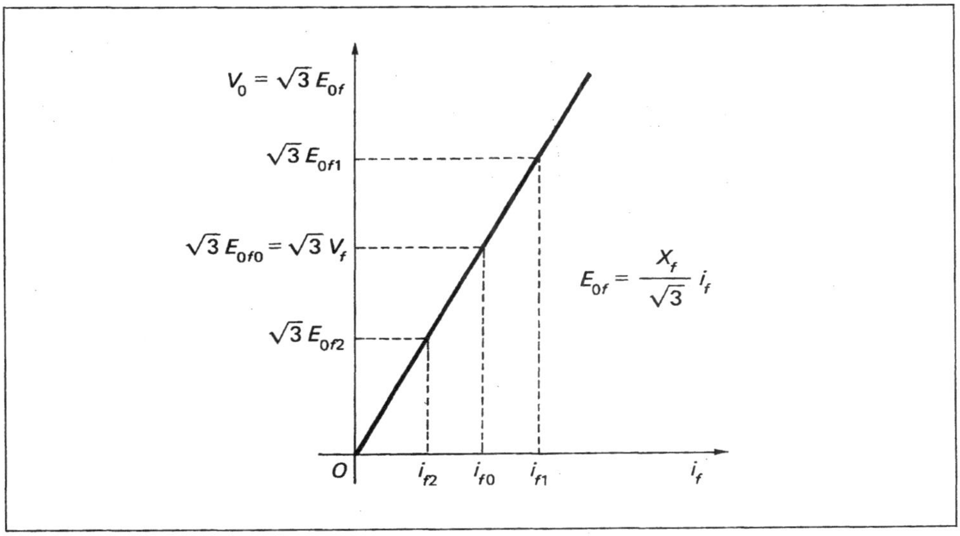

Figura 12.3. Caratteristica di magnetizzazione. Sull'asse delle ordinate sono riportate le tensioni concatenate.

(12.2) $\Omega_o = \dfrac{\omega}{n}$.

La caratteristica di magnetizzazione (fig. 12.3) permette di individuare la corrente di eccitazione i_{fo} occorrente per ottenere la f.e.m. E_{ofo} uguale alla tensione di rete V_f.

Funzionamento a carico

Consideriamo per semplicità una *macchina sincrona isotropa*, per cui risulta, trascurando la c.d.t. $R\bar{I}$:

(12.3) $\bar{E}_{of} = \bar{V}_{sf} + jX_s\bar{I}$

e cioè

(12.4) $\bar{I} = (\bar{E}_{of} - \bar{V}_{sf})/jX_s$.

Effettuato il parallelo, essendo $\bar{E}_{ofo} = \bar{V}_{sf}$ (fig. 12.4.a), per la (12.4) si ha: $\bar{I} = 0$; le potenze attiva e reattiva della macchina sono quindi nulle.
Se ora si aumenta la corrente di eccitazione ad un valore $i_{f1} > i_{fo}$, è pure $E_{of1} > E_{ofo} = V_{sf}$ (fig. 12.3) e quindi circola la corrente (fig. 12.4.b):

(12.5) $\bar{I} = (\bar{E}_{of1} - \bar{V}_{sf})/(jX_s)$

che risulta sfasata dell'angolo $\varphi_1 = 90°$ in ritardo rispetto a $\bar{V}_f$. La macchina

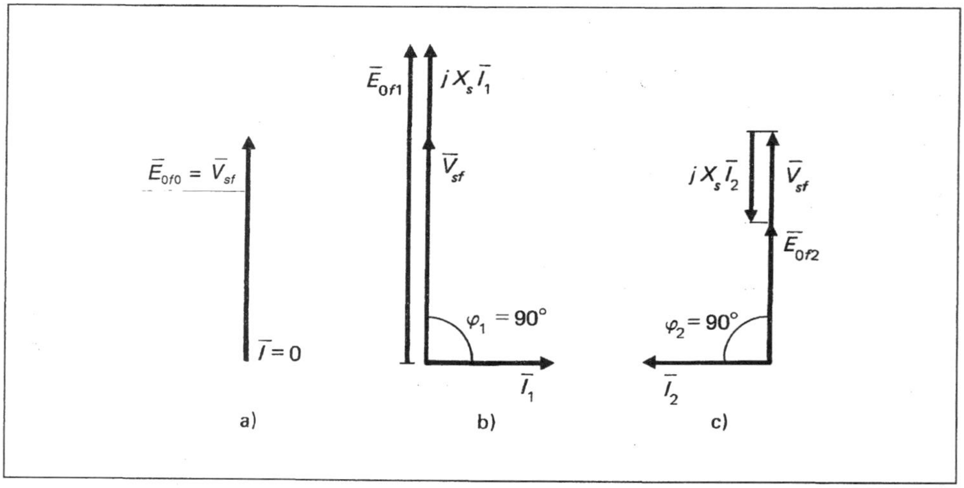

Figura 12.4. Diagrammi vettoriali ottenuti agendo solo sull'eccitazione della macchina.

sincrona perciò non eroga potenza attiva ($P = 3\ V_{sf} I_1 \cos \varphi_1 = 0$), ma solo *potenza reattiva con corrente in ritardo*: $Q = 3\ V_{sf} I_1$ sen $\varphi_1 = 3\ V_{sf} I_1$.
Se si eccita la macchina sincrona con una corrente di eccitazione $i_{f2} < i_{fo}$ risulta $E_{of2} < E_{ofo} = V_{sf}$ (fig. 12.3) e quindi circola la corrente (fig. 12.4.c):

(12.6) $\bar{I}_2 = (\bar{E}_{of2} - \bar{V}_{sf})/(jX_s) = -(\bar{V}_{sf} - \bar{E}_{of2})/(jX_s)$

che è sfasata dell'angolo $\varphi_2 = 90°$ in anticipo rispetto a $\bar{V}_{sf}$. La macchina perciò non eroga potenza attiva ma solo *potenza reattiva con corrente in anticipo*: $Q = 3\ V_{sf} I_2$ sen $\varphi_2 = 3\ V_{sf} I_2$.
Agendo quindi solo sulla corrente di eccitazione i_f non è possibile fare erogare o assorbire potenza attiva alla macchina, ma solo potenza reattiva con corrente in ritardo sulla tensione, se $i_f > i_{fo}$, e con corrente in anticipo sulla tensione, se $i_f < i_{fo}$.
Quando $i_f > i_{fo}$ si dice che la macchina sincrona funziona in *sovraeccitazione*, quando $i_f < i_{fo}$, si dice che la macchina funziona in *sottoeccitazione*. Questo risultato è perfettamente logico se si pensa che, per esempio, nel funzionamento come generatore la potenza attiva elettrica erogata dalla macchina sincrona proviene dal motore primo e quindi non è possibile che essa venga generata agendo solo sulla corrente di eccitazione.
Supponiamo quindi di agire sul motore primo partendo dalla condizione di parallelo, cioè con corrente di eccitazione pari a i_{fo} e f.e.m. $E_{of} = V_{sf}$ e quindi con potenze attiva e reattiva nulle.
In queste condizioni, considerando per semplicità nulle tutte le perdite della macchina sincrona, il motore primo non fornisce potenza per tenere in rotazione la macchina che ruota quindi alla velocità $\Omega_o = \omega/n$.
Se ora agiamo sul motore primo in modo tale che esso fornisca potenza e quindi coppia meccanica C_m alla macchina sincrona, essa accelera poiché, non erogando potenza attiva, non fornisce coppia resistente C_r al motore primo; l'equazione dell'equilibrio dinamico è infatti, essendo $C_r = 0$:

(12.7) $C_m = J \cdot p\Omega_G + C_r = J\, p\Omega_G$

e quindi

(12.8) $p\Omega_G = C_m/J > 0$.

All'aumentare della velocità di rotazione ($\Omega_G > \Omega_o$) aumenta anche la pulsazione delle grandezze elettriche:

(12.9) $\omega_G = \Omega_G \cdot n > \omega = \Omega_o \cdot n$.

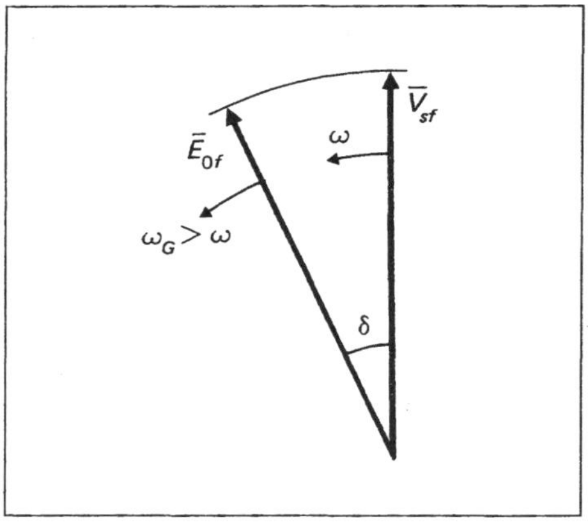

Figura 12.5. $\bar{V}_{sf}$, vettore tensione di rete ruotante alla velocità ω; $\bar{E}_{of}$, vettore f.e.m. della macchina sincrona ruotante alla velocità $\omega_G > \omega$.

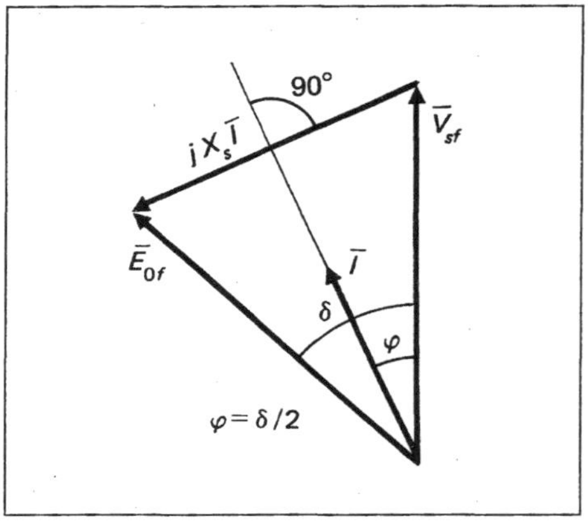

Figura 12.6. Diagramma vettoriale della macchina sincrona funzionante come generatore.

Quindi il vettore $\bar{E}_{of}$, che in condizioni di parallelo è in fase con $\bar{V}_f$ e ruota con esso alla velocità ω, essendo ora $\omega_G > \omega$, si sposta in anticipo rispetto a $\bar{V}_f$.

In fig. 12.5 è riportata la situazione dopo un intervallo di tempo Δt per cui fra i vettori $\bar{E}_{of}$ e $\bar{V}_{sf}$ si è formato l'angolo δ dato dalla seguente relazione:

$$(12.10) \quad \delta = \int_t^{t+\Delta t} (\omega_G - \omega)\mathrm{d}t \,.$$

Vedremo nel seguito che per la stabilità della macchina risulta $\delta < 90°$.

A causa dello sfasamento che si crea fra $\bar{E}_{of}$ e $\bar{V}_{sf}$, nascono le condizioni perché la macchina raggiunga lo stato di equilibrio, in cui, cioè, risulta nuovamente $\Omega_G = \Omega_o$ (e quindi $\omega_G = \omega$).

Infatti, in base alla (12.4), la macchina sincrona eroga la corrente indicata in fig. 12.6.

La corrente $\bar{I}$ risulta ortogonale al vettore, $jX_s\bar{I} = (\bar{E}_{of} - \bar{V}_{sf})$ ed è sfasata in anticipo dell'angolo $\varphi = (\delta/2) < 90°$ rispetto a $\bar{V}_f$.

La macchina sincrona eroga quindi la *potenza attiva* $P = 3\ V_{sf} I \cos\varphi$, e quindi fornisce la *coppia resistente* $C_r = P/\Omega_G$, che tende ad equilibrare la coppia motrice $C_m = P_m/\Omega_G$.

Senza entrare nel merito dello studio di questa fase transitoria, si può mostrare che si raggiunge la condizione di equilibrio per cui risulta, essendo $\Omega_G = \Omega_o$:

(12.11) $C_m = \frac{P_m}{\Omega_o} = C_r = \frac{P}{\Omega_o}$

e cioè

(12.12) $P_m = P$.

La potenza elettrica P erogata dalla macchina sincrona uguaglia la potenza meccanica P_m che il motore primo fornisce ad essa ed entrambe le macchine ruotano alla velocità di sincronismo Ω_o.
Un discorso analogo vale se si vuole far funzionare la macchina sincrona come *motore*, anziché come generatore, caricandola con un carico meccanico che fornisce la coppia resistente C_r.
In questo caso l'equazione (12.7) dell'equilibrio meccanico diventa, essendo $C_m = 0$:

(12.13) $C_r = -Jp\Omega_G$

e quindi:

(12.14) $p\Omega_G = -(C_r/J) < 0$,

cioè la macchina sincrona rallenta.
Al diminuire della velocità di rotazione ($\Omega_G < \Omega_o$) diminuisce anche la pulsazione delle grandezze elettriche:

(12.15) $\omega_G = \Omega_G \cdot n < \omega = \Omega_o \cdot n$.

Il vettore $\bar{E}_{of}$ si sposta perciò in ritardo, nel senso del movimento, rispetto a $\bar{V}_{sf}$ e si verifica perciò la situazione vettoriale di fig. 12.7.
Anche in questo caso, come si vedrà nel seguito, risulta $\delta < 90°$. In base alla (12.4) la corrente $\bar{I}$ risulta ortogonale al vettore $jX_s\bar{I} = (\bar{E}_{of} - \bar{V}_{sf})$ ed è sfasata perciò in anticipo dell'angolo $\varphi = (180° - \delta/2) > 90°$ rispetto a $\bar{V}_{sf}$.
La macchina sincrona, per cui si è adottata sempre la convenzione di segno dei generatori, eroga la *potenza attiva*:

$$P = 3V_{sf} I \cos\left(180° - \frac{\delta}{2}\right) < 0$$

e quindi *assorbe* potenza elettrica fornendo una coppia motrice pari a $C_m = P/\Omega_G$.
Anche in questo caso si raggiunge la condizione di equilibrio per cui la potenza elettrica P assorbita dalla macchina sincrona uguaglia la potenza

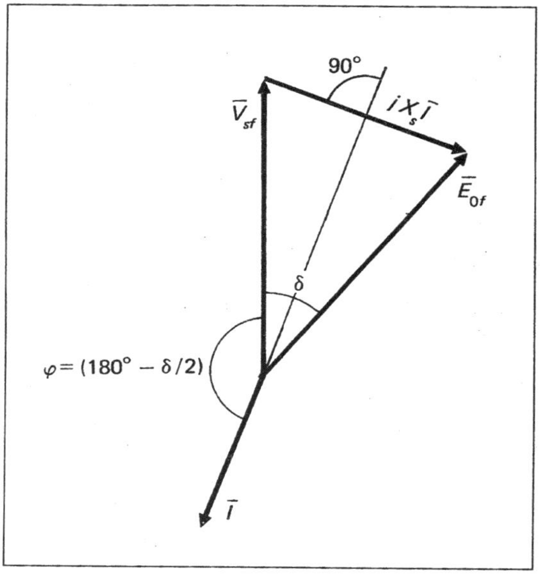

Figura 12.7. Diagramma vettoriale della macchina sincrona funzionante come motore.

meccanica fornita al carico meccanico, essendo la velocità del sistema quella di sincronismo Ω_o.
In conclusione, se si agisce solo sull'eccitazione della macchina sincrona si modifica la potenza reattiva, mentre se si agisce sul motore primo si modifica la potenza attiva scambiata dalla macchina stessa con la rete a cui è allacciata.

12.2. POTENZA ATTIVA DELLA MACCHINA SINCRONA: STABILITÀ

La potenza attiva erogata dalla macchina sincrona, funzionante in parallelo su una rete, assume una formulazione di particolare interesse se viene espressa in funzione dell'*angolo di carico* δ e della f.e.m. E_{of}, oltre che della tensione di rete V_{sf}.
Esaminiamo prima la macchina sincrona isotropa e poi quella anisotropa.

Macchina sincrona isotropa

Riportiamo in fig. 12.8 il diagramma vettoriale relativo alla macchina sincrona isotropa.

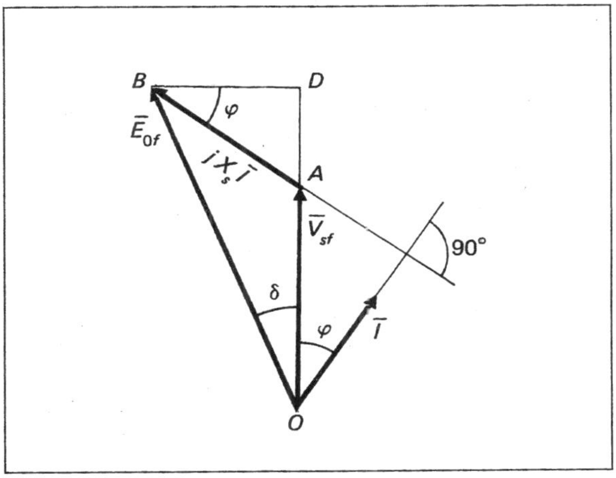

Figura 12.8

La potenza attiva erogata vale:

(12.16) $P = 3\, V_{sf} I \cos\varphi$.

Dai triangoli rettangoli *BAD* e *OBD* si ottiene:

(12.17) $\overline{BD} = \overline{AB}\cos\varphi = \overline{BO}\,\text{sen}\,\delta$

ed essendo $\overline{BA} = X_s I$ e $\overline{BO} = E_{of}$ risulta:

(12.18) $X_s I \cos\varphi = E_{of}\,\text{sen}\,\delta$

e quindi

(12.19) $I\cos\varphi = E_{of}\,\text{sen}\,\delta / X_s$.

Sostituendo la (12.19) nella (12.16) si ha:

(12.20) $$P = 3\frac{V_{sf}E_{of}}{X_s}\,\text{sen}\,\delta = \frac{VE_o}{X_s}\,\text{sen}\,\delta$$

avendo introdotto le grandezze concatenate $V = \sqrt{3}\, V_{sf}$ e $E_0 = \sqrt{3}\, E_{0f}$. Supponendo di mantenere costante la corrente di eccitazione i_f e quindi la f.e.m. E_{of} ed essendo costante per ipotesi la tensione di rete V_{sf}, la (12.20) è rappresentabile in funzione di δ con il diagramma sinusoidale riportato in fig. 12.9.

L'angolo δ è positivo se la f.e.m. $\bar{E}_{of}$ è in anticipo sulla tensione $\bar{V}_{sf}$ e la macchina sincrona funziona da generatore, l'angolo δ è negativo se $\bar{E}_{of}$ è in ritardo su $\bar{V}_{sf}$ e la macchina sincrona funziona da motore.

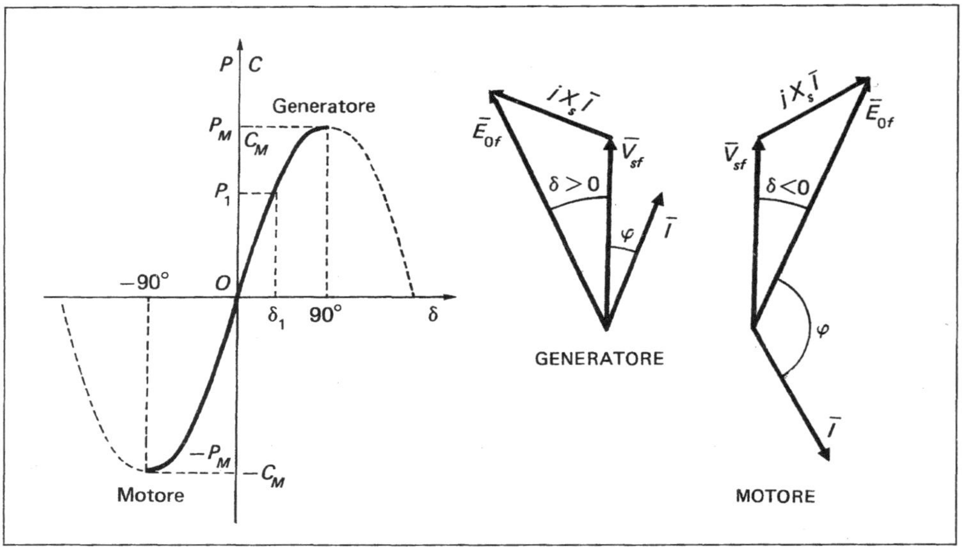

Figura 12.9

La zona utile del diagramma è quella compresa fra $-90° < \delta < 90°$; più precisamente, nel funzionamento come *generatore* risulta $0 < \delta < 90°$, mentre nel funzionamento come *motore* è $-90° < \delta < 0$. Per $|\delta| > 90°$ il funzionamento della macchina sincrona non è possibile, né come generatore né come motore; in questo caso si dice che la macchina sincrona *perde il passo*.

Esaminiamo il funzionamento come generatore, cioè nella zona in cui $\delta > 0$. Se per esempio si vuole che la macchina sincrona eroghi in rete la potenza elettrica P_1 di fig. 12.9, è necessario che il motore, a cui essa è collegata, fornisca la potenza meccanica P_{m1} in modo che si formi l'angolo di carico δ_1. In condizioni di equilibrio risulta naturalmente $P_1 = P_{m1}$, avendo considerato nulle le perdite della macchina sincrona.

La curva di fig. 12.9 mostra che, per angoli di carico compresi fra $0 \leq \delta \leq 90°$ si realizza sempre la condizione di equilibrio fra la potenza meccanica che il motore fornisce alla macchina sincrona e la potenza elettrica che essa eroga in rete. Per $\delta = 90°$ la potenza elettrica assume il valore massimo P_M. Se ora, raggiunta la potenza massima P_M (e quindi $\delta = 90°$), il motore primo fornisce ulteriore potenza meccanica alla macchina sincrona, l'angolo δ aumenta (quindi $\delta > 90°$); in queste condizioni la potenza elettrica erogata in rete dalla macchina, come mostra il diagramma di fig. 12.9, diminuisce

e quindi, essendo la potenza meccanica superiore a quella elettrica, non è più possibile ottenere una condizione di equilibrio ed il rotore della macchina sincrona tende ad accelerare.
Un discorso analogo vale per la macchina sincrona funzionante come motore. Se risulta $|\delta| > 90°$, la potenza elettrica assorbita dal motore sincrono risulta inferiore alla potenza meccanica richiesta dal carico e quindi il motore tende a rallentare e a fermarsi.
In entrambi i casi, per $|\delta| > 90°$ si dice che la macchina sincrona *perde il passo*.
L'angolo di carico $|\delta| = 90°$ viene definito *angolo limite di stabilità statica*.
Osserviamo che per una macchina sincrona isotropa funzionante a potenza nominale l'angolo di carico δ_n corrispondente risulta circa uguale a 50°.
Il diagramma di fig. 12.9 rappresenta anche l'andamento della coppia C della macchina sincrona isotropa in funzione dell'angolo di carico δ in quanto si può scrivere:

$$(12.21) \quad C = \frac{P}{\Omega_o} = 3\frac{V_{sf}E_{of}}{X_s\Omega_o}\,\text{sen}\,\delta = \frac{VE_o}{X_s\Omega_o}\,\text{sen}\,\delta\,.$$

In tal caso la curva viene chiamata *caratteristica pseudomeccanica.*

Osservazioni
1) Il concetto di *stabilità* e conseguentemente quello di *perdita di passo* di una macchina sincrona ha significato solo se la macchina stessa funziona in parallelo su una rete che le impone la tensione ai morsetti e la frequenza, e quindi la velocità di rotazione.
Una macchina sincrona senza questi vincoli non ha problemi di stabilità, in quanto può ruotare alla velocità che le impone il carico e il motore primo, adeguando quindi la frequenza e la tensione alle condizioni che si sono create.
2) È stato messo in evidenza come sia necessario agire sul motore primo per fare erogare potenza attiva alla macchina sincrona, mentre se si agisce sulla corrente di eccitazione si modifica la potenza reattiva.
È opportuno però osservare che, agendo sulla corrente di eccitazione e quindi sulla f.e.m. a vuoto E_{of}, si può influire sulla stabilità della macchina. Infatti dalla (12.20) si deduce che, se la macchina sincrona eroga una data potenza P_1, essendo V_f e X_s costanti, risulta:

$$(12.22) \quad E_{of} \cdot \text{sen}\,\delta \equiv P_1\,.$$

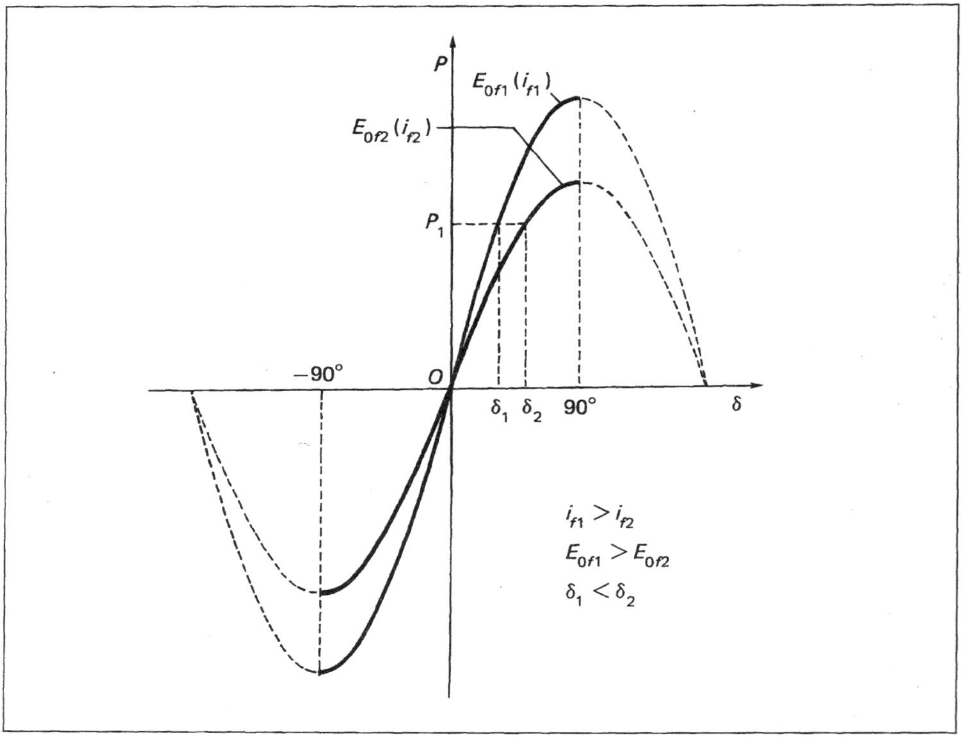

Figura 12.10. Influenza dell'eccitazione della macchina sulla stabilità.

Quindi se, a parità di potenza erogata P_1, si aumenta E_{of} (aumentando i_f), sen δ (e quindi δ) diminuisce con beneficio della stabilità; viceversa, se si riduce E_{of}, come mostra la fig. 12.10.

Macchina sincrona anisotropa

Analoghe considerazioni si possono fare per la macchina sincrona anisotropa.

In fig. 12.11 è riportata la costruzione vettoriale che lega la tensione $\bar{V}_{sf}$ alla f.e.m. $\bar{E}_{of}$, noti l'angolo di sfasamento φ, la corrente $\bar{I}$ e le reattanze sincrone diretta X_d e quadratura X_q. Nella fig. 12.11 risulta:

$$\overline{OA} = V_f \qquad \overline{AH} = X_q I_q \qquad \overline{AC} = X_q I$$

$$\overline{OB} = E_{of} \qquad \overline{BH} = X_d I_d \qquad \overline{AD} = X_d I.$$

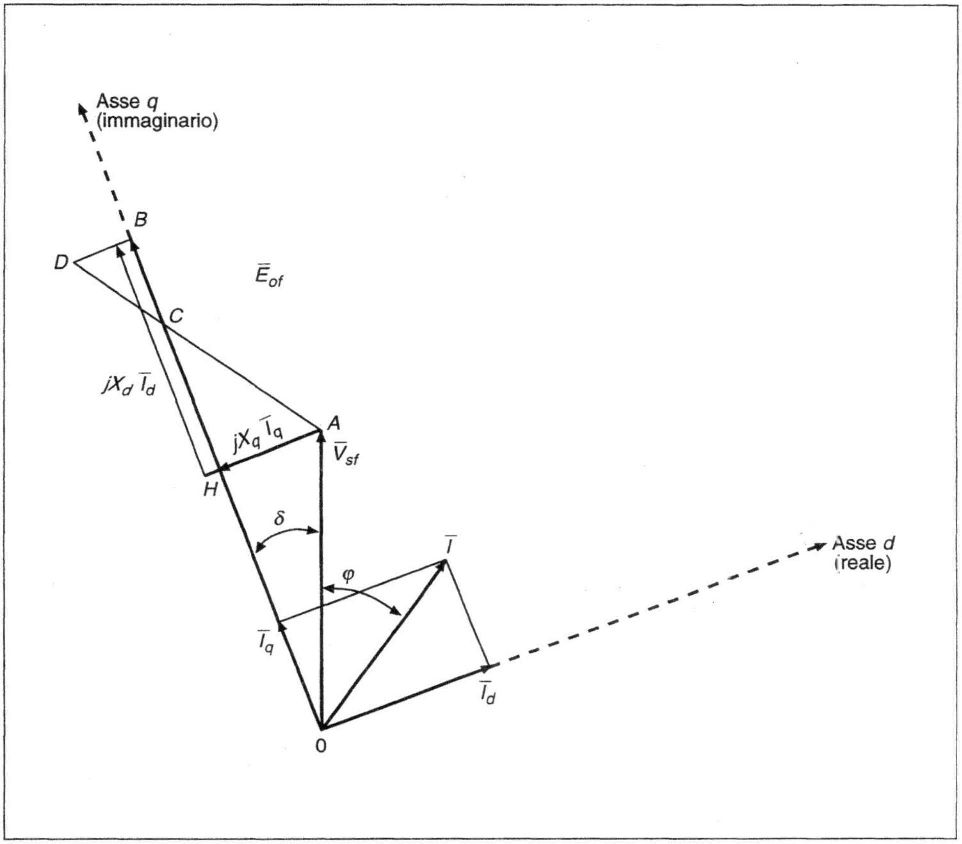

Figura 12.11

Con riferimento agli assi reale (d) e immaginario (q) di fig. 12.11, si pone

$$
(12.23)\quad \begin{cases} \overline{E}_{of} = jE_{of} & \\ \overline{I}_d = I_d & \overline{I} = \overline{I}_d + \overline{I}_q = I_d + jI_q \\ \overline{I}_q = jI_q & \text{complesso coniugato di } \overline{I}: \underline{I} = I_d - jI_q \end{cases}
$$

Si ottiene:

$$\overline{V}_{sf} = \overline{E}_{of} - jX_d\overline{I}_d - jX_q\overline{I}_q = X_qI_q + j(E_{of} - X_dI_d) =$$
$$= V_{sf}\,\mathrm{sen}\,\delta + jV_{sf}\cos\delta\,.$$

Quindi risulta:

$$\begin{cases} X_qI_q = V_{sf}\,\mathrm{sen}\,\delta \qquad & E_{of} - X_dI_d = V_{sf}\cos\delta \\ I_q = \dfrac{V_{sf}}{X_q}\,\mathrm{sen}\,\delta \qquad & I_d = \dfrac{E_{of} - V_{sf}\cos\delta}{X_d} \end{cases} \;.$$

La potenza Apparente Complessa vale:

$$(12.24) \quad \overline{A} = 3\overline{V}_{sf}\,\underline{I} = 3V_{sf}(\mathrm{sen}\,\delta + j\cos\delta)(I_d - jI_q) =$$
$$= 3V_{sf}(\mathrm{sen}\,\delta + j\cos\delta)\left(\frac{V_{sf}}{X_q}\,\mathrm{sen}\,\delta - j\,\frac{E_{of} - V_{sf}\cos\delta}{X_d}\right) =$$
$$= \left[\frac{V_{sf}\cdot E_{of}}{X_d}\,\mathrm{sen}\,\delta + \frac{1}{2}V_{sf}^2\left(\frac{1}{X_q} - \frac{1}{X_d}\right)\mathrm{sen}\,2\delta\right] +$$
$$+ j3V_{sf}\left(\frac{E_{of} - V_{sf}\cos\delta}{X_d}\cos\delta - \frac{V_{sf}}{X_q}\,\mathrm{sen}^2\,\delta\right).$$

Da cui si ha:

Potenza attiva: $$P = \frac{3V_{sf}E_{of}}{X_d}\,\mathrm{sen}\,\delta + \frac{1}{2}3V_{sf}^2\left(\frac{1}{X_d} - \frac{1}{X_d}\right)\mathrm{sen}\,2\delta$$

Potenza reattiva: $$Q = 3V_{sf}\left(\frac{E_{of} - V_{sf}\cos\delta}{X_d}\cos\delta - \frac{V_{sf}}{X_q}\,\mathrm{sen}^2\,\delta\right).$$

Considerando la potenza attiva P si ha:

$$(12.25)\quad P = 3\frac{V_f E_{of}}{X_d}\cdot \operatorname{sen}\delta + \frac{1}{2}\left(\frac{1}{X_q} - \frac{1}{X_d}\right)\cdot 3V_{sf}^2 \operatorname{sen} 2\delta =$$

$$= \frac{VE_o}{X_d}\operatorname{sen}\delta + \frac{1}{2}\cdot\left(\frac{1}{X_q} - \frac{1}{X_d}\right)\cdot V^2 \operatorname{sen}2\delta = P_e(\delta) + P_a(2\delta),$$

dove si sono definite le seguenti potenze

$$(12.26)\quad \begin{cases} P_e = 3\dfrac{V_f E_{of}}{X_d}\operatorname{sen}\delta = \dfrac{VE_o}{X_d}\operatorname{sen}\delta \\ P_a = \dfrac{1}{2}\left(\dfrac{1}{X_q} - \dfrac{1}{X_d}\right)3V_{sf}^2 \operatorname{sen}2\delta = \dfrac{1}{2}\left(\dfrac{1}{X_q} - \dfrac{1}{X_d}\right)V^2 \operatorname{sen}2\delta\,. \end{cases}$$

Dalle (12.25) e (12.26) si ricava l'espressione della coppia C della macchina sincrona anisotropa:

$$(12.27)\quad C = \frac{P}{\Omega_o} = \frac{P_e}{\Omega_o} + \frac{P_a}{\Omega_o} = C_e + C_a\,.$$

Osserviamo che il termine P_a (ed anche C_a) è indipendente dalla corrente di eccitazione i_f, mentre ne dipende il termine P_e (e anche C_e) attraverso la f.e.m. E_{of}. La presenza di P_a e C_a è dovuta all'anisotropia della macchina per cui risulta $X_d \neq X_q$. La *coppia* C_a è detta appunto *coppia di anisotropia*. In condizioni di funzionamento nominali, il rapporto fra i valori massimi di P_e e P_a (e quindi di C_e e C_a) vale indicativamente:

$$(12.28)\quad \frac{P_{eM}}{P_{aM}} = \frac{C_{eM}}{C_{aM}} = \frac{VE_o/X_d}{\frac{1}{2}\cdot\left(\frac{1}{X_q} - \frac{1}{X_d}\right)\cdot V^2} = 5 \div 10\,.$$

In fig. 12.12 è riportato in funzione dell'angolo di carico δ l'andamento della potenza P e della coppia C.
Per angoli di carico $\delta > 0$ la macchina funziona da *generatore*, mentre per angoli di carico $\delta < 0$ la macchina funziona da *motore*.
Come si può notare la potenza P_M e la coppia C_M massime si ottengono per un angolo $\delta_M < 90°$; l'angolo di carico δ_M rappresenta l'*angolo limite di stabilità statica* ed il funzionamento è possibile per $-\delta_M \leq \delta \leq \delta_M$.
Osserviamo che nel funzionamento a potenza nominale l'angolo di carico corrispondente è inferiore a circa 35°: $\delta_n < 35°$.
Anche per la *macchina sincrona anisotropa* valgono le osservazioni fatte per la macchina isotropa.

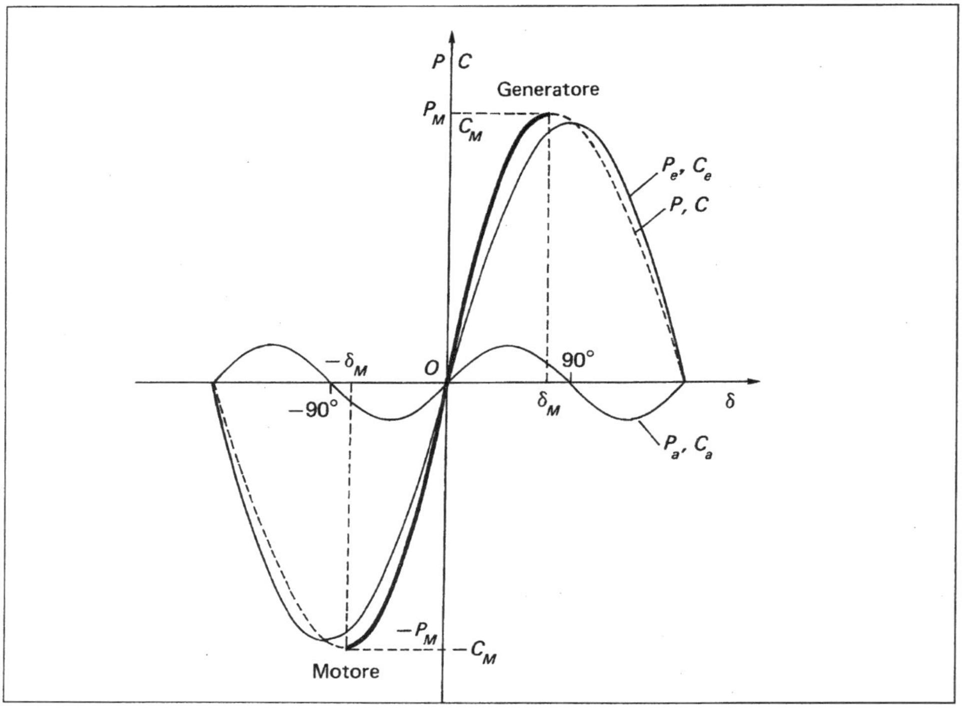

Figura 12.12

12.3. CURVE A V

Le *curve a V* rappresentano il legame esistente fra la corrente I e la corrente di eccitazione i_f, mantenendo costante la tensione $V = \sqrt{3}\ V_f$ e la potenza attiva $P = 3\ V_{sf}\, I \cos\varphi$ erogata nel funzionamento come generatore e assorbita nel funzionamento come motore; esse vengono tracciate per differenti valori della potenza P (che quindi ne risulta il parametro) tutte a tensione V costante.

Anche queste curve rivestono particolare significato se la macchina sincrona funziona in parallelo su una rete che le impone la tensione $V = \sqrt{3}\ V_f$ e la frequenza f.

Per ragioni di semplicità esamineremo solo il comportamento della *macchina isotropa* funzionante come generatore.

La *curva a V* più semplice da tracciare è quella a potenza P nulla e quindi con $\cos\varphi = 0$ ($\varphi = \pm 90°$).

In questo caso, essendo la corrente I sfasata in quadratura in anticipo o in ritardo sulla tensione V_f, valgono i diagrammi di fig. 12.4.b e di fig. 12.4.c e fra i moduli si può scrivere:

a) *corrente $\bar{I}$ in quadratura in ritardo su $\bar{V}_f$*

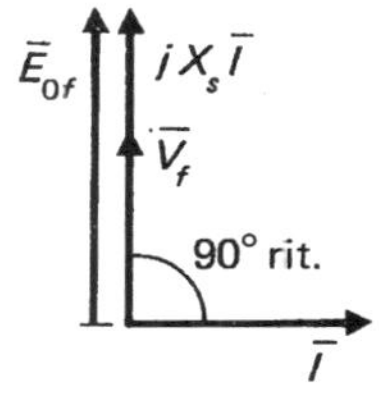

(12.29) $E_{of} = V_f + X_s I = X_f i_f/\sqrt{3} = K i_f$

$\mathrm{I} = (E_{of} - V_f)/X_s = (K i_f - V_f)/X_s$

b) *corrente $\bar{I}$ in quadratura in anticipo su $\bar{V}_f$*

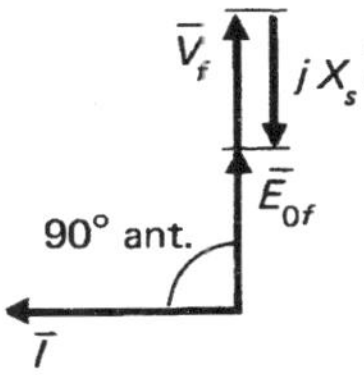

(12.30) $E_{of} = V_f - X_s I = K i_f$

$\mathrm{I} = (V_f - E_{of})/X_s = (V_f - K i_f)/X_s$.

In fig. 12.13 è riportato l'andamento della corrente I in funzione della corrente di eccitazione i_f, rappresentato da due tratti rettilinei.
Il punto B rappresenta il funzionamento a vuoto poiché la corrente $I = 0$; la corrente di eccitazione vale quindi i_{fo}, cioè quella per cui la f.e.m. a vuoto vale: $E_{ofo} = V_f = (X_f/\sqrt{3})\, i_{fo}$.

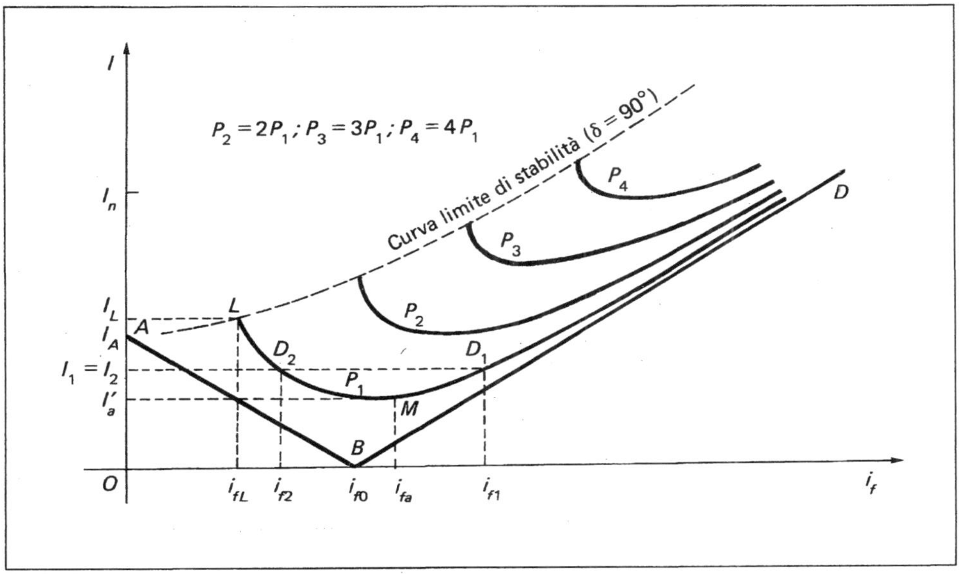

Figura 12.13. Curve a *V* della macchina sincrona isotropa.

Il tratto *BD* corrisponde al funzionamento con corrente *I* in ritardo mentre il tratto *BA* a quello con corrente *I* in anticipo sulla tensione V_f.
È interessante osservare che il punto *A* rappresenta il funzionamento con corrente di eccitazione $i_f = 0$ e quindi anche f.e.m. $E_{of} = 0$.
La corrente I_A si ottiene dalla (12.30) ponendo $E_{of} = 0$:

$$(12.31) \quad I_A = V_f / X_s .$$

Ricordando che la reattanza sincrona in valore relativo vale circa: $x_s = X_s / Z_n = 2$, se la tensione è pari a quella nominale ($V_f = V_{fn}$), si ottiene:

$$(12.32) \quad I_a = \frac{V_{fn}}{X_s} = \frac{I_n}{x_s} = \frac{1}{2} I_n \qquad (I_n = V_{fn} / Z_n).$$

Nel caso di potenza attiva diversa da zero le curve si costruiscono graficamente.
Fissato il valore di potenza P_1 a cui si vuol tracciare la curva, si calcola la componente attiva I_a' della corrente *I* mediante la relazione:

$$(12.33) \quad I_a' = I \cos \varphi = \frac{P_1}{3V_f} = \text{cost}.$$

I_a' è il valore minimo di corrente corrispondente alla potenza P_1.

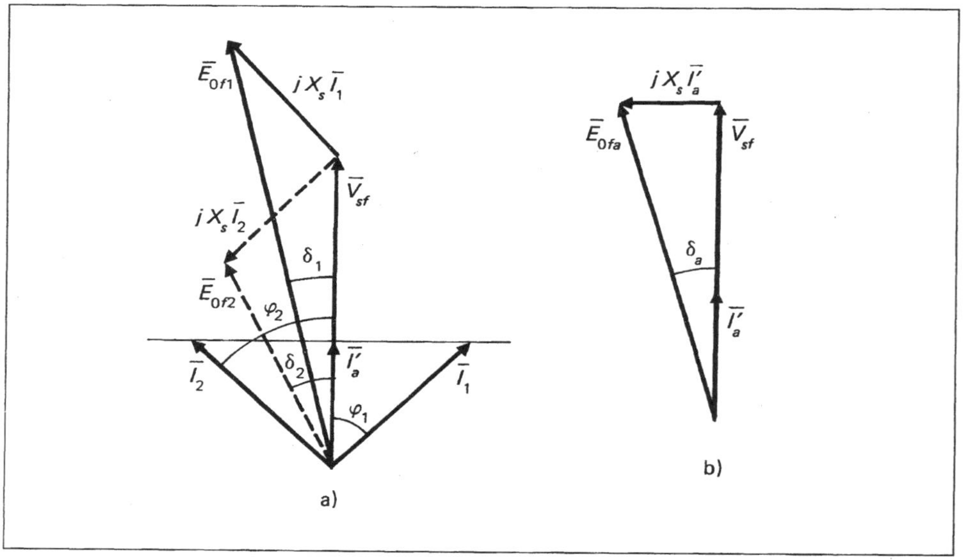

Figura 12.14. a) Diagrammi vettoriali relativi alle correnti $\bar{I}_1$ e $\bar{I}_2$, in cui $I_1 = I_2$. b) Diagramma vettoriale relativo alla corrente $\bar{I}_a'$.

La (12.33) mostra come al variare del fattore di potenza cos φ varia anche la corrente I, mantenendosi costante la potenza P_1.
In fig. 12.14.a è riportata la costruzione grafica che permette di valutare la f.e.m. E_{of} (da cui si deduce la corrente di eccitazione i_f) per due distinti valori di corrente $\bar{I}_1$ sfasata dell'angolo φ_1 in ritardo e $\bar{I}_2$ sfasata dell'angolo φ_2 in anticipo su $\bar{V}_f$, aventi entrambi lo stesso valore I_a' della componente attiva: $I_1 \cos \varphi_1 = I_2 \cos \varphi_2 = I_a'$. In fig. 12.14.b è riportata la costruzione per il valore di corrente $\bar{I}_a'$.
Le correnti di eccitazione si ricavano dalle seguenti relazioni:

$$(12.34) \quad i_{f1} = \frac{\sqrt{3}E_{of1}}{X_f}, \quad i_{f2} = \frac{\sqrt{3}E_{of2}}{X_f}, \quad i_{fa} = \frac{\sqrt{3}E_{ofa}}{X_f}.$$

Poiché risulta $E_{of1} > E_{of2}$ e $E_{ofa} > V_{sf} = \frac{X_f}{\sqrt{3}} i_{fo}$; è pure $i_{f1} > i_{f2}$ e $i_{fa} > i_{fo}$.
In fig. 12.13, sulla curva a potenza P_1, sono riportati i punti $D_1(i_{f1}, I_1)$, $D_2(i_{f2}, I_2)$ e $M(i_{fa}, I_a')$, corrispondenti ai funzionamenti sopra descritti.
Eseguendo la costruzione grafica per diversi valori di potenza si possono costruire le altre curve riportate in fig. 12.13. Esse sono state tracciate per quattro valori di potenza crescenti: $P_2 = 2P_1$; $P_3 = 3P_1$; $P_4 = 4P_1$.
Occorre tenere presente nella costruzione grafica che l'angolo di carico δ non può superare il limite di stabilità statica di 90° ($\delta \leq 90°$), condizione che si potrebbe verificare solo in caso di funzionamento con corrente in anticipo sulla tensione V_f.
In fig. 12.15 è riportata la costruzione grafica, corrispondente alla potenza

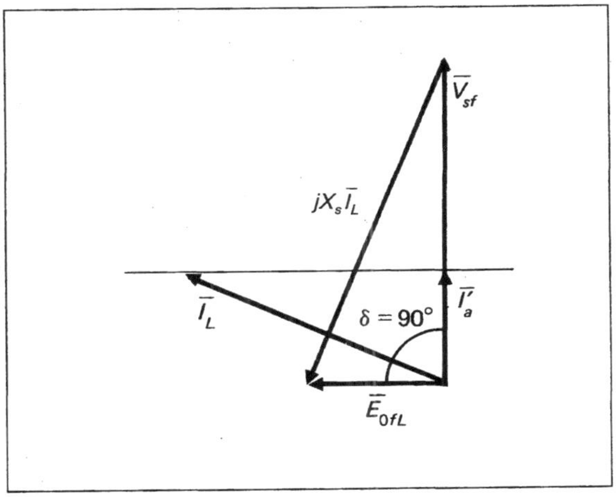

Figura 12.15. Diagramma vettoriale corrispondente a δ = 90°.

P_1, relativa all'angolo limite $\delta = 90°$; detta $i_{fL} = \sqrt{3}\, E_{ofL}/X_f$ la corrente di eccitazione, in fig. 12.13 è riportato il punto limite $L(i_{fL}, I_L)$.
Analoghe curve si possono tracciare per la macchina sincrona anisotropa. In particolare per la curva a potenza attiva nulla ($P = 0$) valgono le relazioni (12.29) e (12.30), pur di sostituire alla reattanza sincrona X_s, la reattanza sincrona diretta X_d.

AZIONAMENTI ELETTRICI

1. PREMESSA

Un azionamento elettrico, a velocità controllata, è un apparato che, alimentato da una sorgente di energia elettrica, eroga potenza meccanica, con velocità e coppia di valore opportuno, pilotato mediante segnali o comandi esterni.
Le potenze in gioco variano normalmente fra qualche centinaio di watt a qualche decina di MW.

Le applicazioni tipiche possono essere così riassunte:
- trazione elettrica
- industrie siderurgiche: produzione di acciaio e laminazione
  Potenze: P=200 kW ÷ 6 MW
  Velocità di rotazione: N=0 ÷ 300 g/min
- industrie cartarie
- trattamento dei fluidi
  Pompe: P=1000 ÷ 25000 kW N=4000 ÷ 7000 g/min
  Ventilatori: P=500 ÷ 5000 kW N=1000 ÷ 1500 g/min
  Compressori: P=500 ÷ 30000 kW N=4500 ÷ 25000 g/min
- sollevamento di carichi
- macchine utensili
  Mandrini: C=30 ÷ 6000 Nm P=20 ÷ 250 kW N=3000 ÷ 12000 g/min
  Assi: C=2 ÷ 60 Nm P=2 ÷ 30 kW
- lavorazione delle materie plastiche e della gomma.

Fondamentalmente un azionamento elettrico è costituito da un *alimentatore elettronico* e da un *motore elettrico*, come mostra la fig. 1.
Nell'alimentatore si individuano uno o più *dispositivi di conversione*, atti ad effettuare la regolazione dei motori, costituiti da un insieme di valvole a

semiconduttore di potenza, tra loro connesse, e da circuiti ausiliari (ad esempio i circuiti per la generazione degli impulsi di accensione delle valvole, i filtri, ecc.).

Vengono ora descritte le principali caratteristiche delle valvole di più comune impiego negli azionamenti elettrici.

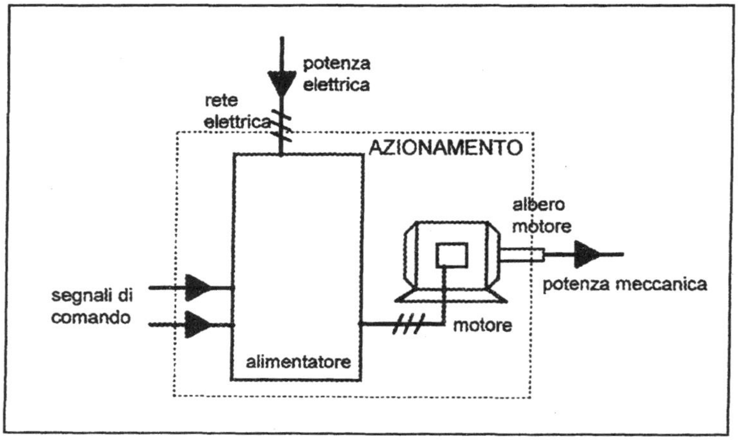

Figura 1. Schema di un azionamento elettrico

2. VALVOLE DI POTENZA

Le valvole di potenza (a semiconduttore) sono, come detto, fra i componenti fondamentali del convertitore.
Si possono distinguere in *valvole non comandate* e in *valvole comandate* (o controllate) o solo in chiusura (o accensione) o sia in chiusura sia in apertura (spegnimento).

Valvola non comandata: Diodo

Il diodo è una valvola non comandata, il cui simbolo è indicato in fig.2a, mentre in fig.2b è riportata la caratteristica esterna statica *V-I* reale e in fig.2c quella ideale.
La *caratteristica diretta* ($V>0$, $I>0$) rappresenta la *zona di conduzione* mentre nel funzionamento sulla *caratteristica inversa* ($V<0$, $I<0$) il diodo è *in blocco* (cioè non è in conduzione).
Si noti che in corrispondenza della corrente nominale I_n del diodo (che può assumere valori fino a 5000 A) la caduta di tensione (c.d.t.) V_{dn} vale circa:

V_{dn}=1 ÷ 1.5 V, mentre in corrispondenza della tensione inversa V_{Mi} (che può assumere valori fino a 6000 V) risulta indicativamente: $|I_i|$=1 ÷ 20 mA.
È importante rilevare che, se la tensione inversa supera il valore $|V_{Mi}|$, il diodo si danneggia in modo irrimediabile a causa dell'elevato valore dalla corrente inversa e quindi dalla potenza che il diodo dovrebbe dissipare.

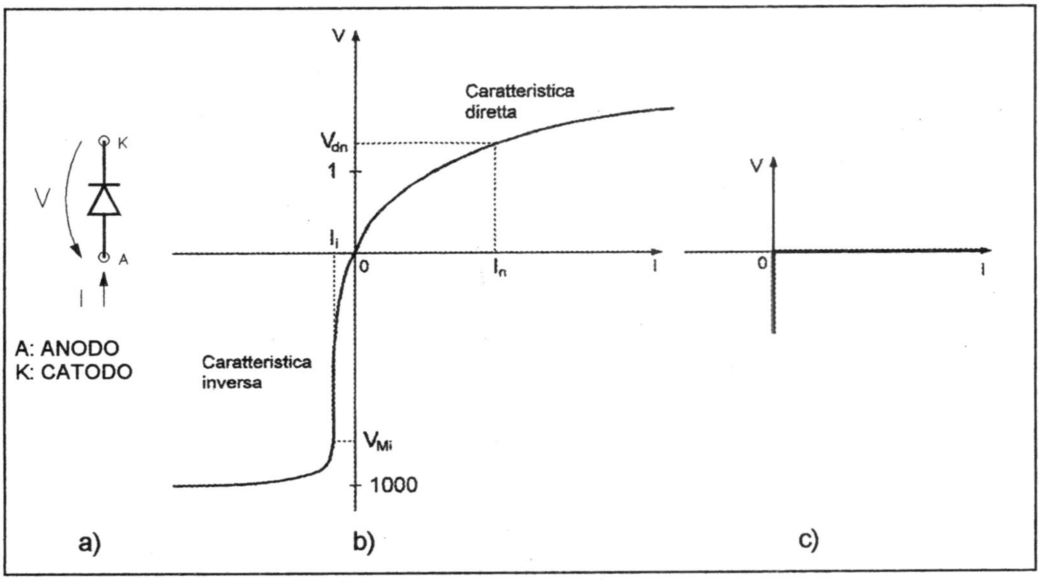

Figura 2. a) Simbolo del diodo: A=anodo – K=catodo b) Caratteristica V-I reale I_n: corrente nominale c) Caratteristica V-I ideale

Valvole comandate

a) Valvola comandata in chiusura o accensione: Tiristore

È noto anche come SCR (Silicon Controlled Rectifier).
In fig.3a è riportato il simbolo e in fig.3b sono riportate le caratteristiche dirette; la caratteristica inversa è simile a quella del diodo.
Le caratteristiche dirette presentano due rami che individuano lo *stato di blocco* e quello di *conduzione* della valvola.
In fig.3b sono evidenziate le seguenti grandezze:
V_{TO}: tensione di soglia
V_{BO}: tensione di innesco spontaneo
I_H: corrente di mantenimento (minimo valore di corrente che mantiene in

conduzione il tiristore).

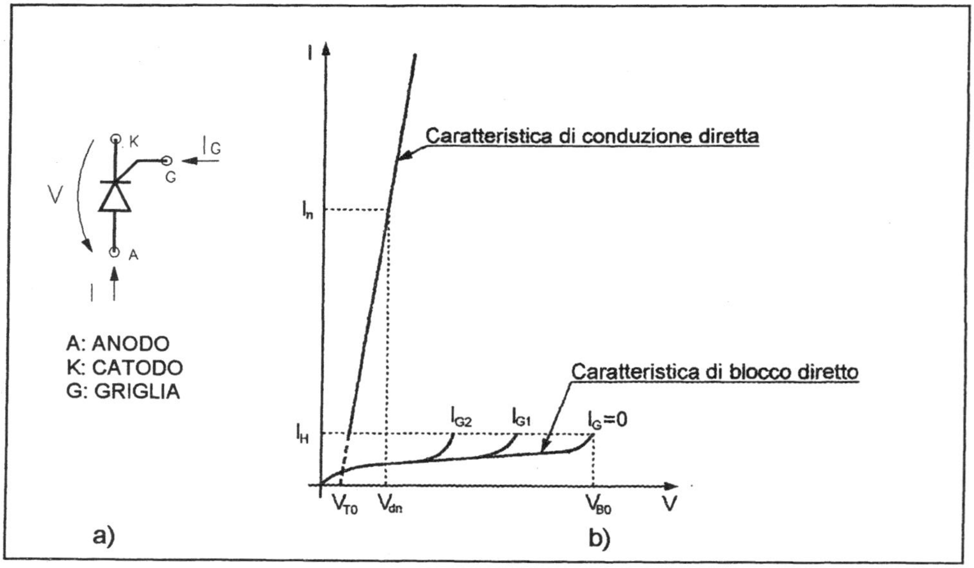

Figura 3. a) Simbolo del tiristore b) Caratteristiche dirette

Supponendo positiva la tensione V fra l'anodo A e il catodo K (V>0), l'accensione del tiristore avviene inviando una corrente di griglia I_G (I_G =20 ÷ 50 mA), che deve essere mantenuta per il tempo sufficiente per cui risulti $I>I_H$; l'SCR si mantiene in conduzione finché $I>I_H$. Si noti che per $V \geq V_{BO}$ il tiristore si accende automaticamente (cioè anche in assenza di corrente di griglia i_G), ma la potenza perduta dalla valvola sarebbe così elevata da danneggiarla irrimediabilmente.

Lo spegnimento del tiristore può avvenire spontaneamente se nel circuito in cui esso è inserito risulta $I<I_H$ (*commutazione naturale* o *di linea*) oppure iniettando in direzione catodo-anodo, mediante appositi circuiti di spegnimento, una corrente maggiore o uguale a quella diretta (*commutazione forzata*).

Dati caratteristici:

$V_{BO} \leq 7000$ V $I_n \leq 3000$ A $V_{dn}=1.5 \div 3$ V

Massima tensione inversa $V_{Mi} \leq 7000$ V

b) Valvole comandate in chiusura e apertura

Transistore a giunzione o bipolare (BJT)

Il simbolo è indicato in fig.4a, mentre le caratteristiche dirette V_{CE}-I_C sono riportate in fig. 4b; la caratteristica inversa è simile a quella del diodo.

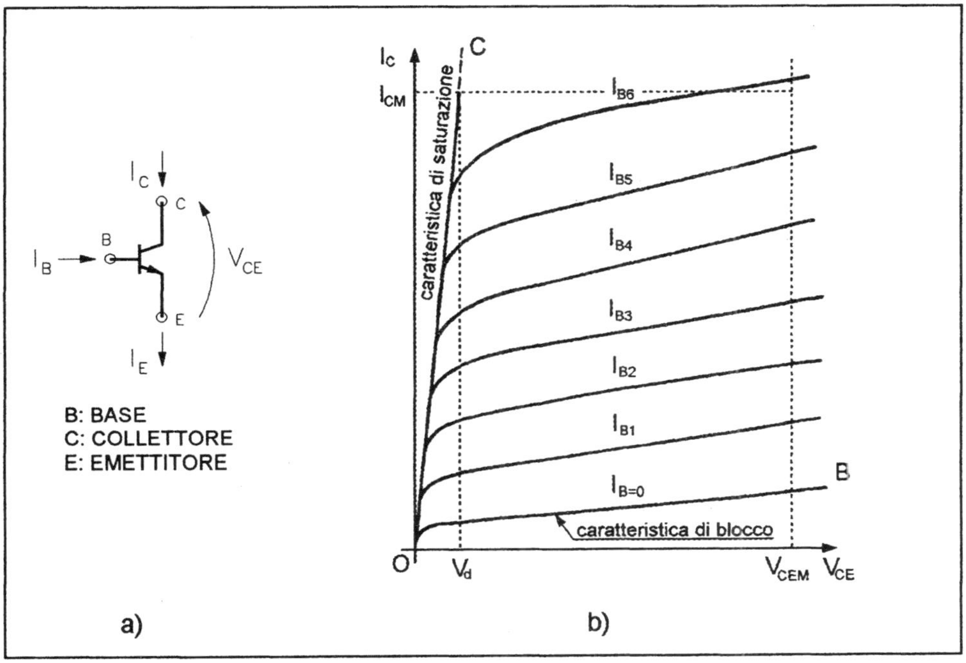

Figura 4. a) Simbolo del transistore b) Caratteristiche dirette V_{CE}-I_C al variare della vorrente di base I_n.

Si chiama *caratteristica di saturazione* la retta OC e *caratteristica di blocco* la retta OB, per cui la corrente di base I_B=0.
Normalmente $I_C/I_B=10 \div 50$ e quindi si ha: $I_E=I_C+I_B\cong I_c$.
Rispetto al tiristore il segnale di comando I_B deve essere mantenuto per tutto il tempo di conduzione della valvola.
L'utilizzo è limitato alla caratteristica di blocco OB (I_B=0) e a quella di saturazione OC (I_B>0).
Dati caratteristici:
$I_{CM}\leq 1000$ A $\quad V_{CEM}=V_{Mi}\leq 1400$ V $\quad V_{dn}=2 \div 3$ V

GTO

Il simbolo del GTO (Gate-Turn-Off tyristor) e le caratteristiche dirette sono riportate in fig.5; la caratteristica inversa è simile a quella del diodo.
Il funzionamento del GTO è simile a quello del tiristore, in cui però lo spegnimento è ottenuto inviando una corrente di griglia I_G (di segno opposto a quella in accensione) di valore pari a circa 1/3 ÷ 1/5 di quello della corrente da interrompere per la durata di pochi μs.
Dati caratteristici:
$V_{BO} = V_{Mi} \leq 6000$ V; $I_n \leq 4000$ A; $V_{dn} = 2 \div 3$ V

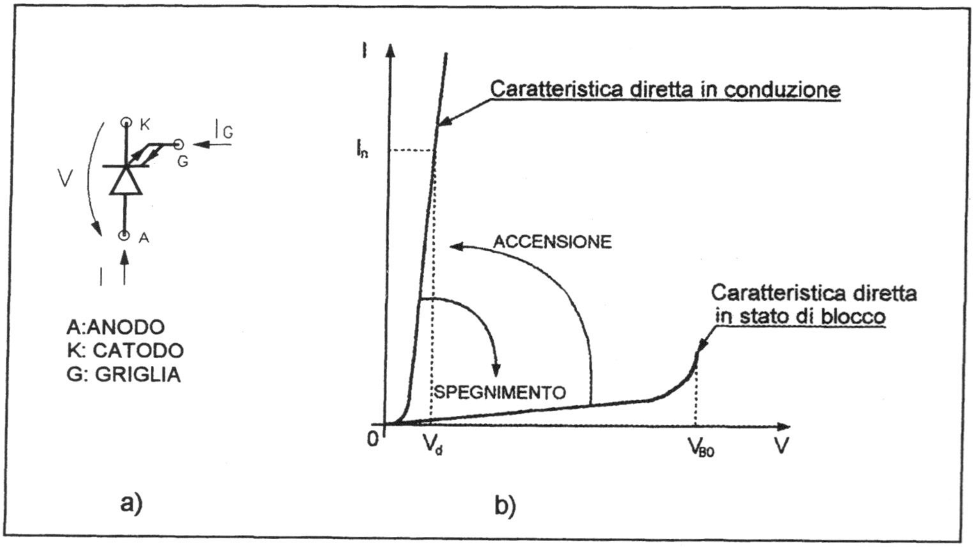

Figura 5. a) Simbolo del GTO b)Caratteristiche dirette.

Transistore ad effetto di campo (MOSFET)

In fig.6 sono riportati il simbolo e le caratteristiche dirette; la caratteristica inversa è simile a quella del diodo.
Il MOSFET richiede la continua applicazione di una tensione $V_{GS}>0$ (fra griglia e source) per mantenere la valvola in conduzione, essendo, come per tutte le valvole, positiva la tensione diretta V_{DS}. I tempi di commutazione sono molto brevi (circa 20 ÷ 40 ns) permettendo frequenze molto elevate.
Nella zona di conduzione OA, la tensione V_{DS} è proporzionale alla corrente

I_D e pertanto si può definire la resistenza R_{DS} (detta *resistenza ON*): $R_{DS}=V_{DS}/I_D$; essa varia con la temperatura.

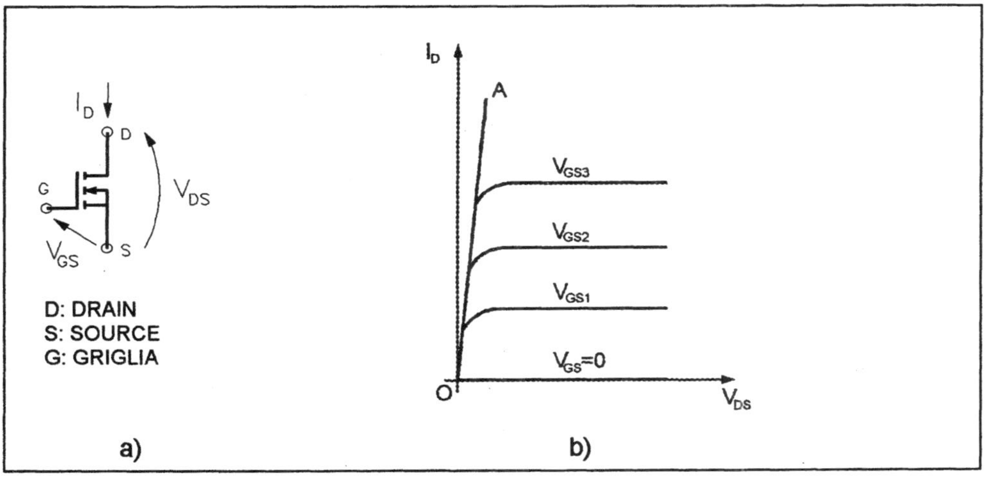

Figura 6. Simbolo e caratteristiche dirette del MOSFET

Dati caratteristici:

- Massima tensione inversa: $V_{Mi} \leq 1000$ V
- Massima corrente $I_D \leq 500$ A
- $R_{DS}=0.1 \div 2\ \Omega$ (c.d.t. $V_d=R_{DS} \cdot I_D=5 \div 20$ V)

Transistore IGBT

In fig.7 sono riportati il simbolo e le caratteristiche dirette; la caratteristica inversa è simile a quella del diodo.
Il transistore IGBT è ottenuto dall'unione di un BJT e di un MOSFET. Rispetto al MOSFET presenta c.d.t. sensibilmente inferiori.
Dati caratteristici:

- Massima tensione inversa: $V_{Mi} \leq 2000$ V
- Massima corrente $I_D \leq 500$ A
- Caduta di tensione diretta $V_{dn}=2 \div 4$ V
- Frequenze: fino a 20 kHz.

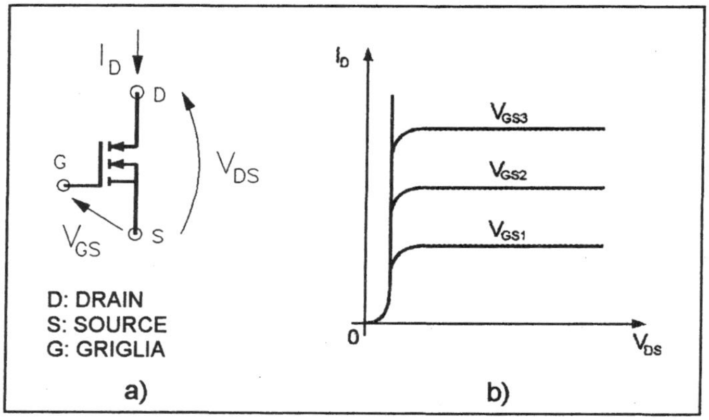

Figura 7. a) Simbolo del IGBT b) Caratteristiche dirette.

Uno dei problemi più importanti relativo a tutte le valvole descritte è quello dello smaltimento del calore dovuto alle perdite durante la conduzione (le perdite in stato di blocco sono trascurabili); allo scopo sono sempre previsti opportuni sistemi di raffreddamento.
Ad esempio un diodo da I_n=1000 A con una c.d.t. V_{dn}=1.5 V le perdite in conduzione valgono:

$$P_p=V_{dn}I_n=1.5\ \text{kW}$$

Un'altra grandezza a cui occorre prestare grande attenzione, affinché la valvola non venga danneggiata irrimediabilmente, è la *massima tensione inversa* che essa può sopportare

3. VARI TIPI DI CONVERTITORI

Collegando opportunamente le valvole sopra descritte è possibile realizzare i seguenti tipi di convertitori utilizzati negli azionamenti elettrici.

- *Raddrizzatori Corrente Alternata - Corrente continua: CA/CC*
  Questi dispositivi realizzano una conversione di una *tensione alternata* in una *tensione continua.*
  La tensione alternata è di valore efficace costante, mentre la tensione continua può assumere anche *valori variabili* (raddrizzatore controllato).

- *Convertitori Corrente Continua – Corrente Continua: CC/CC*
  Questi convertitori permettono il passaggio da una *tensione continua di ampiezza costante* ad un'altra *tensione continua di ampiezza variabile*. Vengono nel seguito presi in esame il convertitore noto come *CHOPPER* e il *convertitore a ponte*.

- *Convertitore Corrente Continua – Corrente Alternata: CC/CA*
  Questi convertitori realizzano una conversione tra una *tensione continua* e una *tensione alternata*, che può assumere valori di frequenza e ampiezza variabili. Sono noti come INVERTER.

- *Convertitore Corrente Alternata – Corrente Alternata: CA/CA*
  Tali dispositivi, noti come CICLO-CONVERTER, effettuano direttamente le conversione da una sorgente a tensione e frequenza costanti ad una tensione e frequenza variabili. In questa sede non vengono analizzati.

3.1. Raddrizzatori CA/CC

Esaminiamo ora alcuni schemi di maggior interesse, supponendo le valvole sempre ideali.

3.1.1. Circuito con un solo diodo

Uno schema di questo tipo non ha applicazioni pratiche, ma interessa dal punto di vista didattico.

a) Diodo con carico resistivo

Lo schema e i corrispondenti andamenti delle grandezze elettriche sono riportati in fig.8, supponendo la tensione di alimentazione v alternata sinusoidale e di valore efficace V.
I valori medi delle grandezze raddrizzate valgono:

Tensione: $V_{Rm} = \dfrac{\sqrt{2}}{\pi} V$

Corrente: $I_m = \dfrac{V_{Rm}}{R} = \dfrac{\sqrt{2}}{\pi} \dfrac{V}{R}$

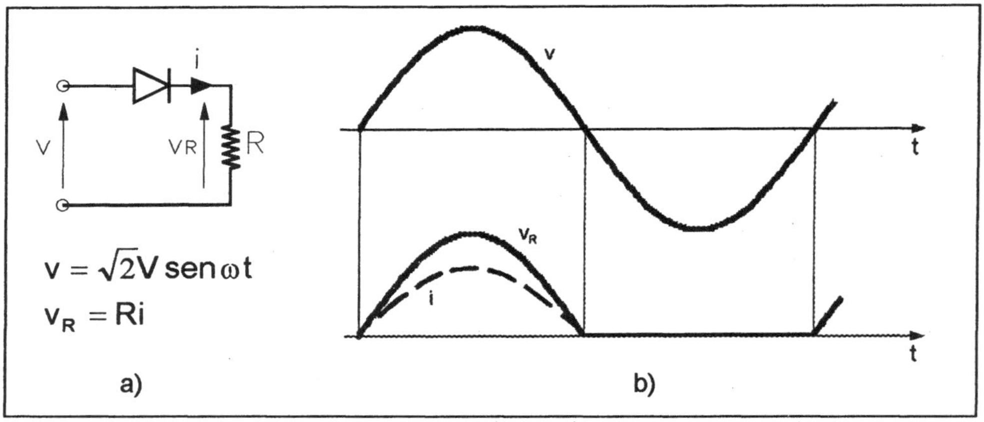

Figura 8. Diodo con circuito resistivo.

b) Diodo con carico resistivo induttivo R-L

Il funzionamento di questo circuito, riportato in fig.9, presenta aspetti molto particolari.

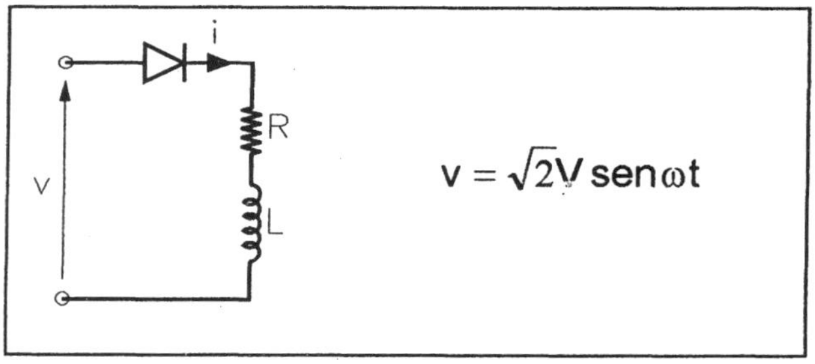

Figura 9. Diodo con circuito R-L.

Quando il diodo è in conduzione si può scrivere:

$$v = Ri + L\frac{di}{dt}.$$

Se nel circuito non fosse presente il diodo, la corrente di regime ha la seguente espressione:

$$i_R = \sqrt{2}I\,\mathrm{sen}(\omega t - \varphi)$$

dove, detta $Z=\sqrt{R^2+(\omega L)^2}$ l'impedenza del circuito, si ha:

$$I=\frac{V}{Z}$$

$$\cos\varphi=\frac{R}{Z}$$

La presenza del diodo è tale per cui il circuito, ad ogni periodo, risulta in transitorio, per cui si ha:

$$i=i_t+i_R=Ae^{-\frac{t}{\tau}}+i_R \qquad \text{dove } \tau=\frac{L}{R}$$

Poiché all'istante iniziale t=0 deve essere i=0, si ottiene:

$$A=-i_R(0)=\sqrt{2}I\,\text{sen}\,\varphi \qquad \text{da cui:}$$

$$i=\sqrt{2}I\left[\text{sen}\,\varphi\cdot e^{-\frac{t}{\tau}}+\text{sen}(\omega t-\varphi)\right].$$

In fig.10 sono riportati gli andamenti nel tempo delle grandezze elettriche. Il diodo conduce finché i>0, quindi per un intervallo di tempo t_1, che si ricava ponendo i=0:

$$\text{sen}\,\varphi\cdot e^{-\frac{t_1}{\tau}}+\text{sen}(\omega t_1-\varphi)=0.$$

All'aumentare dell'induttanza L aumenta il tempo di conduzione t_1 del diodo; per la condizione limite $L=\infty$ risulta $t_1=T$ e cioè il diodo condurrebbe per tutto il periodo T; ma in questa condizione limite ($L=\infty$) è pure $Z=\sqrt{R^2+(\omega L)^2}=\infty$ e quindi $I=\frac{V}{Z}=0$.

All'aumentare quindi dell'induttanza L, aumenta si la conduzione del diodo, ma si riduce notevolmente il valore della corrente fino ad annullarsi.

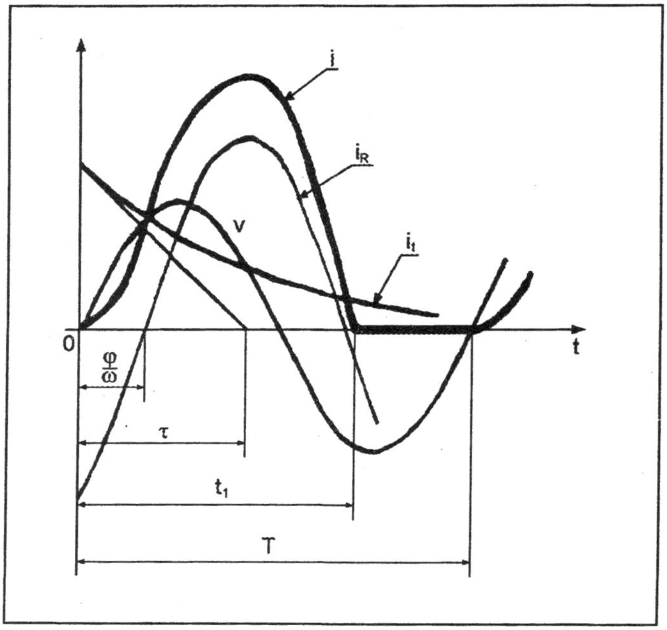

Figura 10. Andamento nel tempo di tensione e corrente con circuito R-L.

Negli schemi successivi si esaminerà il funzionamento di raddrizzatori su carichi, sia attivi che passivi, aventi in serie un'induttanza L che verrà considerata di valore infinitamente grande: $L = \infty$.
Ad esclusione del circuito con un solo diodo (che come detto non ha interesse pratico), ciò equivale a dire che la corrente unidirezionale che circola nel carico è di ampiezza costante.
Si consideri infatti il circuito R-L di fig.11 che si suppone alimentato da una tensione v periodica, avente componente continua V_d.

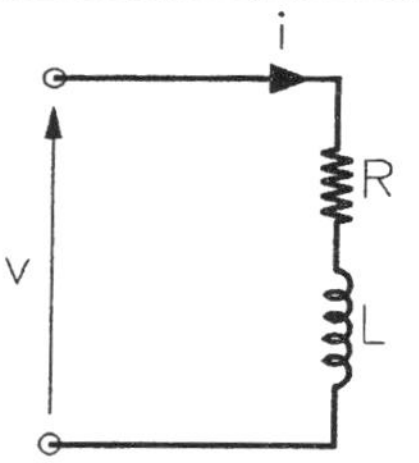

$$v = V_d + \sum_k \sqrt{2} V_k \,\mathrm{sen}(k\omega t + \alpha_k)$$

$k = 1, 2, \ldots, n$ (ordine di armonicità)

Figura 11. Circuito R-L alimentato dalla tensione periodica *v*.

Detta $Z_k = \sqrt{R^2 + (k\omega L)^2}$ l'impedenza del circuito alla k-sima armonica, la corrispondente corrente ha la seguente espressione:

$$i_k = \sqrt{2}\frac{V_k}{Z_k}\operatorname{sen}(k\omega t + \alpha_k - \varphi_k) \qquad \text{dove: } \cos\varphi_k = \frac{R}{Z_k}.$$

La componente continua I_d della corrente i vale:

$$I_d = \frac{V_d}{R}$$

e quindi si ha:

$$i = I_d + \sum_k i_k .$$

Con l'ipotesi che sia $L=\infty$ risulta $Z_k=\infty$ e quindi $i_k=0$; perciò la corrente circolante nel circuito si riduce alla sola componente continua I_d: $i=I_d$.

3.1.2. Raddrizzatore a diodi a doppia semionda a presa centrale

Con questo tipo di raddrizzatore si utilizza un trasformatore con avvolgimento secondario a presa centrale (fig.12), costituito da due semiavvolgimenti a e b di N_2 spire ciascuno.

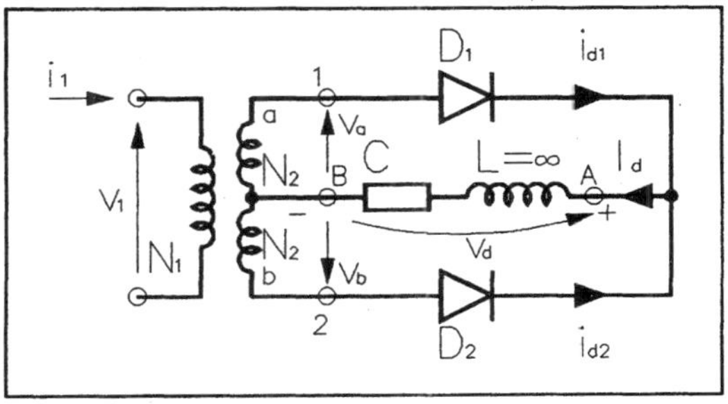

Figura 12. Raddrizzatore a presa centrale. N_1: numero di spire dell'avvolgimento primario; N_2: numero di spire degli avvolgimenti secondari a e b; C: carico.

Detta $v_1 = \sqrt{2}V_1 \operatorname{sen}\omega t$ la tensione di alimentazione dell'avvolgimento primario, le tensioni secondarie valgono:

$$v_a = -v_b = \sqrt{2}V_2 \operatorname{sen}\omega t_1 \qquad \text{dove: } V_2 = \frac{N_2}{N_1}V .$$

Quando la tensione $v_a>0$ (e quindi $v_b<0$) conduce il diodo D_1 e il diodo D_2 è spento, mentre quando $v_b>0$ (e quindi $v_a<0$) conduce il diodo D_2 e il diodo D_1 è spento. La conduzione di ciascun diodo è pari a mezzo periodo: $T/2$.
In fig.13 sono riportati gli andamenti nel tempo delle tensioni e delle correnti del circuito di fig. 12, dove I_d è la corrente continua circolante nel carico C e $v_d=v_{AB}$ è la tensione raddrizzata data dalle due semionde positive di v_a e v_b.
Le correnti di diodo i_{d1} e i_{d2} (di ampiezza I_d) sono anche le correnti circolanti negli avvolgimenti secondari a e b e risultano unidirezionali, i cui valore medio I_{2m} e valore efficace I_2 valgono, detta i_d una delle due correnti:

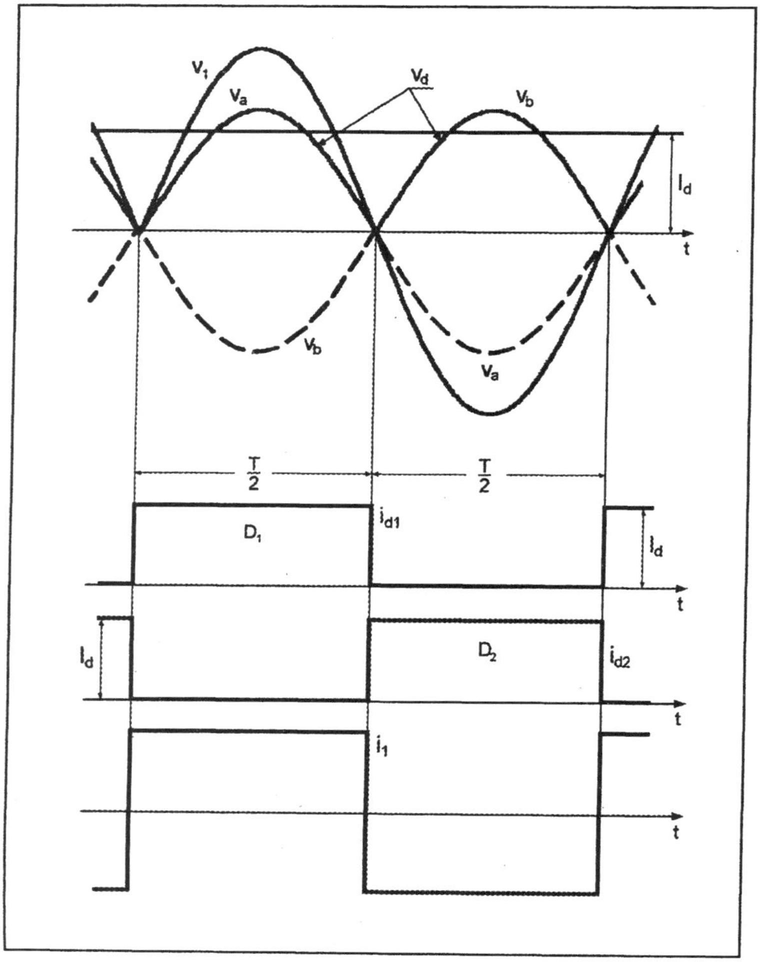

Figura 13. Andamento nel tempo di tensioni e correnti del circuito a presa centrale di fig.12.

$$I_{2m} = \frac{1}{T}\int_0^T i_d dt = \frac{1}{2} I_d$$

$$I_2 = \sqrt{\frac{1}{T}\int_0^T {i_d}^2 dt} = \frac{\sqrt{2}}{2} I_d$$

La corrente primaria i_1 assume i seguenti valori:

- quando conduce D_1: $i_1 = \frac{N_2}{N_1} i_{d1} = \frac{N_2}{N_1} I_d$
- quando conduce D_2: $i_1 = -\frac{N_2}{N_1} i_{d2} = -\frac{N_2}{N_1} I_d$

i_1 risulta quindi periodica di valore medio nullo e di valore efficace:

$$I_1 = \frac{N_2}{N_1} I_d .$$

Si osservi inoltre che quando ad esempio conduce D_1, per cui $v_d = v_a > 0$ e $v_b = -v_a < 0$, la *tensione inversa* v_{A2} sul diodo D_2 (individuata fra i morsetti A e 2 del circuito di fig.12) vale: $v_{A2} = v_d - v_b = 2v_A$, il suo valore massimo è quindi:

$$v_{A2MAX} = 2\sqrt{2} V_2 .$$

In fine le grandezze elettriche che caratterizzano questo convertitore sono le seguenti:

- Tensione media raddrizzata: $V_{d0} = \frac{1}{T}\int_0^T v_d dt = \frac{2\sqrt{2}}{\pi} V_2 = 0.900\, V_2$
- Corrente continua: I_d
- Potenza continua: $P_{d0} = V_{d0} I_d$ [W]
- Tensione inversa massima sui diodi: $v_{1M} = 2\sqrt{2} V_2 = \pi V_{d0} = 3.14\, V_{d0}$
- Corrente media di valvola: $I_{mv} = \frac{1}{2} I_d$
- Valori efficaci delle correnti:

  primaria: $I_1 = \frac{N_2}{N_1} I_d$

di ciascun secondario: $I_2 = \frac{\sqrt{2}}{2} I_d = 0.707\, I_d$

- Potenza di dimensionamento del trasformatore:

a) Primario: $A_1 = V_1 I_1 = V_2 I_d = \frac{\pi}{2\sqrt{2}} P_{d0}$ [VA]

b) Ciascun secondario: $A_2 = V_2 I_2 = \frac{\pi}{2} P_{d0}$ [VA]

c) Totale: $A_T = \frac{A_1 + A_2}{2} = \frac{2+\sqrt{2}}{8} \pi P_{d0} = 1.341\, P_{d0}$ [VA]

Osservazione

Se indichiamo con i_2 la corrente secondaria definita dalle seguenti relazioni:
- quando conduce D_1: $i_2 = i_d$
- quando conduce D_2: $i_2 = -i_{d2}$

le forze magnetomotrici (f.m.m.) primaria $m_1 = N_1 i_1$ e secondaria $m_2 = N_2 i_2$ sono istante per istante uguali: $m_1 = m_2$, cioè è verificata la *compensazione delle f.m.m.* degli avvolgimenti primari e secondari del trasformatore, condizione, questa, indispensabile per il suo corretto funzionamento.

3.1.3. Ponte monofase a diodi

Lo schema del ponte monofase è riportato in fig. 14.

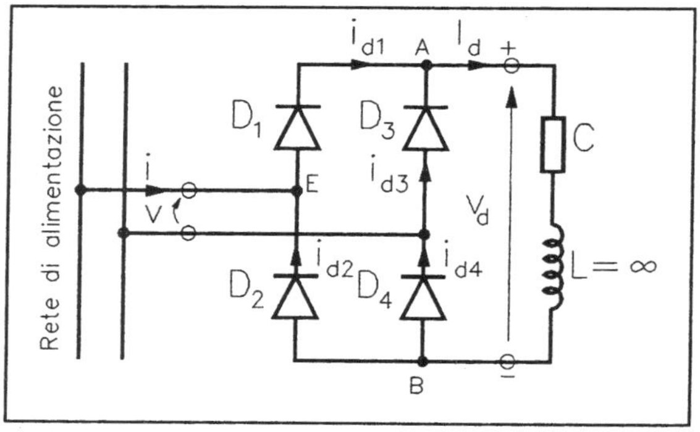

Figura 14. Ponte monofase a diodi. C: carico.

In fig. 15 sono riportati gli andamenti nel tempo delle grandezze elettriche più significative, supponendo alternata sinusoidale la tensione *v* della rete di alimentazione: $v = \sqrt{2} V \operatorname{sen} \omega t$, a cui è collegato direttamente il ponte monofase.

Se la tensione di rete non assume il valore desiderato si inserisce un trasformatore tra la rete stessa e il ponte.

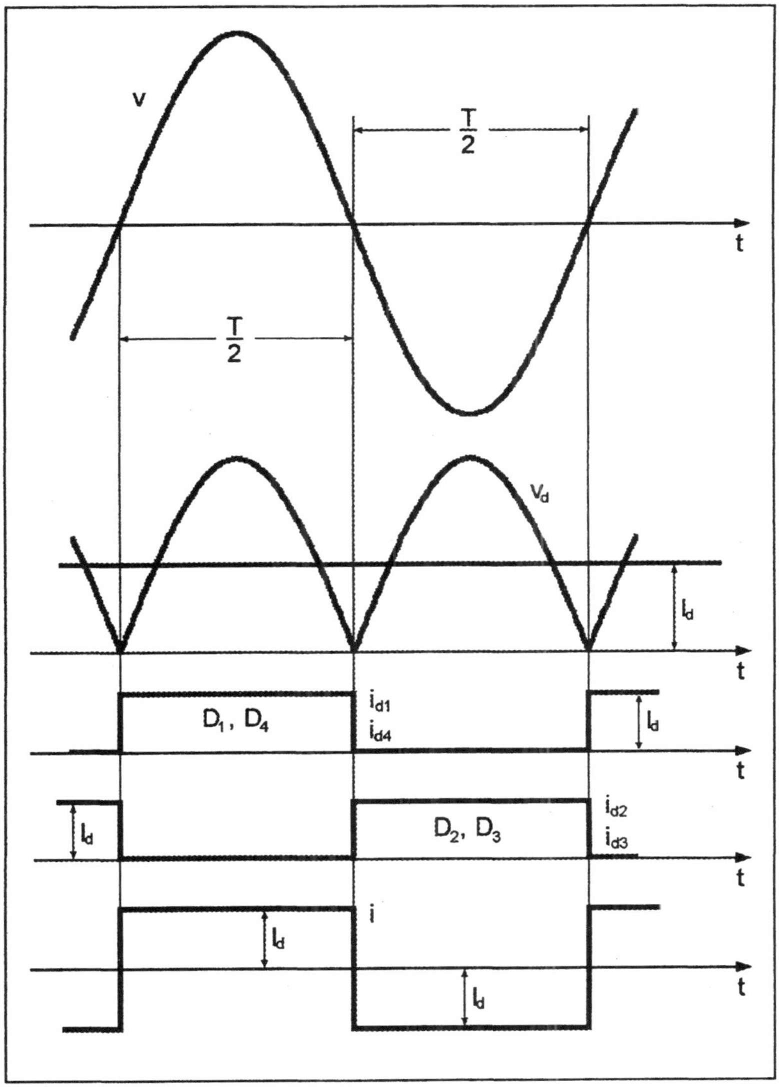

Figura 15. Tensioni e correnti nel ponte monofase a diodi.

Dall'esame del circuito di fig.14 si deduce che:

- conducono i diodi D_1 e D_4 quando $v>0$,
- conducono i diodi D_2 e D_3 quando $v<0$.

Pertanto si ha:

- quando $v>0$: $i_{d1}=i_{d4}=I_d$ e $i=i_{d1}=I_d$
- quando $v<0$: $i_{d2}=i_{d3}=I_d$ e $i=-i_{d2}=-I_d$

Il valore efficace I della corrente di linea vale quindi: $I=I_d$.
Quando $v>0$ conducono i diodi D_1 e D_4 (per cui sono nulle le c.d.t. ai loro capi $v_{FB}=v_{AE}=0$) e quindi la tensione inversa sui diodi D_2 e D_3 è data da:

- diodo D_2: $v_{iD2}=v_{EB}=v+v_{FB}=v$
- diodo D_3: $v_{iD3}=v_{AF}=v_{AE}+v=v$.

Analogamente quando conducono i diodi D_2 e D_3 (e quindi $v<0$) la tensione inversa sui diodi D_1 e D_4 vale: $v_i=-v>0$.
Le grandezze elettriche caratteristiche del ponte monofase sono:

- Tensione media raddrizzata: $V_{d0}=\dfrac{2\sqrt{2}}{\pi}V=0.900\,V$
- Corrente continua: I_d
- Potenza continua: $P_{d0}=V_{d0}I_d$ [W]
- Tensione inversa massima sui diodi: $v_{iM}=\sqrt{2}V=\dfrac{\pi}{2}V_{d0}=1.57\,V_{d0}$
- Valore efficace della corrente di linea: $I=I_d$
- Corrente media di valvola: $I_{mv}=\dfrac{1}{2}I_d$
- Potenza di dimensionamento del trasformatore (se previsto):

  $A_d=VI=\dfrac{\pi}{2\sqrt{2}}P_{d0}=1.111\,P_{d0}$.

3.1.4. Circuito trifase a stella semplice

Per utilizzare questo circuito occorre avere a disposizione un sistema trifase a 4 fili, come mostra la fig.16.

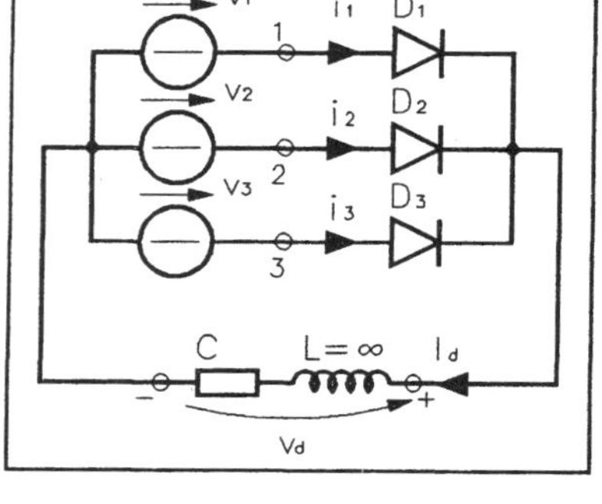

Figura 16. Circuito trifase a stella semplice. C:carico.

Consideriamo il sistema alimentato da una terna trifase di tensioni simmetriche sinusoidali:

$$v_k = \sqrt{2}V\,\mathrm{sen}\left[\omega t + (k-1)120°\right] \quad \text{dove: } k = 1,2,3\,.$$

In fig.17 sono riportati i valori istantanei delle grandezze più caratteristiche. Il generico diodo D_k entra in conduzione quando la corrispondente tensione v_k è positiva e maggiore di quella delle altre due fasi.
La durata della conduzione di ciascun diodo è pari a *T/3* (e cioè a 120°).
La corrente di ciascuna fase coincide con quella di diodo ed è quindi unidirezionale (si veda fig.17), avente una componente continua pari a $I_d/3$.

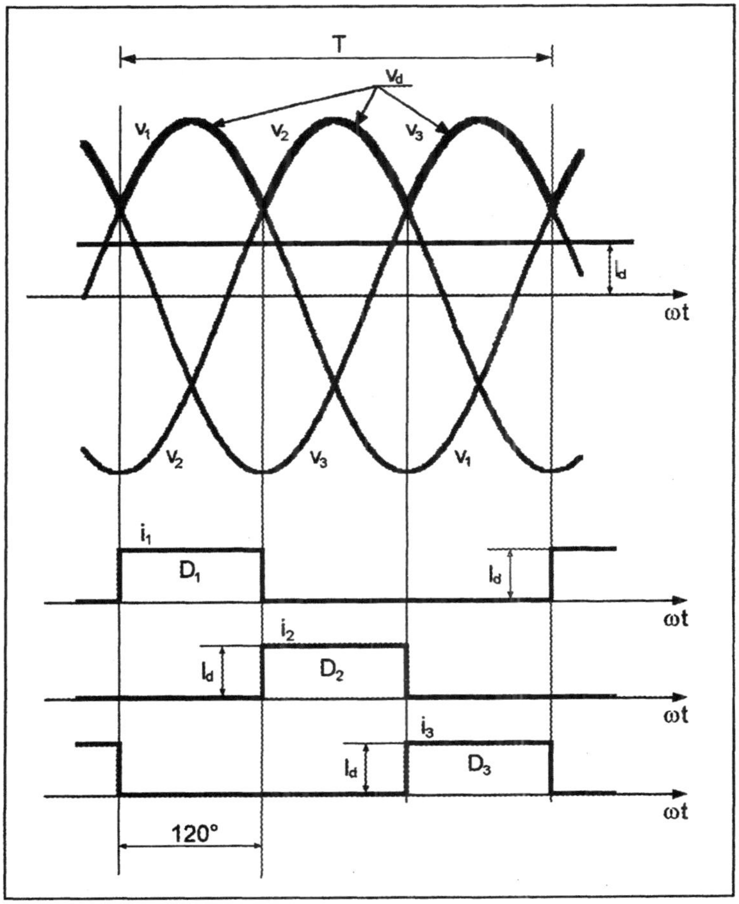

Figura 17. Tensioni e correnti nel circuito trifase a stella semplice.

Tale dispositivo non può essere utilizzato nel caso in cui il sistema delle tensioni trifase è ottenuto impiegando un trasformatore con il secondario collegato a stella. Infatti ciascuna fase secondaria è percorsa da una corrente unidirezionale la cui componente continua ($I_d/3$) crea una f.m.m. che non può essere compensata da una corrispondente f.m.m. dovuta alle correnti primarie, che, risultando grandezze periodiche a valore medio nullo, non possono contenere componenti continue.

3.1.5. Circuito a ponte trifase

Il circuito a ponte trifase può essere ottenuto mettendo in serie due circuiti trifase a stella semplice con l'alimentazione in comune, come mostra la fig.18.

Se i due carichi C e C' collegati alle stelle semplici sono uguali, anche le correnti continue risultano uguali ($I_{d1}=I_{d2}$) e quindi non circola corrente nel collegamento O-O' ($I_{d1}-I_{d2}=0$), che può essere eliminato e il carico conglobato in un unico elemento circuitale.

Si ottiene così il circuito a ponte trifase riportato in fig.19, in cui l'alimentazione ha evidentemente collegamento a stella trifase senza neutro.

La forma d'onda della tensione raddrizzata v_d sul carico è data dalla differenza dei valori istantanei dei sistemi trifase di tensione di ciascuna stella semplice, che risultano di andamento identico, ma di segno cambiato, e sfasate di 60° (fig.20).

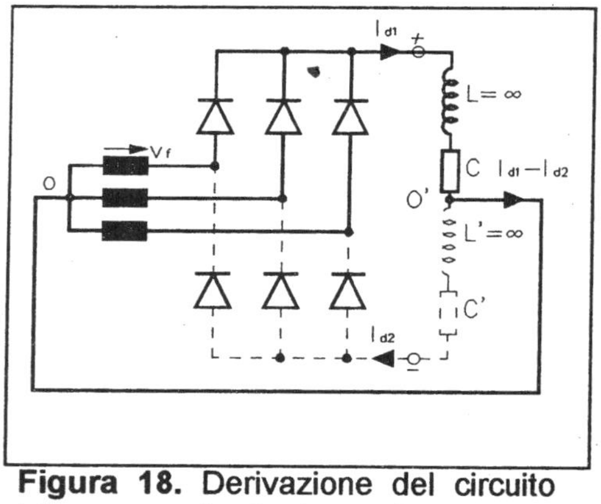

Figura 18. Derivazione del circuito trifase a ponte da due stelle semplici in serie.

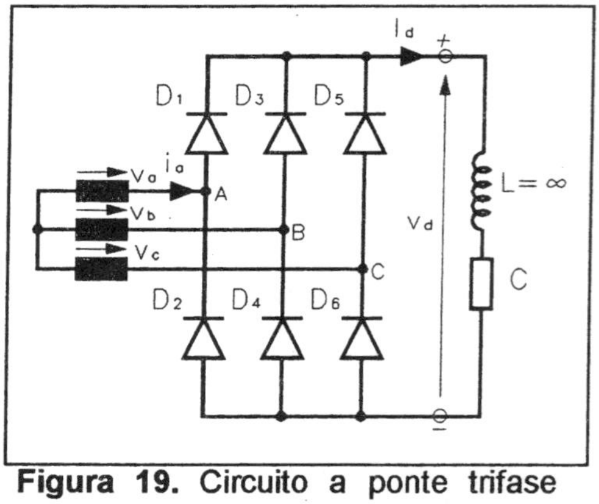

Figura 19. Circuito a ponte trifase con l'alimentazione collegata a stella. C: Carico.

Ciascuna valvola conduce per 120° e la corrente si richiude attraverso le valvole della stella opposta a tensione più alta.

Di conseguenza all'interno dei 120° di conduzione della valvola in esame la corrente si richiude successivamente attraverso due valvole della stella opposta (fig.20).

Da quanto sopra esposto è evidente che un circuito a ponte trifase (come d'altronde avviene per il ponte monofase) può essere direttamente collegato alla rete di alimentazione, se le tensioni in gioco sono quelle desiderate.

Questa soluzione, semplice ed economica, è adottata per potenze che raramente superano i 10 kW; in tutti gli altri casi occorre impiegare un trasformatore di collegamento fra la rete di alimentazione e il convertitore.

In tal caso non intervengono problemi di compensazione delle f.m.m. fra primario e secondario (come invece messo in evidenza nel circuito trifase a stella semplice), perché le correnti di ciascuna fase, lato ponte, sono periodiche a *valore medio nullo*, come mostra la corrente i_a di fig.20; si osservi che l'armonica principale i_{a1} della corrente i_a risulta in fase con la corrispondente tensione di fase v_a (logicamente ciò avviene anche per le altre due correnti).

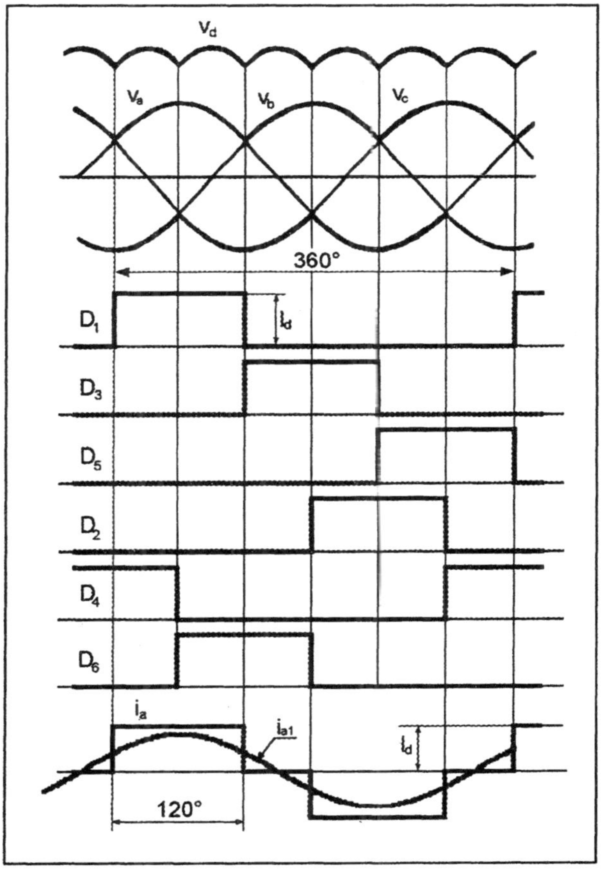

Figura 20. Tensioni e correnti del ponte trifase di fig.19. I_{a1}: armonica fondamentale della corrente i_a.

Le tensioni inverse sui diodi che non conducono sono pari alle tensioni concatenate; ad esempio quando conducono i diodi D_1 e D_4 (che hanno c.d.t. nulla) la tensione inversa sul diodo D_2 vale:

$$v_{i2}=v_{AB}.$$

Detto V_f il valore efficace delle tensioni di fase e $V=\sqrt{3}V_f$ quello delle tensioni concatenate, le grandezze elettriche caratteristiche del ponte trifase sono:

- Tensione media raddrizzata: $V_{d0}=\frac{3\sqrt{6}}{\pi}V_f=\frac{3\sqrt{2}}{\pi}V=1.0470\,V$
- Corrente continua: I_d
- Potenza continua: $P_{d0}=V_{d0}I_d$ [W]
- Tensione inversa massima sui diodi: $v_{1M}=\sqrt{2}V=\frac{\pi}{3}V_{d0}=1.047\,V_{d0}$
- Corrente media di valvola: $I_{mv}=\frac{1}{3}I_d$.
- Valore efficace della corrente di linea: $I=\sqrt{\frac{2}{3}}I_d$
- Potenza di dimensionamento del trasformatore (se utilizzato):

  $A_d=3V_fI=\frac{\pi}{3}P_{d0}=1.047\,P_{d0}$.

Si osservi che la tensione raddrizzata v_d è periodica di periodo $T/6$ a cui corrisponde un angolo di 360°/6=60°; si individuano 6 pulsazioni in un periodo T.

L'analisi di questi circuiti, in cui si utilizzano solo diodi, mostra che il valore della tensione raddrizzata è sempre positivo e risulta costante con una prefissata tensione sinusoidale di alimentazione.
Se si vuole avere un valore di tensione raddrizzata variabile, con una tensione di alimentazione costante, occorre utilizzare *valvole controllate*, sostituendo i diodi, ad esempio, con i *tiristori*.
Verranno ora esaminati i ponti raddrizzati *semicontrollati* e *totalmente controllati*.

3.1.6. Ponte monofase semicontrollato

Il circuito è riportato in fig.21, in cui individuiamo due diodi (D_1 e D_2) e due tiristori (T_1 e T_2), la cui accensione è controllata mediante le correnti di griglia i_{G1} e i_{G2}.

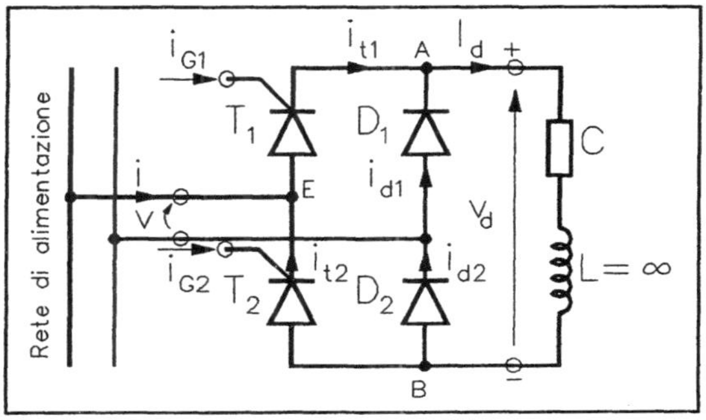

Figura 21. Ponte monofase semicontrollato. C: Carico.

In fig.22 è riportato l'andamento nel tempo delle grandezze elettriche più significative, considerando alternata sinusoidale la tensione v della rete di alimentazione: $v = \sqrt{2}V \,\text{sen}\,\omega t$.

L'inizio della conduzione dei diodi D_1 e D_2 avviene come nel normale ponte monofase a diodi, mentre la conduzione dei tiristori T_1 e T_2 (ottenuta inviando le correnti di griglia i_{G1} e i_{G2} sfasate fra loro di 180°) è ritardata dell'angolo α.

Si supponga il circuito a regime, con una corrente continua sul carico pari a I_d. Quando $v>0$, dopo l'intervallo di tempo $t_\alpha=\alpha/\omega$ corrispondente all'angolo α, si accende il tiristore T_1 ed è in condizione di condurre anche il diodo D_2.

All'istante in cui la tensione v si annulla, per diventare poi negativa, il tiristore T_1 si spegne, mentre il tiristore T_2 *non* può condurre perché non ha ancora ricevuto l'apposito segnale di griglia i_{G2}, ritardato volutamente dell'angolo α. Nel frattempo il diodo D_1 è in condizione di condurre; pertanto nell'intervallo α si ha la seguente situazione:

- tiristori T_1 e T_2: spenti
- diodi D_1 e D_2: in conduzione.

Questa condizione consente la circolazione della corrente continua I_d nel carico (che non può modificare il proprio valore per la presenza nel carico dell'induttanza $L=\infty$), attraverso i diodi D_1 e D_2, il cui assieme si comporta come un *diodo di ricircolo*.

I tiristori T_1 e T_2 conducono per (180°-α), mentre i diodi D_1 e D_2

conducono per (180°+α). Nell'intervallo α, essendo contemporaneamente in conduzione i diodi D_1 e D_2, è nulla la tensione raddrizzata v_d, il cui valore medio vale:

$$V_d = \frac{1}{T}\int_t^{t+T} v_d dt = \frac{\sqrt{2}}{\pi}V(1+\cos\alpha) = \frac{V_{d0}}{2}(1+\cos\alpha)$$

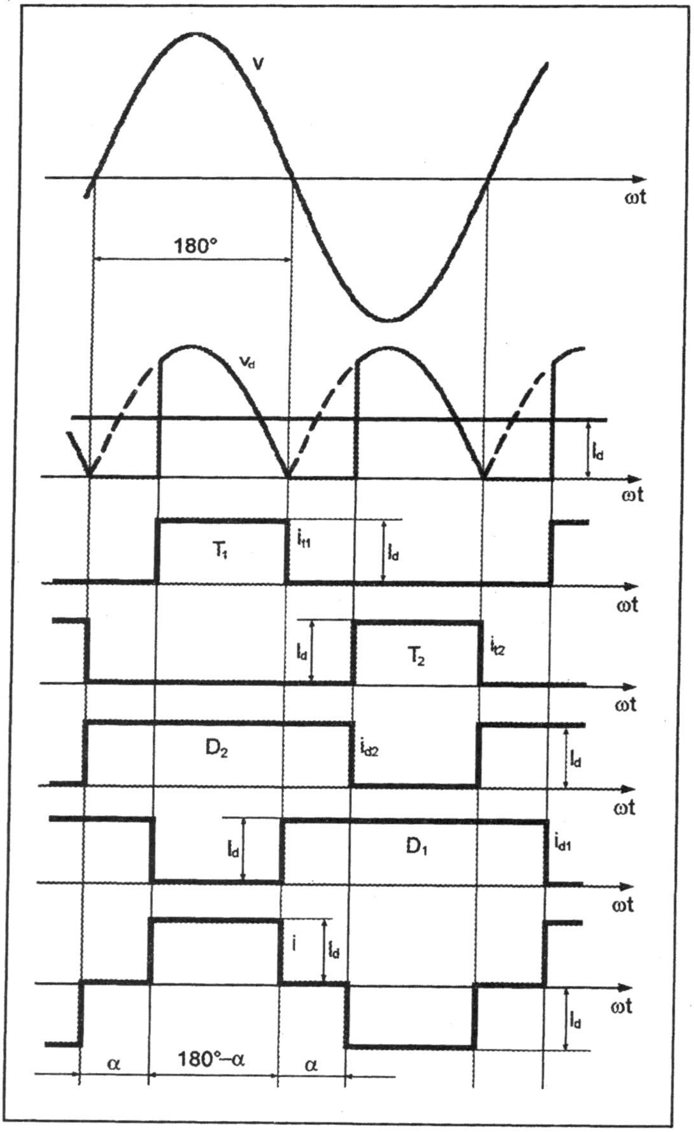

Figura 22. Tensioni e correnti nel ponte monofase semicontrollato.

dove: $V_{d0} = \frac{2\sqrt{2}}{\pi} V$.

Pertanto, variando l'angolo di controllo α, la tensione media raddrizzata V_d varia da 0 (α=90°) a V_{d0} (α=0°): $0 \le V_d \le V_{d0}$.

3.1.7. Ponte monofase totalmente controllato

Il circuito, riportato in fig. 23, è costituito da quattro valvole controllate.
In fig.24 è riportato l'andamento nel tempo delle grandezze più significative, con una tensione v della rete di alimentazione alternata sinusoidale: $v = \sqrt{2}V \operatorname{sen} \omega t$.
Per ottenere il voluto ritardo α all'accensione, alle valvole T_1 e T_4 vengono inviati due segnali di griglia i_{G1} e i_{G4} sincroni e uguali: $i_{G1}=i_{G4}$, così come alle valvole T_2 e T_3: $i_{G2}=i_{G3}$, che, però, devono essere sfasati di 180° rispetto ai precedenti segnali i_{G1} e i_{G4}.

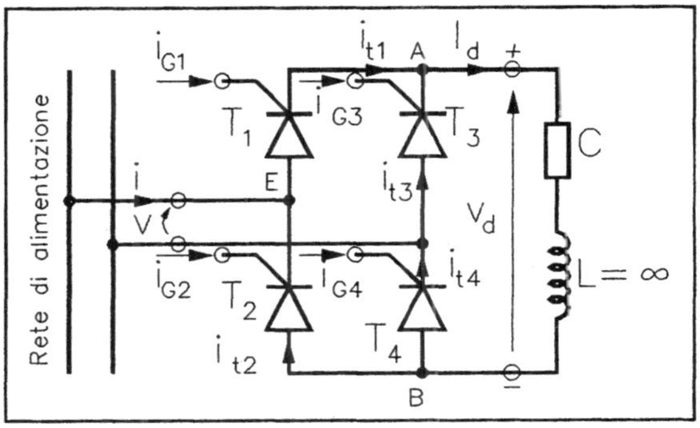

Figura 23. Ponte monofase totalmente controllato. C: Carico.

Quando la tensione $v>0$, le valvole T_1 e T_4 sono polarizzate in modo tale che, dato l'impulso di accensione con ritardo α, entrano in conduzione.
Non appena si inverte la polarità ($v<0$), ritardando di α l'impulso di accensione alle valvole T_2 e T_3, le valvole T_1 e T_4 devono continuare a condurre, essendo forzate in tal senso dalla presenza dell'induttanza $L=\infty$ in serie al carico. Ne consegue che, nell'intervallo α, la tensione raddrizzata v_d risulta negativa.
Il *valore medio* V_d di v_d vale:

$$V_d = \frac{1}{T}\int_t^{t+T} v_d dt = \frac{2\sqrt{2}}{\pi} V \cos\alpha = V_{d0}\cos\alpha$$

dove: $V_{d0} = \dfrac{2\sqrt{2}}{\pi}V$.

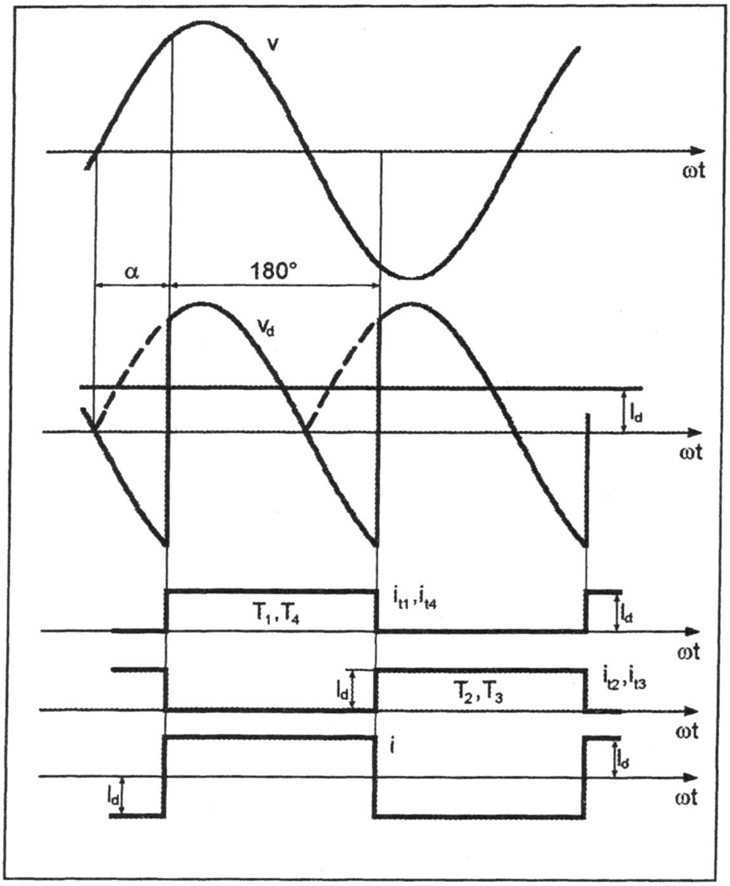

Figura 24. Tensioni e correnti nel ponte totalmente controllato.

Poiché risulta $-V_{d0} \le V_d \le V_{d0}$ e $I_d > 0$ si dice che il convertitore opera su «*due quadranti*».

1° QUADRANTE $V_d > 0$, $I_d > 0$

2° QUADRANTE $V_d < 0$, $I_d > 0$.

3.1.8. Ponte trifase totalmente controllato

Il circuito, riportato in fig.25, è costituito da sei valvole controllate ($T_1 \div T_6$) (es. tiristori); le tensioni di fase dell'alimentazione costituiscono una terna trifase sinusoidale simmetrica di valore efficace V_f:

$$v_k = \sqrt{2}V_f \, \mathrm{sen}[\omega t + (k-1)120°] \quad \text{con}: \; k = 1,2,3 .$$

Indichiamo con $V = \sqrt{3}V_f$ la tensione concatenata.

I segnali di accensione delle valvole sono forniti in modo tale da creare un *angolo di ritardo* α rispetto all'istante di accensione spontanea che si avrebbe se il ponte fosse a diodi.

L'accensione delle valvole comandate avviene con il seguente ordine: T_1-T_6-T_3-T_2-T_5-T_4-T_1-..., con segnali sfasati fra loro di 60°; quindi i segnali inviati alle valvole dispari (T_1,T_3,T_5) e pari (T_2,T_4,T_6) sono sfasati di 120°. In fig.26 sono riportate in funzione di ωt le grandezze elettriche più significative.

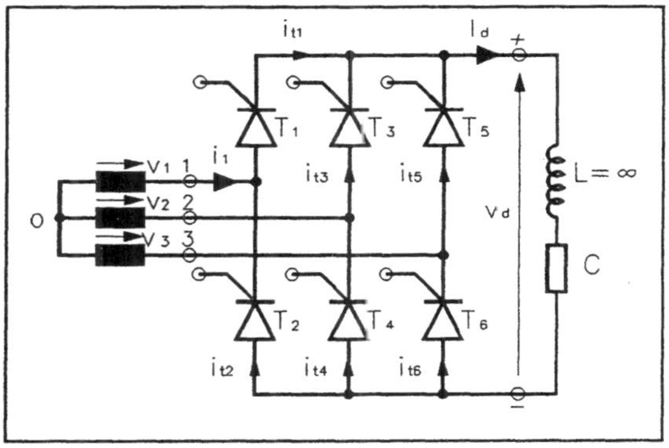

Figura 25. Ponte trifase totalmente controllato. C: Carico.

Il valore medio della tensione raddrizzata v_d è funzione dell'angolo di controllo α:

$$V_d = \frac{1}{T}\int_t^{t+T} v_d dt = \frac{3\sqrt{2}}{\pi} V \cos\alpha = V_{d0} \cos\alpha$$

dove: $V_{d0} = \dfrac{3\sqrt{2}}{\pi} V = 1.350 V$.

Si ha pertanto che:

per 0≤α≤90° il convertitore funziona da *raddrizzatore*:

$$V_d>0,\ I_d>0:\ P_d=V_dI_d>0$$

per 90≤α≤180° il convertitore funziona da *inverter*:

$$V_d<0,\ I_d>0:\ P_d=V_dI_d<0$$

In quest'ultima condizione $V_d<0$ il carico *non* può essere *passivo*.

Anche questo convertitore opera su «*due quadranti*».

1° QUADRANTE $V_d>0$, $I_d>0$

2° QUADRANTE $V_d<0$, $I_d>0$.

È interessante mettere in evidenza che l'angolo di controllo α rappresenta lo sfasamento, in ritardo, delle armoniche fondamentali delle correnti di fase rispetto alle corrispondenti tensioni di fase, come mostra la fig.26 in cui l'armonica fondamentale i_{11} della corrente i_1 della fase 1 è in ritardo dell'angolo α rispetto alla tensione di fase v_1.

3.2. CONVERTITORI CC/CC - CHOPPER

Vengono nel seguito analizzati il *chopper* e il *convertitore a ponte*; in entrambi gli schemi la rete di alimentazione è considerata continua e di valore costante.

3.2.1. Chopper

E' un convertitore che, inserito tra la rete di alimentazione e l'utilizzatore, consente di ottenere in uscita una tensione continua regolata, con dissipazioni di potenza contenute.

Schematicamente è costituito da un *interruttore elettronico* (realizzato mediante una *valvola comandata*) che viene ciclicamente aperto e chiuso ad intervalli di tempo prestabiliti; in fig.27 è riportato lo schema di inserzione del chopper in serie al carico che si suppone attivo (ad es. un motore a corrente continua).

All'apertura dell'interruttore S, la corrente unidirezionale i_d, a causa della presenza dell'induttanza L nel circuito, non può annullarsi istantaneamente, ma deve continuare a circolare, e, a tale scopo, viene inserito, in parallelo al carico e con la polarità indicata in fig.27, il *diodo di ricircolo* DR.

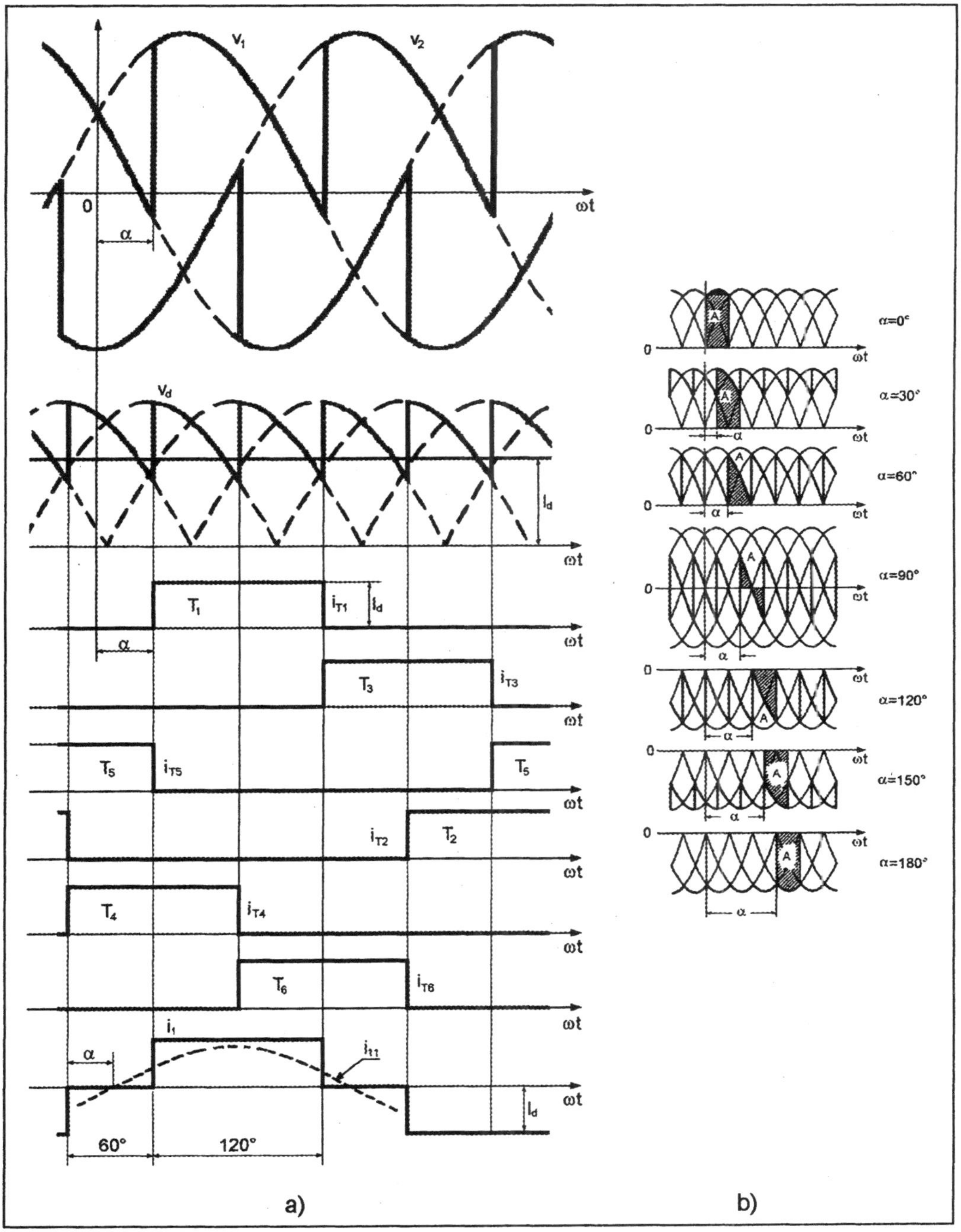

Figura 26. a) Tensioni e correnti nel ponte trifase totalmente controllato; i_{11}: armonica fondamentale della corrente i_1. b) Andamento della tensione v_d al variare di α: $V_d=A/(\pi/3)$.

In fig.28 sono riportati gli andamenti nel tempo di tensioni e correnti conseguenti all'apertura e alla chiusura ciclica dell'interruttore S (chopper).

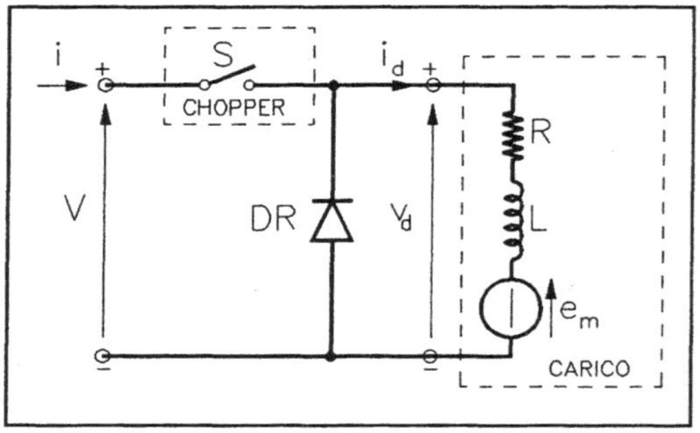

Figura 27. Schema di inserzione del chopper su carico attivo. V: tensione della rete di alimentazione (costante). S: interruttore elettronico (chopper). DR: diodo di ricircolo.

Il funzionamento del chopper è tale per cui l'interruttore S è mantenuto chiuso per l'intervallo di tempo T_1, e quindi sul carico è applicata la tensione $v_d=V$, e poi è mantenuto aperto per l'intervallo di tempo T_2, in cui, entrando in conduzione il diodo di ricircolo DR, la tensione v_d sul carico è nulla ($v_d=0$).
Pertanto la tensione v_d, pari a V per il tempo T_1 e uguale a zero per il tempo T_2, risulta una grandezza periodica nel tempo di *periodo* $T=T_1+T_2$ e di valore medio:

$$V_d = \frac{1}{T}\int_t^{t+T} v_d \, dt = \frac{T_1}{T} V = d \cdot V$$

dove: $d=T_1/T$.
L'inverso del periodo T è detta *frequenza di commutazione* del chopper: $f_c=1/T$.
La corrente i lato rete di alimentazione coincide con la corrente di carico i_d ($i=i_d$) nell'intervallo T_1 (S chiuso) ed è nulla ($i=0$) nell'intervallo T_2 (S aperto); anch'essa, pertanto, è periodica di periodo T e di valore medio I:

$$I = \frac{1}{T}\int_t^{t+T} i \, dt \, .$$

La tensione sul carico può essere regolata in due modi:
a) *a frequenza di commutazione* f_c *costante*: si tiene costante il periodo T e si fa variare il tempo T_1 di chiusura dell'interruttore S;
b) *a frequenza di commutazione* f_c *variabile*: si tiene costante il tempo T_1 di chiusura dell'interruttore S e si fa variare il periodo T.

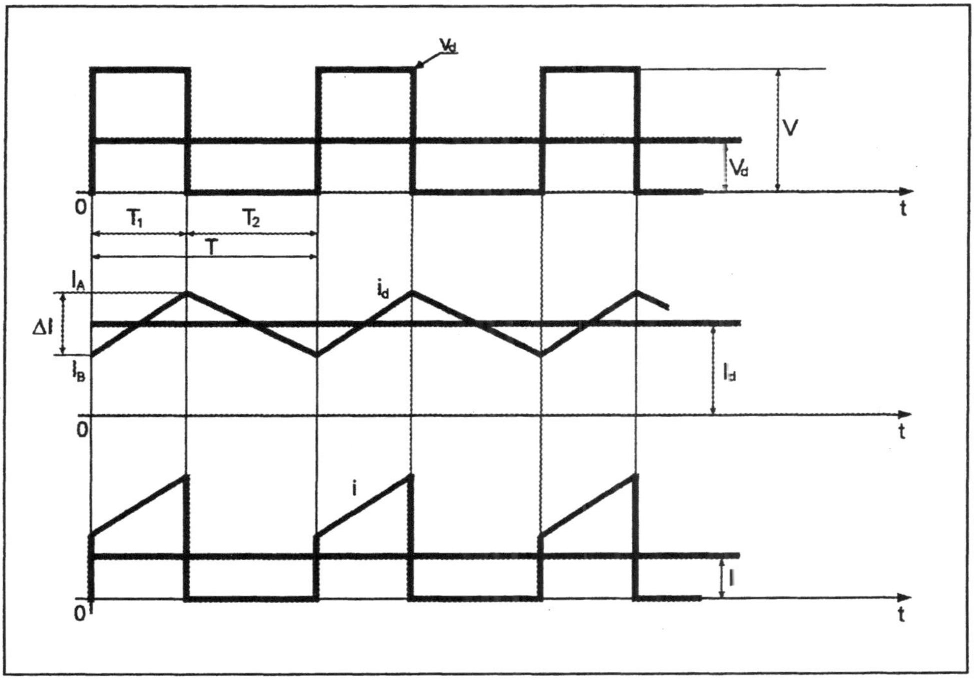

Figura 28. Andamento nel tempo di tensioni e correnti del circuito di fig.27.

Esigenze costruttive faranno propendere per una delle due soluzioni.
L'andamento della corrente è esponenziale ma nell'ipotesi, assai reale, che la costante di tempo del carico $\tau = L/R$ sia molto maggiore del periodo di lavoro T del chopper, i tratti esponenziali si possono approssimare con segmenti di retta. Ad esempio si può avere $\tau = L/R = 100$ ms e $f_c = 300 \div 20000$ Hz, quindi:
$T = 1/f_c = 3 \div 0.05$ ms<<100 ms.
A regime la corrente di carico i_d è periodica di periodo T e di valore medio I_d:

$$I_d = \frac{1}{T}\int_t^{t+T} i_d \, dt$$

che si può calcolare scrivendo l'equazione che governa il funzionamento del circuito di carico di fig.27:

(1) $$v_d = Ri_d + L\frac{di_d}{dt} + e_m\,.$$

Detto:

$$E_m = \frac{1}{T}\int_t^{t+T} e_m\,dt$$

il valore medio della f.e.m. e_m del carico e ricordando che $i_d(t)=i_d(t+T)$, integrando la (1) si ottiene:

$$\frac{1}{T}\int_t^{t+T} v_d\,dt = V_d = \frac{R}{T}\int_t^{t+T} i_d\,dt + \frac{L}{T}\int_{i_d(t)}^{i_d(t+T)} d(i_d) + \frac{1}{T}\int_t^{t+T} e_m\,dt =$$
$$= RI_d + 0 + E_m$$

da cui:

$$I_d = \frac{(V_d - E_m)}{R} = \frac{d\cdot V - E_m}{R}\,.$$

La fluttuazione ΔI della corrente i_d si può valutare prendendo in esame l'intervallo di tempo T_1, nell'ipotesi di trascurate la c.d.t. resistiva $R{\cdot}I_d$ $(R=0)$ e facendo riferimento al valore medio V_d della tensione.
Poiché $R=0$, risulta $E_m=V_d$ e quindi si ha: $V=L{\cdot}pi_d+V_d$; si ottiene pertanto, con riferimento alla fig.28, in cui per t=0 è $i_d=I_B$:

$$i_d = (V - V_d)\frac{t}{L} + I_B\,.$$

Poiché per $t=T_1$ è $i_d=I_A$, si ricava:

$$\Delta I = I_A - I_B = (V - V_d)\frac{T_1}{L} = \frac{(1-d)d\cdot V}{Lf_c}$$

che mostra come all'aumentare dell'induttanza L si riduce la fluttuazione di corrente ΔI.
In fig.29 è riportato l'andamento della funzione $f(d)=(1-d)\cdot d$.
Per avere bassi valori di $f(d)$, e quindi di fluttuazione ΔI, occorre utilizzare

valori di d o tendenti a zero o tendenti a uno.

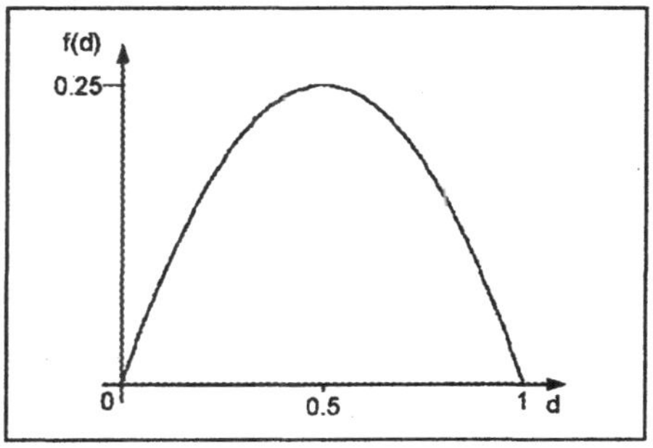

Figura 29. Andamento della funzione *f(d)=(1-d)·d.*

Teoria trasformatorica del chopper

Questa teoria consente di interpretare in modo significativo il comportamento del convertitore.
Per lo studio in esame si fa l'ipotesi che l'induttanza L del carico sia infinita: $L=\infty$, e quindi, essendo nulla la fluttuazione di corrente ($\Delta I=0$), risulta $i_d=I_d$. Pertanto il valore medio I della corrente lato rete di alimentazione vale:

$$I = \frac{1}{T}\int_t^{t+T} i\,dt = d \cdot I_d\,.$$

Si consideri ora il circuito di fig.30.

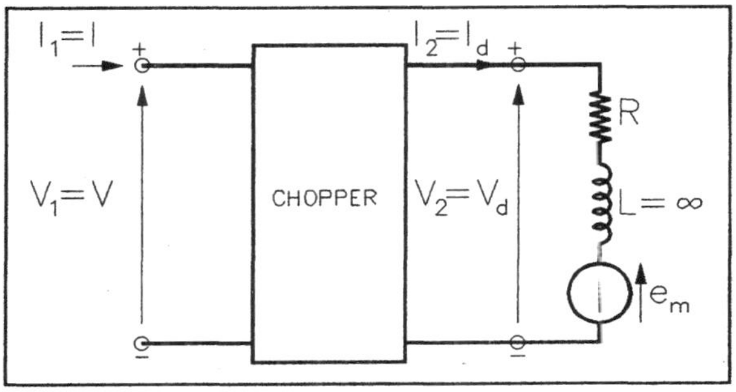

Figura 30. Comportamento da «trasformatore» del chopper.

Risulta:
- lato carico: $V_2=V_d=d \cdot V$ e $I_2=I_d$, da cui: $P_2=V_2I_2=d \cdot VI_d$;
- lato rete di alimentazione: $V_1=V$ e $I_1=I=d \cdot I_d$ da cui: $P_1=V_1I_1=d \cdot VI_d$.

Pertanto si ha $P_1=P_2$ (*potenza entrante* P_1 uguale a *potenza uscente* P_2) e $V_2/V_1=I_1/I_2=d$.
Il chopper si comporta come un «*trasformatore*» di rapporto d.

Osservazione
In origine per realizzare il chopper si usavano, come valvole controllate, i tiristori, che, essendo, però comandate solo in accensione, necessitavano di un sistema di spegnimento abbastanza complesso (commutazione forzata). Attualmente vengono utilizzate invece valvole comandate sia in chiusura sia in apertura con notevole semplificazione del circuito di comando.

3.2.2. Convertitore CC/CC a ponte

Lo schema del convertitore è riportato in fig.31 dove, detta V la tensione di alimentazione, si individuano quattro valvole comandate T_1, T_2, T_3, T_4 aventi in antiparallelo i diodi di ricircolo D_1, D_2, D_3, D_4. Si utilizzano valvole comandate sia *in chiusura* sia *in apertura*.
Il ponte è caratterizzato da due rami A e B costituiti ciascuno da due valvole controllate. In ogni ramo non vi possono essere due valvole contemporaneamente in conduzione, altrimenti si metterebbe in corto circuito l'alimentazione. Tali valvole, inoltre, non vengono mai aperte nello stesso istante. E' opportuno osservare che l'inserzione dei diodi di ricircolo è necessaria perché la loro presenza consente la richiusura della corrente i_d di carico senza che essa subisca brusche variazioni non consentite dalla presenza dell'induttanza L del carico.

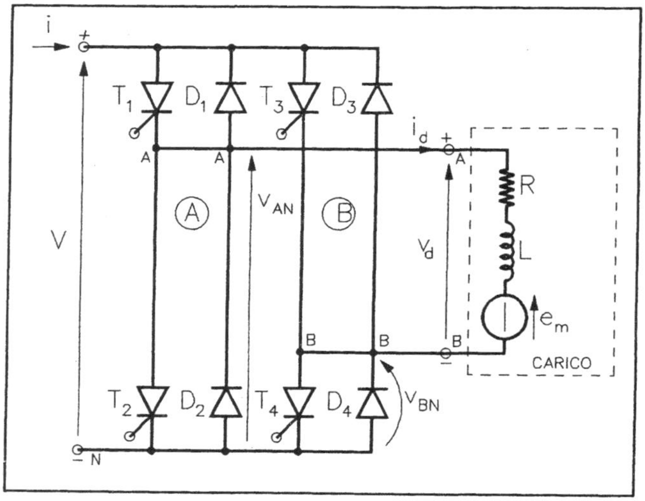

Figura 31. Convertitore CC/CC a ponte.

Nel funzionamento a regime, come verrà di seguito mostrato, le grandezze elettriche v_d e i_d del carico risultano periodiche di periodo T e assumono i seguenti valori medi V_d e I_d:

$$V_d = \frac{1}{T}\int_t^{t+T} v_d \, dt \qquad \text{e} \qquad \mathrm{I}_d = \frac{1}{T}\int_t^{t+T} i_d \, dt$$

Poiché, come si vedrà, si può avere: $V_d \gtrless 0$ e $I_d \gtrless 0$, il convertitore opera su «*quattro quadranti*».
Lo studio viene effettuato, a tensione V di alimentazione costante, mettendo in evidenza le tensioni v_{AN} e v_{BN} di fig.31, poiché da esse si deduce la tensione v_d sul carico: $v_d = v_{AN} - v_{BN}$.
In relazione al tipo di controllo delle valvole si ottengono due convertitori: *convertitore bipolare* e *convertitore unipolare*.

a) Convertitore bipolare

In fig.32 sono riportate, in funzione del tempo, le grandezze elettriche più significative del convertitore bipolare; l'andamento nel tempo della corrente i_d del carico è approssimato con segmenti di retta, come effettuato per il chopper.
Il funzionamento del convertitore si ottiene inviando un segnale di accensione di durata t_1 alle valvole T_2 e T_3 e di durata t_2 alle valvole T_1 e T_4. Durante questi intervalli di tempo, quando le condizioni del circuito lo consentono, avviene l'accensione delle valvole. Nella fig.32 sono mostrati gli effettivi intervalli di conduzione sia delle valvole sia dei diodi di ricircolo:

$$\begin{cases} \text{intervallo } t_a : \mathrm{D}_2 \text{ e } \mathrm{D}_3, i_d > 0 \\ \text{intervallo } t_b : \mathrm{T}_2 \text{ e } \mathrm{T}_3, i_d < 0 \end{cases} \quad t_1 = t_a + t_b$$

$$\begin{cases} \text{intervallo } t_c : \mathrm{D}_1 \text{ e } \mathrm{D}_4, i_d < 0 \\ \text{intervallo } t_d : \mathrm{T}_1 \text{ e } \mathrm{T}_4, i_d > 0 \end{cases} \quad t_2 = t_c + t_d$$

In fig.32 sono riportati gli andamenti nel tempo della corrente i_d sia nel caso in cui $i_d > 0$ sia nel caso in cui $i_d < 0$.

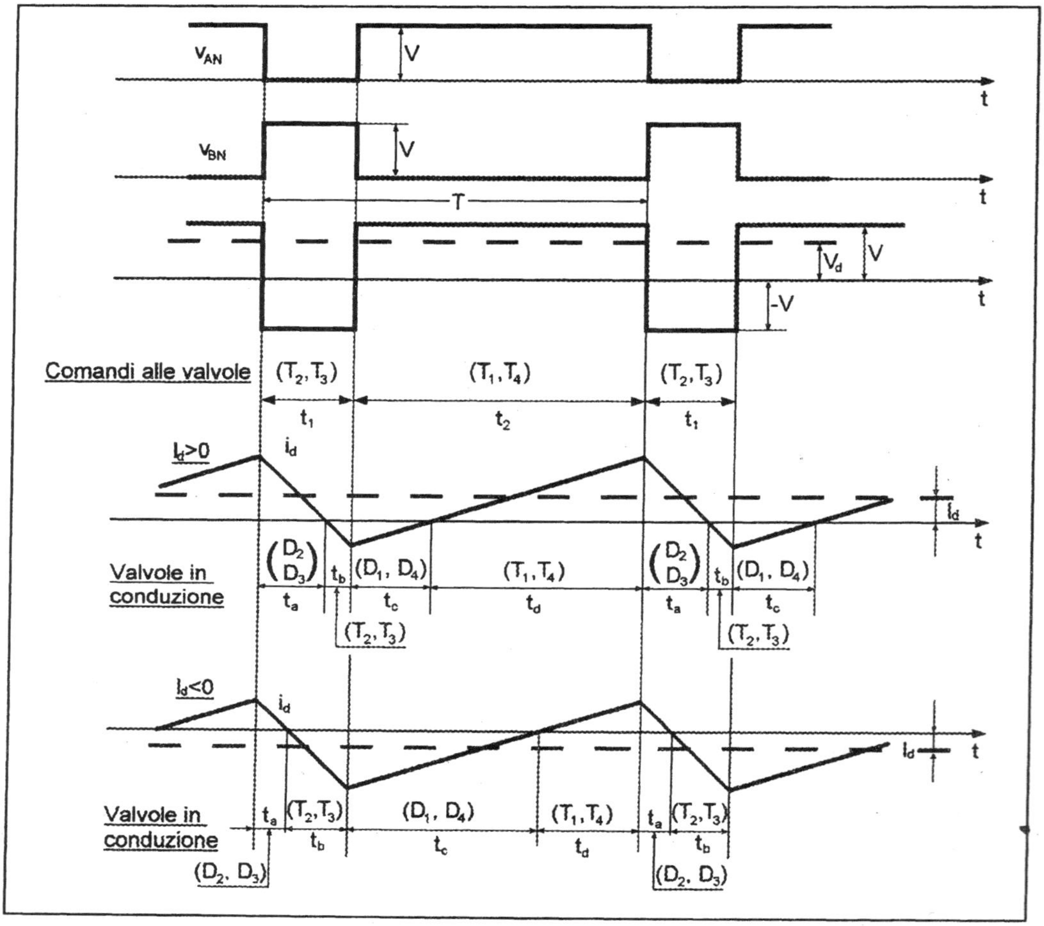

Figura 32. Tensioni e correnti nel convertitore bipolare.
$T=t_1+t_2$: periodo; *$V_d=(t_2-t_1)\cdot V/T>0$ $(t_2>t_1)$*.

Il valore medio V_d della tensione v_d sul carico vale:
$V_d=(t_2-t_1)V/T$, dove il periodo T è dato da: $T=t_1+t_2$.
E' evidente, pertanto, che cambiando la durata degli intervalli di tempo t_1 e t_2 inviati alle valvole, si regola il valore medio V_d della tensione sul carico:

- per $t_2 \geq t_1$ si ha: $V_d \geq 0$
- per $t_2 \leq t_1$ si ha: $V_d \leq 0$.

In fig.32 si è considerato $t_2 \geq t_1$ e quindi $V_d \geq 0$.
In fig.33 sono schematizzati i circuiti corrispondenti agli intervalli di conduzione t_a, t_b, t_c, t_d di fig.32.

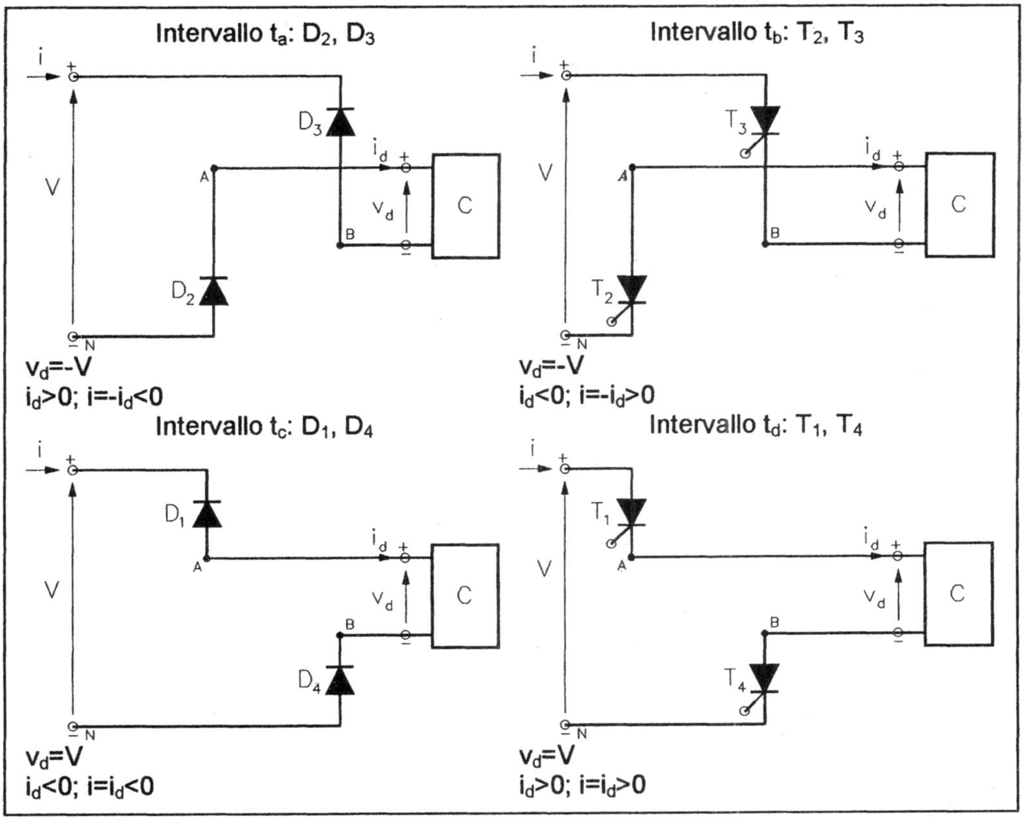

Figura 33. Circuiti corrispondenti agli intervalli di conduzione.
$t_1=t_a+t_b$: $i=-i_d$; $t_2=t_c+t_d$: $i=i_d$.

a1) Controllo PWM delle valvole del convertitore bipolare

Questo controllo consiste nell'inviare il segnale di comando di accensione alle valvole mediante il confronto di una tensione v_t periodica triangolare, di ampiezza V_{mt} e frequenza $f_t=1/T_t$, con una tensione di controllo costante V_{con}, come mostra la fig.34.
Il segnale di accensione è inviato alle valvole T_1 e T_4 per il tempo t_2 in cui $V_{con}>v_t$ e alle valvole T_2 e T_3 per il tempo t_1 in cui $V_{con}<v_t$:
- $V_{con}>v_t$: comando di accensione alle valvole T_1 e T_4 di durata t_2
- $V_{con}<v_t$: comando di accensione alle valvole T_2 e T_3 di durata t_1.

In fig.34 sono riportati i casi sia con $V_{con}>0$, per cui $t_2>t_1$, sia con $V_{con}<0$, per cui $t_2<t_1$; in entrambi i casi il periodo T della tensione v_d sul carico coincide con il periodo T_t della tensione triangolare v_t ($T=T_t=1/f_t$) e il valore

medio della tensione V_d è dato, come già visto, dalla relazione:

$$V_d=(t_2-t_1)\cdot V/T.$$

Dalla fig.34 si deduce inoltre l'intervallo di tempo:

$$\tau_1 = |V_{con}|\frac{T_t}{4V_{Mt}} = |V_{con}|\frac{T}{4V_{Mt}}.$$

Definito $k=V/V_{Mt}$, si ottiene inoltre:

- per $V_{con}>0$:

$$t_2 = \frac{T_t}{2} + 2\tau_1 = \left(1 + \frac{V_{con}}{V_{Mt}}\right)\frac{T}{2}$$

$$t_1 = T - t_2 = \left(1 - \frac{V_{con}}{V_{Mt}}\right)\frac{T}{2}$$

quindi si ha:

$$t_2 - t_1 = \frac{V_{con}}{V_{Mt}}T \quad \text{e} \quad V_d = \frac{V}{V_{Mt}}V_{con} = kV_{con}$$

- per $V_{con}<0$:

$$t_1 = \frac{T_t}{2} + 2\tau_1 = \left(1 + \frac{|V_{con}|}{V_{Mt}}\right)\frac{T}{2}$$

$$t_2 = T - t_2 = \left(1 - \frac{|V_{con}|}{V_{Mt}}\right)\frac{T}{2}$$

quindi si ha:

$$t_2 - t_1 = -\frac{V_{con}}{V_{Mt}}T \quad \text{e} \quad V_d = -\frac{V}{V_{Mt}}|V_{con}| = -k|V_{con}|.$$

Più in generale si può porre: $V_d=kV_{con}$, in cui V_d assume lo stesso segno di V_{con}.

b) Convertitore unipolare

In fig.35 sono riportate, in funzione del tempo, le grandezze elettriche più significative del convertitore unipolare, nell'ipotesi di inviare il comando di accensione alle valvole con il seguente ordine e in modo tale che risulti $t_1=t_3=t_5$ e $t_2=t_4=t_6$:

Intervallo	Valvole comandate	Intervallo	Valvole comandate
t_1	T_1 e T_4	$t_4=t_2$	T_1 e T_3
t_2	T_2 e T_4	$t_5=t_1$	T_1 e T_4
$t_3=t_1$	T_1 e T_4	$t_6=t_2$	T_2 e T_4

Il periodo delle grandezze elettriche vale: $T=t_1+t_2=t_3+t_4$.
Nella fig.35 si individuano anche gli intervalli di tempo in cui le valvole controllate e i diodi di ricircolo sono in conduzione:
- Intervallo $t_a=t_e$: D_1 e D_4 $i_d<0$ $v_d=V$
- Intervallo $t_b=t_f$: T_1 e T_4 $i_d>0$ $v_d=V$
- Intervallo t_c : D_2 e T_4 $i_d>0$ $v_d=0$
- Intervallo t_d : D_4 e T_2 $i_d<0$ $v_d=0$
- Intervallo t_g : D_3 e T_1 $i_d>0$ $v_d=0$
- Intervallo t_h : D_1 e T_3 $i_d<0$ $v_d=0$

Con questo ordine di comando alle valvole il valore medio V_d della tensione v_d sul carico è sempre positivo ($V_d>0$), mentre il valore medio I_d della corrente i_d può essere sia positivo ($I_d>0$) sia negativo ($I_d<0$), come mostrato in fig.35.
Cambiando, però, la sequenza di comando alle valvole è possibile che V_d assuma valori negativi ($V_d<0$), come sarà mostrato nel successivo paragrafo b1).
In fig.36 sono schematizzati i circuiti corrispondenti agli intervalli di conduzione $t_a, t_b, t_c, t_d, t_e, t_f, t_g, t_h$.

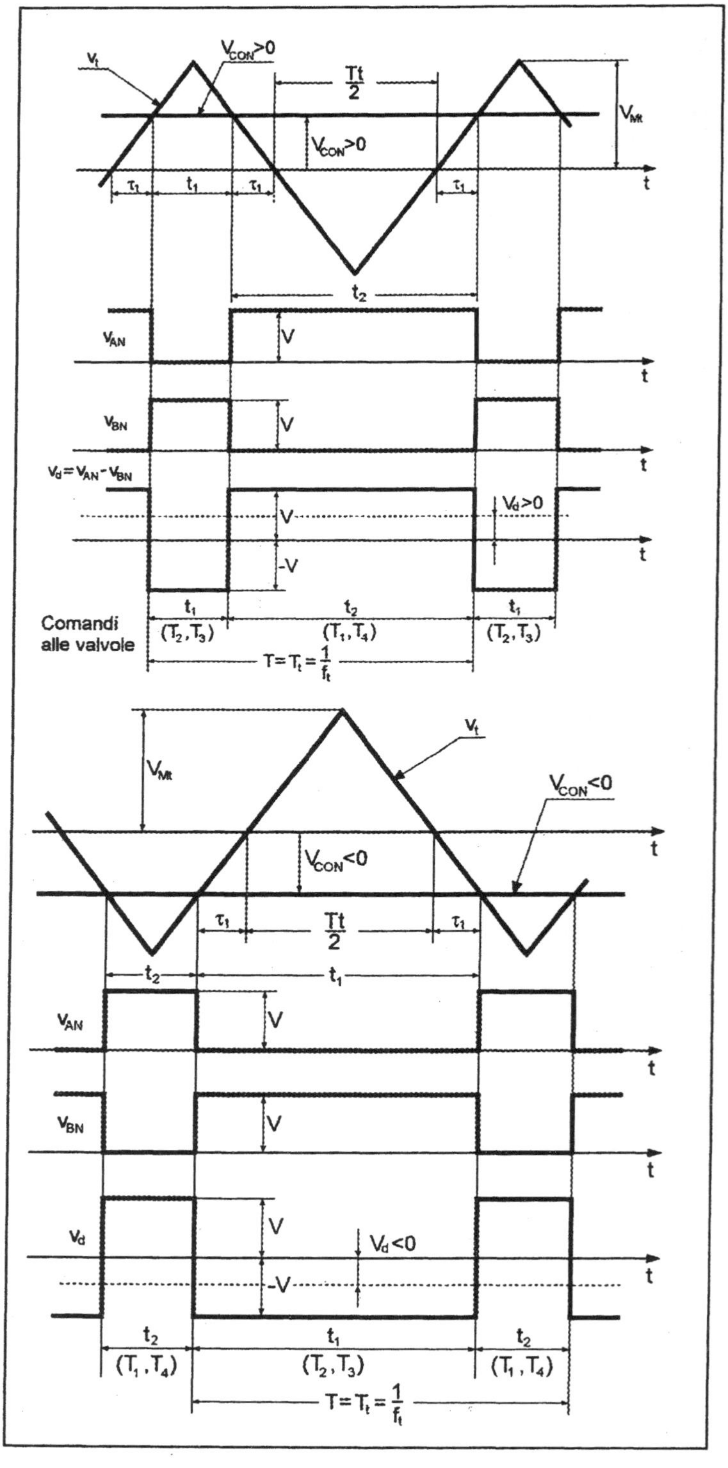

Figura 34. Controllo PWM bipolare.

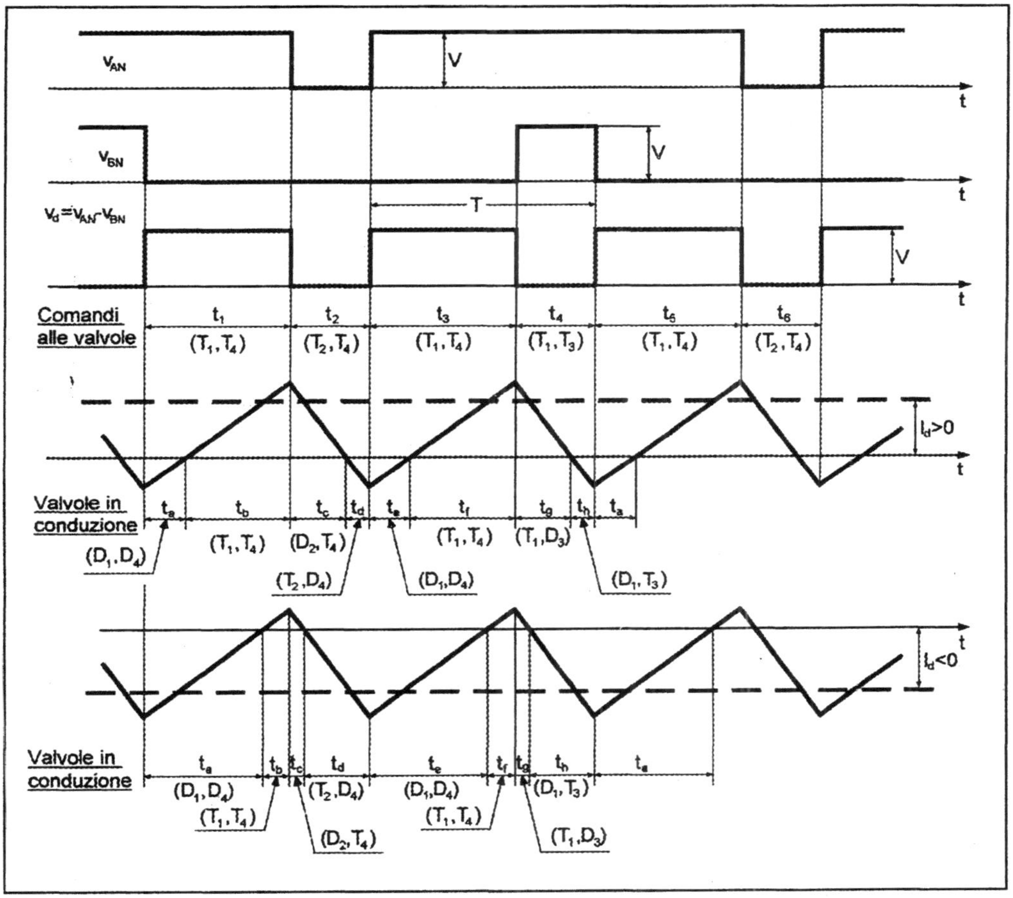

Figura 35. Tensioni e correnti nel convertitore unipolare. $t_1=t_3$ e $t_2=t_4$
Periodo $T=t_1+t_2=t_3+t_4$.

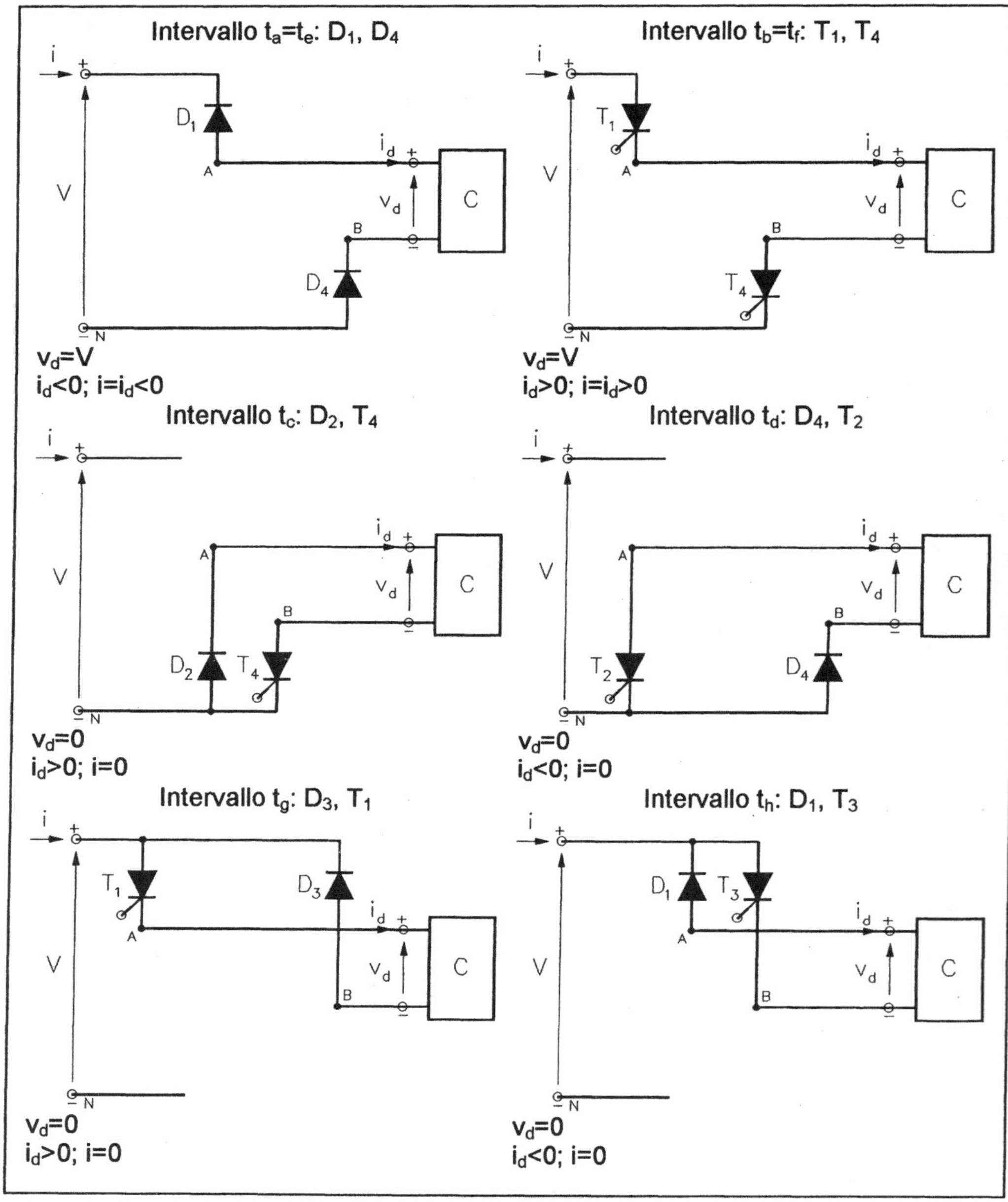

Figura 36. Circuiti corrispondenti agli intervalli di conduzione.

b1) Controllo PWM delle valvole del convertitore unipolare

In questo caso si effettua un confronto tra la tensione triangolare v_t, di ampiezza V_{mt} e frequenza $f_t=1/T_t$, con due tensioni costanti di controllo V_{con} e $V_{1con}=-V_{con}$, come mostra la fig.37, in cui $V_{con}>0$ e $V_{1con}<0$, e la fig.38, in cui $V_{con}<0$ e $V_{1con}>0$.
Il confronto è tale per cui si ha:

$$\begin{cases} V_{con} > v_t : \text{comando di accensione alla valvola } T_1 \\ V_{con} < v_t : \text{comando di accensione alla valvola } T_2 \end{cases}$$

$$\begin{cases} V_{1con} > v_t : \text{comando di accensione alla valvola } T_3 \\ V_{1con} < v_t : \text{comando di accensione alla valvola } T_4 \end{cases}$$

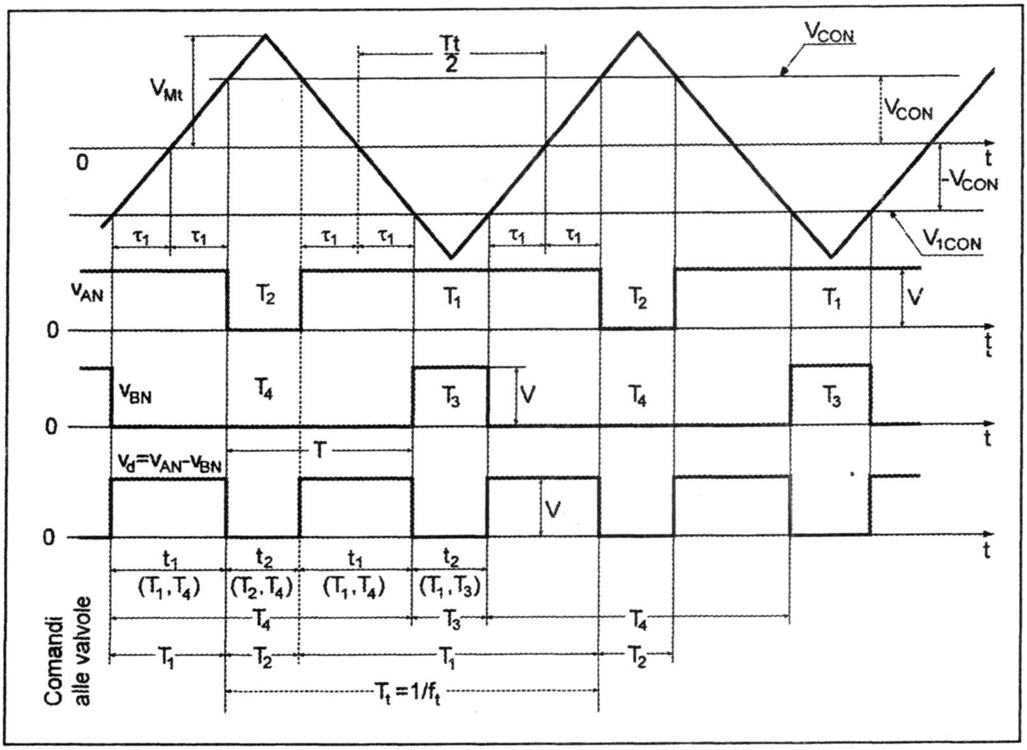

Figura 37. Controllo PWM unipolare: $V_{con}>0$ e $V_{1con}>0$.

Nel caso in cui $V_{con}>0$ (fig.37) si ha:

$$\begin{cases} t_1 = 2\tau_1 \\ t_2 = \dfrac{T_t}{2} - 2\tau_1 \end{cases}$$

dove: $\tau_1 = \dfrac{V_{con}}{V_{Mt}} \cdot \dfrac{T_t}{4}$,

perciò il periodo T della tensione v_d vale: $T=t_1+t_2=T_t/2$.

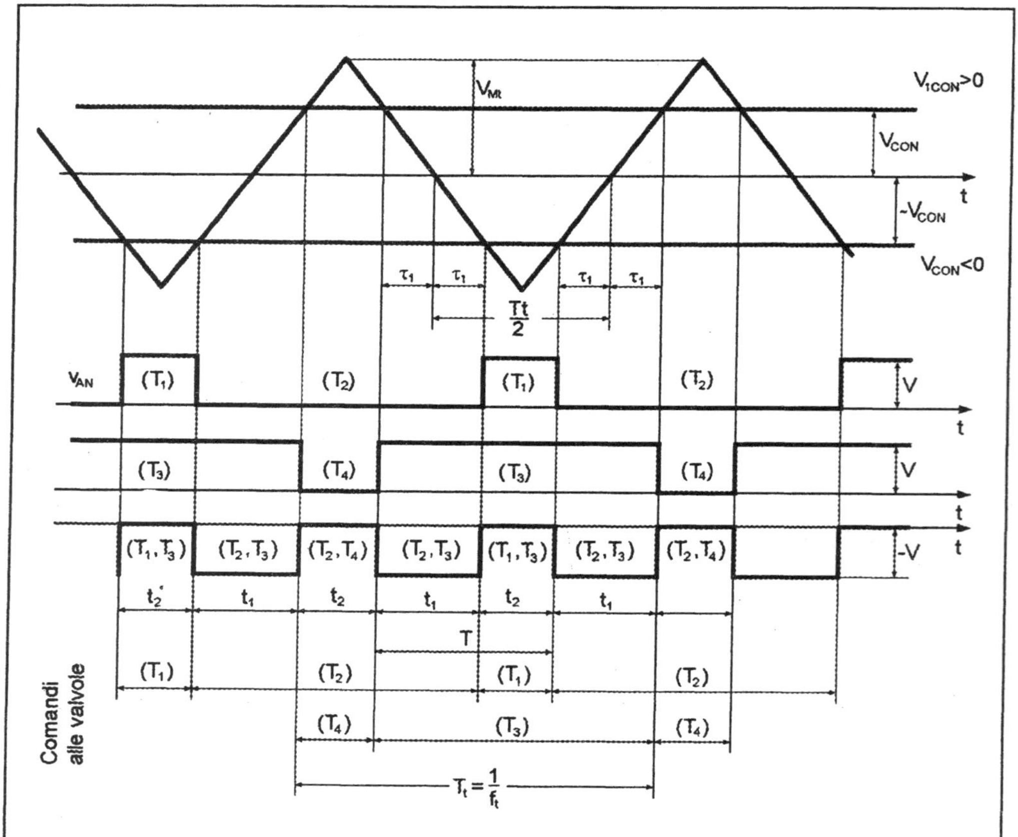

Figura 38. Controllo PWM unipolare: V_{con}<0 e V_{1con}>0.

Il valore medio v_d è espresso dalla seguente relazione dove si è definito $k=V/V_{Mt}$:

$$V_d = V\frac{t_2}{T} = V\frac{V_{con}}{V_{Mt}} = kV_{con}.$$

Nel caso in cui $V_{con}<0$ (fig.38) si ha:

$$\begin{cases} t_1 = 2\tau_1 \\ t_2 = \dfrac{T_t}{2} - 2\tau_1 \end{cases}$$

dove: $\tau_1 = \dfrac{|V_{con}|}{V_{Mt}} \cdot \dfrac{T_t}{4}$,

per cui $T=t_1+t_2=T_t/2$ e $V_d = -V\dfrac{t_2}{T} = -V\dfrac{|V_{con}|}{V_{Mt}} = -k|V_{con}|$.

In generale si può porre: $V_d=k \cdot V_{con}$, attribuendo a V_d il segno di V_{con}. Si osservi infine che v_d e i_d hanno periodo $T=T_t/2$ e quindi frequenza doppia rispetto al caso bipolare, con il vantaggio di avere una sensibile riduzione del ripple (ondulazione) della corrente i_d.

3.3. Convertirore CC/CA: INVERTER

Questo convertitore consente di ottenere una tensione alternata partendo da una sorgente in corrente continua.
Esistono due tipi fondamentali di inverter:

- *inverter a tensione impressa* in cui la sorgente è un generatore di tensione di valore costante;
- *inverter a corrente impressa* in cui la sorgente è equivalente ad un generatore di corrente costante.

Nello studio in esame si considerano solo gli *inverter a tensione impressa*, che si possono dividere in:

- inverter ad *onda quadra*;
- inverter *PWM*.

Per questi convertitori vengono utilizzate valvole controllate, ad esempio tiristori (che però, a causa della commutazione forzata, necessitano di circuiti di spegnimento) e GTO, MOSFET e IGBT per i quali non occorrono circuiti spegnimento.

3.3.1. Inverter a ponte ad onda quadra

Si analizzano l' *inverter monofase* e l' *inverter trifase*.

a) Inverter monofase

Lo schema dell'inverter è riportato in fig.39, dove V è la tensione continua di alimentazione, di valore costante.
Si individuano quattro valvole controllate T_1, T_2, T_3 e T_4, alle quali vengono posti in antiparallelo i diodi di ricircolo D_1, D_2, D_3 e D_4, necessari per la presenza di circuiti induttivi nel carico.
Nell'intervallo di tempo t_1 è inviato il segnale di accensione alle valvole T_1 e T_4, e nell'intervallo di tempo successivo $t_2=t_1$ il segnale di accensione è inviato alle valvole T_2 e T_3.
In fig.40 è riportato l'andamento nel tempo delle tensioni v_{AN} e v_{BN}, della tensione sul carico $v_c=v_{AN}-v_{BN}$ e delle corrente di carico i_C, che si suppone ad andamento triangolare simmetrico; queste grandezze risultano periodiche di periodo $T=t_1+t_2$.
La conduzione delle valvole controllate e dei diodi avviene col seguente schema, dove risulta $t_a=t_b=t_c=t_d$:

Intervallo t_a: D_1 e D_4 $i_c<0$
Intervallo t_b: T_1 e T_4 $i_c>0$
Intervallo t_c: D_2 e D_3 $i_c>0$
Intervallo t_d: T_2 e T_3 $i_c<0$

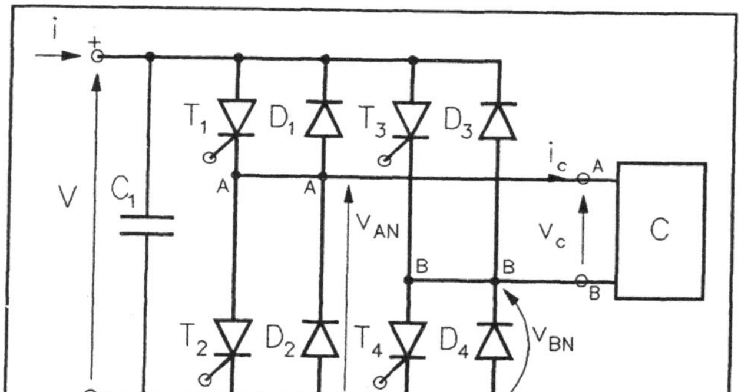

Figura 39. Inverter monofase a ponte. T_1, T_2, T_3, T_4: valvole controllate. C: carico.

In fig.41 sono riportati i circuiti corrispondenti agli intervalli di conduzione t_a, t_b, t_c e t_d.

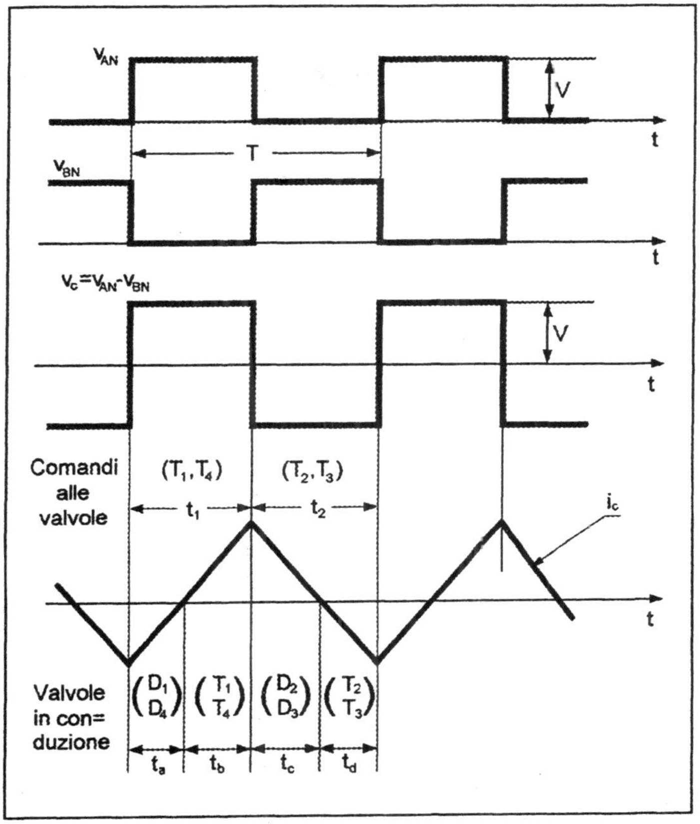

Figura 40. Andamento nel tempo di tensione e corrente nell'inverter monofase. Periodo $T=t_1+t_2$ $t_1=t_2$.

b) Inverter trifase

Lo schema dell'inverter trifase è riportato in fig.42; esso è costituito da sei valvole controllate T_1, T_2, T_3, T_4, T_5 e T_6, aventi in antiparallelo sei diodi di D_1, D_2, D_3, D_4, D_5 e D_6, ed è alimentato dalla tensione continua V, di valore costante.

Ad ogni valvola controllata viene inviato il segnale di accensione per un intervallo di tempo pari a t_1, secondo la successione indicata in fig.43, in cui sono riportati gli andamenti nel tempo delle tensioni v_{AN}, v_{BN}, v_{CN} e v_{AB}, v_{BC}, v_{CA}; i segnali alle valvole dispari (T_1, T_3, T_5) e alle valvole pari (T_2, T_4, T_6) sono sfasati fra loro di $(2/3)\cdot t_1$.

Con gli inverter ad *onda quadra* si può modificare la frequenza $f=1/T$ delle tensioni, agendo sulla durata dei segnali di accensione inviati alle valvole controllate, ma l'ampiezza delle onde rimane costante pari alla tensione continua dell'alimentazione V.

Per variare anche l'ampiezza della tensione sul carico si possono impiegare sia tensioni continue di ampiezza variabile (ottenute da ponti controllati o da chopper) sia inverter con controllo delle valvole del tipo PWM.

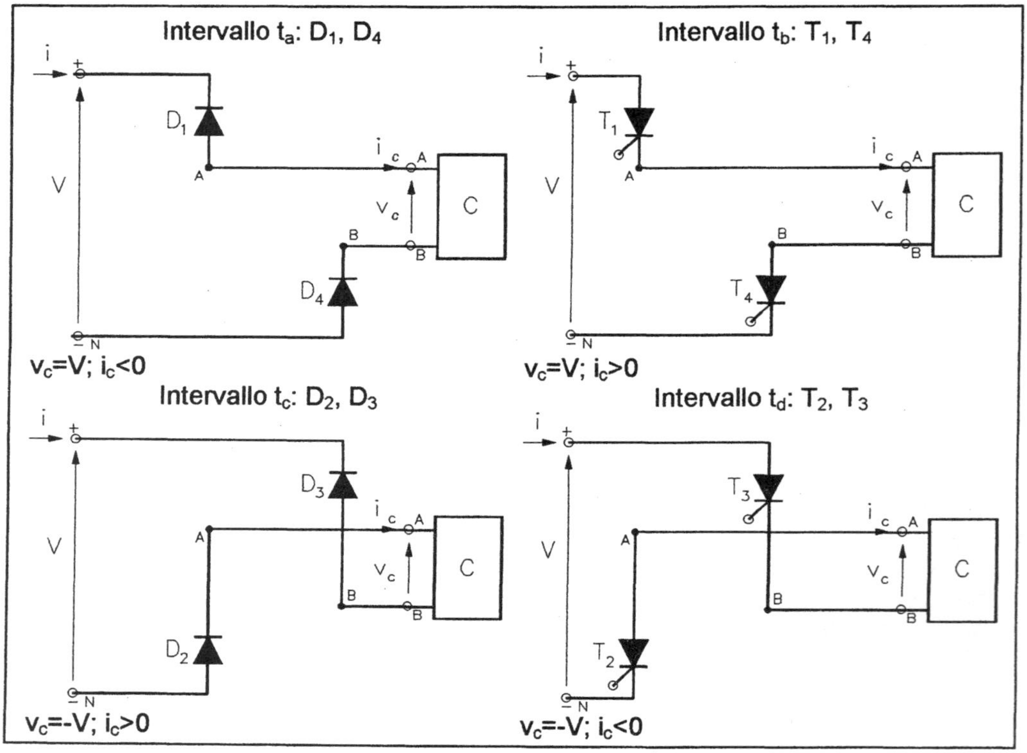

Figura 41. Circuiti corrispondenti agli intervalli di conduzione t_a, t_b, t_c e t_d.

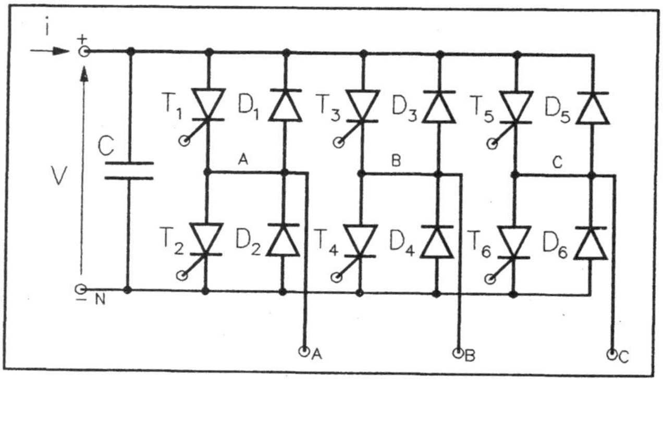

Figura 42. Inverter trifase a ponte.

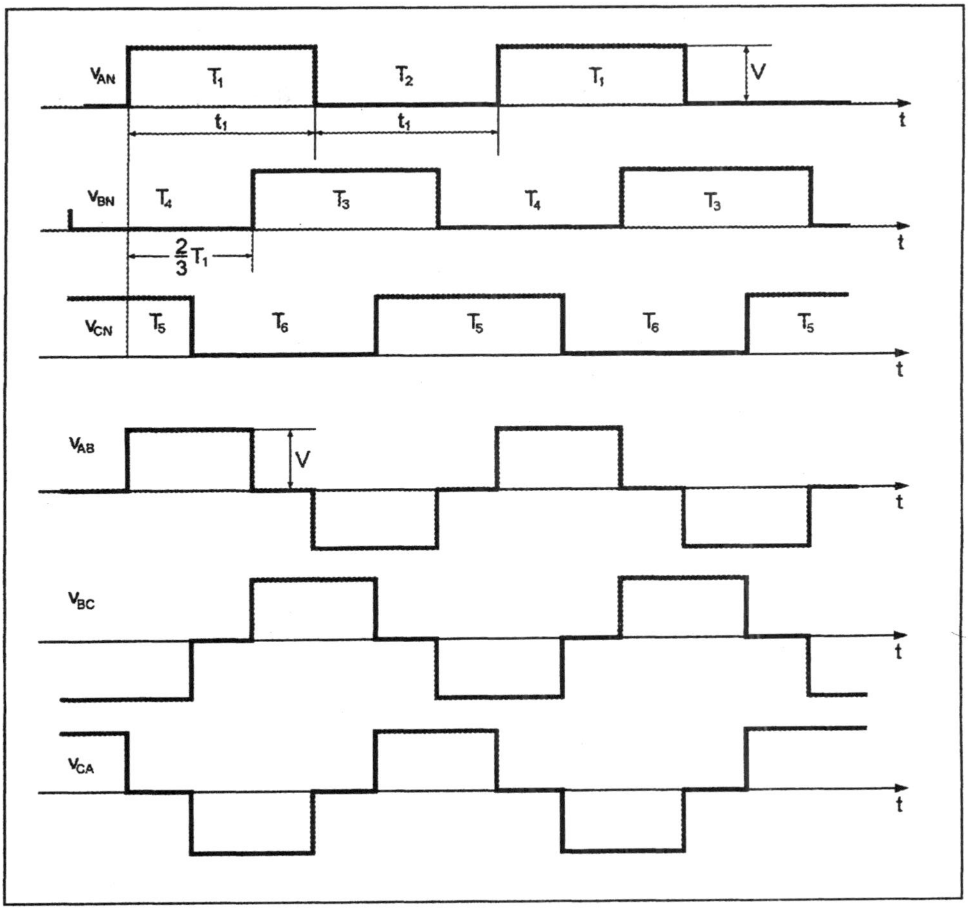

Figura 43. Andamento delle tensioni nell'inverter trifase.

A.3.3.2. Inverter a ponte PWM

Gli schemi degli inverter a ponte monofase e trifase sono identici a quelli ad onda quadra (quello monofase in fig.39 e quello trifase in fig.42) e si vuole esaminare il loro comportamento nel caso in cui l'invio dei segnali di accensione alle valvole avvenga mediante controllo PWM, basato sullo stesso principio descritto nel convertitore CC/CC a ponte.
In questo caso il controllo si ottiene confrontando una tensione alternata sinusoidale v_{con}, di valore massimo V_{Mc} regolabile e frequenza $f_c=1/T_c$ (detta *modulante*), con un'onda di tensione triangolare v_t, di ampiezza v_{Mt} costante e frequenza $f_t=1/T_t>f_c$ (detta *portante*).

In fig.44 è riportato lo schema di funzionamento. Il circuito riportato in fig.44a rappresenta un ramo dell'inverter; esso è costituito da due valvole controllate T_1 e T_2, alimentate dalla tensione continua V. I due condensatori di capacità C consentono di realizzare il punto O e quindi di definire la tensione in uscita v_{AO}.

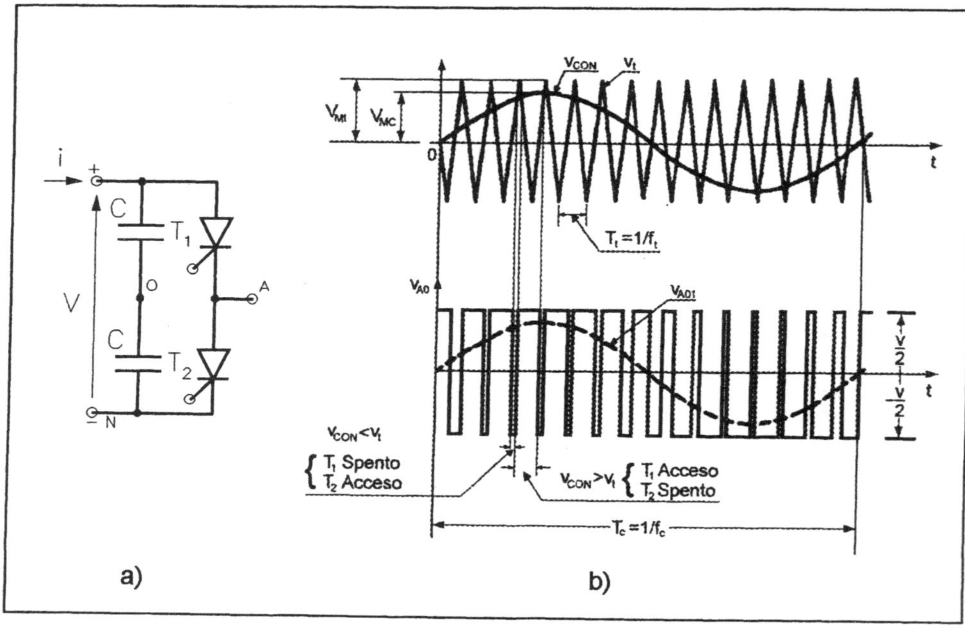

Figura 44. Controllo PWM. v_{AO1}: armonica fondamentale della tensione v_{AO}.

Si definiscono i seguenti rapporti:
- rapporto di modulazione di ampiezza: $m_a=V_{Mc}/V_{Mt}>1$
- rapporto di modulazione di frequenza: $m_f=f_t/f_c>1$.

Il confronto fra v_{con} e v_t è tale per cui se $v_{con}>v_t$ viene inviato il segnale di accensione a T_1 (e non a T_2), mentre se $v_{con}<v_t$ il segnale si invia a T_2 (e non a T_1), pertanto si ha:
- $v_{con}>v_t$: valvola T_1 accesa e valvola T_2 spenta $\quad v_{AO}=V/2$
- $v_{con}<v_t$: valvola T_2 accesa e valvola T_1 spenta $\quad v_{AO}=-V/2$

Poichè varia, in relazione all'intersezione delle due onde v_{con} e v_t, la durata degli intervalli in cui $v_{con}>v_t$ e $v_{con}<v_t$, la tensione v_{AO} assume l'andamento di fig.44b. Essa è un'onda periodica, a valore medio nullo, la cui armonica fondamentale v_{AO1} ha frequenza f_c (e periodo $T_c=1/f_c$) come la modulante.
Si può far variare la tensione v_{AO} sia in ampiezza, variando V_{Mc}, sia in frequenza, variando f_c.

a) Inverter monofase

Si considera lo schema monofase di fig.39, in cui le valvole T_1 e T_2 di un ramo sono controllate per confronto fra la tensione v_{con} e v_t come indicato in fig.44b, mentre le valvole T_3 e T_4 dell'altro ramo sono controllate per confronto fra la tensione v_{1con}=-v_{con} e la stessa tensione v_t, come mostra la fig.45.

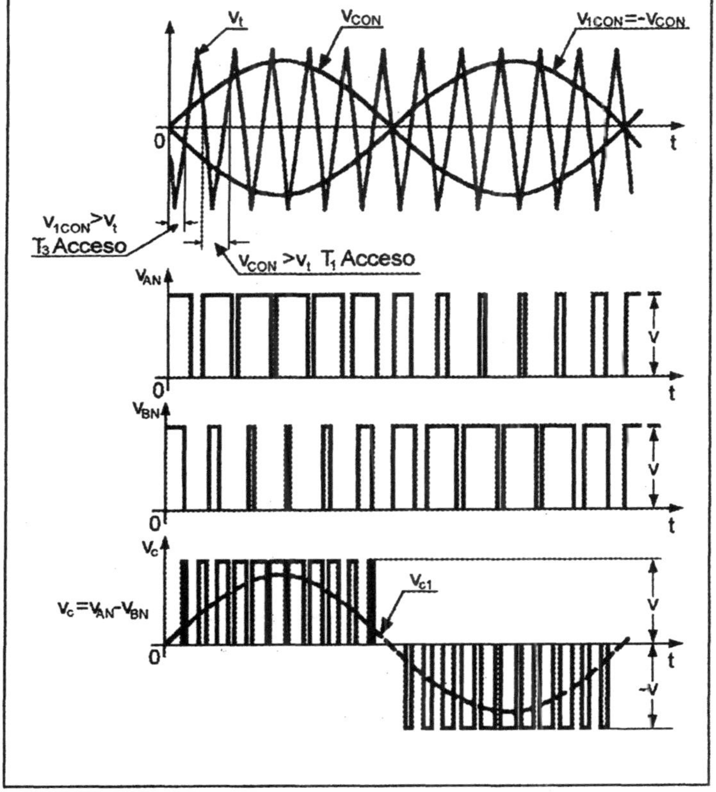

Figura 45. Controllo e forme d'onda dell'inverter monofase a ponte PWM; v_{c1}: armonica fondamentale della tensione v_c.

Risulta pertanto:

$$\begin{cases} v_{con} > v_t : \text{valvola } T_1 \text{ accesa } (T_2 \text{ spenta}) & v_{AN} = V \\ v_{con} < v_t : \text{valvola } T_2 \text{ accesa } (T_1 \text{ spenta}) & v_{AN} = 0 \end{cases}$$

$$\begin{cases} v_{1con} > v_t : \text{valvola } T_3 \text{ accesa } (T_4 \text{ spenta}) & v_{BN} = V \\ v_{1con} < v_t : \text{valvola } T_4 \text{ accesa } (T_3 \text{ spenta}) & v_{BN} = 0 \end{cases}$$

In fig.45 è riportato l'andamento nel tempo della tensione sul carico $v_c = v_{AN} - v_{BN}$ e della sua armonica fondamentale v_{c1}.

b) Inverter trifase

Si considera lo schema trifase di fig.42, in cui il controllo delle valvole è effettuato mediante il confronto delle tre tensioni sinusoidali di controllo v_{ca}, v_{cb}, v_{cc}, sfasate fra loro di 120°, con la tensione triangolare v_t; del sistema trifase in uscita dall'inverter è stata rappresentata solo la tensione concatenata $v_{AB} = v_{AN} - v_{BN}$, di cui v_{AB1} è l'armonica fondamentale.

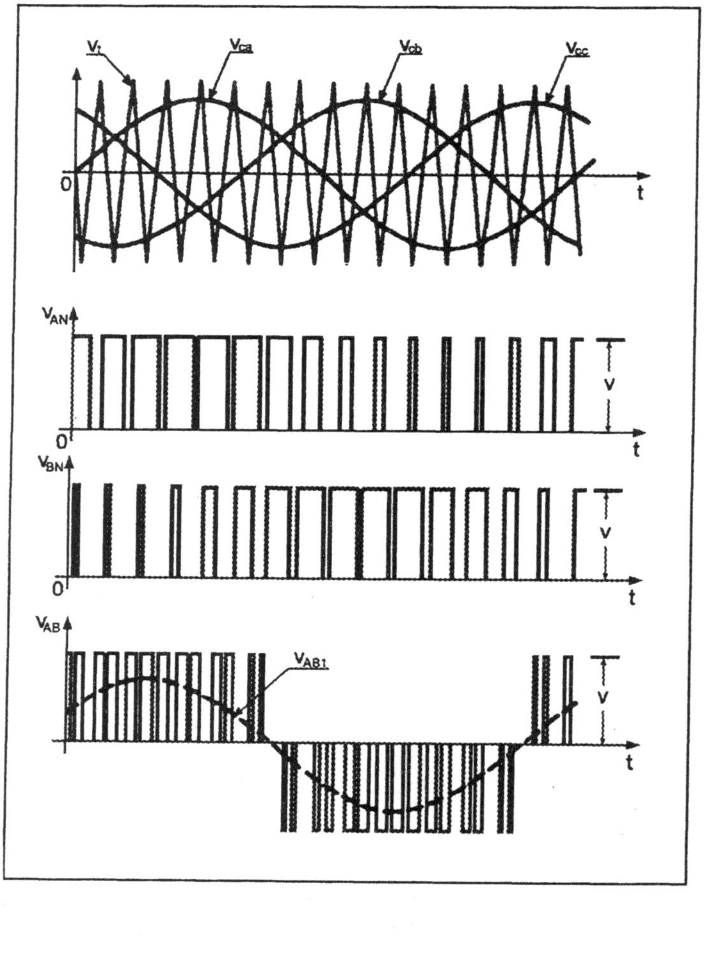

Figura 46. Controllo e forme d'onda dell'inverter trifase a ponte PWM; v_{AB1}: armonica fondamentale della tensione v_{AB}.

3.3.3. Considerazioni sulla conversione CC/CA a tensione impressa

Vengono esaminate ora le possibili soluzioni relative alla conversione di energia CC/CA, nell'ipotesi di voler ottenere una rete in corrente alternata (CA) a tensione *V'* e frequenza *f'* variabili, supponendo che la rete di alimentazione sia in corrente alternata sinusoidale a tensione *V* e frequenza *f* costanti.

Tre soluzioni praticamente utilizzate sono schematizzate in fig.47, valide sia in CA monofase sia (caso assai più diffuso) in CA trifase.

Partendo da una sorgente in CA, è necessario effettuare, nelle tre soluzioni proposte, una prima conversione CA/CC mediante il convertitore **1**, ottenendo così la sorgente in CC.

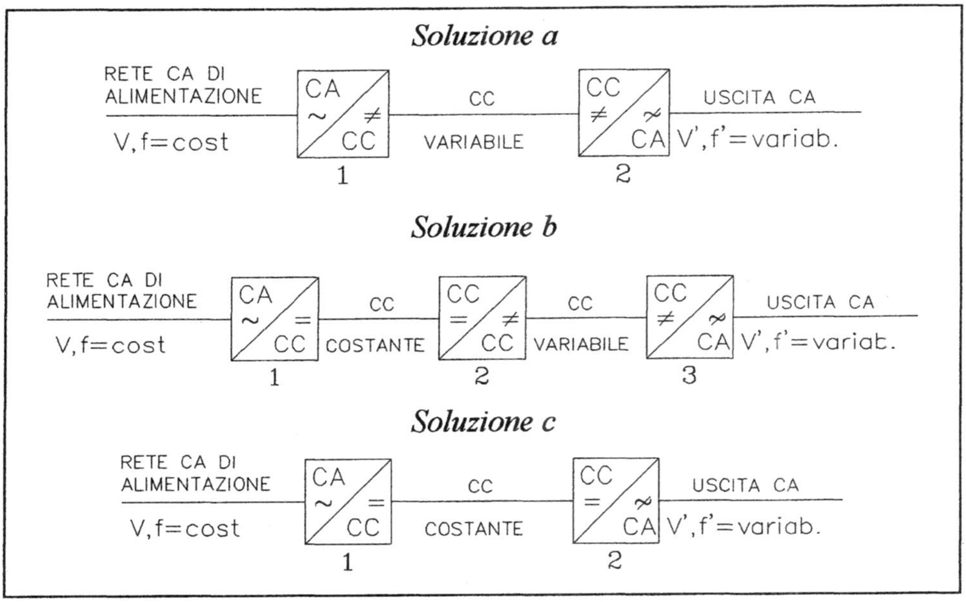

Figura 47. Possibili soluzioni della conversione CC/CA.

Soluzione a)

Convertitore **1**: CA/CC Ponte controllato

Convertitore **2**: CC/CA Inverter ad onda quadra

La variazione dell'ampiezza della tensione in uscita *V'* è ottenuta agendo sul controllo del ponte **1**, mentre la frequenza *f'* viene regolata agendo sull'inverter **2**.

Lo schema è semplice, ma il ricorso al controllo del ponte crea uno sfasamento, lato CA di alimentazione, fra tensioni e correnti con assorbimento indesiderato di potenza reattiva.

Soluzione b)
Convertitore **1**: CA/CC Ponte non controllato (a diodi)
Convertitore **2**: CC/CC Chopper o a ponte
Convertitore **3**: CC/CA Inverter ad onda quadra
Con questa soluzione si elimina l'inconveniente dell'assorbimento di potenza reattiva da parte della rete di alimentazione, ma la presenza di tre convertitori abbassa il rendimento del sistema.

Soluzione c)
Convertitore **1**: CA/CC Ponte non controllato (a diodi)
Convertitore **2**: CC/CA Inverter PWM
Si eliminano gli svantaggi delle soluzioni precedenti, pur essendo più complesso il convertitore **2**.

4. APPLICAZIONI

Verranno nel seguito esaminati gli schemi di *un azionamento in corrente continua* e di un *azionamento in corrente alternata*.

4.1. Azionamento in corrente continua con motore ad eccitazione indipendente

I convertitori CC/CC (Chopper o a ponte) consentono di ottenere una tensione continua di ampiezza variabile, che può consentire la regolazione di velocità dei motori a corrente continua.
Viene ora esaminata l'applicazione ad un motore a corrente continua con eccitazione indipendente, di cui sono richiamate le principali caratteristiche nel funzionamento a regime.

4.1.1 Funzionamento a regime di un motore a corrente continua con eccitazione indipendente

Si fa riferimento allo schema di fig.48.
Le equazioni di funzionamento sono, con il noto significato dei simboli:

$$
(2) \qquad \begin{cases} V_a = I_a + R_a I \\ E_a = k\Omega\phi \\ C = k\phi I \\ V_f = R_f I_f \end{cases}
$$

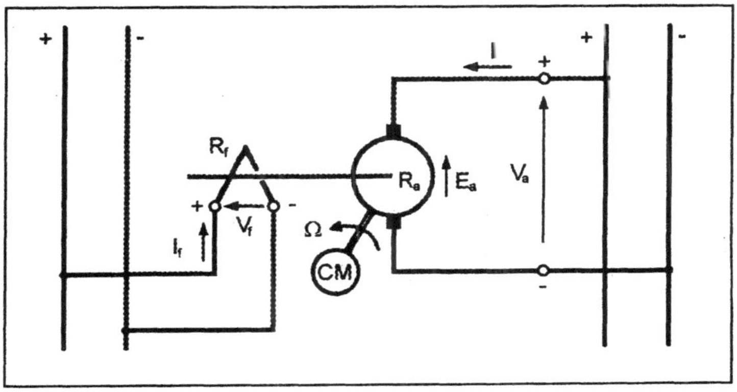

Figura 48. Schema di alimentazione di un motore a CC con eccitazione indipendente; CM: carico meccanico.

In fig.49 è riportata la caratteristica di magnetizzazione che lega la f.e.m. E_a alla corrente di eccitazione I_f, tracciata a velocità di rotazione Ω costante; essa esprime anche il legame fra il flusso per polo ϕ e la corrente di eccitazione I_f.

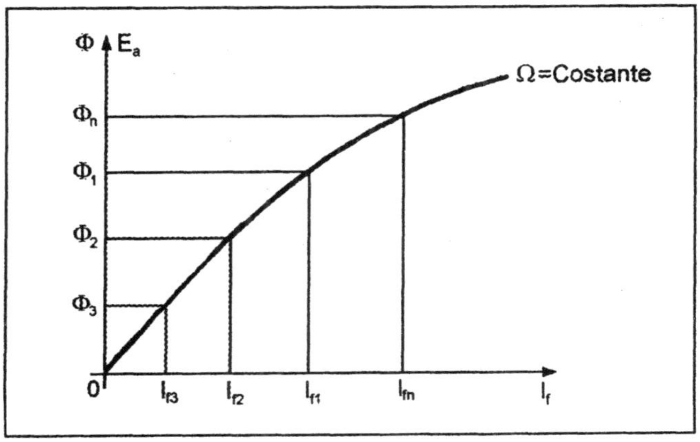

Figura 49. Caratteristica di magnetizzazione. I_{fn}: corrente di eccitazione nominale; ϕ_n: flusso nominale.

Vengono ora definite le seguenti *grandezze nominali*:
- Tensione: V_{an}
- Corrente: I_n

- F.e.m.: $E_{an}=V_{an}-R_a \cdot I_n$
- Corrente di eccitazione: I_{fn} e Flusso: ϕ_n legati dalla caratteristica di magnetizzazione (fig.49)
- Coppia: $C_n=k \cdot \phi_n \cdot I_n$
- Velocità: $\Omega_n=E_{an}/(k \cdot \phi_n)=(V_{an}-R_a \cdot I_n)/(k \cdot \phi_n)$
- Potenza (meccanica resa): $P_{mn}=C_n \cdot \Omega_n$

Definiamo anche la *massima velocità di rotazione* Ω_M che il motore può raggiungere nel suo funzionamento; generalmente risulta $\Omega_n \leq \Omega_M$.
In fig.50 è riportata la caratteristica meccanica (C-Ω), espressa dalla seguente equazione:

$$C = k\phi \frac{V_a}{R_a} - (k\phi)^2 \frac{\Omega}{R_a}.$$

In essa si individuano:
- la velocità a vuoto (I=0 e C=0)

$$(3) \qquad \Omega_0 = \frac{V_a}{k\phi}$$

- la coppia di spunto (Ω=0)

$$(4) \qquad C_s = k\phi \frac{V_a}{R_a}$$ dove: $I_s=V_a/R_a$ è la corrente di spunto o di avviamento.

Queste ultime due grandezze sono puramente teoriche, poichè la corrente I_s assumerebbe valori assai elevati pari a $(10 \div 50) \cdot I_n$, assolutamente inaccettabili per il funzionamento della macchina (per problemi di commutazione la corrente I_a può raggiungere al massimo valori pari a $(1.5 \div 2) \cdot I_n$).
La coppia di spunto C_s serve unicamente per tracciare la caratteristica meccanica la cui zona utile, a flusso nominale ϕ_n, varia da zero fino a circa $2 \cdot C_n$ (fig.50b).

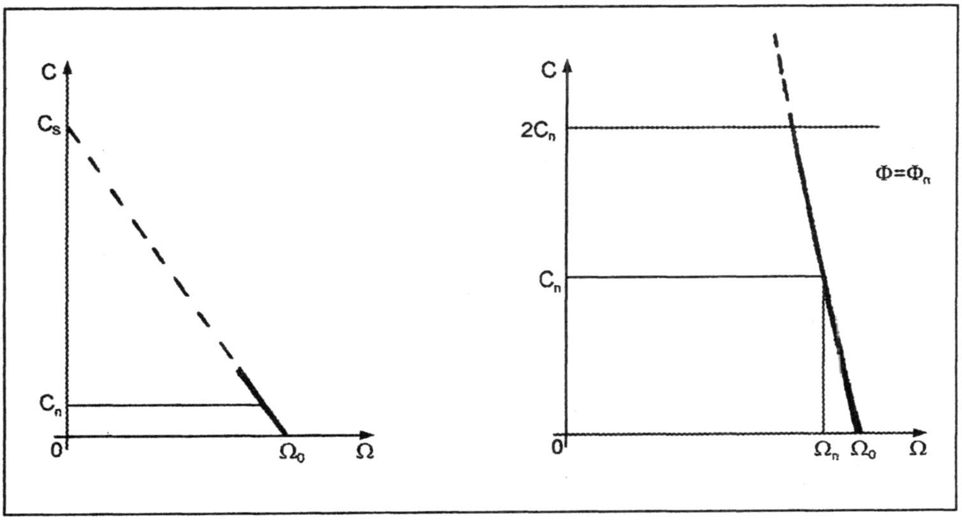

Figura 50. Caratteristiche meccaniche di un motore a CC con eccitazione indipendente. a) Caratteristica completa; b) Zona utile di funzionamento del motore.

4.1.2. Regolazione della velocità di rotazione

La regolazione della velocità di rotazione del motore può essere effettuata nei due seguenti modi:

- agendo sulla tensione di alimentazione V_a (*regolazione d'armatura*);
- agendo sulla corrente di eccitazione I_f (*regolazione d'eccitazione* o *di campo*).

Lo scopo della regolazione è quello di variare la velocità della macchina da 0 fino al valore massimo Ω_M: $0 \leq \Omega \leq \Omega_M$.

a) Regolazione d'armatura

Questa regolazione è effettuata variando la tensione di alimentazione V_a del motore da 0 fino alla tensione nominale V_{an}: $0 \leq V_a \leq V_{an}$, mantenendo costante la corrente di eccitazione I_f ad un valore prefissato: $I_f = I_{f1}$; quindi anche il flusso ϕ, tramite la caratteristica di magnetizzazione di fig.49, si mantiene costante: $\phi = \phi_1$.

Dalle relazioni (3) e (4) si ha:

$$\begin{cases} \Omega_0 = k_1 V_a & \left(\mathrm{k}_1 = \dfrac{1}{k\phi_1}\right) \\ C_s = k_2 V_a & \left(\mathrm{k}_2 = k\dfrac{\phi_1}{R_a}\right) \end{cases}$$

Con questa regolazione le caratteristiche meccaniche si modificano come inficato in fig.51.

b) Regolazione di campo

La regolazione della velocità è ottenuta variando la corrente di eccitazione I_f (e di conseguenza il flussi ϕ tramite la caratteristica di magnetizzazione di fig.49), mantenendo costante la tensione di alimentazione V_a ad un valore prefissato: $V_a = V_{a1}$.
Dalle relazioni (3) e (4) si ricava:

$$\begin{cases} \Omega_0 = \dfrac{k_3}{\phi} & \left(k_3 = \dfrac{V_a}{k}\right) \\ C_s = k_2\phi & \left(k_4 = k\dfrac{V_a}{R_a}\right) \end{cases}$$

In fig.52 sono riportate le caratteristiche meccaniche che si ottengono in corrispondenza dei valori di corrente di eccitazione indicati sulla caratteristica di magnetizzazione di fig.49.

La regolazione della velocità di rotazione del motore è effettuata mediante il controllo della tensione di alimentazione V_a e della corrente di eccitazione I_f (e quindi della tensione di eccitazione $V_f = R_f \cdot I_f$), attraverso opportuni regolatori, che consentono di soddisfare le esigenze richieste dal carico, non solo in termini di velocità di rotazione, ma anche di coppia.
La regolazione è effettuata in modo che le grandezze elettriche non superino i valori nominali, e cioè che risulti:

$$\begin{cases} V_a \le V_{an} \\ I \le I_n \\ I_f \le I_{fn} \end{cases}$$

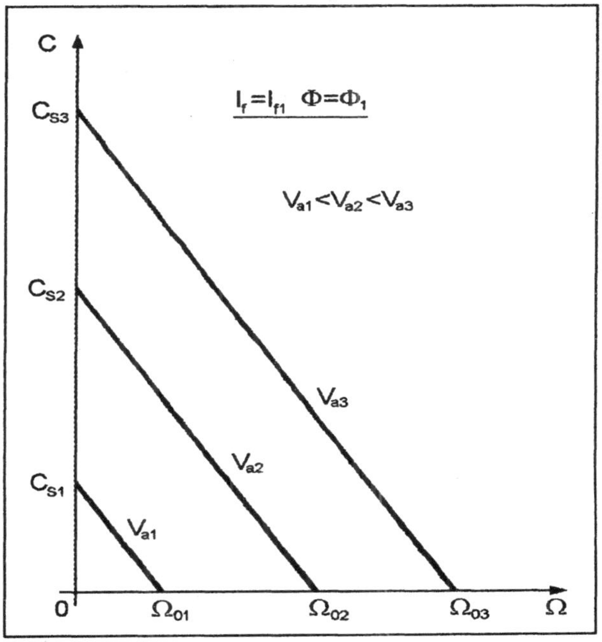

Figura 51. Caratteristiche meccaniche al variare della tensione V_a (I_f=cost).

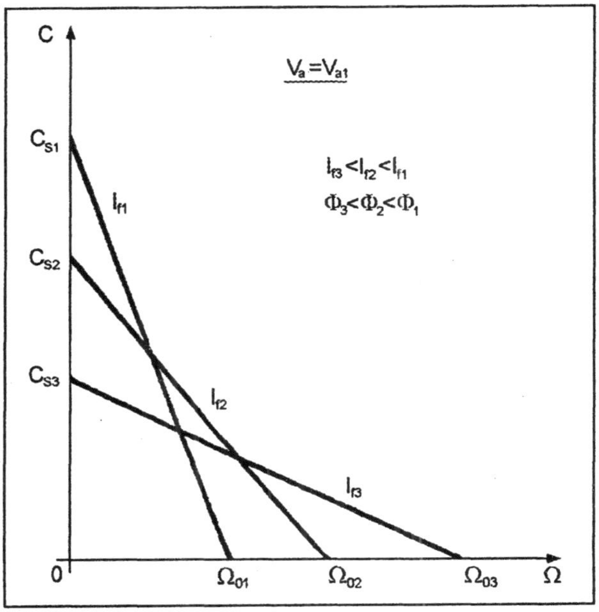

Figura 52. Caratteristiche meccaniche al variare della corrente I_f (V_a=cost).

Una diffusa e tipica regolazione è quella in cui viene mantenuta costante la corrente I assorbita dal motore in modo che risulti: $I=I_1\leq I_n$, facendo variare la tensione di alimentazione V_a, a corrente di eccitazione I_f costante, e viceversa. Si individuano due zone di regolazione distinte, che definiamo ZONA A e ZONA B.

ZONA A - Regolazione d'armatura: $0\leq\Omega\leq\Omega_n$.
E' una regolazione d'armatura in cui si mantiene costante la corrente di eccitazione I_f al suo valore nominale I_{fn} (e quindi anche il flusso assume il valore nominale: $\phi=\phi_n$), facendo variare la tensione di alimentazione V_a da 0 fino al valore nominale V_{an}: $0\leq V_a\leq V_{an}$.
Con questa regolazione la velocità di rotazione varia da 0 a Ω_n: $0\leq\Omega\leq\Omega_n$.
Si ha quindi, ricordando che $I=I_1$=cost.:

$$\begin{cases} E_a = k\phi_n\Omega = k_e\Omega & (k_e = k\phi_n) \\ V_a = E_a + R_aI_1 = K_e\Omega + R_aI_1 & \\ C = k\phi_nI_1 = C_1 & (\text{costante}) \end{cases}$$

Questa regolazione è tale da mantenere costante la coppia C sviluppata dal motore al variare della velocità di rotazione Ω.
Le grandezze energetiche valgono:
-Potenza elettrica (assorbita): $P_e=V_aI_1=k_e'\Omega+R_aI_1^2$ $(k_e'=k_eI_1)$
-Potenza meccanica (erogata): $P_m=C\Omega=C_1\Omega$

ZONA B - Regolazione di campo $\Omega_n\leq\Omega\leq\Omega_M$.
Alla fine della ZONA A (regolazione d'armatura), in cui $\Omega=\Omega_n$, la tensione di alimentazione V_a assume il valore nominale: $V_a=V_{an}$ e quindi non può più aumentare. La successiva regolazione si ottiene pertanto facendo diminuire la corrente di eccitazione I_f: $I_f\leq I_{fn}$, mantenendo costante la tensione di alimentazione V_a al valore nominale: $V_a=V_{an}$.
La velocità di rotazione varia da Ω_n a Ω_M: $\Omega_n\leq\Omega\leq\Omega_M$.
Ricordando che $I=I_1$=cost, si ricava:

$$
\begin{cases}
E_a = k\phi\Omega = V_{an} - R_a I_1 = E_{a1} & \text{(costante)} \\
\phi = \dfrac{E_a}{k\Omega} = \dfrac{E_{a1}}{k\Omega} = \dfrac{k_f}{\Omega} & \left(k_f = \dfrac{E_{a1}}{k}\right) \\
C = k\phi I_1 = \dfrac{k_c}{\Omega} & \left(k_c = k \cdot k_f I_1\right) \\
P_e = V_{an} I_1 = P_{e1} & \text{(costante)} \\
P_m = C\Omega = k_c = P_{m1} & \text{(costante)}
\end{cases}
$$

Con questa regolazione quindi si mantiene costante la potenza meccanica P_m.
In fig.53 sono riportate le caratteristiche statiche ottenute con questi tipi di regolazione.

Se la corrente I assume il valore nominare I_n: $I=I_1=I_n$, dato che risulta nella ZONA A $I_f=I_{fn}$ e nella ZONA B $V_a=V_{an}$, si ottengono le *caratteristiche limite di funzionamento*, cioè le caratteristiche che individuano le possibili zone di lavoro del motore, al di sopra delle quali non si può operare. In fig.54 sono riportate le caratteristiche limite della coppia C e della potenza meccanica P_m, che risultano essere le più significative; il motore non può operare nelle zone tratteggiate.

Nel caso di un motore a CC a *magneti permanenti*, poichè il flusso ϕ resta praticamente costante, è possibile effettuare la regolazione agendo solo sulla tensione di alimentazione V_a (*regolazione d'armatura*), per cui sono valide solo le caratteristiche della ZONA A di fig.53.
Viene ora mostrato lo *schema a blocchi* di un tipico azionamento in CC con motore ad eccitazione indipendente.
Per tracciare lo schema occorre scrivere le equazioni di funzionamento della macchina in regime dinamico. Pertanto indichiamo con L_a l'induttanza dell'avvolgimento di indotto e con L_f l'induttanza dell'avvolgimento di eccitazione, considerata di valore costante.

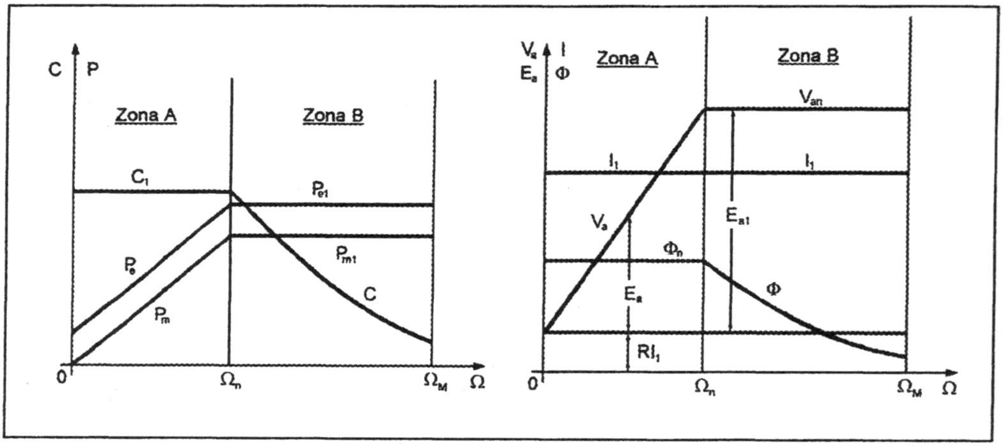

Figura 53. Caratteristiche di regolazione a $I=I_1$=cost. ZONA A - regolazione d'armatura: $I_f=I_{fn}$, $\phi=\phi_n$; ZONA B - regolazione di campo: $V_a=V_{an}$.

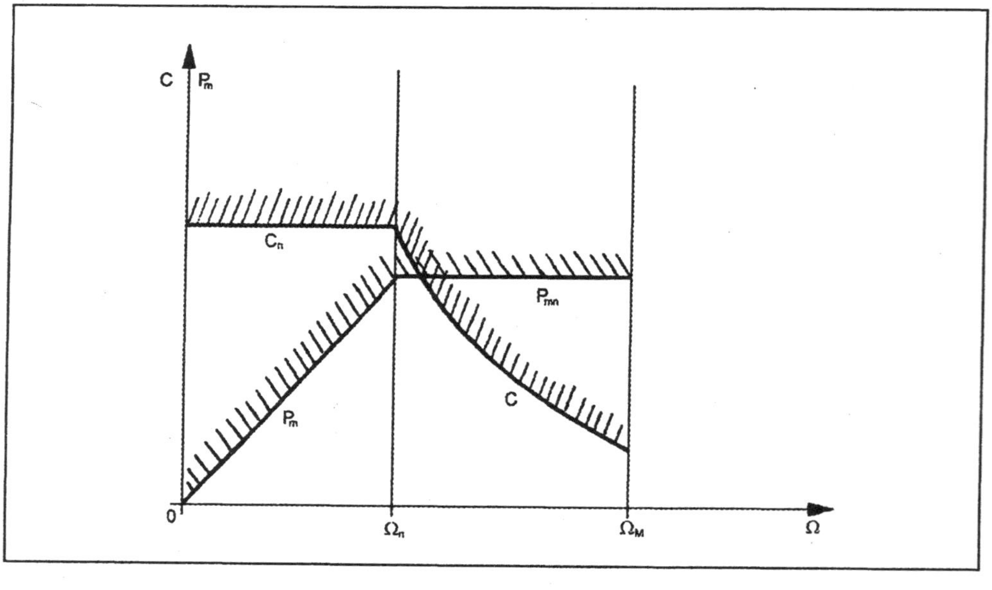

Figura 54. Caratteristiche limite di funzionamento del motore. $I=I_n$, $I_f=I_{fn}$, $\phi=\phi_n$, $V_a=V_{an}$, $C_n=k\phi_n I_n$, $P_{mn}=C_n\Omega_n$.

Le equazioni sono (si vedano le relazioni (9.64) pag.179):

$$\begin{cases} v_a = (R_a i_a + L_a p i_a + e_a) \\ e_a = k\Omega\varphi \\ \varphi_c = 2nN_f\varphi = L_f i_f \\ v_f = R_f i_f + L_f p i_f \end{cases} \qquad \begin{cases} c = k\varphi i_a \\ c = c_r + jp\Omega \\ \varphi = L_f \dfrac{i_f}{2nN_f} \end{cases}$$

Operando nel dominio di Laplace si ottiene:

$$\begin{cases} V_a = (R_a + sL_a)I_a + E_a \\ E_a = k\Omega\Phi \\ C = k\Phi I_a \\ C = C_r + Js\Omega \\ V_f = (R_f + sL_f)I_f \end{cases} \qquad \begin{cases} \Phi = L_f \dfrac{I_f}{2nN_f} = L_f' I_f \\ L_f' = \dfrac{L_f}{2nN_f} \end{cases}$$

Lo schema a blocchi è riportato in fig.55, dove il blocco PI è un blocco regolatore proporzione-integrale per cui risulta:

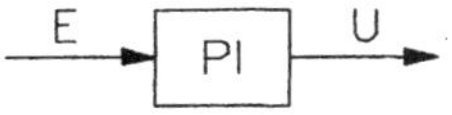

$$U = k_p E + \frac{(k_i E)}{s}$$

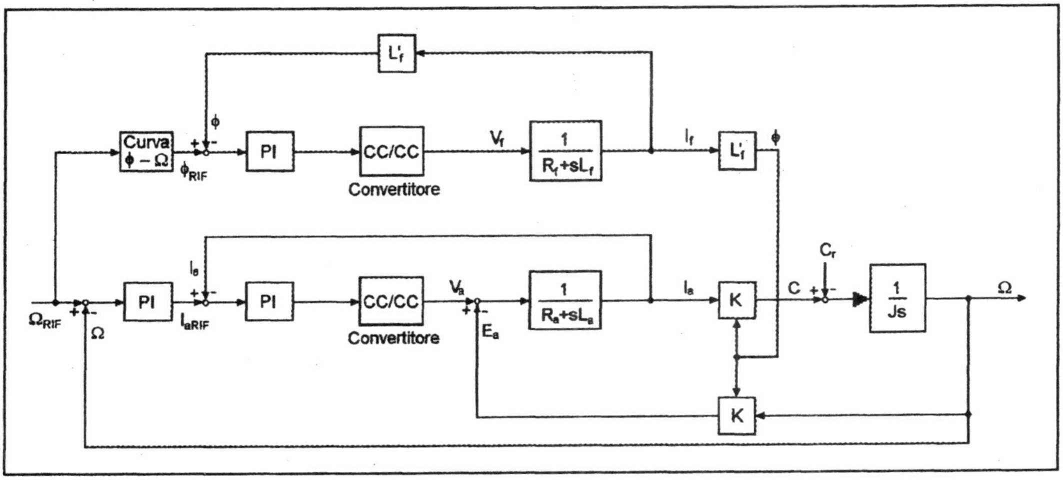

Figura 55. Schema a blocchi di un azionamento in CC con motore ad eccitazione indipendente.

4.2. Azionamento in Corrente Alternata con Motore Asincrono Trifase

I convertitori CC/CA (Inverter) consentono di ottenere un sistema trifase di tensioni simmetriche (non sinusoidali) di ampiezza e frequenza variabili; ricordando che la velocità di rotazione a regime dei motori asincroni dipende dalla frequenza delle tensioni di alimentazione (velocità a vuoto: $\Omega=2\cdot\pi\cdot f/n$, n=n° di coppie polari) con questi convertitori è pertanto possibile regolare la velocità delle suddette macchine.

Vengono ora brevemente richiamate le principali caratteristiche di funzionamento, in regime stazionario, dei motori asincroni trifase.

4.2.1 Funzionamento a regime del Motore Asincrono Trifase

L'analisi del funzionamento a regime, di una macchina avente $2n$ poli, è effettuata con riferimento al circuito equivalente di una fase riportato in fig.56, in cui il ramo derivato Z_0 è posto a monte; la tensione di alimentazione V_{sf} si considera alternata sinusoidale di frequenza f e quindi di pulsazione $\omega=2\cdot\pi\cdot f$.
Lo scorrimento x è definito dalla seguente relazione:

$$x=\frac{\Omega_0-\Omega}{\Omega_0}$$

dove $\Omega_0=\omega/n$ è la velocità di rotazione del campo rotante e Ω quella del rotore della macchina.

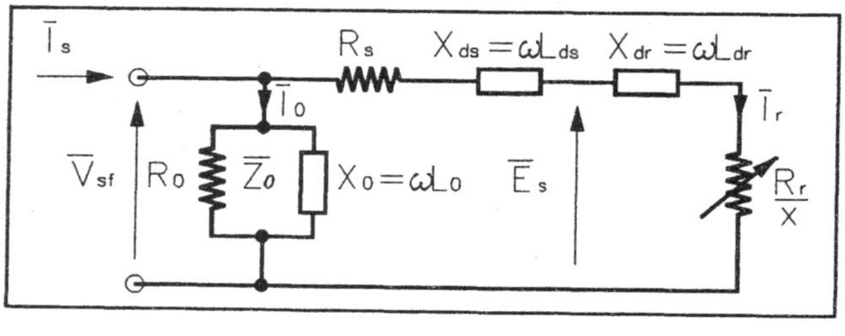

Figura 56. Rete elettrica equivalente a regime di una fase del motore asincrono trifase.

Indicando con $L_d=L_{ds}+L_{dr}$ e $X_d=\omega\cdot L_d$ rispettivamente l'induttanza e la reattanza di dispersione totali (statore + rotore) e con $V_s=\sqrt{3}V_{sf}$ la tensione concatenata, si possono scrivere le seguenti relazioni:

Corrente a vuoto:

$$\bar{I}_0 = \frac{\bar{V}_{sf}}{\bar{Z}_0} \qquad \bar{Z}_0 = \frac{jR_0 X_0}{R_0 + jX_0}$$

$$I_0 = \frac{V_{sf}}{Z_0} \qquad Z_0 = \frac{X_0}{\sqrt{1+\left(\frac{X_0}{R_0}\right)^2}}$$

Corrente di rotore:

$$\bar{I}_r = \frac{\bar{V}_{sf}}{\left(R_s + \frac{R_r}{x}\right) + jX_d}$$

$$I_r = \frac{V_{sf}}{\sqrt{\left(R_s + \frac{R_r}{x}\right)^2 + X_d^{\ 2}}}$$

Corrente di statore: $\bar{I}_s = \bar{I}_0 + \bar{I}_r$

F.e.m.:

$$E_s = \sqrt{\left(\frac{R_r}{x}\right)^2 + X_{dr}^{\ 2}} \cdot I_r = kf\phi_t,$$

dove ϕ_t è il flusso al traferro, che risulta proporzionale all'induzione massima B_M al traferro: $\phi_t = k' \cdot B_M$.

Si pone inoltre: $Z = \sqrt{R_s^{\ 2} + X_d^{\ 2}}$ e $\varepsilon = \frac{R_s}{Z}$.

Coppia:

$$C = \frac{3}{\Omega_0} \frac{R_r}{x} I_r^2 = \frac{V_s^2}{\Omega_0} \frac{1}{\left(R_s + \frac{R_r}{x}\right)^2 + X_d^2} =$$

$$= \frac{V_s^2}{\Omega_0} \frac{1}{Z\left(\frac{R_r}{xZ} + 2\varepsilon + x\frac{Z}{R_r}\right)}$$

In fig.57 è riportata la caratteristica meccanica statica (coppia C - velocità di rotazione Ω) a frequenza f e tensione V_s costanti (curva a). La zona di

funzionamento utile è quella discendente compresa fra il valore di coppia massima C_M e il valore di coppia nulla: $\Omega_M \leq \Omega \leq \Omega_0$ (tratto MA).
In essa si distinguono:

- la coppia di spunto C_k:
  $\Omega=0$, $x=1$
  $$C_k = \frac{V_s^2}{\Omega_0} \frac{R_r}{(R_s+R_r)^2+X_d^2},$$
- la coppia massima C_M:
  $$\Omega=\Omega_M,\ x_M = \frac{\Omega_0-\Omega_M}{\Omega_0} = \frac{R_r}{Z}$$
  $$C_M = \frac{V_s^2}{\Omega_0} \frac{1}{2Z(1+\varepsilon)},$$
- la coppia nominale C_n,
- la velocità nominale $\Omega_n=(1-x_n)\cdot\Omega_0$ dove x_n è lo scorrimento nominale ($x_n=0.005\div0.05$).

L'andamento nel tratto utile MA della caratteristica meccanica mostra come queste macchine, alimentate a tensione e frequenza costanti, ruotino a velocità praticamente costante.
Anche agendo, a parità di frequenza, sulla tensione di alimentazione, in pratica, non si riesce ad ottenere una regolazione della velocità di rotazione.
Ad esempio, alimentando il motore con una tensione $V_s = V_s/\sqrt{2}$, la coppia di spunto C_k' e la coppia massima C_M' si dimezzano: $C_k'=C_k/2$ e $C_M'=C_M/2$, mentre non si modifica la velocità a vuoto: $\Omega_0'=\Omega_0=2\cdot\pi\cdot f/n$, ottenendo la curva b di fig.57.
Per consentire quindi una regolazione della velocità di rotazione del motore occorre agire sulla frequenza della rete di alimentazione f, da cui dipende la velocità a vuoto: $\Omega_0=2\cdot\pi\cdot f/n$.

4.2.2. Funzionamento a tensione e frequenza variabili

Viene ora esaminato il comportamento del motore asincrono al variare sia della frequenza f sia della tensione di alimentazione V_s, con particolare riferimento alla caratteristica meccanica.

Al fine di evidenziare gli aspetti più significativi del comportamento della macchina, è opportuno effettuare alcune approssimazioni che semplificano lo studio senza alterare la validità dei risultati ottenuti.

Si procederà considerando un esempio numerico relativo ad un tipico motore asincrono trifase, avente le seguenti caratteristiche:

Potenza nominale	: P_n=50 kW	Frequenza	: f=50 Hz
Tensione nominale	: V_{sn}=420 V	N° poli	: 2n=6
Corrente nominale	: I_{sn}=84 A		$\Omega_0=(2\cdot\pi\cdot f)/3=104.72$ r/s
Scorrimento nominale	: x_n=0.0083		
Velocità nominale	: $\Omega_n=(1-x_n)\cdot\Omega_0=103.85$ r/s		

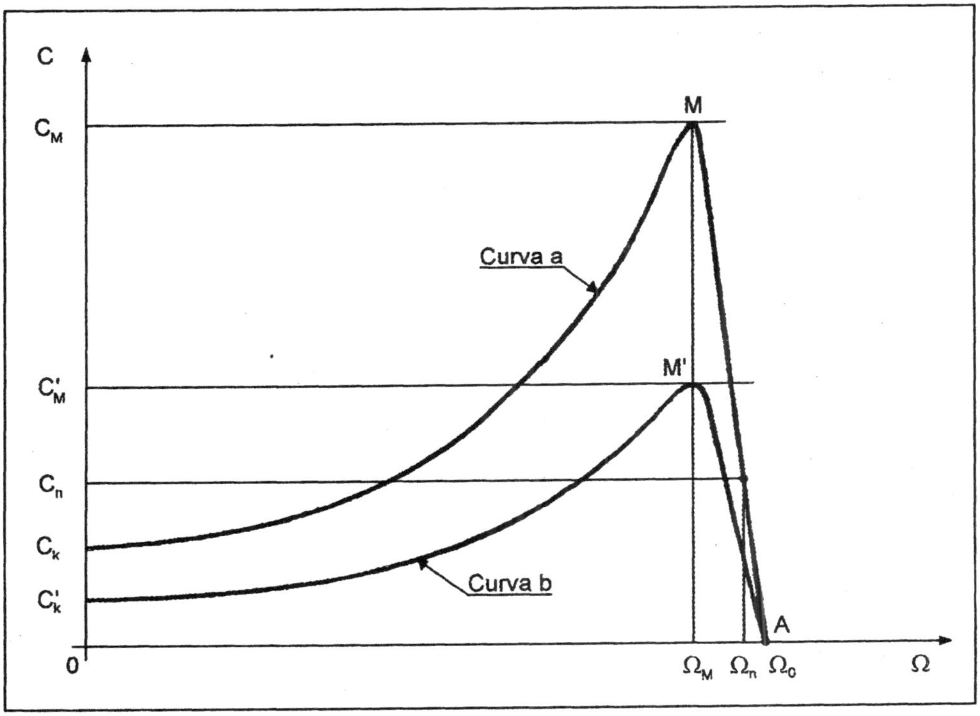

Figura 57. Caratteristiche meccaniche a frequenza f costante: Curva a: tensione V_s; Curva b: tensione $V_s'=V_s/\sqrt{2}$

Parametri:

R_s=0.020 Ω	R_r=0.028 Ω	
X_{ds}=0.25 Ω	X_{dr}=0.35 Ω	$X_d=X_{ds}+X_{dr}=0.60$ Ω
Z_0=8.083 Ω	R_0=80.83 Ω	X_0=8.124 Ω

Si ottiene:

Z=0.6003 Ω $\qquad$ ε=0.033 $\qquad$ R_r/x_n=3.3735 Ω

In base ai valori di questi parametri è possibile, ora, effettuare le seguenti approssimazioni:

$Z \cong X_d = \omega \cdot L_d$ $\qquad$ $Z_0 \cong X_0 = \omega \cdot L_0$

$1+\varepsilon=1$ $\qquad$ $(R_s+R_r)^2+X_d^2 \cong X_d^2=(\omega \cdot L_d)^2$

e per $0 \leq x \leq x_n$:

$$R_s + \frac{R_r}{x} \cong \frac{R_r}{x}$$

$$\left(\frac{R_r}{x}\right)^2 + X_d^2 = \left(\frac{R_r}{x}\right)^2$$

Ricordando che $\omega=2\cdot\pi\cdot f$ e $\Omega_0=2\cdot\pi\cdot f/n$, si ottengono, quindi le seguenti relazioni, che si possono ritenere valide per la maggior parte delle macchine asincrone:

(5) $$C_k \cong k_1 \frac{V_s^2}{f^3} = k_1 \left(\frac{V_s}{f}\right)^2 \frac{1}{f}$$

(6) $$C_M \cong k_2 \left(\frac{V_s}{f}\right)^2$$

(7) $$x_M \cong \frac{k_M}{f}$$

(8) $$I_0 = \frac{V_{sf}}{Z_0} = k_3 \frac{V_s}{f}$$

e per $0 \leq x \leq x_n$:

(9) $$C = k_4 \frac{V_s^2}{f} x$$

(10) $$I_r = k_5 x V_s$$

(11) $$E_s = V_{sf} = \frac{V_s}{\sqrt{3}}$$

(12) $$\phi_t = k_6 \frac{V_s}{f} = k' B_M$$

In fig.58 è riportata (curva a) la nota caratteristica meccanica a tensione V_s e frequenza f.

Se si suppone, ora, di alimentare il motore a parità di tensione V_s ma con una frequenza $f'=2\cdot f$, in base alle relazioni precedenti si ottiene:

$$C_M'=C_M/4 \qquad C_k'=C_k/8$$
$$\Omega_0' = 2\Omega_0 \qquad x_M' = x_M/2$$
$$\phi_t' = k' B_M' = \frac{\phi_t}{2} = k'\frac{B_M}{2}.$$

La caratteristica meccanica è pertanto data dalla *curva b* di fig.58. E' importante mettere in evidenza come, nel funzionamento a frequenza $f'=2\cdot f$ a tensione V_s costante, l'induzione al traferro B_M' si è dimezzata. Perciò se si vuole operare ad induzione costante, in base alla (12) si deve far variare la tensione proporzionalmente alla frequenza:

$$\frac{V_s'}{f'} = \frac{V_s}{f} = cost.,$$

ottenendo:

$$\phi_t'' = \phi_t \ (B_M'' = B_M) \qquad C_M'' = C_M \qquad C_k'' = \frac{f}{f'} C_k$$

Nell'esempio considerato ($f'=2f$) risulta quindi:

$$V_s' = 2V_s$$
$$C_k'' = \frac{C_k}{2}$$

La caratteristica meccanica è data pertanto dalla *curva c* di fig.58.

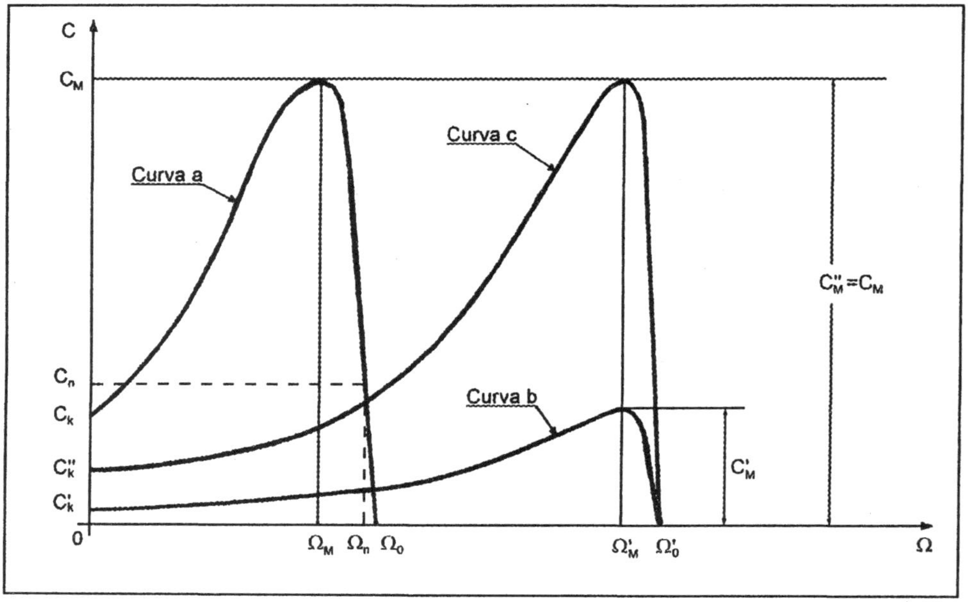

Figura 58. Caratteristiche meccaniche del motore asincrono. Curva a: Tensione V_S - Frequenza f; Curva b: Tensione V_S - Frequenza $f'=2\cdot f$; Curva c: Tensione $V_S'=2\cdot V_S$ $(V_S'/f')=(V_S/f)$ - Frequenza $f'=2\cdot f$.

4.2.3. Regolazione della velocità di rotazione

In base a queste ultime considerazioni, la regolazione della velocità di rotazione di un motore asincrono deve essere effettuata tenendo sotto controllo sia il flusso al traferro $\phi_t=k'B_M$ (e quindi l'induzione massima B_M per non mandare in saturazione i circuiti ferromagnetici) sia la corrente di rotore $\bar{I}_r$ (e quindi di statore $\bar{I}_s=\bar{I}_r+\bar{I}_0$ da cui dipendono le perdite per effetto joule negli avvolgimenti e il relativo riscaldamento).
Consideriamo il *funzionamento nominale* definito dalle seguenti grandezze:

Tensione nominale : V_{sn}
Frequenza nominale : f_n=50 Hz, da cui: $\Omega_0=(2\cdot\pi\cdot f_n)/n$
Correnti nominali : - di rotore I_{rn}
- a vuoto I_{on}
Coppia nominale : C_n
Velocità di rotazione massima: Ω_{0M}

La regolazione di velocità è effettuata fra un valore minimo di frequenza f_m, a cui corrisponde la velocità minima $\Omega_{0m}=(2\cdot\pi\cdot f_m)/n$, e un valore massimo f_M, a cui corrisponde la velocità massima $\Omega_{0M}=(2\cdot\pi\cdot f_M)/n$.
Si individuano due zone:

ZONA A: $f_m \leq f \leq f_n$ e quindi: $\Omega_{0m} \leq \Omega_0 \leq \Omega_{0n}$
La regolazione di velocità è effettuata a coppia C costante, facendo variare la tensione V_s proporzionalmente alla frequenza f, fino al valore nominale V_{sn}:

$$C=C_1=\text{cost} \qquad (C_1 \leq C_n)$$

$$\frac{V_s}{f}=\frac{V_{ns}}{f_n}=a=\text{cost.} \qquad \text{quindi: } V_s=af$$

Pertanto si ha, ricordando le relazioni (5)÷(12):

$$C=C_1=k_4 a^2 \frac{f^2}{f} x = k_4 a^2 fx \text{ e quindi: } fx=\frac{C_1}{k_4 a^2}$$

$$I_r=k_5 afx=\frac{k_5}{k_4}\frac{C_1}{a}=\frac{k_5}{k_4}\frac{f_n}{V_{sn}}C_1=I_{r1} \qquad \text{(costante)}$$

$$I_0=k_3\frac{V_s}{f}=k_3\frac{V_{sn}}{f_n}=I_{on} \qquad \text{(costante)}$$

Risulta quindi praticamente costante anche la corrente di statore $\bar{I}_s=\bar{I}_r+\bar{I}_0$.
Con questa regolazione di velocità pertanto rimangono costanti le perdite negli avvolgimenti.

ZONA B: $f_n \leq f \leq f_M$ e quindi: $\Omega_{0n} \leq \Omega_0 \leq \Omega_M$
Raggiunti i valori nominali f_n di frequenza e V_{sn} di tensione, la regolazione è effettuata mantenendo costante la tensione di alimentazione al valore nominale V_{sv}: $V_s=V_{sn}$ (che non si può superare per motivi di isolamento della macchina), facendo variare la coppia in modo inversamente proporzionale alla frequenza:

$$C=C_1\frac{f_n}{f}$$

Pertanto si ha, ricordando le relazioni (5)÷(12):

$$C = k_4 V_{sn}^{\ 2} \frac{x}{f} = C_1 \frac{f_n}{f} \text{ da cui: } x = \frac{C_1 f_n}{k_4 V_{sn}^{\ 2}} = x_1 \quad \text{(costante)}$$

$$I_r = k_5 V_{sn} x = k_5 V_{sn} x_1 = I_{r1} \quad \text{(costante)}$$

$$I_0 = k_3 \frac{V_{sn}}{f} = k_3 \frac{V_{sn}}{f_n} \frac{f_n}{f} = \frac{f_n}{f} I_{0n} \quad \text{(diminuisc e)}$$

Pertanto la corrente di statore $\bar{I}_s = \bar{I}_r + \bar{I}_0$ tende a diminuire leggermente.

Quindi anche con questa regolazione rimangono praticamente costanti le perdite negli avvolgimenti.

In fig.59 sono riportate le caratteristiche di regolazione della macchina. La curva a rappresenta la caratteristica meccanica nominale (cioè a tensione V_{sn} e frequenza f_n nominali).

Nella ZONA B sono stati indicati anche i valori di coppia massima (C_{M3}, C_{M4}, C_{MM}) ricordando che a tensione costante V_{sn} risulta:

$$C_M = k_2 \frac{V_{sn}^2}{f} = \frac{k_2'}{f}$$

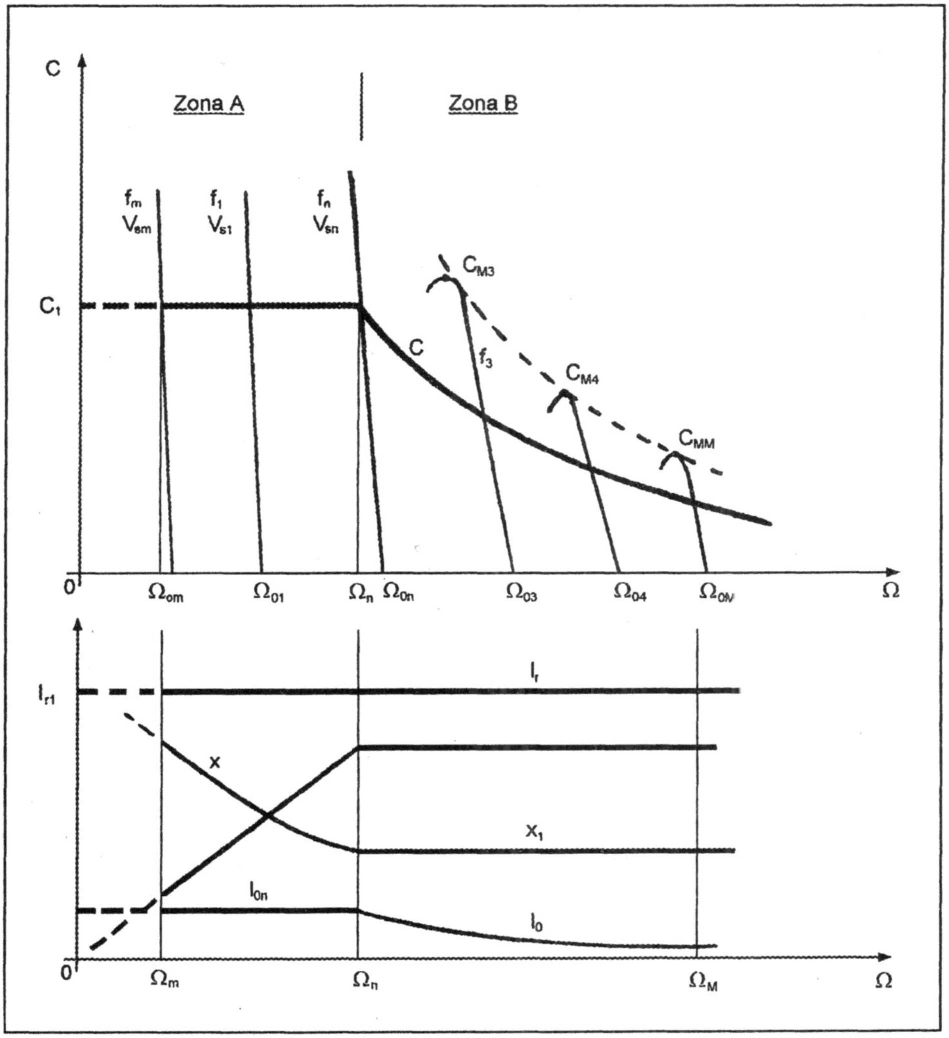

Figura 59. Caratteristica di regolazione. Curva a: caratteristica meccanica nominale (a tensione V_{sn} e frequenza f_n nominali). ZONA A: $f_m \leq f \leq f_n$ $V_s/f = V_{sn}/f_n$=cost. ZONA B: $f_n \leq f \leq f_M$ $V_s = V_{sn}$=cost.

Made in United States
Orlando, FL
04 November 2026

90201124R00221